高等院校“十二五”精品规划教材

传感器与数据采集原理

主　编　胡学海

副主编　邓　罡　张志国　王志刚

中国水利水电出版社
www.waterpub.com.cn

内 容 提 要

传感器技术是IT技术的一个重要分支，它被广泛地应用于工业控制、数据采集和仪器仪表等众多领域。近几年来，随着纳米技术和各种新材料的不断涌现，各种高性能、高集成度、低成本的新型传感器不断兴起，传感器的应用领域不断扩大。除了工业控制外，民用娱乐性、消费性产品上也随处可见传感器的身影，例如穿戴式手环、智能手机、机器人等。

本书共分13章，第0章到第11章结合数据采集原理介绍常用传感器（温度、压力、加速度）及新型传感器（如化学传感器、生物传感器、纳米传感器）的工作原理、结构、信号调节电路、数据采集的基本原理及应用，着重介绍了不同传感器信号调节和数据采集中可能出现的问题及其解决方案；第12章是传感器的应用数据手册和相关应用实例。通过这些内容的学习，大家可以从整体上了解传感器的基本知识、基本结构、工作原理、设计方法等。

本书内容全面、叙述清楚，关注最新的传感器应用技术、规范及学术界和工业界的研究进展，注重内容的实用性，并通过开发范例进行详细讲解。

本书可作为高等院校通信、控制、电工、电子、计算机、机械电子等专业的本科和硕士研究生教材，也可作为相关技术培训教材，还可供工程技术人员自学参考。

图书在版编目（CIP）数据

传感器与数据采集原理 / 胡学海主编. -- 北京 : 中国水利水电出版社，2016.1
高等院校“十二五”精品规划教材
ISBN 978-7-5170-3910-5

Ⅰ. ①传… Ⅱ. ①胡… Ⅲ. ①传感器－高等学校－教材②数据采集－高等学校－教材 Ⅳ. ①TP212②TP274

中国版本图书馆CIP数据核字(2015)第310911号

策划编辑：宋俊娥　　责任编辑：张玉玲　　封面设计：李　佳

书　名	高等院校“十二五”精品规划教材 **传感器与数据采集原理**
作　者	主　编　胡学海 副主编　邓　罡　张志国　王志刚
出版发行	中国水利水电出版社 （北京市海淀区玉渊潭南路1号D座　100038） 网址：www.waterpub.com.cn E-mail：mchannel@263.net（万水） sales@waterpub.com.cn 电话：（010）68367658（发行部）、82562819（万水）
经　售	北京科水图书销售中心（零售） 电话：（010）88383994、63202643、68545874 全国各地新华书店和相关出版物销售网点
排　版	北京万水电子信息有限公司
印　刷	三河市鑫金马印装有限公司
规　格	184mm×260mm　16开本　18印张　466千字
版　次	2016年1月第1版　2016年1月第1次印刷
印　数	0001—3000册
定　价	36.00元

凡购买我社图书，如有缺页、倒页、脱页的，本社发行部负责调换

前　　言

本书是根据大学仪器科学与技术一级学科专业特色教材建设计划的教学大纲编写而成的，也适合于自动化、电子、机械电子等相关学科专业。

作为信息科学的关键环节，信息获取技术（传感器技术）在当代科学中占有重要地位。信息科学主要分为三大部分：信息获取、信息传输和信息处理。在过去的几十年中，信息传输和信息处理都获得了突飞猛进的发展，而传感器技术还处在发展期，大量的新技术正在兴起，纳米技术、等离子技术、基因芯片技术等大量新技术正在改变着传感器技术，使其焕发出新的活力。“传感器原理”不但是目前各大专院校自动控制专业的一门重要课程，同时也是每位电子类工程师应该掌握的三大技术之一。

但是，由于传感器原理比较抽象、内容各异、体系化不强，使传感器原理的讲授一直比较困难，容易流于表面。学生也总觉得很难理解其实质。究其原因，主要是传感器原理处于信息技术的前端，和生活应用的联系不直接，例如生活中的空调大家都非常熟悉，但是空调中用的传感器，它们有什么作用、是哪些型号、如何工作，就未必有人能说得上来了。另外，单独讲传感器原理很容易使传感器技术的理解流于表面。说到传感器，大体都知道是通过敏感器件将被测量转换为电信号传给信息处理部分，但具体如何应用并不知道。这就将一门专业课的学习变成了科普。本书的定位是大学本科教材+应用，在传感器原理多种新技术的基础上结合数据采集的相关知识编写而成。这样的结构参考了 Boston 大学“传感器原理”课程和教材的内容与结构，有利于学生全面深入地了解传感器的原理和应用方法。

对传感器原理的把握需要注意 3 个方面：

（1）传感器的工作原理及由此带来的工作特点不同，这主要体现在传感器的敏感元器件上，例如热电偶和热电阻的工作原理不同。热电偶是电势型传感器，它测量的是温度差，如果要测某点温度，一定需要零点补偿。而热电阻是电阻型传感器，它测量的是绝对温度，工作的原理和特点与热电偶完全不同。

（2）传感器的调节电路不同，导致了需要采用不同的调节电路才能更精确地将敏感传感器的变化转换成电信号输出。例如为了将微小应变导致的应变片的电阻变化转换为电信号，可以采用电桥。此外，各种传感器的误差机理不同也导致了需要采用不同的调节电路。

（3）从系统上考虑传感器的选择，包括传感器的成本、输出信号。从根本上说，传感器仅仅是计算机测控系统的一个组成部分，从系统的角度学习传感器的应用便于更进一步了解传感器的原理。

本书主要内容包括：常用传感器（温度、压力、加速度）及新型传感器（如化学传感器、生物传感器、纳米传感器）的工作原理、结构、信号调节电路、数据采集的基本原理及应用，着重介绍了不同传感器的原理及信号调节和数据采集中可能出现的问题及其解决方案。

本书在内容上，将信号调节、数据采集和传感器原理有机地结合起来；在编写上，尽量做到深入浅出，既要将理论阐述清楚，又要避免内容生涩难懂，为了提高可读性，本书在每个章节都编入相应的例子及问题，便于读者学习和参考；在内容组织上，主要按原理分类，便于学生理解，但应用方面单独组织一章，按应用分类，便于学生实际使用，这样就兼顾两种组织结构的优点，更便于教学和学生实际应用。

本书由胡学海任主编，邓罡讲师、张志国高级工程师、王志刚副教授任副主编，主要编写人员有：王俊苏、涂戈、何伟国、戴亮、贾宇、任代蓉、任学龙，参与部分编写工作的还有：王治国、钟晓林、王娟、胡静、杨龙、张成林、方明、王波、陈小军、雷晓、李军华、陈晓云、方鹏、龙帆、刘亚航、凌云鹏、陈龙、曹淑明、徐伟、杨阳、张宇、刘挺、单琳、吴川、李鹏、李岩、朱榕、陈思涛和孙浩等，在此一并表示感谢。

由于时间仓促加之作者水平有限，书中难免有不足甚至错误之处，恳请各位专家批评指正。在此感谢各参考文献的作者，同时有的资料是网上搜集来的，由于使用的时间太长，无法查证作者，如果在此引用了您的观点，请与我们联系，必将尽快更正参考文献。

我们为传感器与数据采集原理的读者尽心服务，围绕相关技术、产品和市场信息探讨应用与发展，发掘热点与重点，开展教学指导。俱乐部 QQ：183090495，电子邮件：hwhpc@163.com，欢迎数控爱好者和用户与我们联系。

编　者

2015 年 12 月

目　　录

第 0 章　绪论

0.1　本书结构及阅读指南

随着信息时代的到来，如何获取及利用信息成为了自动检测和控制的关键。传感器是获取信息的一种检测器件或装置，是人类感官的延伸，是信息获取的首要环节。一些新机理和高灵敏度的检测传感器的出现往往会导致该领域内许多基础科学研究或相关领域边缘学科的发展和突破。基于传感器技术在发展经济、推动社会进步方面的重要作用，越来越多的学者及研究机构对传感器技术的研究给予了高度重视。

传感器的发展主要有两个方向：一个方向是新机理，包括生物传感器、纳米传感器微型化等，这些新传感器的不断涌现对深化物质认识、开拓新能源和新材料具有重要作用；另一个方向是数字化、智能化、多功能化、系统化、网络化。这些高度智能的传感器的出现促进了传统产业的改造和新型工业的发展。

本书共分两部分。第一部分基础篇，从第 0 章到第 7 章，介绍了常用传感器（温度、压力、加速度）的工作原理、基本的信号调理电路和数据采集电路。通过本篇的学习，读者可以了解不同传感器的基本结构、工作原理，以及信号调理电路、数据采集的基本原理及应用，着重介绍了不同传感器信号调理和数据采集中可能出现的问题及其解决方案，并提供了大量应用实例，供读者学习参考。第二部分为应用提高篇，从第 8 章到第 12 章，主要介绍传感器应用的新技术，如纳米传感器、生物传感器、化学传感器、智能传感器、无线传感器网络等，主要是为研究开发人员提供更多本领域的研究动向和发展前沿知识，从而全面深入地了解传感器技术领域。

本章是全书的绪论部分，主要内容是简述传感器的基本知识、定义和术语、组成、分类、应用范围、发展方向及前景，目的是让读者对传感器技术有一个总体的了解，以便于后续章节的理解和掌握。

本章知识点包括：传感器的定义、组成、分类、代表产品、主要特点、技术指标；传感器应用系统的一般结构、实现工业控制的优点和缺点；常见术语的含义等。其中传感器的定义、组成、分类、主要特点、技术指标、常见术语是本章学习的重点。

0.2　传感器的基本知识

与生活密切相关的各种各样的传感器很多。测体温，会使用体温计；跑步，会使用计步器；监控血压，会使用血压计；测体重，会使用电子称。除此之外，生活中的许多系统及用具也包含了各种传感器，比如电饭锅包含了测温传感器，空调包含了测温传感器和红外传感器，汽车更是包含了数十种传感器。毫不夸张地说，离开了传感器，就没有现代化的生活。

通过观察一些自动化系统，会引起关于传感器的一些思考，比如传感器在自动控制系统中扮演着什么样的角色、有什么用、为什么这么用。这些可以通过人与机器的对比来认识，如图 0-1 所示。人对外部世界的认识实际上是大脑对感觉器官感受到的外界刺激形成的印象，听到的、看到的、闻到的、冷的、热的等这样的认识都是感觉器官感受到刺激后传递到大脑从而形成概念，而肢体的动作则是大脑根据这些信息做出的处理结果。没有这些感觉器官，大脑也发挥不了应有的作用。传感器之于机器系统就好比人的感觉器官，它是感知、获取与检测信息的窗口。

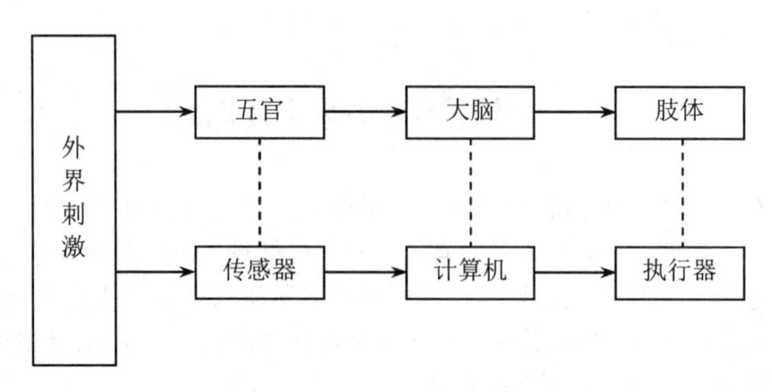

图 0-1　人与机器的对应关系

为了从外界获取信息，人必须借助于感觉器官。而研究自然现象和规律以及生产活动单靠人自身的感觉器官远远不够。为了实现人们对信息获取能力的向往，古代神话小说里演绎出了千里眼、顺风耳。随着信息时代的到来，现代的传感器不但能成为人类五官的延伸，还演化出了许多感官无法具备的能力，如对超高温、超低温、超高压、超高真空、超强磁场、超弱磁场的检测能力，对微观世界的检测能力。时间上要观察长达数十万年的天体演化，短到纳秒的瞬间反应。这些传感器对深化物质认识、开拓新能源和新材料、研究新的医疗手段等具有重要的作用。新传感器的出现往往能突破一些基础学科研究的障碍，甚至开发出新的边缘学科。

传感器是信息技术的重要组成部分。信息技术包括三大基础部分：信息采集、信息传输、信息处理，如图 0-2 所示。三者中，信息采集是基础，离开采集则无所谓传输、处理。但是，信息采集技术面对的对象千差万别，需要实现的功能各异，发展较为缓慢，还存在巨大空间等待发掘。

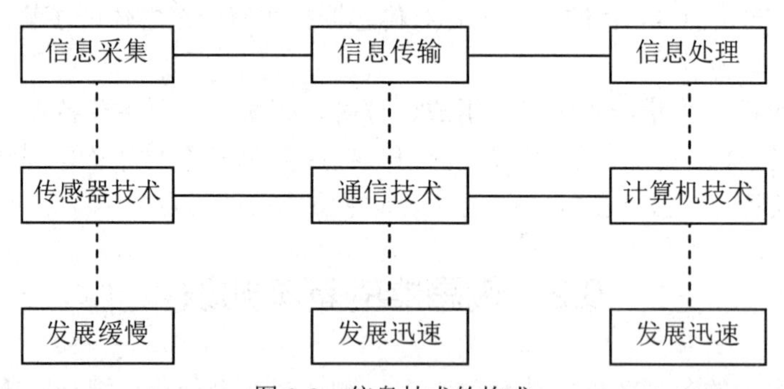

图 0-2　信息技术的构成

信息采集主要依靠传感器实现，当代传感器早已应用到诸如工业生产、海洋探测、环境保护、材料科学、医学诊断、生物工程、航天航空，甚至文物保护等多个领域。上至茫茫的太空，下至浩瀚的海洋，甚至遥远的探月工程，几乎每一个自动控制项目都离不开各种各样的传感器。

0.2.1 传感器及数据采集的定义和术语

根据国标 GB7665－87，传感器（Transducer/Sensor）的定义是：能感受规定的被测量并按照一定规律转换成可用输出信号的器件或装置，通常由敏感元件和转换元件组成。

敏感元件（Sensing Element）：传感器中能够直接感受被测量的部分。

转换元件（Transduction Element）：传感器中能将敏感元件输出转换为适于传输和测量的电信号的部分。

被测量（measurand）：被测的特定量。特定的测量行为所针对的目标只能是特定量。所以被测量也被解释为受到测量的量。

测量（measurement）：利用某种装置，按照某种规律，对事物进行量化描述，即用数据来描述观察到的现象。测量是对非量化事物的量化而进行的实验过程。

测量结果（result of measurement）：由测量所得的被测量的值。测量结果只是被测量的近似或估计值。

仪表（meter）：具有目视读出的测量装置。操作者可以通过仪表直接读出测量结果，在自动化系统中起监视作用。

仪器（instrument）：具有分析处理功能的测量器具或装置，在科学技术上用于实验、计量、观测、检验、绘图等。

变送器（transmitter）：俗称二次表，是一种能把传感器的输出信号转变为具有标准量值和单位可被控制器识别的信号的转换器。

数据采集（data acquisition）：是指从传感器等待测设备中自动采集非电量或电量信号并传输到上位机的过程。

从国标传感器的定义可以发现以下几个关键描述：

（1）传感器是一种检测器件或装置，能感受规定的被测量。传感器通常是感受特定的被测量的，但同一个被测量可以被多种不同类型的传感器感知。传感器能够感受被测量，这是它最基本的能力，不同类型的传感器可以感受热、光、力、速度等被测量。

（2）传感器将被测量的信息按一定规律变换。很多需要认知的被测量通常不能被系统直接测量，而传感器则具有这样的能力，即一方面它能够感知被测量，另一方面它又能将感知到的被测量以一种系统能够接受的新的物理量的形式进行输出，而这样的输入输出之间的转换应该有某种确定的规律。传感器输入到输出的变化应当是有规律可循的，可以根据它输出的情况来推断输入的情况。例如电阻应变式称重传感器，不同的重量输入应该有不同的电阻变化输出，这样有对应关系才能通过测量电阻的变化确定输入的重量。

（3）输出可用信号，以满足信息利用的需要。即输出信号应该能够被后续的环节所接受，这样才有意义。这就要求传感器不但能够感受规定的被测量，还能够将这个被测物理量转换为后续系统能够接受的另一种形式的物理量，这种物理量通常是电量，如电阻、电压、电流、频率、脉冲等。组建自动控制系统，通常会综合考虑传感器的输出形式和系统的需求。例如交通电子眼系统，它的传感器采用感应线圈，是脉冲输出。而系统有脉冲输出就知道有车越线，这就足够了，并不需要知道车是有多快的速度、多重的重量，是客车还是货车，车的识别可以通过摄像系统拍下的照片来进行。

（4）通常由敏感元件和转换元件组成。所谓通常，就意味着也有特殊情况，也就是说某些传感器可能不能明确区分敏感元件和转换元件。

通过以上分析可知，理解传感器最重要的是掌握输入输出关系，如图 0-3 所示。

什么样的输入输出关系对传感器而言才是有意义的？对电阻应变式称重传感器而言，希望不同的重量输入应该有不同的电阻变化输出。理想的情况之下，输入与输出之间是一种一一对应的关系，这样测得了电阻的变化就可以唯一确定输入的重量。但由于量程和分辨率的原因，通常这样的关系不是完全一一对应的，也许有多个细微差别的重量输入都对应了一个输出，而这样的细微差别在误差范围内就可以接受，反之则不行。例如在超市买菜的过程中，4.9999斤和 5 斤的东西显示为同一个重量，是可以接受的，而 1 斤和 5 斤的东西显示为同一个重量，就只能说这样的秤有问题了，需要检修。

图 0-3 传感器的输入输出关系

输入输出之间的关系是多样的，可以是线性的、对数线性的，也可以是非线性的，重要的是这样的输入输出关系能够在满足系统精度的要求下由输出可以倒推出输入的状况，也就是说输入和输出之间保持某种特定的规律。

数据采集是将传感器信号转换为数字信号并传输给上位机的过程，是传感器信息的转换过程。在智能传感器中，数据采集功能往往被集成在传感器内部。

0.2.2 传感器的组成与分类

传感器通常由敏感元件和转换元件组成。但是由于传感器输出信号都比较微小，所以在现代传感器的设计中，通常会辅以必要的信号调节与转换电路，将其放大或转换成容易传输、处理、记录、显示的形式，来简化对后续系统的要求。比如，通常在电阻应变式传感器中通常会辅以电桥电路来将电阻的变化进一步转换为电压的输出。随着半导体集成技术与计算机的发展，传感器的信号调节、转换，甚至处理的部分都可以安装在传感器内，甚至集成在同一芯片内，如图 0-4 所示。

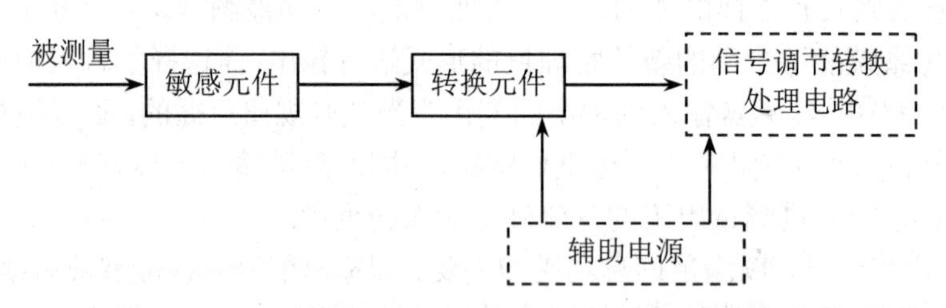

图 0-4 传感器组成方块图

在传感器中，为什么需要敏感元件和转换元件？如何区分敏感元件和转换元件？一般说来，不是所有的被测量都能那么合适地直接被敏感元件转换为电量，通常情况下，敏感元件的作用在于感知被测量，将被测量（非电量）先按照一定的规律转换为另一个易于通过转换元件变成电量的非电量。转换元件再将该非电量转换为电量。

用语言翻译的问题作比喻，一个中国人只会说中文，一个西班牙人只会说西班牙语，一个英国人会说英语和西班牙语，另一个英国人会说英语和中文，那么如果要中国人懂西班牙人说的话，需要西班牙人说给会说西班牙语的英国人，然后他用英语告诉另一个英国人，然后再变成中文。如果将西班牙人看成被测量，会说西班牙语的英国人起到了敏感器件的作用，他感知西班牙语并转换为英语；而会说中文的英国人则起到了转换元件的作用，将英文变成了中文。

明确能够区分敏感元件和转换元件的传感器的转换元件通常不直接感受被测量。但是不是所有的传感器都能够明确区分敏感元件与转换元件，不是说某传感器没有敏感元件或没有转换元件，而是某元件集敏感元件与转换元件的功能于一体。

传感器内部组成不一定非要具有信号调节电路，内部设计信号调节电路，能够完成信号调理，变成易于传输、处理、记录和显示的形式，从而简化后续电路的设计。但信号调节电路在传感器内部或传感器外部通常是必要的。信号调节电路的作用主要有：微小信号的放大、转换（电压、电流、频率等）、阻抗变换等。简而言之，信号调节电路通常完成转换元件输出与后续测量电路之间的匹配（阻抗、范围、物理量等）。

随着传感器向智能化方向发展，许多传感器还集成了信息处理部件，从而形成了智能传感器。传感器内部集成的信息处理部件的主要作用和智能仪表不同，它的主要目的是将传感器的输出转换成标准量值或单位的输出。这相当于将传感器与变送器集成在了一起。

电源为各个必要的环节提供合适的电源。

传感器种类繁多，要了解传感器，就需要掌握传感器的分类。传感器的分类方法很多，主要可以从被测量、工作原理、能量关系和输出信号四个方面进行分类，如表 0-1 所示。

表 0-1　传感器的分类

分类方法	传感器种类		说明
按被测量	位移传感器、速度传感器、温度传感器、压力传感器等		传感器以被测物理量命名
按工作原理	物理型传感器	物性型传感器，如压电式传感器、热电式传感器	利用材料内在特性和效应感受被测量并转换为可用信号，一般以该特性或效应命名
		结构型传感器，如电容式传感器、电感式传感器、应变式传感器等	以结构（形状、尺寸）为基础，利用某些物理规律来感受被测量并转换为可用信号，一般以该物理规律命名
	化学传感器	离子传感器等	利用化学反应原理将无机或有机化学的物质成分、浓度转换为可用信号。和物理型不同的是，它产生了新的物质
	生物传感器	血糖传感器、血氧传感器等	利用生物活性物质的选择性来识别和测定被测量。生物活性物质包括酶、抗原、抗体、微生物、细胞等。转换装置通常采用光电传感器
按能量关系	能量转换型	压电传感器等	传感器直接将被测量的能量转换成输出量的能量
	能量控制型	应变式传感器等	由外部供给传感器能量，而由被测量来控制传感器的输出能量
按输出信号	模拟式传感器	模拟称重传感器	输出模拟信号
	数字式传感器	数字称重传感器	输出数字信号

0.3　传感器的应用与发展

传感器技术是一门涉及传感器的原理研究、调理技术、设计与研制、性能评估等的综合性技术，具有如下特点：

（1）涉及多门学科与技术，包括物理、生物、化学、医学、材料科学等各个门类，特别是随着集成电路技术和纳米技术的发展，传感器可以集成到一个芯片内，可以实现分子量级的检测，各种新机理传感器不断出现。

（2）品种多。被测量从常规的温度、压力、流量、位置、电压、电流、功率、频率等到微观的分子、离子、细胞、DNA，测量范围不断扩大，导致传感器的应用也越来越广泛，各种新应用不断被开发出来。

（3）测量的精度、稳定性、重复性越来越高。传感器的灵敏度越来越高，例如不但可以通过检测人呼出的气体检测其是否饮酒，还可以检测其身体的健康程度或 DNA 排序。

（4）应用的领域越来越宽。上至登月，下至深海探测，工业、农业、军事、国防各个行业都离不开传感器。传感器技术还进入了日常生活，无论是空调还是手机，甚至厨房内都安装了大量的传感器。

正因为传感器很重要，许多国家都将传感器技术列为重点发展的关键技术。传感器的发展主要表现在以下几个方面：

（1）新材料、新功能的开发。不同材料对不同被测量的敏感程度不同，一种有选择性的新材料的出现往往会带来传感器技术的一次革命。例如石英材料的出现导致压电传感器的诞生，而不同陶瓷材料和金属氧化物材料的出现促进了不同气体传感器的研制成功，当前石墨烯材料的出现必将导致传感器对分子水平的测量能力有较大的提高。

（2）微加工工艺的发展，不但导致传感器向微型化发展，同时由于纳米尺度效应，会给传感器设计带来许多新的机理。例如利用纳米悬臂梁结构，可以检测细胞或 DNA 的重量，或者检测物质的重力图谱。

（3）传感器的多功能发展。被测量往往是复杂的，需要传感器能进行多功能测量。微加工工艺的发展使得将传感器阵列集合在同一芯片上成为可能，这就使得一个传感器可以检测多种不同的被测量。气体传感器在多功能方面的进步很快，现在已经出现了能检测多种气体的传感器。

（4）传感器的智能化发展。由于微处理器的发展，传感器越来越智能化。微处理器可以将传感器获取的信息进行分析、处理、存储，通信，方便地实现数据的滤波、变换、补偿和校正、存储、查询，同时实现必要的自诊断、自检验、自校验以及通讯与控制等功能。

（5）传感器模型及仿真。由于传感器技术的发展，涉及的环节越来越多，导致设计越来越复杂，建立传感器模型及仿真可以有效地缩短传感器的设计时间，提高传感器的设计品质。例如，对于纳米传感器的设计，稍有设计不当就可能导致设计失败。必须建立传感器模型并仿真。

总之，传感器技术正在迅猛发展，有力地推动了各技术领域的发展与进步，也必将为信息技术领域和其他领域的发展与进步带来新的活力。

思考题与习题

1．什么是传感器？传感器的组成结构是什么？

2．在信息技术领域，传感器的作用是什么？

3．举例说明传感器的作用。

4．传感器的分类有哪些，代表传感器有哪些？

5．简述传感器的特点。

6．简述传感器的发展方向。

7．解释以下名词：传感器、敏感元件、转换元件、被测量、测量、仪器、变送器。

8．举例说明空调系统的工作原理。

第 1 章　传感器原理及数据采集基础

本章导读：

本章内容是全书的基础，主要包括数据采集、传感器原理及应用的基本概念。学习完本章，读者可以了解测量系统的基本结构、数据采集原理以及传感器特性的基础知识，如偏移、迟滞等，从而建立起传感器应用的基本概念，这对理解和学习后续章节的内容非常重要。

本章主要内容和目标：

本章主要内容包括测量系统的基本结构、数据采集原理以及传感器特性和指标等。

通过本章学习应该达到以下目标：掌握测量系统的基本结构、数据采集原理；了解传感器特性和指标对测试的影响；熟悉传感器特性和指标的含义。

1.1　测量系统

1.1.1　测量系统的组成原理

测量系统（Measurement Systems）是用来对被测量进行定量或定性评价的仪器等测量要素的集合，这些要素包含在获得测量结果的整个过程中。

测量系统的主要目的包括：确定数据是否可靠、评估新的测量仪器、比较不同的测量方法、评估可能存在的问题、确定并解决测量系统误差问题。

测量系统的组成包括：量具（equipment）、测量人员（operator）、被测量工件（parts）、程序和方法（procedure，methods）等。

理想的测量系统应获得“正确”的测量结果。理想的测量系统应具有零方差、零偏移和零概率错误分类等统计特性。

ISO/TS16949 指出测量系统可以通过测量系统分析方法（Measurement Systems Analysis）从测量系统的目的、组成来分析测量系统的优劣。

测量系统分析对质量来说非常重要。正确的测量，是质量改进的首要环节。如果没有科学的测量系统评价方法，缺少对测量系统的有效控制，质量改进就失去了可能。此外测量也是科学的基础，所以说没有测量就没有科学。

测量系统可以分为三类：基地式仪表、单元组合仪表、计算机测控系统。

（1）基地式仪表。将测量、显示、控制等各部分集中装在表壳内，形成一个可以安装的整体仪表。基地式仪表的特点是：结构简单、使用维护方便、防爆、测量和输出的管线很短、反应速度快、可靠性高；缺点是：功能简单，不便于组成复杂的调节系统，外壳尺寸大，精度稍低，不能实现多种参数的集中显示与控制，信息封闭；需要巡视，只适合小型系统使用。常见的有中小型企业里数量不多或分散的就地调节系统和大型企业中的某些辅助装置如安全系统等。此外家用的电表、水表、气表也是一类基地式仪表。

（2）单元组合仪表。以统一的标准信号对被测量能进行独立的测量、变送、显示及控制等工作的单元仪表（简称单元，如变送单元、显示单元、控制单元等）。单元组合仪表可以根据不同的功能和使用要求加以组合，构成自动测量系统。单元组合仪表的特点是独立、可靠性高、可集中测控、系统中各单元仪表的信息可交换；缺点是单元组合仪表独立构成，系统笨重、体积大，适合中等系统使用。

（3）计算机测控系统。使用计算机参与测量和控制并借助一些辅助部件与被测量和被控对象相联系，以获得对被测量的测量和一定控制目的而构成的系统。这里的计算机通常指数字计算机，包括微型（如嵌入式计算机）到大型的通用或专用计算机。辅助部件主要指输入输出接口、检测装置和执行装置等，包括传感器、信号调理电路、A/D、D/A、功放及各种接口。相互的联系可以是有线方式，如通过电缆用模拟信号或数字信号联系；也可以是无线方式，如利用红外线、微波、无线电波、光波等进行联系。计算机测控系统分为集中式测控系统和分布式测控系统，优点是：精度高、速度快、存储容量大和有逻辑判断功能等，因此可以实现高级复杂的测量和控制，获得快速精密的测量和控制效果，适合于大型系统。

1.1.2　计算机测量系统的组成与特点

随着计算机科学的发展，计算机测控系统在测试领域发挥着越来越重要的作用。计算机测量系统通常由传感器、模拟多路开关、程控放大器、采样/保持器、AD 转换器、计算机及外设等部分组成，组成框图如图 1-1 所示。

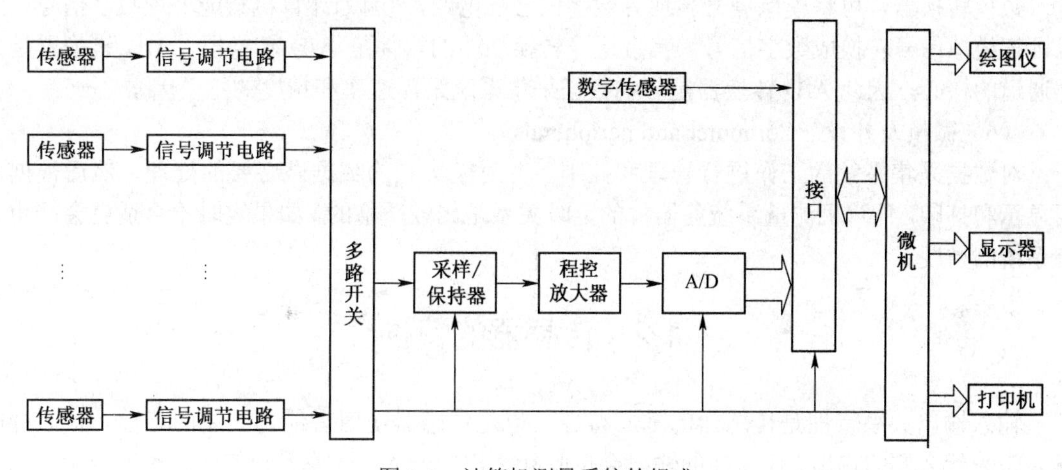

图 1-1　计算机测量系统的组成

（1）传感器（Sensor/Transducer）。

GB7665－87（国标）定义传感器为“能感受（或响应）规定的被测量，并按一定规律转换成可用信号输出的器件或装置。传感器通常由响应被测量的敏感器件和信号输出的转换元件及相应调理电路组成”。这个定义包含三层含义：①传感器是测量装置，能完成测量任务；②传感器能将被测量转换成有用信号；③这种转换有确定的对应关系。需要注意的是：①被测量可以是物理量、化学量、生物量（既包括电量也包括非电量），如物理量中的温度、压力、位移、流量等；②输出量可以是电量或非电量，但要易于转换、传输和处理，在狭义传感器的定义中，输出量是电量，因为其最容易处理；③输入和输出之间有确定的对应关系，有精度和规律性要求；④可以是简单元器件也可以是复杂装置。传感器的类型有很多，如测量温度的传感器有热电偶、热敏电阻等；测量机械力的有压敏传感器、应变片等；测量机械位移的有电感位移传感器、光栅位移传感器等；测量气体的有气敏传感器等。

（2）模拟多路开关（Analog multiple switching）。

是从多个模拟输入信号中切换选择所需输入通道的模拟输入信号电路。数据采集系统往往要对多路模拟量进行采集。在不要求高速采样的场合，一般采用公共的 A/D 转换器分时对各路模拟量进行模/数转换，目的是简化电路、降低成本。可以用模拟多路开关来轮流切换各路模拟量与 A/D 转换器间的通道，使得在一个特定的时间内只允许一路模拟信号输入到 A/D 转换器，从而实现分时转换的目的。

（3）程控放大器（Programmable amplifier）。

是可以程控放大增益的放大器。在数据采集时，不同传感器输出的模拟信号幅度差异很大。程控放大器的作用是程控放大增益，将不同幅度的微弱输入信号进行放大，以便充分利用 A/D 转换器的满量程分辨率。

（4）采样/保持器（The sampler / holder）。

是一种开关电路或装置，能在固定时间点上取出被处理信号的值，并把这个信号值存储保持一段时间，以供模数转换器转换，直到下一个采样时间再取出一个模拟信号值来代替原来的值。A/D 转换器完成一次转换需要一定的时间，在这段时间内希望 A/D 转换器输入端的模拟信号电压保持不变，以保证有较高的转换精度。这可以用采样/保持器来实现，采样/保持器的加入大大提高了数据采集系统的采样频率，减小采样的孔径误差。

（5）A/D 转换器（Analog/Digital）。

数模转换器，可将模拟信号转换为数字信号的电路。 因为计算机只能处理数字信号，所以须把模拟信号转换成数字信号，实现这一转换功能的器件是 A/D 转换器。A/D 转换器是采样通道的核心，因此 A/D 转换器是影响数据采集系统采样速率和精度的主要因素之一。

（6）微机及外设（Computer and peripherals）。

对数据采集系统的工作进行管理和控制，并对采集到的数据做必要的处理，然后根据需要显示和打印。计算机测量系统各器件的定时关系是比较严格的，如果定时不合适就会严重影响系统的精度。

1.2 传感器的特性

输入输出关系特性是传感器的基本特性，也是传感器使用者最为关注的特性。什么样的输入带来什么样的输出、什么样的输出会反映什么样的输入，这关系到使用者对系统中使用传感器的选择问题。输入是什么（需要测量的对象是什么）、输出是什么（是否适应于后续电路的需要或者后续电路需要根据这样的输出做什么）、它们之间有什么关系，这是传感器学习中最需要注意的问题。

传感器的输入输出之间存在某种特定的规律。传感器的输入输出关系体现的是某种特定的规律（物理现象、物理特性等）。某些因素的存在使得输入输出关系与某种特定规律之间存在误差。以弹簧受力为例，在量程范围内弹簧拉伸的长度与所受的力之间的关系符合虎克定律，即 F=kx，那是在稳态的情况之下满足这样的规律，如果力是变化之中的，x 就不能随时实时地体现力的大小，此时规律就不是完全遵从于虎克定律了。出现这种情况的原因在于输入信号在不变化的情况下和变化较快的情况下弹簧表现出不同的特性。

传感器所测量的物理量有两种基本形式：一种是稳态形式，即信号不随时间变化（或变化很缓慢），另一种是动态（周期变化或瞬态）形式，即信号随时间变化而变化。对应不同输入，传感器的输出输入关系特性也表现出两种特性：静态特性和动态特性。动态特性是普遍特性，而静态特性是动态特性的一种特例。

1.2.1　传感器的静态特性

传感器在稳态信号作用下，其输出输入关系称为静态特性。传感器的静态特性不仅包括线性度、灵敏度、迟滞和重复性这四个指标，其他还有诸如精度或不确定度（Accuracy or uncertainty）、量程、分辨力、温度稳定性等其他特性。传感器静态特性的关系式与时间无关。

理论上说，任何一种输出输入关系，只要这种输出输入是连续的，都可以通过泰勒级数展开，用幂级数（power series）公式来表达，只是系数（coefficient）不同，这就是传感器输出特性（output characteristic）静态（static state）数学模型，表达式如下：

$$Y = a_0 + a_1 x + a_2 x^2 + \cdots + a_n x^n \quad (1\text{-}1)$$

式中，y 为输出量，x 为输入物理量，a_0 为零位输出，即输入为 0 时的输出，a_1 为传感器线性灵敏度，通常把多项式中的一次项称为线性项，线性项的系数 a_1 称为传感器的线性灵敏度，a_2，a_3，…，a_n 为待定常数。上述多项式表达是在不考虑迟滞和蠕变（creep）效应的情况下表达的，实际上是排除其中时间因素的影响。

（1）线性度（Linearity）。

线性度是指传感器输出与输入之间的线性程度，即传感器输出的实际曲线与参考直线之间的接近程度，可以定义为下式：

$$\xi_L = \frac{\left|(\Delta y_L)_{\max}\right|}{y_{FS}} \times 100\% \quad (1\text{-}2)$$

式中，L 指参考直线，$(\Delta y_L)_{\max}$ 指和参考直线（拟合直线）的最大误差。

1）线性度指标对静态特性的意义。

①简化传感器的理论分析和设计计算。线性在输入输出关系中是一种最简单最明确的关系，可以给使用者带来极大的方便。以二次曲线、对数、其他非线性曲线做对比，存在一一对应关系，由输出到输入的推导的复杂程度等方面，线性关系都有很大的优势。

②为标定和数据处理带来很大方便。如果满足线性关系，标定时就可以用两个点来得出输入输出关系。

③可使仪表刻度盘均匀刻度，因而制作、安装、调试容易，提高测量精度，为标准化带来便利，均匀刻度远比非均匀刻度制作容易。但是值得注意的是随着现代电子技术的发展，刻度盘的形式已经逐渐在减少，很多应用中需要刻度盘显示的结果都逐渐被数字显示的形式所替代（或者以刻度盘和数字显示同时出现）。

④避免了非线性补偿（compensation）环节。通常为便于计算把输入输出关系近似（approximation）为线性关系，而该线性关系与实际输入输出关系特性间存在一定的误差。为了消除误差，需要进行非线性补偿，而这大幅度增加了成本。如果线性度在许可的范围内，可以不需要补偿。

参考直线不同，拟合方法不同，线性度的定义也不同；在分析传感器的线性度指标时需要确定采用的线性定义的方法。不同的线性定义的方法的分析结果并不一定相同。常见的线性定义如图 1-2 所示。

图 1-2（a）中，参考直线由设计传感器时的理论期望定义，和标定结果无关，称为绝对线性（理论线性）。如某传感器（弹簧）体现一种关系：$y=kx$，y 为输出，x 为输入，k 为常数。

图 1-2（b）中，参考直线由标定时获得的两个端点连线获得，称为端基线性度（端点线

性)。基于端点的线性：参考直线由对应于较小输入的输出和加上较大输出时的理论输出定义。

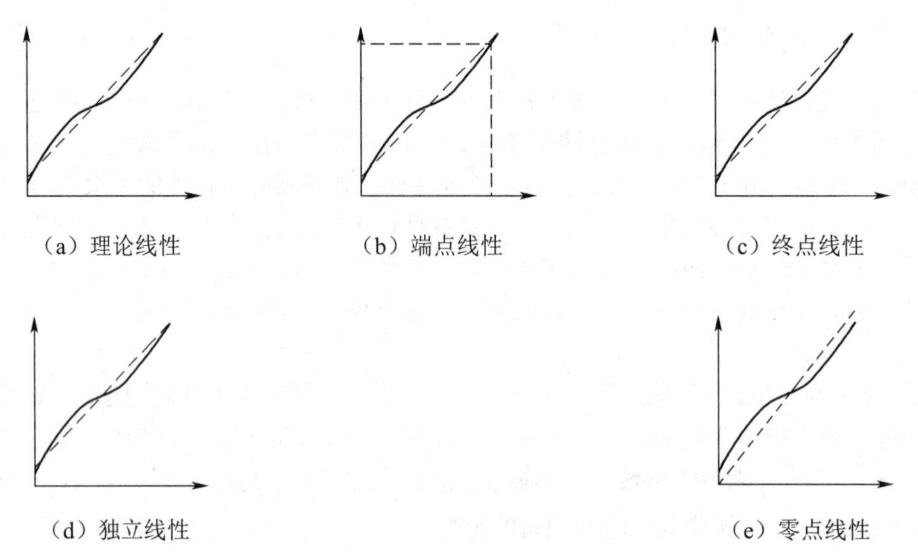

(a) 理论线性　(b) 端点线性　(c) 终点线性

(d) 独立线性　(e) 零点线性

图 1-2　几种常见的线性定义

图 1-2(c)中，参考直线由输入为测量范围的最小值时的实际输出和输入为最大值时的实际输出定义，称为基于终点的线性。

图 1-2(d)中，参考直线由标定时获得数据通过最小二乘法拟合确定，称为最小二乘线性度。最小二乘线性度是约束最小的一种线性定义的方法，又称为独立线性。

图 1-2(e)中，参考直线由最小二乘法定义，但加上了通过零点的附加限制，称为基于零点的线性。基于零点的线性与独立线性相比较，增加了直线必须满足通过零点的约束。

例 1-1：某线性传感器实测特性为 $y = x + 0.001x^2 - 0.0001x^3$、$x$、$y$ 分别为传感器的输入和输出，输入范围为 $0 \leqslant x \leqslant 10$。若以 $y = x$ 为传感器的参考输入/输出曲线特性，试计算该传感器的非线性误差，计算结果保留 3 位有效数字。

解：

$$\Delta = y_0 - y_1 = 0.001x^2 - 0.0001x^3$$

$$\Delta' = 0.002x - 0.0003x^2$$

$$y_{FS} = 10$$

$$x = \frac{20}{3}，\Delta_{\max} = 0.0148$$

$$e_l = \frac{0.0148}{y_{FS}} = \frac{0.0148}{10} = 1.48 \times 10^{-3}$$

2）多项式对线性特性曲线的影响。

传感器输入输出特性曲线可以采用多项式（multinomial function）表达，不同项对于线性的影响是不同的，选择适当的多项式对于减少特性曲线的非线性非常重要。

①理想的线性特性。

如图 1-3（a）所示，设：$a_0=a_2=a_3=\ldots=a_n=0$，则有：$s_n = \frac{y}{x} = a_1 = 常数$。因为直线上任何点的斜率都相等，所以传感器的特性曲线为：

$$y = a_1 x \tag{1-3}$$

理想线性特性：没有零位输出，只有线性项，没有高次项；灵敏度全范围相同，就是直线的斜率。

②仅有偶次非线性项。

如图 1-3（b）所示，设：$a_0=a_3=a_5=\ldots=0$，传感器的特性曲线为：

$$y=a_1x+a_2x^2+a_4x^4+\ldots \tag{1-4}$$

偶次项会带来下列不利影响：非单调的可能（多对一的关系）、非对称（关于原点非对称）、线性范围较窄。一般传感器设计很少采用这种特性。

③仅有奇次非线性项。

在图 1-3（c）中，设：$a_0=a_2=a_4=\ldots=0$，传感器的特性曲线为：

$$y=a_1x+a_3x^3+a_5x^5+\ldots \tag{1-5}$$

特性曲线相对坐标原点是对称的，即：

$$y(x)=-y(-x)$$

高次项都是非线性项，由于奇次项关于原点的对称性，使得传感器在输入量 x 的较大范围内有较好的准线性。但既然是准线性，就不是线性的，所谓相当大的范围，是指这样的范围内非线性带来的误差是可以接受的。多项式表达的线性特性曲线示意如图 1-3 所示。

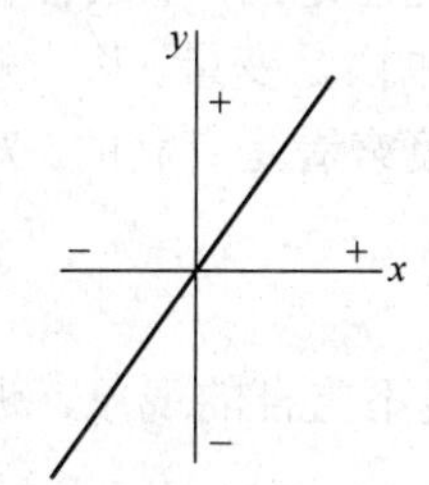

（a）理想的线性特性

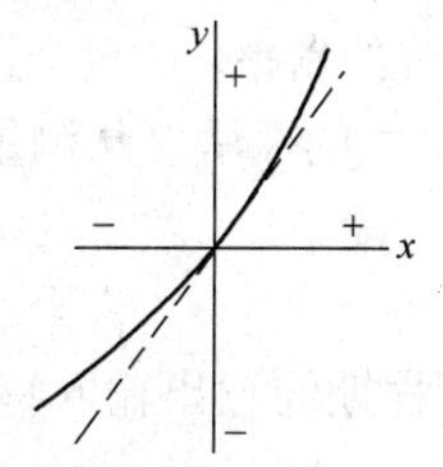

（b）仅有偶次项的线性特性

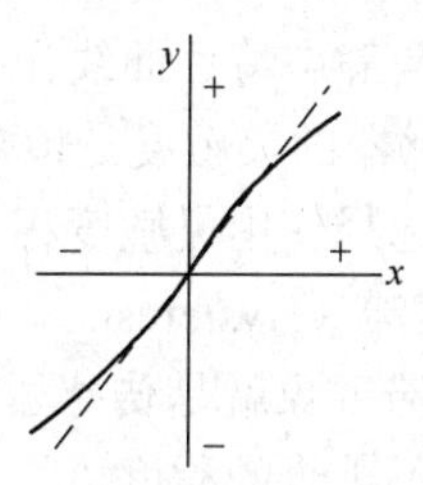

（c）仅有奇次项的线性特性

图 1-3　多项式表达的线性特性曲线

3）传感器的非线性误差。

传感器的非线性误差是指实际特性曲线与拟合直线之间的偏差，通常取偏差最大值与输出满度值之比作为评价非线性误差（或线性度）的指标。将实际特性曲线按一定计算方法拟合为某拟合直线的过程称为非线性特性传感器的线性化。非线性特性传感器的线性化是建立在线性化的结果的误差在可以接受的范围之内的情况下进行的，因此通常有一些约束条件，比如方次不高、输入量变化范围不大。这些约束实际上就是在限制误差的大小。如果线性化的结果很大程度上扭曲了对传感器被测量的认识，这样的线性化是没有意义的。

传感器的非线性误差通常取偏差最大值与输出满度值之比作为评价非线性误差（或线性度）的指标。不同拟合直线情况下的非线性误差计算式如下：

$$e_l=\pm\frac{\Delta\max}{Y_{FS}}\cdot 100\% \tag{1-6}$$

式中，e_l 为非线性误差（线性度），$\Delta\max$ 为最大非线性绝对误差，Y_{FS} 为输出满量程。

线性度是传感器静态特性指标中一个很重要的指标。讨论线性度，实际上意味着在使用传感器的时候会忽略一些非线性的东西，而将传感器的输出输入关系近似地看作线性。在必要的情况下需要注意非线性的补偿问题。

线性度的衡量实际是通过非线性误差来体现的，非线性误差是实际曲线与拟合直线之间的偏差，随着拟合直线的方法的不同，非线性误差的大小也就不尽相同，因此通常非线性误差都是针对特定的线性定义而言的，常用的线性定义的方法是最小二乘法。

（2）灵敏度（Sensitivity）。

灵敏度指传感器在稳态下输出变化对输入变化的比值，用 S_n 来表示，如图 1-4 所示。

$$S_n = \frac{\text{输出量的变化}}{\text{输入量的变化}} = \frac{\mathrm{d}y}{\mathrm{d}x} \tag{1-7}$$

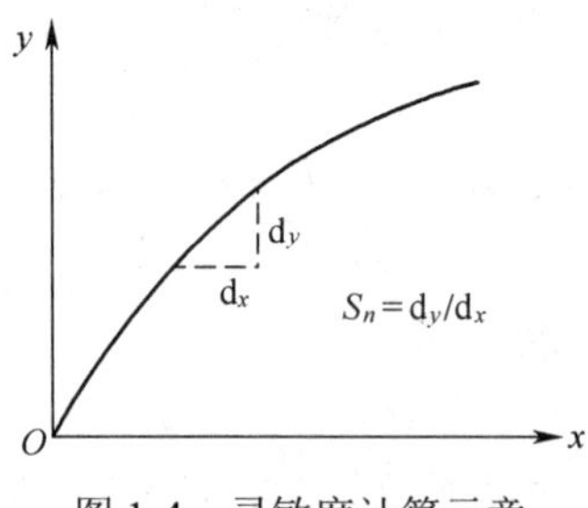

图 1-4　灵敏度计算示意

灵敏度是输出变化对输入变化的比值。灵敏度体现的是单位输入的变化有多大的输出变化。线性传感器的灵敏度是静态特性的斜率，在整个量程范围内是恒定的，非线性传感器的灵敏度实际上是静态特性曲线在某处的切线的斜率，在整个量程范围内是变量。从一般意义上而言，希望传感器的灵敏度是恒定的，而且大的灵敏度从测量的角度来看是有利的。对非线性传感器，可以选择使用灵敏度相对恒定的一段。

（3）迟滞（Hysteresis）。

所谓迟滞现象就是传感器在正反行程期间输出输入特性曲线不重合的现象，迟滞特性指标表征这种不重合的程度。

正行程：输入从量程范围的最小值开始逐渐增加直到输入量程范围的最大值。

反行程：输入从量程范围的最大值开始逐渐减小直到输入量程范围的最小值。

从理想的情况而言，不管是正行程还是反行程，同样的输入应该对应同一个输出，否则就会出现一对多的关系。但是在传感器的应用过程中，却难免会碰到迟滞的现象，这个现象是由传感器内部存在的缺陷导致的，比如轴承摩擦、间隙、紧固件松动、材料的内摩擦、积尘等。对应于同一大小的输入信号，传感器正反行程的输出信号大小不相等的现象就是迟滞现象。

迟滞特性的大小通常只能通过实验的方法确定，既按照传感器标定的方法，在满足一定条件的情况下，正行程逐点输入，测得输出的值，然后反行程逐点输入，测得输出的值，从而得到正反行程所对应的输出输入关系曲线，然后再进一步得到传感器的迟滞特性指标。

迟滞特性对于传感器是不利的，在选择传感器的时候应该尽量选择迟滞小的传感器，也就是说选择正反行程输出输入特性尽量一致的传感器。

迟滞的表示：用正反行程中最大输出差值对满量程输出的百分比表示，如图 1-5 所示。

$$e_l = \frac{\Delta\max}{2y_{FS}} \cdot 100\% \tag{1-8}$$

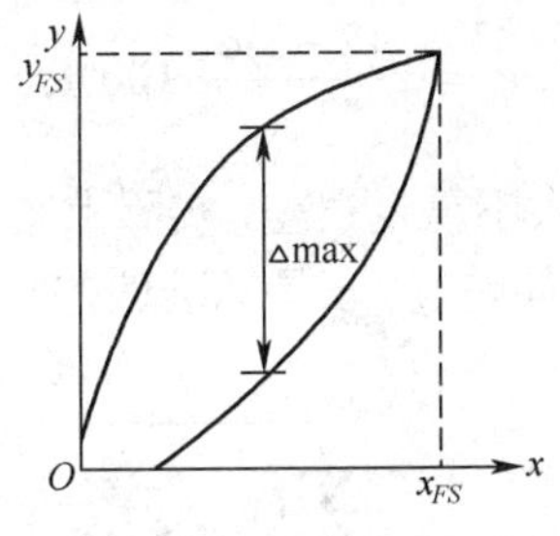

图 1-5 迟滞示意图

例 1-2：一非线性传感器正反行程的实测特性为：

$$y_d = 1 - 0.01x + x^2 + 0.0025x^3 \qquad y_u = 1 + 0.01x + x^2 - 0.0025x^3$$

若以 $y_{FS} = 1 + x^2$ 为传感器的参考输入输出特性曲线，x、y 分别为传感器的输入和输出，输入范围为 $0 \leqslant x \leqslant 2$，试计算该传感器的迟滞误差，计算结果保留 3 位有效数字。

解：传感器正反行程的迟滞特性为：

$$\Delta = \left| y_u - y_d \right| = \left| 0.02x - 0.005x^3 \right|$$

利用 $\dfrac{\partial \Delta}{\partial X}=0$，求得 $X = \dfrac{2}{\sqrt{3}}$ 时 Δ 最大。

$$\Delta \max = 0.0154$$

$$e_l = \frac{\Delta \max}{2y_{FS}} \cdot 100\% = 0.193\%$$

（4）重复性（repeatability）。

传感器的重复性是指传感器输入量在同一方向做全量程内连续重复测量所得输出输入特性曲线不一致的程度。重复性体现的是一种随机性的指标，它与迟滞指标关注的是不同的两个侧面，迟滞指标关注的是正反行程的差别，而重复性关注的是同一行程过程中多次测量情况下的不一致性。从一定程度上可以这样认为，迟滞是一种系统原因带来的误差，而重复性则是更多地体现一种随机性的误差。当然，重复性误差也在一定程度上体现了系统的因素。不重复性指标一般采用输出最大不重复误差与满量程输出的百分比表示（式 1-9），或者采用标准偏差与满量程输出的百分比表示（式 1-10），其示意如图 1-6 所示。

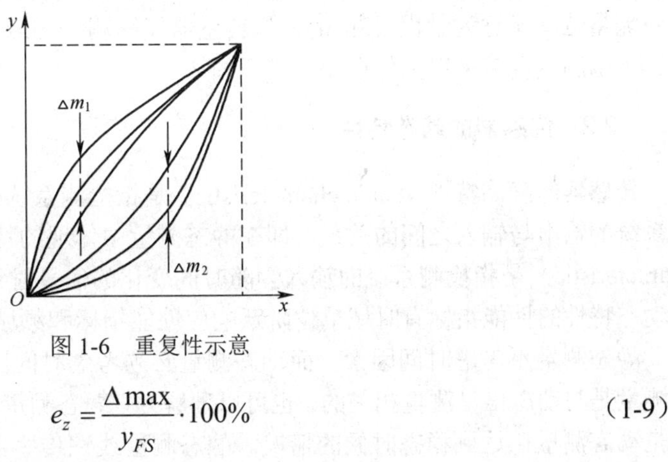

图 1-6 重复性示意

$$e_z = \frac{\Delta \max}{y_{FS}} \cdot 100\% \tag{1-9}$$

一般误差服从高斯分布，所以该式可以表达为：

$$e_z = \pm \frac{(2-3)\sigma}{y_{FS}} \cdot 100\% \tag{1-10}$$

上述表达式中，△max 表示最大不重复误差，实际上是正行程与反行程在分别多次测量后各自偏差的最大值中的较大的一个偏差值。σ 是标准偏差，在误差符合正态分布的情况下可以根据贝塞尔公式来计算，如下：

$$\sigma = \sqrt{\frac{\sum_{i-1}^{n}(y_i - \overline{y})^2}{n-1}} \tag{1-11}$$

式中，y_i 是测量值，y 是测量值的算术平均值，n 是测量次数，实际上可以这样来描述，多次测量，每次有最大不重复误差，最大不重复误差偏离均值的程度，标准偏差。

（5）分辨力（Resolution）。

分辨力是描述传感器可以感受到的被测量最小变化的能力。若输入量缓慢变化且变化值未超过某一范围时输出不变化，即此范围内分辨不出输入的变化，只有当输入量变化超过此范围时输出才发生变化。一般地，各输入点能分辨的范围不同，人们将用满量程中使输出阶跃变化的输入量中最大的可分辨范围作为衡量指标，在传感器零点附近的分辨力称为阈值，即：分辨力=量程/分辨率。

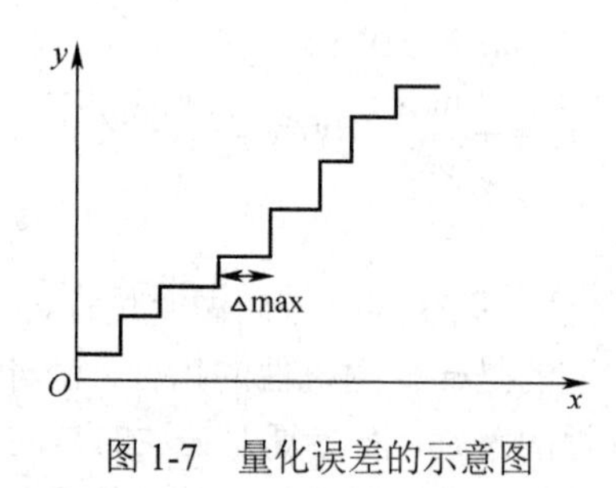

图 1-7 量化误差的示意图

（6）温漂（Thermal Drift）。

温漂又称为温度稳定度（Temperature coefficient），环境温度的变化带来的输出值的变化，通常用温度系数来描述温度引起的误差。

（7）测量范围（Measuring range）。

测量范围又称为量程（Span），指传感器能够测量的最小值与最大值之间的范围。超过传感器范围测量会带来很大的误差，甚至损坏。

1.2.2 传感器的动态特性

传感器的静态特性（static characteristic）是指检测系统的输入为不随时间变化的恒定信号时系统的输出与输入之间的关系，即在静态测量中体现的特性。传感器的动态特性（dynamic characteristic）是指检测系统的输入为随时间变化的信号时系统的输出与输入之间的关系。主要动态特性的性能指标有时域单位阶跃响应性能指标和频域频率特性性能指标。

静态测量不考虑时间因素，而动态测量必须考虑时间因素。在实际的测试过程中，更多的测量是与动态信号测量相关的。也可以理解为，静态测量实际上是动态测量的一个特例，也就是动态测量在达到稳态时候的情况。静态测量线性传感器的输出输入特性有一一对应的关系，被测信号为稳态信号，不随时间发生变化，测量和记录过程不受时间限制。例如用皮筋拴住一个钢球，先用手托住钢球，让皮筋先处于自然状态，然后突然放开钢球。如果按照静态特性描述，钢球的重量一定，那么皮筋应该是处于拉伸特定长度的状态，但实际上真是这样吗？答案是否定的，我们将会看到一个振荡的过程，经过一段时间之后，皮筋才能够处于一个特定的拉伸长度。什么原因导致这样的现象出现呢？动态特性、时间因素、阶跃输入等，应该说，如果输入不发生变化，就不会产生上述的现象，输入变化的情况下，动态特性怎么样，或者说输出的变换怎么样跟上输入的变化，就体现了传感器的动态特性。研究动态特性主要是从误差的角度分析产生动态误差的原因以及改进的措施。刚度、质量等因素明显会影响到皮筋最终达到稳定的时间以及钢球跳动的幅度等。

传感器对动态信号的测量任务是精确地测量信号幅值的大小，测量和记录动态信号变换过程的波形。传感器的动态特性是传感器对动态信号输入的响应特性。与静态特性相比较，时间因素是一个非常重要的因素，比如阶跃响应，那么在达到稳态的时候，与相应的静态特性基本是一致的。但动态特性，要求体现从阶跃输入开始到输出达到稳定的整个过程。通常在动态信号输入的情况之下输出将不会与输入信号具有完全相同的时间函数，这种输出与输入之间的差异就是所谓的动态误差。研究动态特性主要是从测量误差角度分析产生动态误差的原因及改进的措施。

例如热电偶测量水温的实验过程：用恒温水槽，水温 T，环境温度 T_0，热电偶首先处于外部环境中，稳定后，反映环境温度 T_0；将热电偶迅速插入到恒温水槽中，这时候热电偶感受的温度参数发生突变，由 T_0 到 T；那么此时，热电偶输出反映的温度就是 T 吗？答案通常情况之下是否定的，通常可以看到热电偶反映的温度有一个逐渐上升的过程，最终会达到 T，而这样的一个过程就是热电偶动态特性的一个体现，如图 1-8 所示。

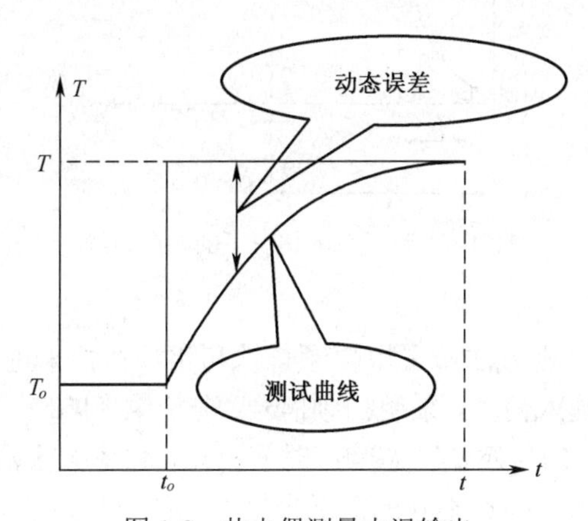

图 1-8　热电偶测量水温输出

输入是温度的突变，是阶跃输入，如果传感器的动态特性足够好的话，那么传感器的输出也应该是一个阶跃输出，但上面的例子中热电偶总是需要一定的时间才能够指示出正确的温度，动态特性越好的热电偶，需要的时间会越短；而在特定时刻，热电偶示出的温度与真实的恒温水槽温度之间的差别就是某时刻的动态误差，这是与时间因素相关的误差。

（1）传感器动态特性分析。

研究传感器的动态特性通常可以从时域（time domain）和频域（frequency domain）两个方面来进行分析，时域分析常采用瞬态响应法，输入信号一般为阶跃函数（phase step function）、脉冲函数（pulse function）、斜波函数（oblique wave function）；频域分析采用幅频分析法，输入信号一般为正弦函数（sine function）。

1）时域分析。

实际上从理论的角度上说，冲激信号包含最丰富的频率成分，时域分析的时候如果采用冲激信号应该是最理想的，但冲激信号并不容易得到，相对来说，阶跃信号更容易实现，因此时域分析或标定的时候通常会采用阶跃信号输入，分析动态特性常用指标有以下几个：

①上升时间(rise time)：指输出指示值从最终稳定值的5%或10%上升到最终稳定值的95%或90%所需要的时间；在脉冲信号测量中，常采用10%到90%需要的时间作为上升时间，上升时间与系统（传感器）的带宽之间是有内在联系的，工程上可以根据上升时间大致估计系统的带宽。

②响应时间（response time）：是指从输入量开始起作用到输出指示值进入稳定值所规定的范围内所需要的时间。这个时间与规定的范围有关，这个时间意味着，从这个时间之后输出指示值将全部落在规定的范围之内。

③过调量（overshoot）：是指输出第一次达到稳定值后又超出稳定值而出现的最大偏差，通常用相对于稳定值的百分比来表示。

图1-9所示为传感器在阶跃输入情况下的响应曲线。

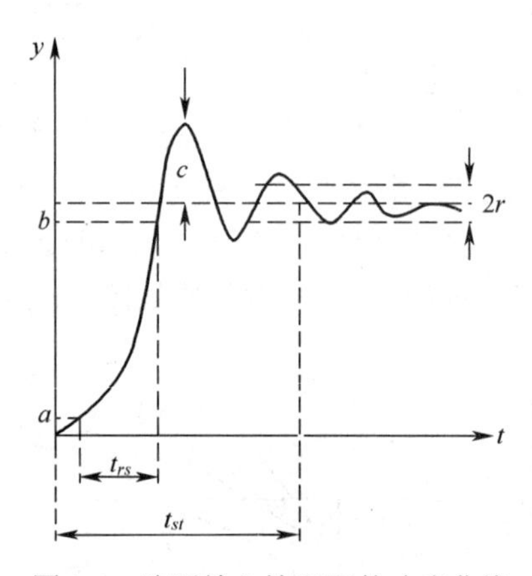

图1-9 阶跃输入情况下的响应曲线

2）频域分析。

研究频域动态特性，分析方法常采用幅频特性和相频特性来进行。单频的正弦输入信号是理想的频域分析方法的输入信号，采用扫频信号，分析频率响应，测试不同频率的输入信号下输出的情况。动态特性好的传感器暂态响应时间很短，频率响应范围宽。时域和频域两种分析方法存在内在的必然联系，根据不同的情况采用不同的分析方法。

幅频特性反映的是不同频率信号输入在输出幅度上的变化，相频特性反映的是不同频率信号输入在输出相位上的变化。对于不同频率的信号，传感器的输出对不同频率信号的衰减程度不同，称为幅频特性。对于不同频率的信号输入，传感器的输出信号的相位随频率不同而不同，称为相频特性。

频带宽度（带宽，bandwidth）指标体现的是系统通过信号的能力，通常带宽与衰减的程度相关，一般情况下，常用3dB带宽的概念，dB是一种比值对数关系。带宽之外的频率信号输入，输出将会有一个很大的衰减。

（2）传感器动态特性模型。

为了进一步研究系统的动态特性，需要建立动态特性的数学模型。理想的传感器在动态测量的情况下输出量能够随着输入量无失真地变化。实际上传感器总是存在弹性、阻尼、惯性等元件，从而使得传感器的输出不仅与输入相关，而且还与输入量的速度、加速度等有关。在工程上，通常可以采用近似方法，忽略影响不大的因素，基于线性时不变系统理论来描述传感器的动态特性。

线性时不变系统有两个十分重要的性质：叠加性和频率保持性，这两个性质为动态特性分析奠定了理论基础。

叠加性：当一个系统有 n 个激励同时作用时，响应为这 n 个激励单独作用的响应之和；各输入所引起的输出互不影响。

频率保持性：当线性系统的输入为某一频率信号时，系统的稳态响应也为同一频率的信号。

假设传感器为线性时不变系统，可以用常系数线性微分方程来表示传感器的输入和输出量之间的关系，其数学模型如下：

$$\begin{aligned} & a_n \frac{\mathrm{d}^n y}{\mathrm{d}t^n} + a_{n-1}\frac{\mathrm{d}^{n-1} y}{\mathrm{d}t^{n-1}} + \cdots + a_1 \frac{\mathrm{d}y}{\mathrm{d}t} + a_0 y \\ & = b_m \frac{\mathrm{d}^m x}{\mathrm{d}t^m} + b_{m-1}\frac{\mathrm{d}^{m-1} x}{\mathrm{d}t^{m-1}} + \cdots + b_1 \frac{\mathrm{d}x}{\mathrm{d}t} + b_0 x \end{aligned} \tag{1-12}$$

式中，a_n，a_{n-1}，…，a_0 和 b_m，b_{m-1}，…，b_0 均为与系统结构有关的常数。

常见的传感器数学模型有以下几种：

- 零阶传感器（如滑线电阻器），其数学模型如下：

$$a_0 y(t) = b_0 x(t) \tag{1-13}$$

- 一阶传感器（如热电偶），其数学模型如下：

$$a_1 \frac{\mathrm{d}y(t)}{\mathrm{d}t} + a_0 y(t) = b_0 x(t) \tag{1-14}$$

- 二阶传感器（如振动传感器、压力传感器），其数学模型如下：

$$a_2 \frac{\mathrm{d}^2 y(t)}{\mathrm{d}t^2} + a_1 \frac{\mathrm{d}y(t)}{\mathrm{d}t} + a_0 y(t) = b_0 x(t) \tag{1-15}$$

零阶传感器的输出只与输入有关，没有惯性、阻尼、弹性这样的特性；一阶传感器除了与输入有关外，还与之前输出的变化有关。

工程上常用拉普拉斯变换（简称拉氏变换）来研究线性微分方程。

如果 $y(t)$ 是时间变量 t 的函数，并且当 $t \leqslant 0$ 时 $y(t)=0$，则它的拉氏变换 $Y(s)$ 定义为：

$$Y(s) = \int_0^{\infty} y(t)\mathrm{e}^{-st}\mathrm{d}t \tag{1-16}$$

式中，s 是复变量，$s = \beta + \mathrm{j}\omega$，$\beta > 0$。

定义其初始值均为 0 时，输出 $y(t)$ 的拉氏变换 $Y(s)$ 和输入 $x(t)$ 的拉氏变换 $X(s)$ 之比称为传递函数，记为 $H(s)$。传递函数是一个只与系统结构参数有关、能够联系输入与输出的、描述传感器传递信息特性的函数。输入与输出函数及它们的各阶时间导数的初始值均为 0，即被激励前不储能。

$$H(s) = \frac{L[y(t)]}{L[x(t)]} = \frac{Y(s)}{X(s)} = \frac{b_m s^m + b_{m-1}s^{m-1} + \cdots + b_1 s + b_0}{a_n s^n + a_{n-1}s^{n-1} + \cdots + a_1 s + a_0} \tag{1-17}$$

（3）传感器频响的特性。

传感器的频率响应就是在初始条件为 0 时，输出的傅立叶变换与输入的傅立叶变换之比，是在频域对系统传递信息特性的描述，频率响应函数 $H(j\omega)$ 的计算公式如下：

$$Y(j\omega)=\int_0^{\infty} y(t)\mathrm{e}^{-j\omega t}\mathrm{d}t \tag{1-18}$$

$$X(j\omega)=\int_0^{\infty} x(t)\mathrm{e}^{-j\omega t}\mathrm{d}t \tag{1-19}$$

$$H(j\omega)=\frac{Y(j\omega)}{X(j\omega)}=\frac{b_m(j\omega)^m+b_{m-1}(j\omega)^{m-1}+\cdots+b_1(j\omega)+b_0}{a_n(j\omega)^n+a_{n-1}(j\omega)^{n-1}+\cdots+a_1(j\omega)+a_0} \tag{1-20}$$

$Y(s)$、$X(s)$ 和 $H(s)$ 三者之间，知道任意两个，就可以求得第三个，这样在特定输入激励的情况下，测得系统的响应，那么系统的特性就可以确定。频率响应函数实际上是传递函数（Transfer function）的一个特例。与传递函数相比，频率响应函数是在稳定的常系数线性系统中用傅氏变换取代拉氏变换的结果，它是在频域对系统传递特性的描述。

频率响应函数 $H(j\omega)$ 通常是复函数，它可用指数形式表示：

$$H(j\omega)=A(\omega)\mathrm{e}^{j\omega} \tag{1-21}$$

式中，$A(\omega)=|H(j\omega)|$，$\varphi=\arctan(H(j\omega))$。

传感器的幅频特性为：

$$A(\omega)=|H(j\omega)|=\sqrt{[H_R(\omega)]^2+[H_I(\omega)]^2} \tag{1-22}$$

传感器的相频特性为：

$$\varphi(\omega)=\arctan-\frac{H_I(\omega)}{H_R(\omega)} \tag{1-23}$$

由于单位冲激函数 δ 的拉氏变换为 1，在这个输入信号激励下，输出信号的拉氏变换直接体现系统的传递特性。此时系统的输出函数就是系统的冲激响应函数。冲激响应函数是在时域描述传感器的动态特性，它与传递函数是等价的。所以在分析系统动态特征时，常使用 δ 函数。

δ 函数的拉氏变换：

$$\begin{aligned}\Delta(s)&=L[\delta(t)]=\int_{-\infty}^{\infty}\delta(t)\mathrm{e}^{-st}\mathrm{d}t\\&=\mathrm{e}^{-st}\big|_{t=0}=1\end{aligned} \tag{1-24}$$

冲激响应函数 $h(t)$：

$$h(t)=L^{-1}[H(s)]=L^{-1}[Y(s)]=y_\delta(t) \tag{1-25}$$

得到系统的冲激响应函数就知道了系统的特性。对于任意的输入所引起的响应都可以利用冲激响应函数和激励函数的卷积来得到，即系统的响应 $y(t)$ 等于冲激响应函数 $h(t)$ 同激励 $x(t)$ 的卷积：

$$\begin{aligned}y(t)&=h(t)*x(t)=\int_0^t h(\tau)x(t-\tau)\mathrm{d}\tau\\&=\int_0^t x(\tau)h(t-\tau)\mathrm{d}\tau\end{aligned} \tag{1-26}$$

一个复杂的传感器系统往往可以看成若干零阶、一阶和二阶传感器并联或串联形成的，所以传感器动态特性分析主要针对一阶和二阶传感器进行。灵敏度在动态特性分析中常采用规一化的方式进行简化，这样的规一化对传感器的动态特性并没有什么特别的影响，只是一个比例关系的问题，放大或缩小多少倍。在定性的研究中，采用规一化的方式可以简化相应的分析和计算。

1）一阶传感器的频率响应。

对于一阶系统，分析它的动态特性时主要关注的指标就是时间常数。

$$a_1\frac{\mathrm{d}y(t)}{\mathrm{d}t}+a_0y(t)=b_0x(t) \tag{1-27}$$

等式同除系数 a_0 得：

$$\frac{a_1}{a_0}\frac{\mathrm{d}y(t)}{\mathrm{d}t}+y(t)=\frac{b_0}{a_0}x(t) \tag{1-28}$$

式中，a_1/a_0 具有时间的量纲，称为传感器的时间常数（time constant），记为 τ；b_0/a_0 是传感器的灵敏度 S_n，具有输出/输入的量纲。灵敏度规一化后这类传感器的传递函数、频率特性、幅频特性和相频特性分别为：

$$H(s)=\frac{1}{\frac{a_1}{a_0}s+1}=\frac{1}{\tau s+1} \tag{1-29}$$

$$H(j\omega)=\frac{1}{\tau(j\omega)+1} \tag{1-30}$$

$$A(\omega)=\frac{1}{\sqrt{1+(\omega\tau)^2}} \tag{1-31}$$

$$\varphi(\omega)=-\arctan(\omega\tau) \tag{1-32}$$

分析一阶传感器的灵敏度规一化的结果（如图 1-10 所示），可以注意到传递函数中时间常数 τ 就是一阶系统唯一有关传递特性的变量。频率响应函数，幅频特性、相频特性也都与时间常数相关。

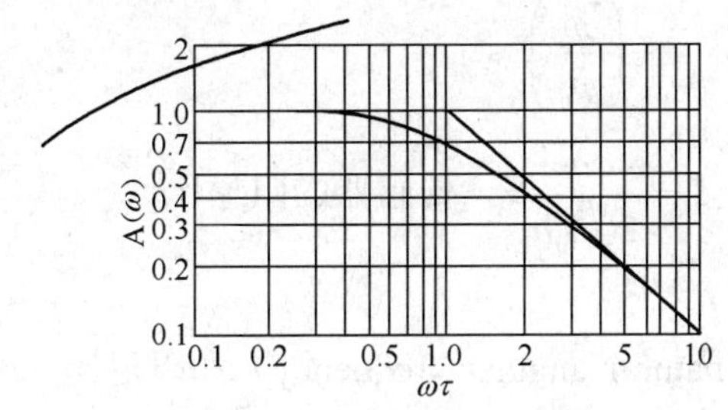

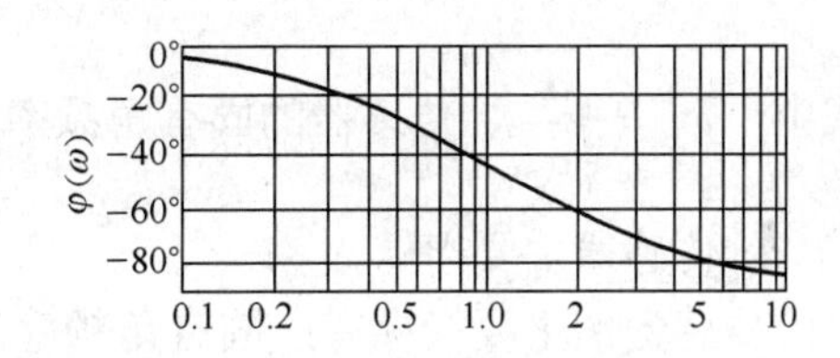

$A(\omega)\approx1$，它表明传感器输出与输入为线性关系。

$\varphi(\omega)$ 很小，$\mathrm{tg}\varphi\approx\varphi$，$\varphi(\omega)\approx\omega\tau$，相位差与频率 ω 成线性关系。

图 1-10　一阶传感器的频率特性

幅频特性：时间常数，记为 $\omega\tau<<1$ 时，$A(\omega)\approx1$，也就是说，这样的情况下，输出信号幅度与输入信号幅度相比，基本没有衰减。

相频特性：当 $\omega\tau$ 很小的时候，相位差与频率 ω 成线性关系。

当时间常数很小的时候，基本无失真。

例 1-3　已知传感器属于一阶传感器，先用于测量 100Hz 的正弦信号，如幅值的误差限制在±5%，问传感器的时间常数 τ 应取多少？若用该传感器测 50Hz 的正弦信号，相应的幅值和相位差（滞后）是多少？

$$|1-A(\omega)|=\left|1-\frac{1}{\sqrt{1+(\tau\omega)^2}}\right|=0.05$$

$$\tau=0.000525$$

若用该传感器测 50Hz 的正弦信号，相应的幅值和相位差（滞后）为：

$$A(\omega)=\frac{1}{\sqrt{1+(\tau\omega)^2}}=\frac{1}{\sqrt{1+(0.000525\times3.14\times100)^2}}=1.012$$

$$\varphi(\omega)=-\arctan(\tau\omega)=-\arctan(0.000525\times3.14\times100)\approx8.93°$$

2）二阶传感器的频率响应。

$$a_2\frac{\mathrm{d}^2y(t)}{\mathrm{d}t^2}+a_1\frac{\mathrm{d}y(t)}{\mathrm{d}t}+a_0y(t)=b_0x(t) \tag{1-33}$$

其传递函数、频率响应、幅频特性和相频特性分别为：

$$H(s)=\frac{{\omega_n}^2}{s^2+2\zeta\omega_n s+{\omega_n}^2} \tag{1-34}$$

$$H(j\omega)=\frac{1}{\left[1-\left(\frac{\omega}{\omega_n}\right)^2\right]+2j\zeta\left(\frac{\omega}{\omega_n}\right)} \tag{1-35}$$

$$A(\omega)=\left\{\left[1-\left(\frac{\omega}{\omega_n}\right)^2\right]^2+4\zeta^2\left(\frac{\omega}{\omega_n}\right)^2\right\}^{\frac{1}{2}} \tag{1-36}$$

$$\varphi(\omega)=-\arctan\frac{2\zeta\left(\frac{\omega}{\omega_n}\right)}{1-\left(\frac{\omega}{\omega_n}\right)^2} \tag{1-37}$$

式中，$\omega_n=\sqrt{\frac{a_0}{a_2}}$，传感器的固有角频率；$\zeta=\frac{a_1}{2\sqrt{a_0a_2}}$，传感器的阻尼比。

①二阶传感器主要指标。

二阶传感器的主要指标有：固有角频率（natural angular frequency）和阻尼比（damping ratio）。

二阶传感器频率特性如图 1-11 所示。

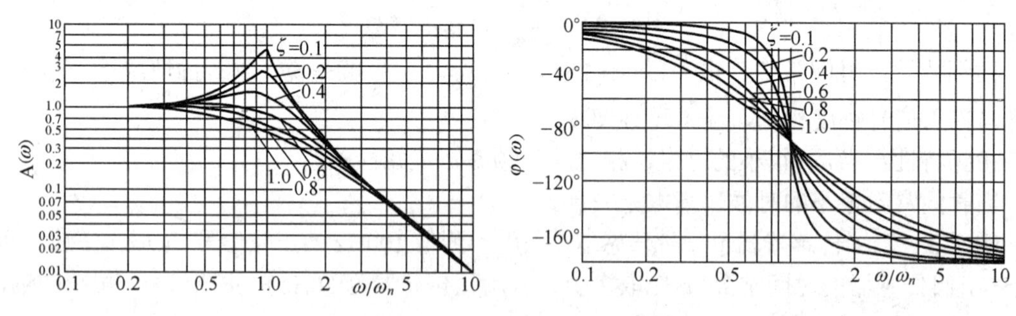

图 1-11　二阶传感器的频率特性

②二阶传感器的动态特性分析。

幅频特性：阻尼比越小，频率响应在固有频率处上冲越大（共振），0.3 之前幅度基本没有衰减。

相频特性：阻尼比越小，在固有频率之前相位差越小，在固有频率之后相位差越大。

二阶传感器的频率响应特性好坏，主要取决于固有频率和阻尼比。为了减小动态误差和扩大频响范围，一般采用提高传感器的固有频率的方法。阻尼比是传感器设计和选用时要考虑的另一个重要参数，有欠阻尼、临界阻尼、过阻尼的概念。一般系统工作于欠阻尼状态。为了使测试结果能精确地再现被测信号的波形，在传感器设计时必须使阻尼比 $\xi<1$，固有频率至少应大于被测信号频率的（3～5）倍。

例 1-4　设有一个二阶系统的力传感器，已知传感器的固有频率为 800Hz，阻尼比 $\zeta=0.14$。问使用该传感器测试 400Hz 的正弦力时，其幅值 $A(\omega)$ 和相位角 $\varphi(\omega)$ 各为多少？若该传感器的阻尼比改为 $\zeta=0.7$，问 $A(\omega)$ 和 $\varphi(\omega)$ 又将如何变化？

$$\begin{cases} A(\omega)=\left\{\left[1-\left(\dfrac{\omega}{\omega_n}\right)^2\right]^2+4\zeta^2\left(\dfrac{\omega}{\omega_n}\right)^2\right\}^{-\frac{1}{2}} \\ \varphi(\omega)=-\arctan\dfrac{2\zeta\left(\dfrac{\omega}{\omega_n}\right)}{1-\left(\dfrac{\omega}{\omega_n}\right)^2} \end{cases}$$

式中，$\omega_n=\sqrt{\dfrac{a_0}{a_2}}$，传感器的固有角频率；$\zeta=\dfrac{a_1}{2\sqrt{a_0a_2}}$，传感器的阻尼比。

$$\frac{\omega}{\omega_n}=\frac{400\times 2\pi}{800\times 2\pi}=0.5，\ \zeta=0.14$$

$$A(\omega)\approx 3.16\text{V}$$

$$\varphi(\omega)\approx -10.4°$$

若该传感器的阻尼比改为 0.7：

$$A(\omega)\approx 1\text{V}$$

$$\varphi(\omega)\approx -53.3°$$

1.2.3　传感器的测量误差与其他特性

物理量在客观上有着确定的数值，称为真值。然而在实际测量时，由于实验条件、实验方法和仪器精度等的限制或者不够完善，以及实验人员技术水平和经验等原因，使得测量值与客观存在的真值之间有一定的差异。测量值 x 与真值 x_0 的差值称为测量误差 δ，简称误差，即 $\delta=x-x_0$。

任何测量都不可避免地存在误差，所以一个完整的测量结果应该包括测量值和误差两个部分。既然测量不能得到真值，那么怎样才能最大限度地减小测量差并估算出这个误差的范围呢？要回答这些问题，首先要了解误差产生的原因及其性质。

1. 误差的分类

测量误差按其产生的原因与性质可分为系统误差、随机误差和过失误差三大类。

（1）系统误差（systematic error）。

系统误差的特点是有规律的，测量结果都大于真值或小于真值，或在测量条件改变时误差也按一定规律变化。系统误差的产生有以下几方面原因：

①由于测量仪器的不完善、仪器不够精密或安装调整不妥，如刻度不准、零点不对、砝码未经校准、天平臂不等长、应该水平放置的仪器未放水平等。

②由于实验理论和实验方法的不完善，所引用的理论与实验条件不符，如在空气中称质量而没有考虑空气浮力的影响，测微小长度时没有考虑温度变化使尺长改变，量热时没有考虑热量的散失，测量电压时未考虑电压表内阻对电压的影响，标准电池的电动势未作温度校正等。

③由于实验者生理或心理特点、缺乏经验等而产生误差。例如有些人习惯于侧坐斜视读数、眼睛辨色能力较差等，使测量值偏大或偏小。

减小系统误差是实验技能问题，应尽可能采取各种措施将它减小到最低程度。例如将仪器进行校正、改变实验方法或者在计算公式中列入一些修正项以消除某些因素对实验结果的影响、纠正不良习惯等。系统误差是可以修正的。

（2）随机误差（random error）。

在相同条件下，对同一物理量进行重复多次测量，即使系统误差减小到最小程度之后，测量值仍然出现一些难以预料和无法控制的起伏，而且测量值误差的绝对值和符号在随机地变化着，这种误差称为随机误差，又称偶然误差。随机误差主要来源于人们视觉、听觉和触觉等感觉能力的限制以及实验环境偶然因素的干扰。例如温度、湿度、电源电压的起伏、气流波动以及振动等因素的影响。从个别测量值来看，它的数值带有随机性，似乎杂乱无章。但是，如果测量次数足够多的话，就会发现随机误差遵循一定的统计规律，可以用概率理论估算它。

（3）过失误差（gross error）。

在测量中还可能出现错误，如读数错误、记录错误、估算错误、操作错误等因素引起的误差，称为过失误差，也称粗大误差。过失误差已不属于正常的测量工作范畴，应当尽量避免。克服错误的方法，除端正工作态度、严格工作方法外，可用与另一次测量结果相比较的办法发现并纠正，或者运用异常数据剔除准则来判别因过失而引入的异常数据并加以剔除。

直接测量值不可避免地存在误差，显然由直接测量值根据一定的函数关系经过运算而得到的间接测量值也必然有误差存在。怎样来估算间接测量值的误差实质上是要解决一个误差传递的问题，即求得估算间接测量值误差的公式，这种公式称为误差传递公式。

2. 误差的传递

当测量如图 1-12 所示的长方体体积时，可以直接测量体积，也可以先测量长方体的长 L、宽 W、高 H，再按照公式 V=L*W*H 计算体积，但后者更为简便。

如果先测量 L、W、H，测量中含有误差 ΔL、ΔW 和 ΔH，按 V=f(L,W,H)计算出的体积 V 中也必然会有误差 ΔV，且其与 ΔL、ΔW 和 ΔH 之间也有一定的函数关系，可以用函数式来表示 ΔV=f(ΔL, ΔW, ΔH)，这就是误差的传递。

由两个以上（如 ΔL、ΔW、ΔH）或多个误差值合并成一个误差值（ΔV），叫做误差的合成。它是中间测量计算误差的基本方法。反过来，如上例中已知对 ΔV 的要求，进而要求确定具体测量时对 ΔL、ΔW、ΔH 的要求，这就是误差的分配或者误差的分解。它是设计仪器和装置时不可缺少的步骤，即从仪器总的精度要求出发，确定仪器各组成部分和环节的精度要求。

要解决误差的合成与分配问题，首先要明确总的合成误差和各单项误差之间的函数关系，再按它们之间的变量关系进行计算。这实际上就是由多元函数的各个自变量的增量综合求函数增量或做相反计算的问题。

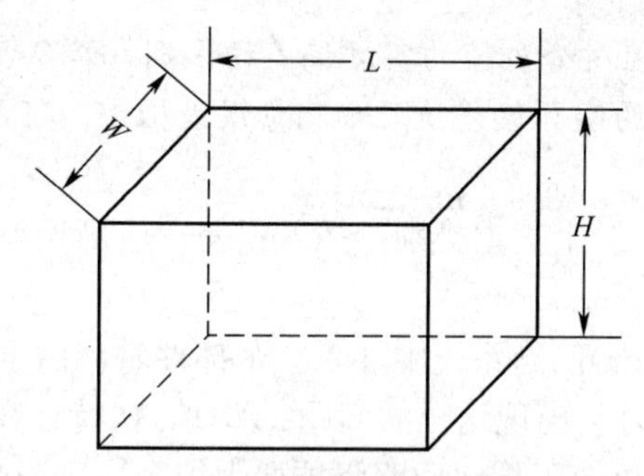

图 1-12　长方体的体积测量

1）系统误差的合成。

设有 n 个直接被测量值 $x_1, x_2, \cdots, x_m$，它们与合成后的间接被测量值 y 之间的函数关系为 $Y = f(x_1, x_2, \cdots, x_m)$。

其全微分式为：

$$\mathrm{d}y = \frac{\partial f}{\partial x_1}\mathrm{d}x_1 + \frac{\partial f}{\partial x_2}\mathrm{d}x_2 + \frac{\partial f}{\partial x_3}\mathrm{d}x_3 + \cdots + \frac{\partial f}{\partial x_m}\mathrm{d}x_m \tag{1-38}$$

实际计算误差时，是以各直接测量值的定值系统误差 Δx_i 来代替上式中的 $\mathrm{d}x_i$，即：

$$\Delta y = \frac{\partial f}{\partial x_1}\Delta x_1 + \frac{\partial f}{\partial x_2}\Delta x_2 + \cdots + \frac{\partial f}{\partial x_m}\Delta x_m \tag{1-39}$$

Δx_i 很小时，这种近似对实际计算精度的影响也很微小，可以忽略不计。

式中，各 $\partial f / \partial x_i$ 为误差传递系数，即各个定值系统误差 Δx_i 合成到总的定值系统误差 Δy 中去的传递比值。在已知函数 $y = f(x)$ 的各 x_i 点上，$\partial f / \partial x_i$ 均为固定值。

例 1-5　用弓高弦长法测圆弧半径（如图 1-13 所示），其函数关系式为 $R = h/2 + S^2/8H$。今测得弦长 S=500mm，弓高 H=50mm，若已知测量中有定值系统误差，ΔS=0.1mm，ΔH=0.05mm，求消除此定值系统误差后的半径值。

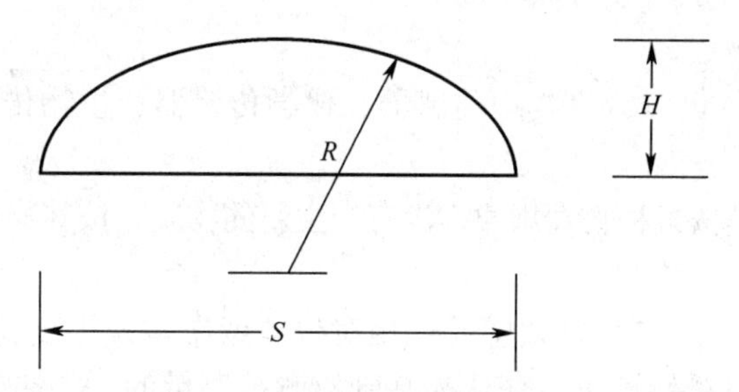

图 1-13　用弓高弦长法测圆弧半径

解：

$$R = \frac{H}{2} + \frac{S^2}{8H} = \frac{50}{2} + \frac{(500)^2}{8 \times 50} = 650\text{mm}$$

$$\Delta R = \frac{\partial R}{\partial S}\Delta S + \frac{\partial R}{\partial H}\Delta H = -0.35\text{mm}$$

计算结果说明，和对 R 的综合影响是使测得的 R 值 650mm 小于应有值 R，故消除与影响后，半径 R 应为 R=650+0.35=650.35。

如在误差合成前先修正，即将 S=499.9，H=49.95 带入公式直接计算，仍然可以得到半径 R 应为 650.35。结果相同，但计算复杂一些。

注意：测量误差与测量值对公称值的实际偏差的区别，如 S=500mm，H=50mm 为公称值，测量误差为测得值对公称值的实际偏差值，如测量误差很小，可忽略不计。

2）传感器误差的来源。

传感器误差的来源分为 5 个基本类别：插入误差、应用误差、特性误差、动态误差和环境误差。

插入误差（Insertion error）：当系统中插入一个部件时，由于改变了测量参数而产生的误差，一般是在进行电子测量时会出现这样的问题。例如，伏特计在回路中测量电压，自身的阻抗对测量会有一些影响，如果该阻抗比回路阻抗要大很多，则影响很小，反之则很大。

应用误差（Application error）：由操作人员产生，产生的原因很多。例如，温度测量时，探针放置错误或探针与测量地点之间不正确的绝缘。

特性误差（Characteristic error）：设备本身固有的，它是设备理想的、公认的转移功能特性和真实特性之间的差。这种误差包括 DC 漂移值、斜面的不正确或斜面的非线性。

动态误差（Dynamic error）：许多传感器具有较强阻尼，因此它们不会对输入参数的改变进行快速响应。如热敏电阻需要数秒才能响应温度的阶跃改变。如果具有延迟特性的传感器对温度的快速改变进行响应，输出的波形将失真，因为其间包含了动态误差。产生动态误差的因素有响应时间、振幅失真和相位失真。

环境误差（Environmental error）：来源于传感器使用的环境，包括温度、摆动、震动、海拔、化学物质挥发或其他因素。

利用智能传感器可以很方便地修正系统误差，也可以采用平均（mean）或滤波（filtering）的方法减少随机误差。

1.3　传感器的选择

传感器按不同分类方法可以分成不同类型。

1. 从原理上进行分类

从原理上进行分类，可以分为物理传感器、化学传感器、生物传感器等。

（1）物理传感器。

传感器的工作原理是按某种物理规律，没有产生新的物质。按其物理规律的不同可以分为：

1）结构型传感器。

结构型传感器的工作原理是以敏感元件相对位置或结构发生变化引起场的变化为基础检测被测量的，而不是以材料特性发生变化为基础检测被测量的。这些变化导致的改变通常可以按物理学中场的定律定义或结构的变化给出，这些定律包括动力场的运动力学、电磁场的电磁定律、胡克定律等，这些定律一般和空间坐标有关，所以这些方程式也就是许多传感器工作时的数学模型。结构型传感器包括电参量式传感器（电阻式传感器、电感式传感器、电容式传感器）、磁电式传感器（磁电感应式传感器、霍尔式传感器、磁栅式传感器）、波式传感器（超声波式传感器、微波式传感器）等。

2）物性型传感器。

物性型传感器的工作原理是以敏感元件的材料特性发生变化为基础检测被测量的，是按照物质定律定义的，如光电效应、热电效应等。由于物质定律是表示物质某种客观性质的法则，因此物性型传感器的性能随着材料的性质不同而不同。例如，热电偶就是物性型传感器，它按照物质法则中的热电效应，其特性与电极材料的性质密切相关。物性型传感器包括：压电式传感器（压电式力传感器、压电式加速度传感器、压电式压力传感器）、光电式传感器（红外式传感器、CCD 摄像式传感器、光纤式传感器、激光式传感器）、热电式传感器（热电偶等）、半导体式传感器（半导体温度传感器、半导体湿度传感器等）、射线式传感器（核辐射物位计、厚度计、密度计）等。

3）复合型传感器。

由结构型和物性型组合而成、兼有两者特征的传感器称为复合传感器，主要包括气电式传感器（半导体气体传感器、集成复合型气体传感器）。

（2）化学传感器。

传感器的工作原理是按某种化学规律实现的，在检测过程中产生了新物质。比如电化学毒气检测传感器，它是由膜电极和电解液灌封而成的。气体浓度信号将电解液分解成阴阳带电离子，通过电极将信号传出。它的优点是：反应速度快、准确（可用于 ppm 级）、稳定性好、能够定量检测，但寿命较短（大于等于两年）。

（3）生物传感器。

传感器的工作原理是按某种有机物的反应规律实现的。比如常见的血糖试纸，它的敏感物质就是某种酶。

2. 从电路供电方式进行分类

（1）无源传感器。

无源传感器也叫能量转换型传感器，主要由能量变换元件构成，它不需要外部电源。如基于压电效应、热电效应、光电动势效应构成的传感器都属于无源传感器。

（2）有源传感器。

有源传感器也叫能量控制型传感器，在信息变化过程中，其能量需要外部电源供给。如电阻、电容、电感等电路参量传感器和基于应变电阻效应、磁阻效应、热阻效应、光电效应、霍尔效应等的传感器均属于有源传感器。

3. 按用途进行分类

按用途分类的传感器有：温度传感器、气体传感器、生物传感器、光敏传感器、力敏传感器、声敏传感器、湿度传感器、磁敏传感器、流量传感器、其他传感器。

4. 按信号输出方式进行分类

按信号输出方式可分为模拟传感器和数字传感器。凡输出量为模拟量的传感器称为模拟传感器，而输出量为数字量的传感器称为数字传感器。

5. 按传输、转换过程进行分类

按传输、转换过程可以分为单向传感器和双向传感器。

根据传输、转换的过程是否可逆，传感器可分成双向（可逆）传感器和单向（不可逆）传感器。

传感器的分类方法大致可分成五种，最常用的是按原理分类和按用途分类两种方法，但这两种分类方法存在的缺陷是很难严格归类，常出现分类的交叉、重叠和混淆的情况。但考虑到理解的方便，本书的分类方法主要采用按原理分类。

1.4　传感器的标定

传感器进行标定的目的是为了确定其输入/输出特性。具体的方法是使用一定等级的仪器产生输入量并检测输出量。通过输入量和输出量的对比获得标定曲线，并将标定曲线与理论曲线对比分析，获得传感器的动静态特性。

传感器的标定是对整个传感器系统的实验，通常包括以下内容：

（1）确定传感器输入/输出信号间的数学模型。

（2）设计标定实验，给传感器加一定输入。

（3）测量传感器输出，并根据回归分析或其他数据处理方法处理数据。

（4）分析模型并修正模型。

根据参考标准不同，可将标定分为两种：绝对式标定（absolute calibration）和比较标定（comparison calibration）。绝对式标定采用计量标准作参考，而比较标定采用与标定传感器对比。

1.4.1 传感器的静态标定

静态标定主要是为了检验或检定传感器的静态指标和特性，这些特性包括精度、灵敏度、线性度、重复性等。

（1）静态标定条件。

静态标定环境条件：没有加速度、振动、冲击，环境温度一般为室温，相对湿度不大于85%，大气压力为101±8kPa。

（2）静态标定设备要求。

标定仪器设备的精度等级：标定传感器时，测量仪器的精度至少要比标定传感器的精度高一个等级。

（3）静态标定方法。

静态特性标定的方法为：

①将传感器全量程（测量范围）分成若干等间距点。

②根据传感器量程分点情况由小到大逐点输入标准量值并记录下相对应的输出值。

③将输入值由大到小逐点减少，并记录相应的输入输出值。

④按②、③所述过程对传感器进行正反行程往复循环多次测试，将得到的输出输入测试数据用表格列出或画成曲线。

⑤对测试数据进行必要的处理，根据处理结果就可以确定传感器相应的静态特性指标。

（4）静态标定的目的。

静态标定的目的为确定传感器的静态特性指标，如线性度、灵敏度、迟滞和重复性等。

1.4.2 传感器的动态标定

1. 动态标定的目的

传感器的动态标定主要用于确定传感器的动态特性指标。

2. 动态标定的设备

对传感器进行动态标定时，需要对它输入一种标准激励信号，产生这种信号需要使用标准激励信号源。常用的标准激励信号分为周期信号和瞬变信号两类。周期信号有正弦波、三角波等，常用的是正弦波。瞬变信号有阶跃波、半正弦波等，以阶跃波最为常用。以振动和压力标定为例，常见的标准激励信号源为：振动标定设备。能产生振动的装置称为激振器或振动台，它是标定用来测振动与冲击的各种类型的加速度传感器、速度传感器、位移传感器、力传感器和压力传感器的重要设备。振动台种类繁多，有机械式、液压式、压电式、电磁式等多种形式，其中电磁式用得最多。从振动频率上又分为高频、低频、中频等种类。

低频激振器工作频率范围为十分之几到几十 Hz，中频激振器为几到几千 Hz，一般用电磁式激振器。电磁式激振器按照磁场形成方法的不同有永磁式和励磁式两种。前者多用于小型激振器，后者多用于大型激振台。它们的原理与电磁式传感器相同，只不过将输入与输出对换来实现电能到机械能的转换。

用振动台按绝对标定法进行标定时，关键是精确测量振动台在正弦信号激励下的振幅。测振幅可用读数显微镜直接观察振动物体表面参考线的运动距离，也可用激光干涉法。前者适用于测 0.01mm 以上的振幅，后者适于测米级的振幅。

高频振动台频率为几千到几百万 Hz，加速度值可达重力加速度的几百倍，负荷一般只有零点几 N。结构多用压电式，原理是利用逆压电效应。

其他激振器包括液压振动台和机械振动台。液压振动台是用高压液体通过电液伺服阀驱动做功筒进而推动台面产生振动的激振设备，其低频响应好、推力大，往往用来作为大吨位激振设备。机械振动台种类很多，最常用的是偏心惯性质量式。原理是电机带动一偏心质量块旋转，从而产生振动。改变电机转速或通过变速机构改变偏心惯性质量块的转速即可改变振动频率，调整惯性质量块的偏心距可改变振动加速度。机械振动台虽然简单，但是有噪声，还往往叠加有因撞击或摩擦产生的高频噪声。

压力标定设备包括周期函数压力发生器和非周期函数压力发生器。

周期函数压力发生器按工作原理分为 4 类：谐振空腔校验器、非谐振空腔校验器、转动阀门式方波压力发生器、喇叭式压力发生器。

谐振空腔校验器通常为一封闭空腔，用适当方法产生空气谐振，装在空腔壁上的传感器则能感受到周期变化的力。

非谐振空腔校验器的原理是用一定方式调制通过容器的气流，使容器内的气体产生周期变化的压力。

转动阀门式方波压力发生器的原理是通过管道内阀门的关闭来产生方波压力信号，压力频率受轴的转速控制。使用转动阀门式方波压力发生器应避开管路系统的固有频率，一般用于低频。

喇叭式压力发生器的工作原理类似于动圈式扬声器，音圈受正弦信号激励，带动音膜振动，使空气耦合腔内压力变化。目前压力发生器频率可超过 100kHz。但频率越高，所能产生的动态压力幅度越小。

非周期函数压力发生器主要包括激波管、快速阀门装置和落球装置等。

激波管是用来产生平面激波的一种设备。所谓激波是指气体在某处压力突然发生变化并传播的压力波。

激波管分为高压室和低压室。高压室与低压室之间用膜片隔开，高压室通以压缩空气，低压室通常是一个大气压的空气。用破膜针刺破膜片后，高压段气体向低压段挤过去，即形成向低压段传播的激波。

快速阀门装置结构很多，但基本原理相同，都是将待标传感器安装在一个容积很小的容腔壁上，当这个小容腔通过快速阀门与一个高压容腔接通时，作用在传感器上的压力就迅速上升到一个稳定值，从而使传感器感受到一个阶跃压力波。为加速压力跃升速度，应尽量减小小容腔的容积，并尽量提高阀门的动作速度。

落球装置的原理是在落球与活塞碰撞时使装置内液体产生一个近似半正弦压力脉冲。

3．动态标定的方法

传感器动态标定的方法是使用标准激励信号源产生输入量，并采用高速采集系统检测输出量，通过分析输出量的特性实现动态标定。传感器动态特性的标定实际上是对传感器某些决定动态响应的特性指标进行标定，这样的一些指标属于传感器固有的特性，它们决定了传感器的动态特性，一阶传感器只有一个时间常数τ，二阶传感器则有固有频率ω_n和阻尼比ξ两个参数。

从一阶系统和二阶系统对各种典型输入信号的响应来看，冲激响应最能够直接体现传感器的动态特性，但冲激激励在实现上有一定的难度，而阶跃输入相对来说实现比较容易，而且又能够充分揭示传感器的动态特性，因此在动态特性的时域分析或标定中，常用它作为传感器的输入。

当然也可以采用频域分析的方法来分析和标定传感器的动态特性，通过一系列正弦输入测得相应的幅频特性和相频特性，然后求得一阶传感器的时间常数和二阶传感器的阻尼比、固有频率。

（1）一阶传感器时间常数标定。

一阶传感器有以下两种标定方法：

- 测得阶跃响应之后，取输出值达到最终值的63.2%所经过的时间作为时间常数τ，但这样确定的时间常数实际上没有涉及响应的全过程，测量结果的可靠性仅仅取决某些个别的瞬时值。
- 利用一阶系统的阶跃响应函数，通过数学变形，用引入z的方式得到z与t之间的线性关系，而这样的线性关系的联系由时间常数来表达，$z—t$曲线的斜率与时间常数之间有直接的联系。可以通过测得的阶跃响应在不同时刻的输出值拟合作出$z—t$曲线，然后求得时间常数，这样的方法考虑了瞬态响应的全过程。注意，虽然阶跃响应可能要经过很长时间才能够达到稳态输出，但不一定需要测很长时间，而是可以测足够长时间即可利用已知的这些点来作出$z—t$曲线。

由于一阶传感器的阶跃响应函数为：

$$y_u(t)=1-\mathrm{e}^{\frac{t}{\tau}} \tag{1-40}$$

改写后得：

$$\mathrm{e}^{\frac{t}{\tau}}=1-y_u(t) \tag{1-41}$$

或

$$z=-\frac{t}{\tau} \tag{1-42}$$

式中，$z=\ln[1-Y_u(t)]$。

$z=-t/\tau$表明z和时间t为线性关系，并且有$\tau=-\Delta t/\Delta z$，因此可以根据测得的$y_u(t)$值作出$z-t$曲线，并根据$\Delta t/\Delta z$的值获得时间常数。

（2）二阶装置阻尼率的标定方法（阶跃响应）。

1）二阶装置可以根据测得的过冲M计算阻尼比，此时：

$$M=\mathrm{e}^{-\left(\frac{\zeta}{\sqrt{1-\zeta^2}}\right)} \tag{1-43}$$

或

$$\zeta=\sqrt{\frac{1}{\left(\frac{\pi}{\ln M}\right)^2+1}} \tag{1-44}$$

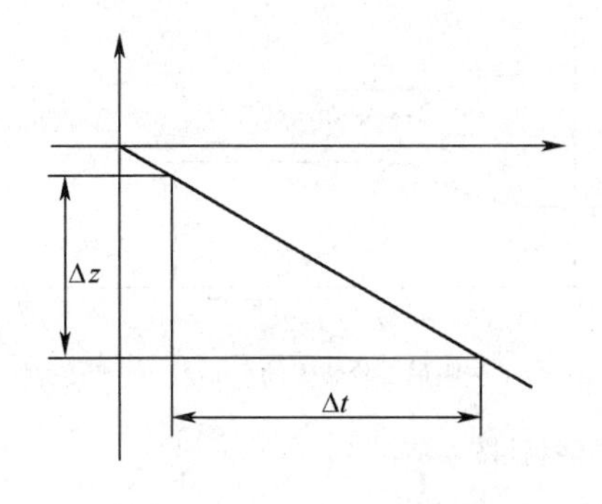

图 1-14　z 和 t 的关系图

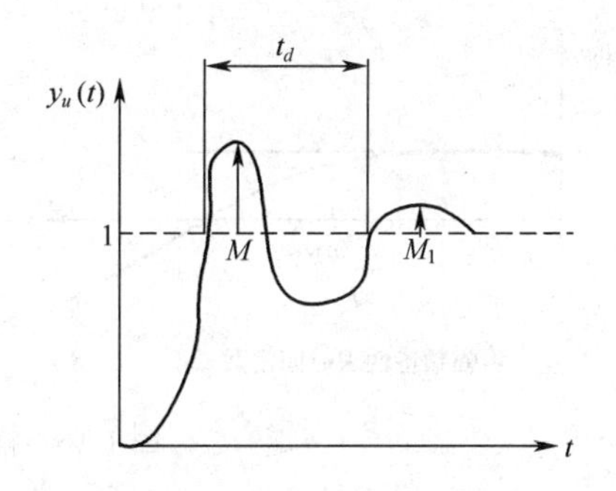

图 1-15　瞬态响应全过程

因此，测得 M 之后，便可按照上式或者与之相应的图来求得阻尼率 ζ 。

2）如果测得阶跃相应的较长瞬变过程，那么可以利用任意两个过冲量 M_i 和 $M_{i+\text{n}}$ 来求得阻尼率 ζ ，其中 n 是该两峰值相隔的周期数（整数）。设 M_i 峰值对应的时间为 t_i，则 M_{i+n} 峰值对应的时间为：

$$t_{i+n} = t_i + 2n\pi / \sqrt{1-\zeta^2} \tag{1-45}$$

将它们带入上式，可以得到：

$$\text{In}\frac{M_i}{M_{i+n}} = \text{In}\left[\frac{\mathrm{e}^{-\zeta\omega_n ti}}{\exp\left(-\zeta\omega_n\left(t_i + \dfrac{2n\pi}{\omega_n\sqrt{1-\zeta^2}}\right)\right)}\right] \tag{1-46}$$

整理后可得：

$$\zeta = \sqrt{\frac{\sigma_n^2}{\sigma_n^2 + 4\pi^2 n^2}} \tag{1-47}$$

其中：

$$\sigma_n = \text{In}\frac{M_i}{M_{i+n}} \tag{1-48}$$

若考虑，当 $\zeta < 0.1$ 时以 1 代替 $\sqrt{1-\zeta^2}$ ，此时不会产生过大的误差（不大于 0.6%），则上式可以改写为：

$$\zeta = \frac{\text{In}\dfrac{M_i}{M_{i+n}}}{2n\pi} \tag{1-49}$$

若装置是精确的二阶装置，那么 n 值采用任意正整数所得的 ζ 值不会有差别；反之，若 n 取不同值，获得不同的值，则表明该装置不是线性二阶装置。

3）输入正弦信号，测定输出和输入的幅值比与相位差来确定装置的幅频特性和相频特性，如图 1-16 所示，再根据幅频特性和相频特性图求一阶装置的时间常数和欠阻尼二阶装置的阻尼比 ζ 、固有频率 ω_n 。

最后必须指出，若测量装置不是纯粹的电气系统，而是机械－电气或者其他物理系统，一般很难获得正弦的输入信号，但获得阶跃输入信号却很方便。所以在这种情况下，使用阶跃输入信号来测定装置的参数也就更为方便了。

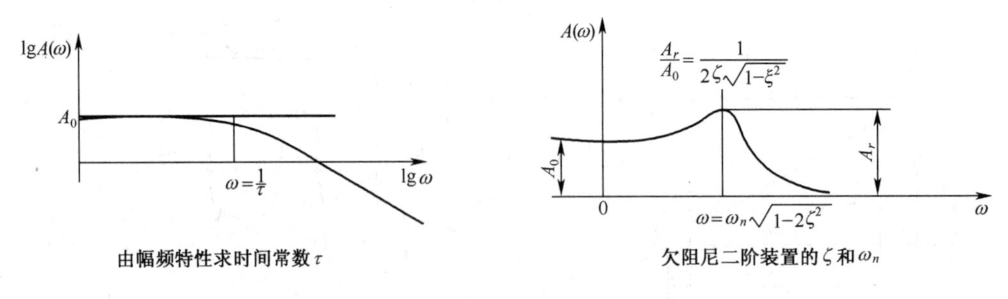

图 1-16 幅频特性和相频特性图

1.5 数据采集

数据采集系统是指从传感器和其他待测设备中自动采集非电量或电量信号，并送到上位机处理的系统。它是结合基于计算机或者其他专用测试平台的测量软硬件产品来实现灵活的、用户自定义的测量系统。数据采集器的主要功能为：自动传输功能、自动存储、即时反馈、实时采集、自动处理、即时显示。数据采集器采用计算机平台，测量记录数据简单，在操作正常的情况下能实现零错误，且能高效地进行数据统计分析。数据采集在多个领域有着十分重要的应用，如在工业、工程、生产车间等部门，尤其是在对信息实时性能要求较高或者恶劣的数据采集环境中更突出其应用的必要性。

模拟信号转换为数字信号包含以下 3 个过程：

（1）采样（sampling）。所谓采样就是按照一定的时间间隔 Δt 获取连续时间信号 $f_{(t)}$ 的一系列采样值 $f(n*\Delta t)(n=1,2,3,\cdots,\infty)$，即时间量化，将连续时间信号转变成采样信号。

（2）量化（quantization）。将离散时间信号的幅值分成若干等级，其中时间量化决定着 A/D 的采样速率，幅值量化决定着 A/D 的数据位数。

（3）编码（coding），即数字量化，给每个幅值等级分配一个代码。

1.5.1 采样

1. *采样原理*

采样是将一连续信号转换成一个数值序列的过程。采样过程是在时间上以 T 为单位间隔来测量连续信号的值，T 称为采样间隔。采样过程产生一系列的数字，称为样本。样本代表了原信号，每一个样本都对应着测量这一样本的特定时间点。采样间隔的倒数，$1/T$ 为采样频率 f_s，单位为样本/秒，即赫兹（Hz）。

信号的重建是对样本进行插值的过程，即从离散的样本 $x[n]$中用数学的方法确定连续信号 $x(t)$。采样定理指采样过程所应遵循的规律，又称取样定理、抽样定理。采样定理说明采样频率与信号频谱之间的关系，是连续信号离散化的基本依据。采样定理是 1928 年由美国电信工程师 H.奈奎斯特首先提出来的，因此称为奈奎斯特采样定理。1933 年由苏联工程师科捷利尼科夫首次用公式严格地表述这一定理，因此在苏联文献中称为科捷利尼科夫采样定理。1948 年信息论的创始人 C.E.香农对这一定理加以明确地说明并正式作为定理引用，因此在许多文献中又称为香农采样定理。采样定理在数字式遥测系统、时分制遥测系统、信息处理、数字通信和采样控制理论等领域得到广泛的应用。

采样定理要解决的问题是：连续信号通过采样变成了离散信号，需要满足什么条件才能将原来的连续信号从采样样本中完全重建出来。从信号处理的角度来看，采样定理描述了两个过程：其一是采样，这一过程将连续时间信号转换为离散时间信号；其二是信号的重建，这一过程将离散信号还原成连续信号。

应用采样定理需要满足以下两个条件：

- 被采样的信号必须是带限的，即信号中高于某一给定值的频率分量必须是0或至少非常接近于0，这样在重建信号中这些频率成分的影响可以忽略不计。
- 为了不失真地恢复模拟信号，采样频率应该不小于模拟信号频谱中最高频率的2倍。

采样定理有两种使用方法，如果已知信号的最高频率 f_H，采样定理给出了保证完全重建信号的最低采样频率。这一最低采样频率称为临界频率或奈奎斯特采样率，通常表示为 f_N。相反，如果已知采样频率，采样定理给出了保证完全重建信号所允许的最高信号频率。采样定理有许多表述方式，但最基本的表述方式是时域采样定理和频域采样定理。

（1）时域采样定理。

频带为 F 的连续信号 $f(t)$ 可用一系列离散的采样值 $f(t_1), f(t_1 \pm \Delta t), f(t_1 \pm 2\Delta t)$，...来表示，只要这些采样点的时间间隔 $\Delta t \leqslant 1/2f$，便可根据各采样值完全恢复原来的信号 $f(t)$。时域采样定理的另一种表述方式是：当时间信号函数 $f(t)$ 的最高频率分量为 f_M 时，$f(t)$ 的值可由一系列采样间隔小于或等于 $1/2f_M$ 的采样值来确定，即采样点的重复频率 $f \geqslant 2f_M$。时域采样定理是采样误差理论、随机变量采样理论和多变量采样理论的基础。

（2）频域采样定理。

对于时间上受限制的连续信号 $f(t)$（即当 $|t|>T$ 时，$f(t)=0$，这里 $T=T_2-T_1$ 是信号的持续时间），若其频谱为 $F(\omega)$，则可在频域上用一系列离散的采样值来表示，只要这些采样点的频率间隔 $\omega \leqslant \pi/t_m$。

2. 欠采样（undersampling）

欠采样是在测试设备带宽能力不足的情况下采取的一种手段，相当于增大了测试设备的带宽，从而达到可以采样更高频率信号的能力。根据采样理论，对复杂信号（由数种不同频率的分量信号组成）进行采样时，如果采样时钟频率不到信号中最大频率的2倍，则会出现一种称为“混叠”的现象。当采样时钟频率足够低时，则导致一种称为“欠采样”的混叠，利用这一点可以使高频载波传输带宽降到较低的频段以便检测和解调，从而为A/D转换提供了充裕的模拟带宽。使用欠采样技术可以用较低的采样率实现对高频周期信号的采样。

一个频率正好是采样频率一半的弦波信号通常会混叠成另一相同频率的波弦信号，但它的相位和幅度改变了。以下两种措施可避免混叠的发生：

- 提高采样频率，使之达到最高信号频率的2倍以上。
- 引入低通滤波器或提高低通滤波器的参数，该低通滤波器称为抗混叠滤波器。抗混叠滤波器可限制信号的带宽，使之满足采样定理的条件。从理论上来说，这是可行的，但是在实际情况中是不可能做到的。因为滤波器不可能完全滤除奈奎斯特频率之上的信号，所以采样定理要求的带宽之外总有一些“小的”能量。不过抗混叠滤波器可使这些能量足够小，以至可以忽略不计。

简而言之，欠采样就是采样频率低于信号带宽的2倍的要求。实际应用时，对周期信号有意义，需要获取多个采样序列，每个序列平移一定的时间间隔。比如采样周期为4ms，信号周期为1000ms，采样250次，再将采样起点向后调节2ms，再采样250次，将两次采样按第一次第一个点，第二次第一个点，这样交替排序就得到500点的采样数据。相当于采样频率提高了一倍，这样要求信号的每个周期变化很小，否则就没有意义了。

3. 过采样（oversampling）

过采样是使用远大于奈奎斯特采样频率的频率对输入信号进行采样。设数字音频系统原来的采样频率为f_s，通常为44.1kHz或48kHz。若将采样频率提高到$R\times f_s$，R称为过采样比率，并且$R>1$。在这种采样的数字信号中，由于量化比特数没有改变，故总的量化噪声功率也不变，但这时量化噪声的频谱分布发生了变化，即将原来均匀分布在$0\sim f_s/2$频带内的量化噪声分散到了$0\sim Rf_s/2$的频带上。图1-17表示的是过采样时的量化噪声功率谱。

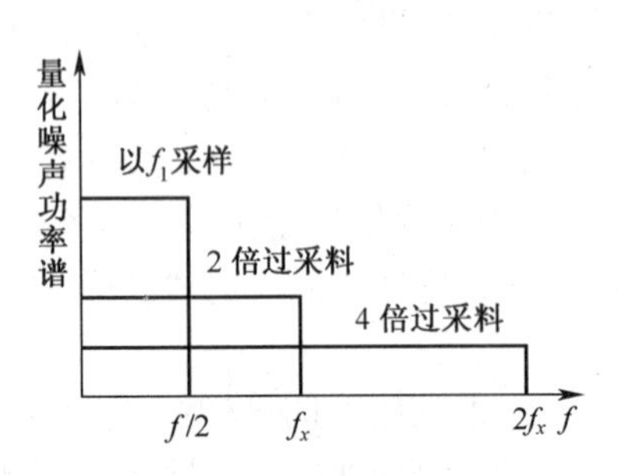

图1-17 量化噪声功率谱

若$R>>1$，则$Rf_s/2$就远大于音频信号的最高频率f_m，这使得量化噪声大部分分布在音频频带之外的高频区域，而分布在音频频带之内的量化噪声就会相应减少，于是通过低通滤波器滤掉f_m以上的噪声分量，就可以提高系统的信噪比。这时，过采样系统的最大量化信噪比公式如下：

$$\left(\frac{S}{N_q}\right)_{\text{dB}} \approx 6.02n + 1.76 + 10\lg\frac{Rf_s}{2f_m} \quad \text{(dB)} \qquad (1\text{-}50)$$

式中，f_m为音频信号的最高频率，Rf_s为过采样频率，n为量化比特数。从上式可以看出，在过采样时，采样频率每提高一倍，则系统的信噪比提高3dB，换言之，相当于量化比特数增加了0.5个比特。由此可以看出，提高过采样比率可以提高A/D转换器的精度。但是单靠这种过采样方式来提高信噪比的效果并不明显，所以还得结合噪声整形技术。

过采样技术主要有两个应用方向：一个是与噪声整形和数字滤波技术一起实现一种新的ADC结构——∑-ADC；另一个是用过采样方法提高现有N位ADC的分辨率，同时来减小系统中ADC需要的模拟滤波器的精度要求。

4. 随机采样

从采样时间间隔角度上可以将采样分成均匀采样和非均匀采样两种。

（1）均匀采样。

均匀采样的采样时间间隔完全相等，实际中由于采样设备和被采样信号的限制，完全均匀采样是无法实现的，只可以近似完全均匀采样。

由采样定理知，均匀采样的优点主要有以下两点：

- 均匀采样是最简单的采样方式，并且非常直观、易于实现。
- 均匀采样得到的离散序列非常适合数字化处理，易于实现快速算法。

均匀采样存在明显的缺点：根据香农采样定理，均匀采样时的采样频率必须大于信号带宽的2倍，于是在信号频率很高时，采样频率会使在工程实践中无法实现或实现成本很高。因而，非均匀采样更为普遍些。随机采样就是一种非均匀采样的方法。随机采样中每个采样点的选择是完全随机的，是理想化的非均匀采样。

（2）非均匀采样。

非均匀采样的采样间隔是变化的、非恒定的。常用的非均匀采样主要有两种：随机采样和伪随机采样。随机采样中每个采样点的选择是完全随机的，是理想化的非均匀采样；伪随机采样中每个采样点的选择是经过挑选的伪随机数。

1）非均匀采样原理。

1953 年 BLACK 首先提出了非均匀采样理论的最初形式，它给出了非均匀采样时信号重建的条件和可能性；1956 年 YEN 提出了更加详尽的非均匀采样理论，即如果信号是一个随时间变化的幅值函数，信号中的最高频率分量的频率为 ω，如果时间可分为以 T 秒为宽度的若干相等区域，其中 $T=N/2(\omega)$ 且在每个区域中采样点以任意方式排列情况下：

①当每个区域的采样点数为 N 时，通过采样时间和采样幅值，原信号可以被唯一确定。

②当采样点数小于 N 时，则称为欠确定情况，此时只有在附加条件的情况下信号才能被唯一确定。

③反之，当采样点数超过 N 时，则称为过确定情况，信号不能被任意赋值，还需要满足一定的严格条件。

当被测信号频率远高于 A/D 转换器最大采样频率时，根据采样定理，从 A/D 采样序列数据中重构信号波形是不可能的。但是，如果被测信号是周期信号，通过测量每次 A/D 采样序列起点与参考点（信号的触发时刻）的时间差，就能确定本次采样序列在信号波形中的位置。当这个时间差是随机分布，并且在很短的时间段内遍历其在一个 A/D 时钟内所有可能的取值时，通过分布在这个时间段上的随机采样序列的叠加，叠加次数 n 足够大时，可以遍历所有可能的波形采样过程，从而重构目标信号的完整采样波形，或者说等价于一个完整的波形采样。

在进行采样时，每个采样点的 V 值（电压值）由 A/D 转换器提供，而 t 值由下式给出：

$$t_n = t_{on} + nT \tag{1-51}$$

式中，T 为 A/D 转换器的采样周期，t_{on} 是第 N 次数据获得过程触发点与下一个采样时钟间的时间，t_n 是第 N 次数据获得过程第 n 个采样点相对于触发点的时间值。

由于输入信号的触发点和采样时钟的无关性，t_{on} 的值在 0～50ns 之间完全是随机的，而任意一次触发后每两点之间却是相关的，其时间差为一个采样时钟周期，即 50ns。一次触发完成一次数据获得过程，得到若干对离散的电压－时间值（对应波形显示上的若干个 V-t 坐标点）。由于信号的高频重复性和 t_{on} 的随机性，很快 t_{on} 就能在 0～50ns 以内构成波形。相应地，其他时间段的波形也被构成，它们一起组成了完整的被测信号波形。

如果周期为 T_0 的被测信号经过 m 次触发以后能够显示一个不失真的波形，那么构成的波形周期 $T = mT_0$，即显示的波形周期 T 与被测信号的周期 T_0 相比被显著地拉长了，这样就把高频信号转换成了低频信号，再将采集的数据以通用示波器显示方式给出，这就是随机采样的基本原理。

2）非均匀采样的实现。

非均匀采样系统的实现包括以下两个方面：

- 对信号进行非均匀采样得到非均匀采样信号。
- 进行非均匀采样算法处理。前一个方面主要是硬件实现的问题，即如何在硬件上实现对信号的非均匀采样；后一个方面主要是选择合适的处理算法，以便对信号进行适当的处理，得到所需的结果。从一般意义上来看，信号的每个采样点需要两个量来代表：采样值大小和采样时间。

对于均匀采样，由于任何两个采样点的间隔都是相等的，因此均匀采样只需要记录采样值和标记采样点的顺序即可。但是，对于非均匀采样，由于采样点的间隔是不相等的，因此非均匀采样除了要记录采样值大小以外，还需要记录采样时间。在实际实现中，非均匀采样必须考虑如何在特定的时间点上进行采样，这在对采样时间的精度要求很高时，比如要对 1GHz 的正弦信号进行采样，则采样时间的精度就必须是几个皮秒。

3）A/D 非均匀采样的控制方法。对信号进行非均匀采样的关键是如何精确控制 A/D 采样，有以下两种方法：

- 产生非均匀的采样时钟送往 A/D。
- A/D 的采样时钟是均匀时钟，但是通过控制 A/D 什么时候开始工作的时间来实现非均匀采样。

这两种方法都需要非均匀的控制信号。按照非均匀采样的理论，每个采样点的采样时间应该是完全随机的，但是这在实际实现中是不可能的或者很难实现。

1.5.2 量化

1. 量化的定义

在数字信号处理领域，量化是指将信号的连续取值（或者大量可能的离散取值）近似为有限多个（或较少的）离散值的过程。量化主要应用于从连续信号到数字信号的转换中。连续信号经过采样成为离散信号，离散信号经过量化即成为数字信号。注意离散信号通常情况下并不需要经过量化的过程，但可能在值域上并不离散，则还是需要经过量化的过程。信号的采样和量化通常都是由 ADC 实现的。按照量化级的划分方式分有均匀量化和非均匀量化。量化结果和被量化模拟量的差值称为量化误差，量化能分辨的最小单位称为分辨率。

2. 量化的维数

按照量化的维数分，量化分为标量量化和矢量量化。标量量化是一维的量化，一个幅度对应一个量化结果。而矢量量化是二维甚至多维的量化，两个或两个以上的幅度决定一个量化结果。

以二维情况为例，两个幅度决定了平面上的一点。而这个平面事先按照概率已经划分为 N 个小区域，每个区域对应着一个输出结果（码书，codebook）。由输入确定的那一点落在了哪个区域内，矢量量化器就会输出那个区域对应的码字（codeword）。矢量量化的好处是引入了多个决定输出的因素，并且使用了概率的方法，一般会比标量量化效率更高。

3. 量化的分类

量化分为均匀量化和非均匀量化。

均匀量化：ADC 输入动态范围被均匀地划分为 2^n 份。

非均匀量化：ADC 输入动态范围的划分不均匀，一般用类似指数的曲线进行量化。

非均匀量化是针对均匀量化提出的，因为一般的语音信号中，绝大部分是小幅度的信号，且人耳听觉遵循指数规律。为了保证关心的信号能够被更精确地还原，我们应该将更多的 bit 用于表示小信号。常见的非均匀量化有A 律和 μ 率等，它们的区别在于量化曲线不同。

1.5.3 编码

编码是用预先规定的方法将文字、数字或其他对象编成数码，或将信息、数据转换成规定的电脉冲信号。编码在电子计算机、电视、遥控和通信等方面广泛使用。编码是信息从一种形式或格式转换为另一种形式的过程。解码，是编码的逆过程。在计算机硬件中，编码（coding）是指用代码来表示各组数据资料，使其成为可利用计算机进行处理和分析的信息。代码是用来表示事物的记号，它可以用数字、字母、特殊的符号或它们之间的组合来表示，可以将数据转换为代码或编码字符，并能译为原数据形式，是计算机书写指令的过程，是程序设计中的一部分。在地图自动制图中，按一定规则用数字与字母表示地图的内容，通过编码，使计算机能识别地图的各地理要素。n 位二进制数可以组合成 2 的 n 次方个不同的信息，给每个信息规定一个具体码组，这种过程也叫编码。数字系统中常用的编码有两类：一类是二进制编码，另一类是十进制编码。

思考题与习题

1．什么是传感器的静态特性？衡量传感器静态特性的线性度、灵敏度、迟滞指标的含义是什么？

2．传感器的动态标定主要是研究传感器的动态响应，确定与动态响应有关的参数。具体来说，对一阶传感器要标定的参数是__________，二阶传感器则需要标定__________和__________。

3．传感器的动态标定主要是研究传感器的动态响应、与动态响应有关的参数，主要方法有频率响应法和瞬态响应法，其中频率响应法常用__________信号作为输入，一阶传感器为__________，二阶传感器为__________和阻尼比。

4．阶跃响应常用于分析传感器的动态特性，某传感器阶跃响应特性曲线如图 1-20 所示，请根据此曲线说明该传感器是几阶传感器？这种分析方法中重要的特性指标是什么？什么是动态误差？该曲线对于这个传感器的实际应用有什么指导意义。

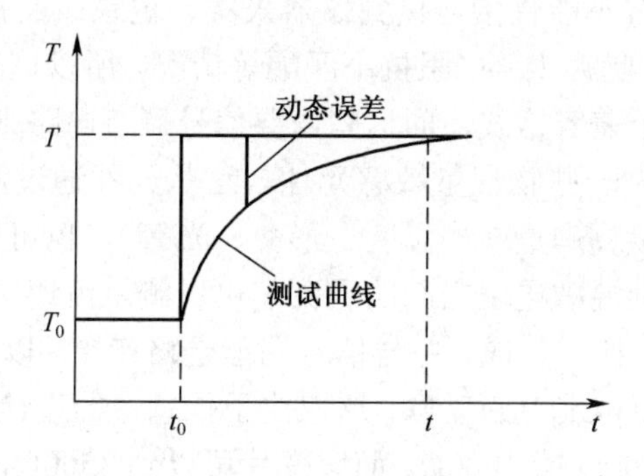

图 1-20　传感器的动态特性

5．某传感器静态标定的一组数据如下，其中 x 为传感器的输入，$0 \leqslant x \leqslant 9$，$y$ 为传感器的输出，试根据该组数据求该传感器基于端点的线性度（计算结果保留两位小数）。

x	0	1	2	3	4	5	6	7	8	9
y	1.00	3.06	4.99	7.03	9.01	10.97	12.95	15.02	17.01	19.00

第 2 章　传感器信号调理

本章导读：

本章内容是全书的重要专业基础，主要内容包括电桥、运放、A/D 转换、参数匹配等传感器原理及应用的基本概念。通过学习本章读者可以了解传感器的敏感元器件的信号转换和处理方法、误差以及改进方案，如电桥的驱动、补偿和放大技术，直流电桥和交流电桥等，从而为传感器原理的理解和应用打下坚实的基础。

本章主要内容和目标：

本章主要内容有：电桥的原理、放大、线性化、驱动、补偿等技术；运放、A/D 转换、参数匹配等传感器原理及应用的基本概念。

通过学习本章达到以下目标：掌握电桥的基本原理和运用方法，熟悉运放、A/D 转换、参数匹配等电路特性和指标。

一个典型的传感器通常不能直接连接到仪器采集、记录或监控，因为有可能出现信号模式不兼容、信号幅度太弱、噪声太强、阻抗不匹配等情况。所以这个信号通常要通过一定的调理电路，放大并转变为一个兼容格式，而这些需要信号调节电路来实现。

最常见的传感器通常是一些物理量敏感元件。这些元件通过测量参数变化（如电阻、电容、电感等）可以直接测量物理量（如温度、形变、光等），也可以间接测量被测量，实现传感器功能，如使用两个校准温敏电阻之间的温度差可以测量流速、质量流量、露点和湿度等。这些传感器制造成本低廉、便于集成，并与信号调理电路连接。以电阻传感器元件为例，电阻的测量范围可以从小于 100 欧到几百千欧，这取决于传感器的设计和被测量的物理环境。比如说，热敏电阻的典型值为 100Ω 或 1000Ω，而应变片可以到 3500Ω，湿度传感器则大于 100kΩ。在如此巨大的范围内测量电阻的微小变化，使用最多的调理电路是电桥。

2.1　电桥

电桥是用比较法测量物理量的电磁学基本测量仪器，这些物理量包括电阻、电容、电感等。最简单的电桥是由四个支路组成的电路，各支路称为电桥的“臂”。

常见的电桥主要有惠斯通电桥（Wheatstone bridge）和开尔文电桥（Kelvin bridge）。惠斯通电桥又称单臂电桥，是由英国发明家克里斯蒂（Samuel Hunter Christie）在 1833 年提出的，但是由于惠斯通第一个用它来测量电阻，所以人们习惯上就把这种电桥称为惠斯通电桥。惠斯通电桥主要用于测量中等阻值，是最基本的直流单臂电桥。由于其原理简单，所以通常作为电桥原理解释的范例。开尔文电桥又称双臂电桥或双比电桥，是 1862 年英国科学家 W·汤姆逊在研究小阻值测量时提出的，被称为汤姆逊电桥，后因其晋封为开尔文勋爵，故得名开尔文电桥。汤姆逊在测量小阻值时，引线电阻和连接点处的接触电阻会引起测量产生较大误差，如果采用双臂电桥可以消除这一误差，使电阻值的可测值可以低到毫欧级。在此基础上，逐步发展出史密斯电桥、三平衡电桥和四跨线电桥等，使得采用桥路测小电阻的理论与实践臻于完善。如果要测量大阻值的电阻，可采用高电阻电桥或兆欧表。由于电桥准确度高、稳定性好，直到现在仍被广泛用于各种测量电路和自动控制中，在信号调理理论中占有重要地位。

2.1.1 电桥的基本原理

惠斯通电桥原理如图 2-1 所示。组成电阻四边形，每边称为臂。4 个臂的电阻分别为 R_0、R_1、R_2、R_x。电阻四边形的两个对角线，连有检流计的对角线称为“桥”，接电源的另一对角线称为电桥的“电源对角线”。E 为供电电源。R 为检流计保护电阻，当电桥接近平衡时调到最小值，以提高检流计的灵敏度。限流电阻用于限制电流的大小，主要目的在于保护电桥和改变电桥灵敏度。

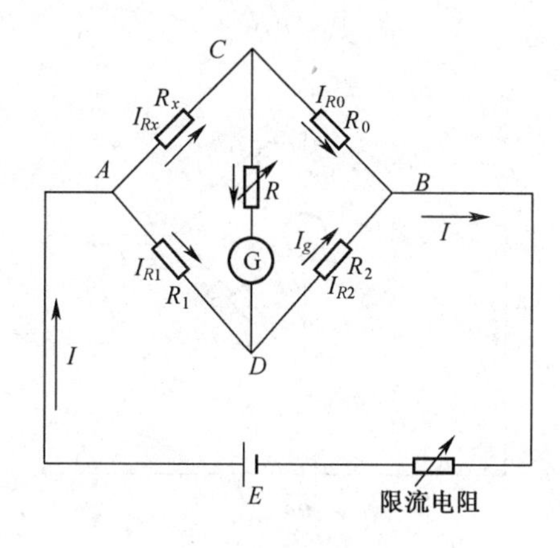

图 2-1 惠斯通电桥

（1）平衡电桥工作原理。

电源接通时，当 C、D 两点之间的电位相等时，桥路中的电流 $I_g=0$。检流计指针指零，电桥处于平衡状态。当电桥处于平衡状态时有：

$$\begin{cases} I_g = 0 \\ U_{AC} = U_{AD} \quad U_{CB} = U_{DB} \end{cases} \tag{2-1}$$

即：

$$\begin{cases} I_{R_x} = I_{R_0} \quad I_{R_1} = I_{R_2} \\ I_{R_x} R_x = I_{R_1} R_1 \quad I_{R_0} R_0 = I_{R_2} R_2 \end{cases} \tag{2-2}$$

联立求解可得：

$$\frac{R_x}{R_0} = \frac{R_1}{R_2} \tag{2-3}$$

从以上推导可得电桥平衡条件：电桥相对臂电阻的乘积相等。若已知其中三个臂的电阻，则未知桥臂电阻的计算式为：

$$R_x = \frac{R_1}{R_2} R_0 = KR_0 \tag{2-4}$$

式中，R_1、R_2 为比率电阻，位于电桥的比率臂；R_x 为待测电阻，位于电桥待测臂；R_0 为标准电阻，位于电桥比较臂。

待测电阻 R_x 由比率值 K 和标准电阻 R_0 决定，检流计只要有足够的灵敏度，在测量过程中能判断桥路有无电流即可，其精度与电阻的测量结果无关。因为测量中使用了测微法和平衡原理，所以大幅度提高了电桥的灵敏度，此外采用精密的标准电阻可以提高电桥测电阻的准确度，其精度大大优于伏安法测电阻。

（2）不平衡电桥工作原理。

当电源接通时，C、D 两点之间的电位不相等时，桥路中的电流 $I_g \neq 0$，电桥处于不平衡状态，此时如果将检流计换成电压表则如图 2-2 所示，有：

$$\begin{aligned}\dot{U}_{cd} &= \dot{U}_c - \dot{U}_d = \frac{R_x}{R_x + R_0}\dot{E} - \frac{R_1}{R_1 + R_2}\dot{E} \\ &= \frac{\dfrac{R_0}{R_x} - \dfrac{R_2}{R_1}}{\left(1+\dfrac{R_0}{R_x}\right)\left(1+\dfrac{R_2}{R_1}\right)}\dot{E}\end{aligned} \tag{2-5}$$

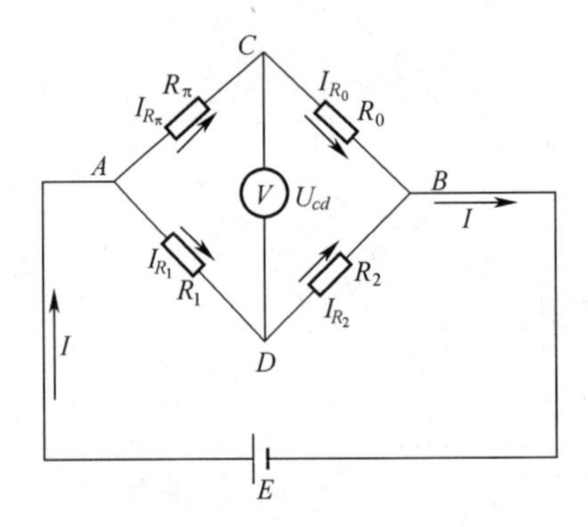

图 2-2　不平衡电桥

思考：为什么在平衡电桥工作时桥路是采用检流计模型，而在非平衡电桥工作时桥路是采用电压表模型？

2.1.2　电桥输出的设计

讨论了电桥的基本原理后，下面将进一步讨论如何进行电桥设计。电桥设计一般需要考虑以下问题：

- 结构选择（单臂、双臂、半桥和全桥）。
- 电桥驱动选择（电压或电流）和驱动的稳定性设计。
- 电桥的灵敏度：满量程输出/激励电压，通常是 1mV/V～10mV/V。
- 电桥的满量程输出，通常是 10mV～100mV。
- 所需要的精度，低噪放大调理技术。
- 线性化技术。
- 远程传输技术。

1. 电桥的结构选择和驱动选择

由于不平衡电桥中，电桥的输出电压正比于电桥驱动和电桥阻值的选择，所以电桥的驱动电压会影响电桥的灵敏度。采用恒定电压驱动电桥和应变片传感器应用于桥梁应变测量的常用电路有单臂、双臂、半桥和全桥 4 种形式。

例 2-1：假定电桥驱动为恒定电压 V_B，电桥开始处于平衡状态，由于发生应变，导致应变片的电阻变化，电桥结构如图 2-3 所示，分别计算各结构电桥的输出电压。

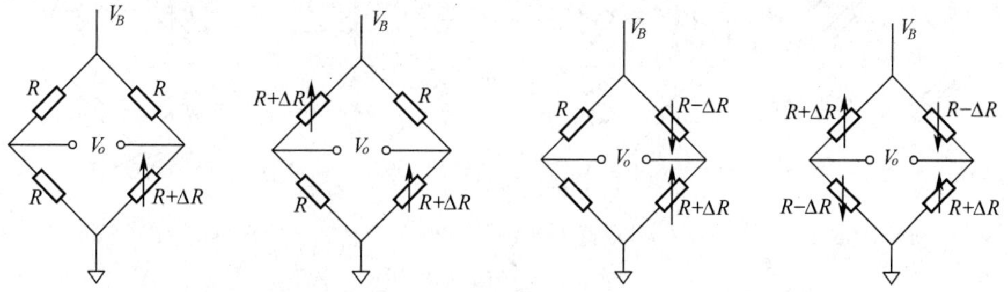

（a）单臂　（b）双臂　（c）半桥　（d）全桥

图 2-3　电压驱动电桥

$$（a）\ V_O=\left(\frac{R}{2R}-\frac{R}{2R+\Delta R}\right)V_B=\frac{1}{2}\cdot\left(\frac{2+\frac{\Delta R}{R}-2}{2+\frac{\Delta R}{R}}\right)V_B=\frac{1}{4}\cdot\left(\frac{\Delta R}{R+\frac{\Delta R}{2}}\right)V_B$$

$$（b）\ V_O=\left(\frac{R}{R+R}-\frac{R-\Delta R}{R-\Delta R+R+\Delta R}\right)V_B=\frac{\Delta R}{2R}V_B$$

$$V_O=\left(\frac{R+\Delta R}{R+R+\Delta R}-\frac{R}{R+R+\Delta R}\right)V_B=\frac{1}{2}\cdot\left(\frac{\Delta R}{R+\frac{\Delta R}{2}}\right)V_B$$

$$（c）\ V_O=\left(\frac{R}{R+R}-\frac{R-\Delta R}{R-\Delta R+R+\Delta R}\right)V_B=\frac{\Delta R}{2R}V_B$$

$$（d）\ V_O=\left(\frac{R+\Delta R}{R+\Delta R+R-\Delta R}-\frac{R-\Delta R}{R-\Delta R+R+\Delta R}\right)V_B=\frac{\Delta R}{R}V_B$$

从例 2-1 可以看出，对于给定的电阻变化，采用双臂电桥，电桥的非线性与单臂电桥相同，但增益却是单臂电桥的两倍。双臂电桥常见于压力传感器和流量计系统中。

采用半桥（两向相反的方向变化的元件组成电桥），例如采用两个相同的应变计，一个安装在弯曲面的顶部，而另一个安装在底部，其增益是单臂电桥的两倍，且输出线性。另一种理解方式是将该结构方式中的 $R+\Delta R$ 和 $R-\Delta R$ 看作是中心抽头电位计的两部分。

采用全桥电桥产生的信号量最大，而且输出是线性的，所以在测量精度要求较高的称重传感器行业中得到了广泛应用。

半桥和全桥可以消除 ΔR 给输出带来的非线性，在实际测量中应用广泛，但是需要的传感器元器件较多，还要求同臂上的元器件在感受被测量时变化相反，在很多场合下不但增加成本，也很难实现。

电桥也可以由图 2-4 所示的恒流源来驱动。由于恒流源比较昂贵，所以电流驱动不如电压驱动常见。尽管不如电压驱动那么常见，但当电桥与激励源相距很远时，电流驱动方式更具优势，因为其布线电阻不会在测量中引入误差。同时也要注意，除了单臂电桥，其他结构的电桥在恒定电流激励下都是线性的。

例 2-2：假定电桥驱动为恒流源 I_B，电桥开始处于平衡状态，电桥结构如图 2-4 所示，电桥的输出电压分别为多少？

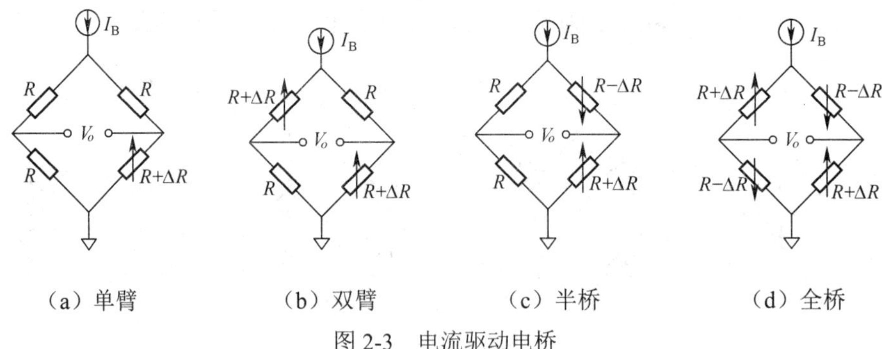

（a）单臂　　（b）双臂　　（c）半桥　　（d）全桥

图 2-3　电流驱动电桥

（a）$\begin{cases} I_1 \cdot 2R = I_2 \cdot (2R+\Delta R) \\ I_B = I_1 + I_2 \\ V_O = I_1 \cdot R - I_2 \cdot (R+\Delta R) \end{cases}$

联立求解可得：

$$V_O = \frac{I_B R}{4}\left(\frac{\Delta R}{R+\frac{\Delta R}{4}}\right)$$

（b）$V_O = \frac{I_B}{2} \cdot (R-(R+\Delta R)) = -\frac{I_B \cdot \Delta R}{2}$

（c）$V_O = \frac{I_B}{2} \cdot (R-(R+\Delta R)) = -\frac{I_B \cdot \Delta R}{2}$

（d）$V_O = \frac{I_B}{2} \cdot ((R-\Delta R)-(R+\Delta R)) = -I_B \cdot \Delta R$

2. 电桥的激励电压或电流

在选定基本结构并确定激励方式之后，必须首先确定激励电压或电流的大小。满量程电桥输出是与激励电压（或电流）成正比的。电桥灵敏度通常是 1mV/V～10mV/V。激励电压的大小是电桥设计需要考虑的重要参数。较大的激励电压能够相应产生较大的满量程输出电压，但也将导致更大的功耗和传感器电阻自热带来的误差；反之，较低的激励电压需要调理电路具有更大的增益，且对噪声更为敏感。除了大小之外，激励电压或电流的稳定性也直接影响电桥输出的总精度。需要稳定的参考量和比值测量技术以保证获得期望的精度。

3. 电桥输出的放大与线性化

单臂电桥的输出可以通过一个单运放进行放大，其反相模式的连接如图 2-5 所示。尽管非常简单，但由于 R_F 热噪声干扰和运放偏置电流的存在，该电路存在以下缺点：

（1）增益精度较差。

（2）电桥不平衡，必须谨慎选取 R_F 电阻器，使得共模抑制（CMR）最大，但是使 CMR 最大和允许选择不同的增益很难同时兼顾。

（3）该电路的输出是非线性的。

该电路的优点如下：

（1）单一电源供电。

（2）只需要一个运放。

注意：由于连接到同相输入的 R_F 电阻器返回的是 $Vs/2$（而不是地），因此该电路中运放的输出以 $Vs/2$ 为参考。

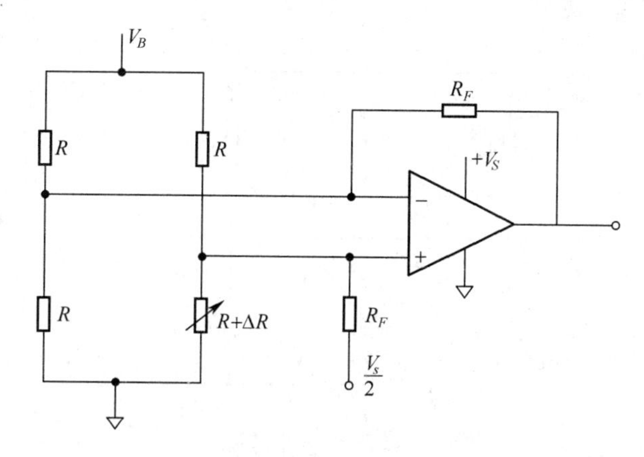

图 2-5　单臂电桥

更好的方法是使用图 2-6 所示的仪用放大器，该电路具有更好的增益精度（通常由一个电阻 R_s 进行设置），且不会使电桥失去平衡。仪用放大器具有更好的共模抑制能力。当然由于电桥的内在特性，其输出可能是非线性的，但可以通过软件进行修正（假定仪用放大器的输出通过 A/D 转换器进行数字化并输入到微控制器或微处理器中）。

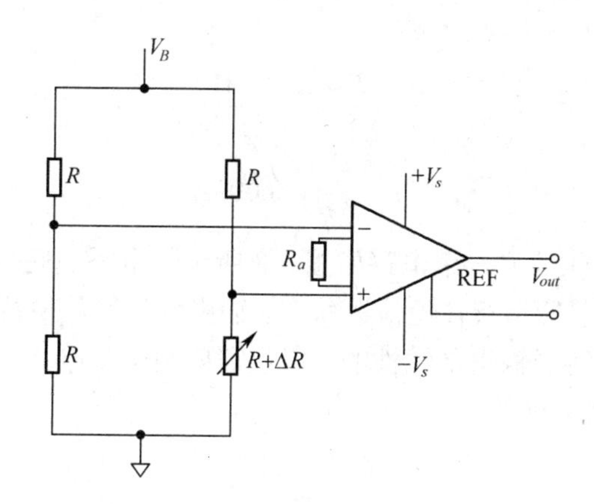

图 2-6　仪用放大器

在图 2-6 中，电路输出为：

$$V_{out} = \frac{V_B}{4}\left[\frac{\Delta R}{R+\frac{\Delta R}{2}}\right][\text{增益}] \tag{2-6}$$

可以使用多种方法对电桥进行线性化，但需要区别是要实现电桥的线性化还是实现传感器器件的线性化。例如，如果传感器元件是 RTD，测量的电桥可能具有足够理想的线性度，但由于 RTD 自身的非线性，其输出也仍然是非线性的。可以采用多种方式来处理这种非线性问题，包括使电阻变化值变小、在电桥的有源元件上构造互补的非线性响应和使用电阻微调来进行一阶修正等。

图 2-7 给出了一个单臂有源电桥，其运放正端与负端虚短，电桥输出的电压幅值等于变化元件上增加的电压，但极性相反。由于是运放输出，其输出阻抗低。电路的增益是标准单臂电桥增益的两倍，且其输出是线性的，即便 R 值较大，由于输出信号很小，电桥通常还要接一个二级放大器。因为该电路所使用的放大器的输出需要朝负向变化，所以必须双电源供电。

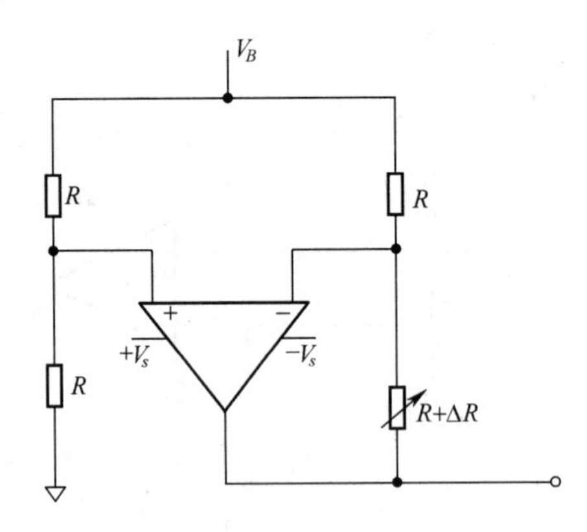

图 2-7　有源电桥

在图 2-7 中，电路输出为：

$$V_{out} = -V_B\left[\frac{\Delta R}{2R}\right] \tag{2-7}$$

例 2-3：如图 2-6 所示，求解当 $V_B = 5\text{V}$，$R = 500\Omega$，$\Delta R = 10\Omega$ 时，电路的输出 V_{out} 和流过电阻 $R+\Delta R$ 的电流。

解：

$$V_{out} = -V_B\frac{\Delta R}{2R} = -5\times\frac{10}{1000} = 0.05\text{V}$$

$$I = \frac{V_B}{2R} = 0.005\text{A}$$

对单臂电桥进行线性化的另一个电路如图 2-8 所示。电桥的底部通过一个运放进行驱动，由运放的特性虚短可知，左臂运行在恒流源状态。输出信号可从电桥的右臂取得，并通过一个同相运放进行放大。该电路的输出是线性的，但它需要两个双电源供电的运放。另外，为了得到精确的增益，R_1 和 R_2 必须匹配。

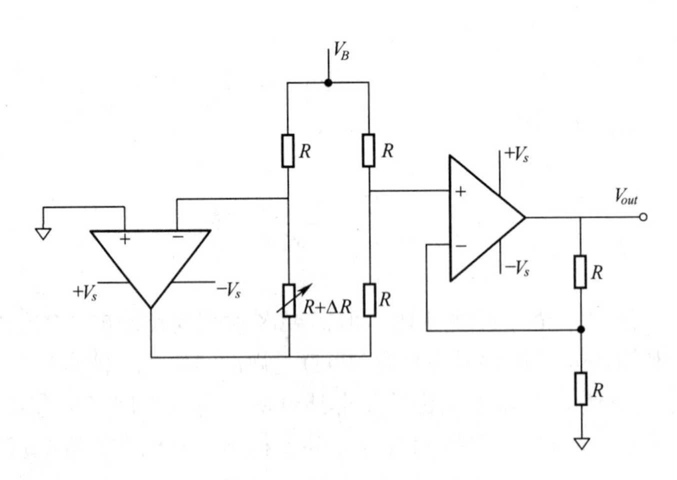

图 2-8　单臂电桥线性化电路

在图 2-8 中，电路输出为：

$$V_{out} = \frac{V_B}{2}\left[\frac{\Delta R}{R}\right]\left[1+\frac{R_2}{R_1}\right] \tag{2-8}$$

对电压驱动的双臂电桥进行线性化的电路如图 2-9 所示。该电路与图 2-5 中的电路非常相似，但具有两倍的灵敏度。它需要一个双电源供电的运放。

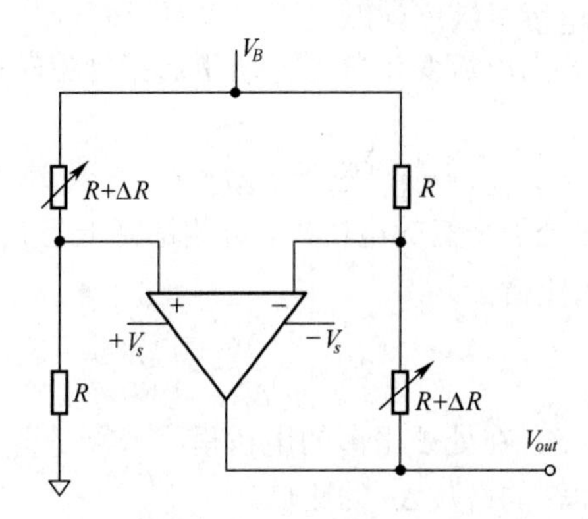

图 2-9　双电源供电运放

在图 2-9 中，电路输出为：

$$V_{out} = -V_B\left[\frac{\Delta R}{R}\right] \tag{2-9}$$

采用恒流源的双臂电桥进行线性化的电路如图 2-10 所示。

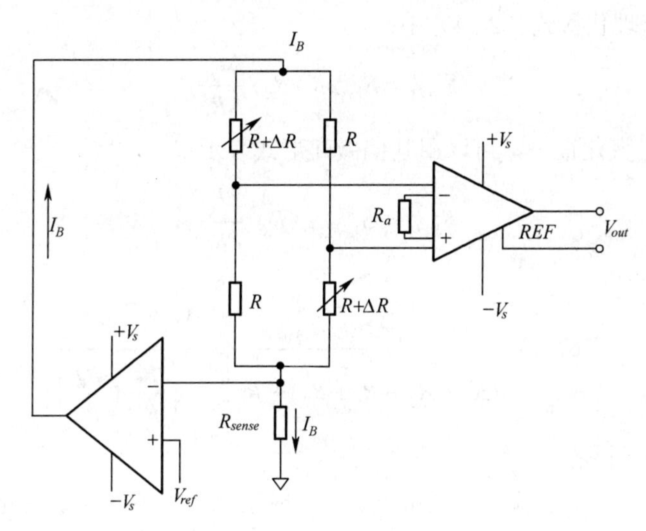

图 2-10　恒流源示意图

该电路采用一个运放、一个测量电阻和一个参考电压，在电桥上的恒定电流为：

$$I_B = V_{ref}/R_{sense} \tag{2-10}$$

电路输出为：

$$V_{out} = I_B\left[\frac{\Delta R}{2}\right][\text{增益}] \tag{2-11}$$

该电路中，当电阻值发生变化时，电桥每个臂上通过的电流保持不变。因此，输出是 ΔR 的线性函数。仪用放大器则用于提供额外的增益。通过正确地选择放大器和信号电平，该电路可以工作于单一电源。

4. 电桥的灵敏度

平衡电桥是否达到平衡是以桥路里有无电流来进行判断的，而桥路中有无电流又是以检流计的指针是否发生偏转来确定的，但检流计的灵敏度总是有限的，这就限制了对电桥是否达到平衡的判断；另外人的眼睛的分辨能力也是有限的，如果检流计偏转小于 0.1 格则很难觉察出指针的偏转，为此引入了电桥灵敏度问题。

先定义检流计的灵敏度 S 为电流变化量 ΔI_{gx} 所引起指针偏转格数 Δn 的比值：

$$S_{检流计}=\frac{\Delta n}{\Delta I_g} \tag{2-12}$$

定义电桥灵敏度为 S，在处于平衡的电桥里，若测量臂电阻 R_x 改变一个微小量 ΔR_x 引起检流计指针所偏转的格数 Δn 的比值：

$$S_{电桥}=\frac{\Delta n}{\Delta R_x} \tag{2-13}$$

定义电桥相对灵敏度为 S，在处于平衡的电桥里，若测量臂电阻 R_x 改变一个相对微小量 $\Delta R_x / R_x$ 引起检流计指针所偏转的格数 Δn 的比值：

$$S_{相对}=\frac{\Delta n}{\dfrac{\Delta R_x}{R_x}}=\frac{\Delta n}{\dfrac{\Delta R_0}{R_0}} \tag{2-14}$$

电桥的相对灵敏度有时也简称为电桥灵敏度。$S_{相对}$ 越大说明电桥越灵敏，电桥的相对灵敏度 $S_{相对}$ 与哪些因素有关呢？

将式（2-12）整理代入式（2-14）中：

$$S_{相对}=S_{检流计}\cdot R_x\cdot\frac{\Delta I_g}{\Delta R_x} \tag{2-15}$$

因为 ΔI_{gx} 和 ΔR_x 变化很小，可以用其偏微商形式表示：

$$S_{相对}=S_{检流计}\cdot R_x\cdot\frac{\partial I_g}{\partial R_x} \tag{2-16}$$

经过推导可得：

$$S_{相对}=\frac{S_{检流计}\cdot E}{(R_x+R_0+R_1+R_2)+R_g\left[2+\left(\dfrac{R_1}{R_2}+\dfrac{R_0}{R_x}\right)\right]} \tag{2-17}$$

对上式进行分析可知：

（1）电桥灵敏度 $S_{相对}$ 与检流计灵敏度 $S_{检流计}$ 成正比，检流计灵敏度越高电桥的灵敏度也越高。

（2）电桥的灵敏度与电源电压 E 成正比，为了提高电桥灵敏度可适当提高电源电压。

（3）电桥灵敏度随着 4 个桥臂上的电阻值 $R_x+R_0+R_1+R_2$ 的增大而减小，随着 $\dfrac{R_1}{R_2}+\dfrac{R_0}{R_x}$ 的增大而减小。臂上的电阻值选得过大，将大大降低其灵敏度，臂上的电阻值相差太大，也会降低其灵敏度。

根据以上分析，就可以找出在实际工作中组装的电桥出现灵敏度不高、测量误差大的原因。同时一般成品电桥为了提高其测量灵敏度，通常都有外接检流计与外接电源接线柱。但是外接电源电压的选定不能简单为提高其测量灵敏度而无限制地提高，还必须考虑桥臂电阻的额定功率，不然就会出现烧坏桥臂电阻的危险。

2.1.3　惠斯通电桥存在的系统误差及其消除方法

考虑组成电桥的电阻元件的阻值不准而导致的测量结果的误差，但阻值的不准确一般不会偏离太远，因此一般可以通过将比率臂电阻 R_1、R_2 选为标称值相同 $R_1 = R_2$，比较臂 R_1、R_2 选高精度的电阻箱，然后调节比较臂 R_0 使电桥平衡，记为 R_0。交换 R_0 和 R_x，调节 R_0 使电桥平衡，记为 R_0。当电桥平衡时，交换前后有 $R_xR_2 = R_0R_1$ 和 $R_xR_1 = R_0R_2$，所以：

$$R_x = \sqrt{R_0R_0'} \tag{2-18}$$

这样就避免了因比率臂电阻 R_1、R_2 阻值不准确带来的误差。当然从式（2-18）中虽然没有比率臂电阻 R_1、R_2 的出现，但它们的数值大小将影响系统的灵敏度。

导线电阻，特别是在远距离测量时，对惠斯通电桥测量精度的影响很大。不同的情况下要考虑不同部分的导线电阻，如果传感器离电桥很远，需要考虑连接传感器的导线电阻，如果电桥的供电很远，则需要考虑电桥的供电导线电阻。

例 2-4：如图 2-11 所示，分别计算应变片电阻为 350Ω 时和 353.5Ω 时电路的输出。如果要使电桥测量与 R_{load} 无关，应该如何改进电桥？

当应变片电阻为 350Ω 时：

$$V_o = \frac{10}{4} \times \frac{21}{350 + 10.5} = 0.1456\text{V}$$

当应变片电阻为 353.5Ω 时：

$$V_o = \frac{10}{4} \times \frac{24.5}{350 + 14} = 0.1683\text{V}$$

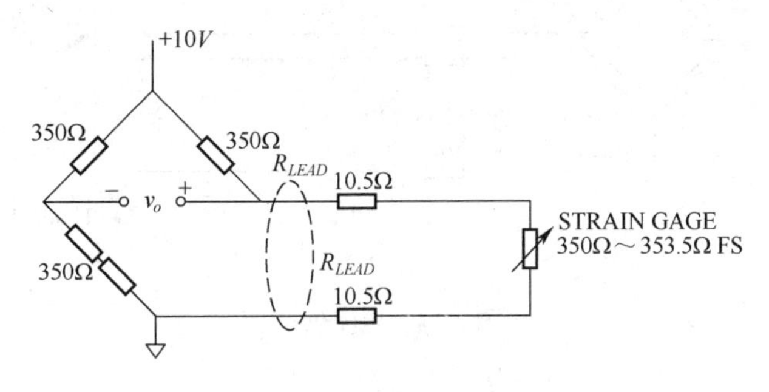

图 2-11　例 2-4 配图

改进方法就是采用三线应变片，如图 2-12 所示，此时应变片的测量端电流为 0，而两段长线引起的电阻分别在电桥的两个臂上，互相抵消了对电桥的影响。这样就可以完全抵消导线电阻的影响。

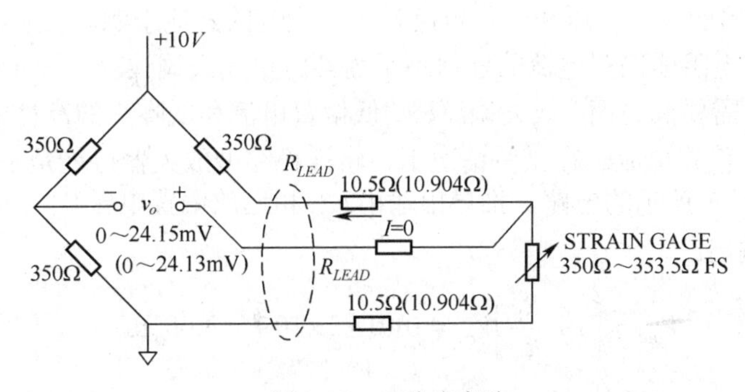

图 2-12　三线应变片

如果是要消除电桥供电导线电阻，可以采用六线电桥，电路图如图 2-13 所示，由于运放的虚短特性，电桥端的供电电压为$+V_B$和地，导线的影响就被完全消除。

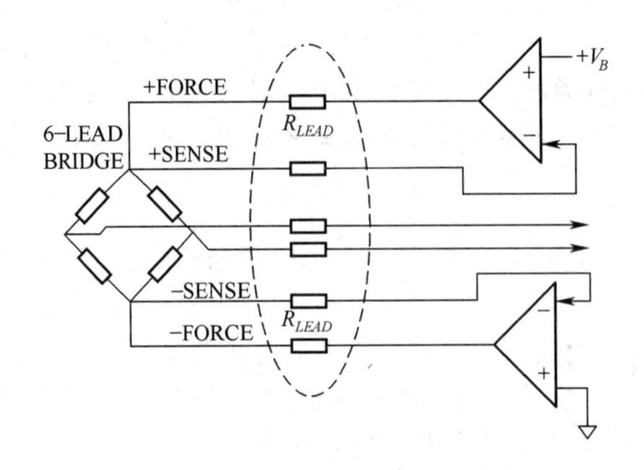

图 2-13 六线电桥

还有一种简单地消除供电导线电阻影响的方法，采用电流给电桥供电，如图 2-14 所示。此时导线电阻也不会影响测量结果。

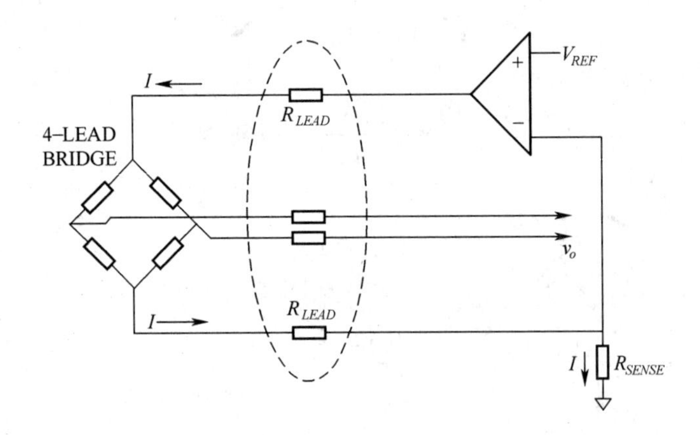

图 2-14 电流供电

图 2-14 中：

$$I = V_{REF} / R_{SENSE} \tag{2-19}$$

对于一些精度有很高要求的电桥来说，还需要考虑放大器的失调电压、偏置电流和导线热电势。如果需要保证 0.1%或更高的精度和满量程电桥输出电压为 20mV，那么所有失调误差之和应当小于 20μV。对于每 1℃的温差来说，接点在不同温度的寄生热耦合将产生几到几十 μV 的电压。放大器的失调电压和偏置电流是失调误差的其他来源。放大器的偏置电流必须流经电源阻抗。电源电阻或偏置电流的任何不平衡都将引起失调误差。另外，失调电压和偏置电流是温度的函数。需要低失调、低失调漂移、低偏置电流和低噪声的高性能精密放大器才能有效减小失调电压和偏置电流。在某些情况下，斩波稳零型放大器可能是唯一的解决方案。

例 2-5：如图 2-15 所示的电路，推导出输出V_{out}和运放偏置电压V_{os}之间的关系，并求当$V_{os} = 3\mu V$时V_{out}的输出。

$$V_{out} = \left(1 + \frac{R_1}{R_2}\right) V_{os} = 1001 \times 3 \times 10^{-6} = 3.003\text{mV}$$

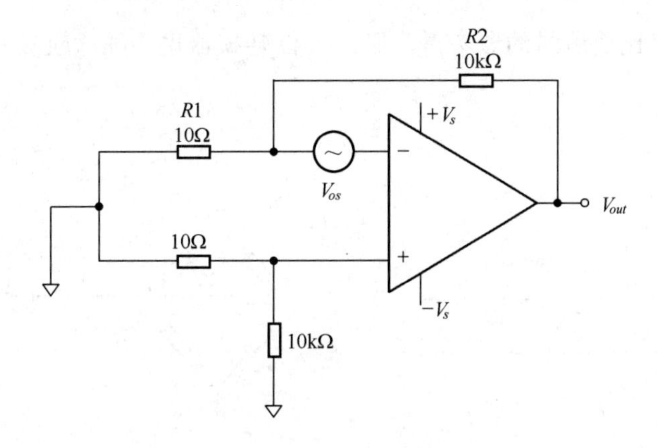

图 2-15 例 2-5 配图

例 2-6：如图 2-16 所示为一直流应变电桥，$E=4\text{V}$，$R_1=R_2=R_3=R_4=350\Omega$，求：

①R_1 为应变片，其余为外接电阻，R_1 增量为 ΔR_1=3.5Ω 时输出 U_0 为多少？

②R_1、R_2 是应变片，感受应变极性大小相同，其余为电阻，电压输出 U_0 为多少？

③R_1、R_2 感受应变极性相反，输出 U_0 为多少？

④R_1、R_2、R_3、R_4 都是应变片，对臂同性，邻臂异性，电压输出 U_0 为多少？

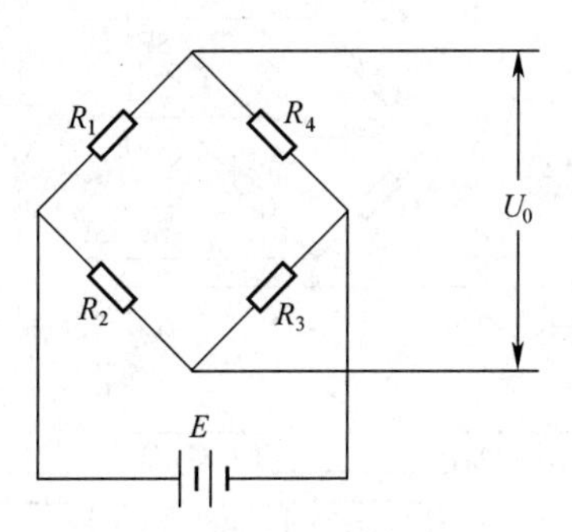

图 2-16 直流应变电桥

解：①$U_0=\dfrac{E}{4}\dfrac{\Delta R}{R}=\dfrac{4}{4}\cdot\dfrac{3.5\Omega}{350\Omega}=0.01\text{V}$

②相邻桥臂增加的电阻值相同，电桥平衡，$U_0=0\text{V}$

③$U_0=\dfrac{E}{2}\dfrac{\Delta R}{R}=\dfrac{4}{2}\cdot\dfrac{3.5\Omega}{350\Omega}=0.02\text{V}$

④$U_0=E\dfrac{\Delta R}{R}=\dfrac{4}{2}\cdot\dfrac{3.5\Omega}{350\Omega}=0.04\text{V}$

图 2-17 给出的交流电桥激励能够有效地消除与电桥输出串联的失调电压，其想法非常简单。电桥的净输出电压在图 2-17 中的两种情形下进行测量。第一种测量产生一个测量值 V_A，它是期望电桥输出电压 V_o 和净失调误差电压 E_{os} 之和。将电桥激励的极性取反，从而得到第二个测量值 V_B。V_A 减去 V_B 就得到 $2V_o$，从而消除了失调误差 E_{os}。

在图 2-17 中：

$$V_A-V_B=(V_o+E_{OS})-(-V_o+E_{OS})=2V_o \tag{2-20}$$

式 2-20 中，E_{OS} 为所有失调误差之和。

该方法可以采用一个高度精确的测量 A/D 转换器（如 AD7730）和一个执行减法的微控制

器实现。如果需要一个比值测量的参考量，那么 A/D 转换器也必须适应参考电压变化的极性，如 AD7730。

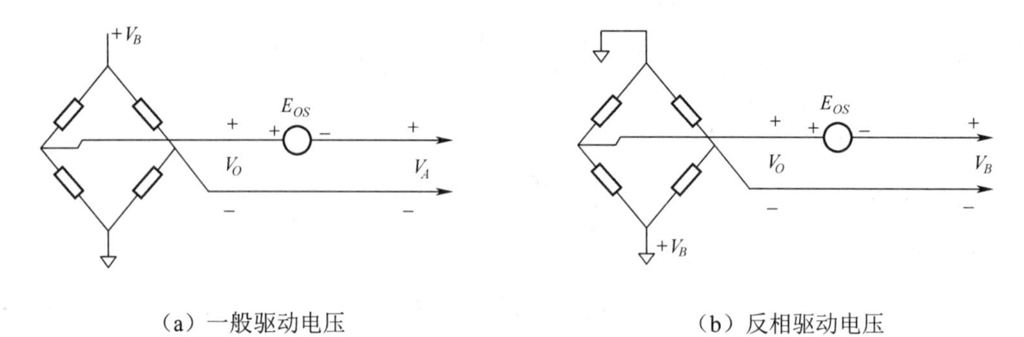

（a）一般驱动电压　　（b）反相驱动电压

图 2-17　交流激励电桥

可以将 P 通道和 N 通道 MOSFET 配置为一个交流桥路激励器，如图 2-18 所示。

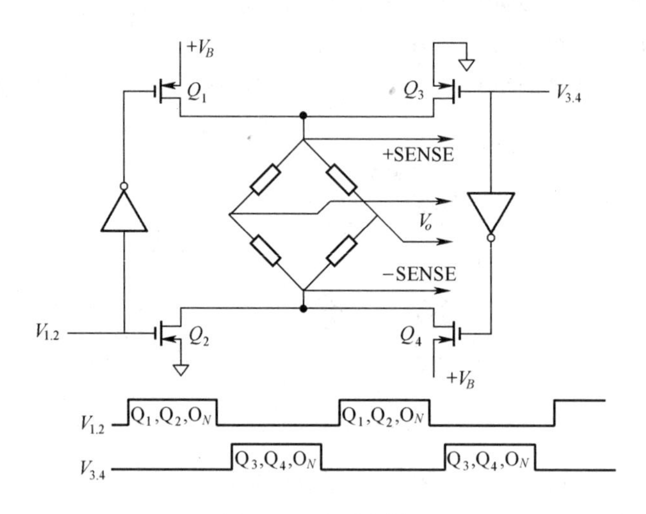

图 2-18　改进电桥

可以用专门的桥路激励器芯片，如 Micrel 的 MIC4427 实现该电路。

注意：①由于 MOSFET 的导通电阻，这些应用中需要采用开尔文测量法；②为了避免过大的 MOSFET 转换电流，驱动信号必须是非交叠的，AD7730 A/D 转换器芯片内部具有相应的电路来产生交流激励所需的非交叠驱动信号。

2.2　信号调理放大器

放大电路就是增加电信号幅度或功率的电路。应用放大电路实现电信号放大的装置称为放大器。它的核心是电子有源器件，如电子管、晶体管等。为了实现放大，必须给放大器提供能量。常用的能源是直流电源，但有的放大器也利用高频电源作能源。放大作用的实质是把电源的能量转移给输出信号。输入信号的作用是控制这种转移，使放大器输出信号的变化重复或反映输入信号的变化。现代电子系统中，电信号的产生、发送、接收、变换和处理几乎都以放大电路为基础。20 世纪初，真空三极管的发明和电信号放大的实现标志着电子学发展到一个新的阶段。20世纪40年代末晶体管的问世，特别是60年代集成电路的问世，加速了电子放大器以至电子系统小型化和微型化的进程。

集成运放电路简称运放，是目前最常见的高增益直接耦合放大电路。它外接反馈电路后可以构成加法、减法、比例放大、积分、微分等各种运算电路，且具有体积小、带宽大、价格低廉等特点，在信号调理电路中得到了广泛的应用。

运放按使用场合和特点可以分为：通用运算放大器、高阻运算放大器、仪用运算放大器、高速运算放大器、低功耗运算放大器、高压大功率运算放大器。通用运算放大器最大的特性是其性能指标能满足一般应用，而且价格低廉、产品量大面广。高阻运算放大器的特点是差模输入阻抗非常高，输入偏置电流非常小，一般 $R_{id} > (10^9 \sim 10^{12})\Omega$，输入偏置电流 I_B 为几皮安到几十皮安，适合于微电流的放大，如电荷传感器信号的放大。

运放按反馈信号类型不同可以分为电流反馈型（CFB）和电压反馈型（VFB）。在理想状态下或大多数应用中，二者的基本设计原理和计算公式是相同的。但由于二者的结构存在细微的差别，导致在一些特殊运用和实际运放电路设计中具有不同的特点。电压反馈型运放的同相端和反相端不但结构相同，而且输入阻抗基本相同，为无穷大。电流反馈型运放的输入端是一个连接同相端和反相端的单位增益缓冲器，同相端和反相端的输入阻抗相差很大，反相端的电阻很小，小到几十欧，而同相电阻为无穷大，其电路结构如图2-18所示。

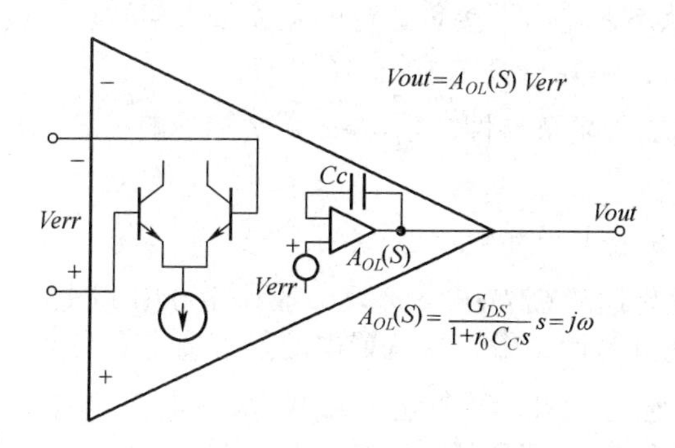

（a）电压反馈型运算放大器交流分析框图

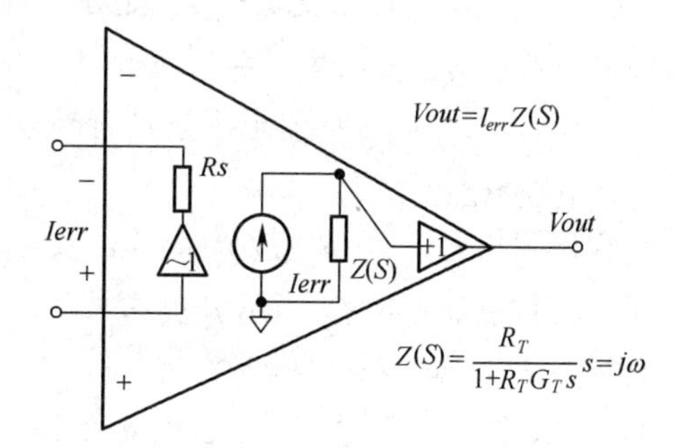

（b）电流反馈型运算放大器交流分析框图

图2-19 电压反馈型和电流反馈型

正因为结构上的不同，电流反馈型运放的反馈电阻不能为0，也不能太高，有一定范围，这个范围可以在产品规格书上查到。电流反馈型运放和电压反馈型运放最大的差别是，电压反馈型运放闭环带宽和闭环增益的乘积为定值，称为增益带宽积，而电流反馈型运放闭环带宽和闭环增益无关，为定值。在低频条件下，电压反馈型运放的精度要高于电流反馈型运放，且不容易产生失调电压；而在高频条件下，电流反馈型运放开环增益高、速度快，更容易实现高速反馈。

2.2.1 信号调理放大器的参数

本节将对精密信号调理应用中放大器的一些关键参数进行分析，例如输入失调电压、输入偏置电流、直流开环增益、电源抑制（PSR）和共模抑制（CMR）等。精密运放的失调电压可以低至10μV，且相应的温度漂移为0.1μV/℃。斩波稳零型放大器具有无法与噪声区分的失调和失调电压漂移，开环增益通常大于10^6，且共模抑制比和电源抑制比也具有相同的量级。对设计工程师来说，使用这些精密放大器并保持其性能是一个重大的挑战，例如外部无源元件的选取和PCB的布局。

在选择精密放大器时，仅仅考虑直流开环增益、失调电压、电源抑制（PSR）和共模抑制（CMR）还不够，放大器的交流性能也很重要，甚至在“低”频时也是如此。开环增益、PSR和CMR都具有相对较低的转折频率，因此所谓的“低”频可能实际上超出了这些转折频率，使得误差比仅由直流参数单独预计的数值要大。例如，一个开环增益为10^7、单位增益穿越频率为1MHz的放大器，其相应的转折频率是0.1Hz。因此，在实际信号频率上必须考虑开环增益。单一极点单位增益穿越频率f_u、信号频率f_{sig}和开环增益A_{vol}（f_{sig}）（在信号频率下测量得到）的关系可以表示如下：

$$A_{VOL}(f_{sig}) = \frac{f_u}{f_{sig}} \tag{2-21}$$

在上述例子中，开环增益在100kHz时是10，在10kHz时是10^5。在有用的频率上开环增益的损失将引起失真，特别是在音频段。在工频或谐波中CMR或PSR的损失也将引入误差。

通常情况下，在设计集成运放应用电路时没有必要研究运放的内部电路，而是根据设计需求和运放的主要性能指标选择运放。因此，了解运放的类型、理解运放主要性能指标的物理意义是正确选择运放的前提。

（1）运算放大器的指标和特点。

1）静态指标。

①开环差模电压放大倍数A_{od}：是在开环状态、输出不接负载时的差模放大倍数。运放具有高增益特性，A_{od}值很高，理想运放$A_{od} \to \infty$，实际一般在10^5～10^7之间。

②差模输入阻抗r_{id}：理想运放具有高差模输入阻抗特性，$r_{id} \to \infty$，实际一般$r_{id} > 1\text{M}\Omega$，有的可达$100\text{M}\Omega$以上。

③输出阻抗r_o：理想运放$\gamma_o \to 0$，实际一般在几欧至几十欧。

④共模抑制比$CMMR$：用分贝作单位，理想运放$CMMR \to \infty$，一般在100dB以上。

⑤输入偏置电流I_{IO}：运放输出直流电压为0时两个输入端偏置电流的差值定义在输入失调电流，或者说，输入失调电流是输入信号为0时两个输入端的静态电流之差，即$I_{IO} = |I_{B1} - I_{B2}|$。理想运放$I_{B1} = I_{B2} = 0$，实际$I_{IO}$为纳安数量级，数值越小越好。

⑥失调电压U_{IO}：运放输出直流电压为0时，两个输入端之间所加的补偿电压称为输入失调电压U_{IO}。很显然U_{IO}数值越小越好，理想运放$U_{IO} = 0$，一般运放为几毫伏，高精度运放应在1mV以下。

⑦输入失调电压温度系数aV_{IO}：一定温度范围内，失调电压的变化和温度变化的比值定义为aV_{IO}，习惯上称为温度漂移。理想运放温度漂移为0，实际运放在μV量级。

⑧电源电压抑制比K_{SVR}：运放工作于线性区时，输入失调电压随电源电压的变化率称为电源电压抑制比。

⑨最大输出电压U_{opp}：能使输出电压和输入电压保持不失真关系时的最大输出电压称为运算放大器的最大输出电压。

⑩输出峰-峰电压U_{p-p}：在标称电源电压及指定负载下，运放输出的低频交流负电压峰值至正电压峰值，有时也称为输出摆幅。

⑪等效输入噪声电压和噪声电流。在屏蔽良好、无信号输入运放时，输出端出现的任何无规则的交流干扰电压波形称为运放的输出噪声电压，将它们换算到输入端时简称为等效输入噪声电压或等效输入噪声电流。

（2）动态特性指标。

①开环带宽 BW：在正弦小信号激励下，运放开环电压增益值随频率从直流增益下降 3dB 所对应的信号频率定义为开环带宽。理想运放 $BW = \infty$。

②单位增益带宽 BWG。运放在正弦小信号激励下及低频闭环增益为 1 时，闭环增益随频率从 1 下降到 0.707 所对应的频率定义为单位增益带宽。

③转换速率 S_R（又称为压摆率）与全功率带宽 BWP：在运放闭环电压增益为 1 时输入正弦大信号，在指定负载和指定失真度等条件下，使运放输出电压幅度达到最大值时的信号频率定义为 BWP，简称为功率带宽。BWP 受 S_R 的限制，它们之间的关系可近似表示为：$BWP = S_R / 2\pi U_{om}$，式中 U_{om} 为输出电压幅度的最大值。理想运放转换速率 S_R 为无限大。

④建立时间 t_{set}：在闭环电压增益为 1 时，在阶跃大信号输入的条件下，运放输出电压达到某一特定数值范围时所需要的时间。

（3）指标及其分析。

运放的应用需要根据不同的应用场景从以下三个方面入手分析并选择指标：

1）负载的性质。

根据负载电阻的大小确定所需运放的输出电压和输出电流的幅值。对于容性负载和感性负载，还要考虑它们对频率参数的影响。

2）精度要求。

对模拟信号的处理，如放大，往往提出精度要求；如电压比较，往往提出响应时间、灵敏度要求。根据这些要求选择运放的开环差模增益 A_{od}、失调电压 U_{IO}、失调电流 I_{IO} 及转换速率 SR 等指标参数。

3）环境条件。

根据环境温度的变化范围可正确选择运放的失调电压及失调电流的温漂 $\frac{\mathrm{d}U_{IO}}{\mathrm{d}T}$、$\frac{\mathrm{d}I_{IO}}{\mathrm{d}T}$ 等参数；根据所能提供的电源（如有些情况只能用干电池）选择运放电源电压；根据对能耗有无限制选择运放的功耗等。

根据上述分析就可以通过查阅手册等手段来选择某一型号的运放了，必要时还可以通过各种 EDA 软件进行仿真，最终确定最满意的芯片。目前，各种专用运放和多方面性能俱佳的运放种类繁多，采用它们会大大提高电路质量。

不过，从性能价格比方面考虑，应尽量采用通用型运放，只有在通用型运放不满足应用要求时才采用特殊型运放。

随着放大器在不同工艺（双极、互补双极、BiFET、CMOS 和 BiCMOS 等）和结构（传统运放、仪用放大器、斩波放大器、隔离放大器等）上的类型的增加，为某种特定的信号调理应用选择正确放大器变成一种挑战。此外，由于其信号变化较小且对电压输入输出有限制，单一电源的精密放大器的设计过程更为复杂，必须考虑失调电压和噪声。选择向导和参数搜索引擎可以在一定程度上简化该过程，它们可以在因特网（http://www.analog.com）上找到。其他制造商也提供了类似的信息，如表 2-1 所示。

表 2-1　精密运放的一些关键性能指标

输入失调电压	<100μV
输入失调电压漂移	<1μV/℃
输入偏置电流	<2nA

续表

输入失调电流	<2nA
直流开环增益	>1000000
单位增益带宽积 f_u	500kHz～5MHz
1/f 噪声（0.1～10Hz）	$<1\mu V_{p-p}$
宽带噪声	$<10nV/\sqrt{Hz}$
CMR、PSR	>100dB
单一电源工作	
功耗	

2.2.2 运放的误差和非线性

放大器的误差主要来源于运放本身。理想化条件运放的部分参数（例如开环电压增益 A_0、输入电阻 r_i、共模抑制比 K_c 等）为无穷大，而另一部分参数（输入偏流 I_0、输入失调电流及其温漂、输入失调电压 V_{os} 及其温漂）为 0，但实际上这些参数都无法达到理论值。运放参数偏差是实际应用电路产生运算误差的主要来源。当然电路中的其他元器件、工作条件和外界干扰等因素也会带来运算误差。

（1）输入失调电压及其测量与消除。

输入失调电压误差是系统误差，也是精密运放电路设计的最大误差来源之一，通常能够通过两种方法进行消除：手动失调归零法和微处理器系统程控校准法。这两种解决方案都将耗费一定的成本，在非精密测量场合，对于较低失调的放大器（如初始失调电压低至 10μV 的双极型器件以及更低的斩波稳零型放大器）可以不进行消除。

失调电压的测量通常要求测试电路不引入比失调电压本身更大的误差，测量电路如图 2-20 所示。在放大器输出端采用精密数字电压表测量输出电压，除以噪声增益（1001 倍）即可得到输入失调电压。较小电源阻抗 $R_1||R_2$ 产生的偏置电流对被测失调电压的影响几乎可以忽略不计。例如，流经 10Ω 电阻的 2nA 偏置电流将产生 0.02μV 的 RTI 误差。

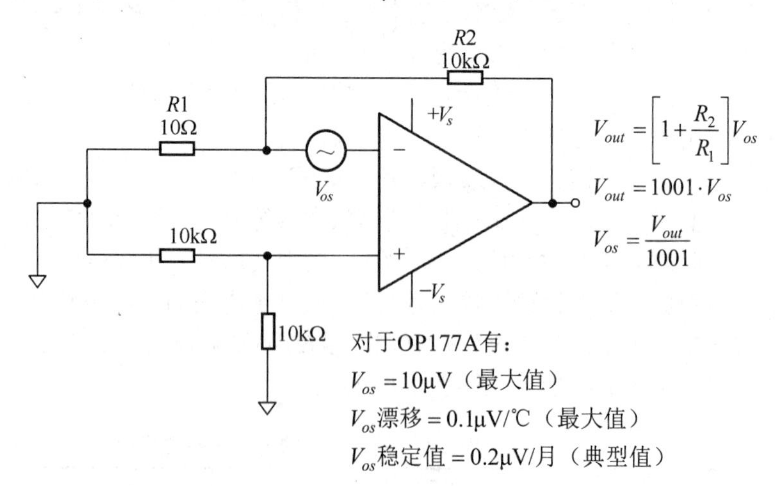

图 2-20　精密运放电路

该电路最大的潜在误差源是两个不同金属接点的寄生热耦合电压，热耦合电压的范围为

2μV/℃～40μV/℃。为了精确匹配反相输入路径上的热耦合接点，在电路的同相输入端增加了额外的电阻器。失调电压测量精度取决于各元件的机械布局及在 PCB 上的放置方式。简洁的线路和较短的引线长度有助于减小温度梯度从而减小寄生热耦合电压，并提高测量精度。测量时应当保证气流流动最小，例如将电路放置在一个小的封闭容器内，以减小外部空气气流对它的影响。电路应该扁平放置，从而使对流气流在板的上部流动。

对失调电压随温度的变化进行测量是一项要求更高的挑战。测量时应将包含有被测放大器的印制电路板放在一个小盒子或者有泡沫绝缘的塑料袋中，以防止温度仓内的空气气流在寄生热耦合上产生热梯度。如果需要耐冷测试，则推荐使用干燥的氮剂。使用热流类型加热器或冷却器对放大器本身进行局部温度循环也是一个可选方案。然而，这些单元往往会产生很大的气流，从而使问题变得棘手。

不但有温漂，放大器的失调电压还具有时漂，其单位是 μV/月或 μV/1000h，老化是一种"醉步"（drunkard's walk）现象，与经过时间的平方根成正比。1μV/1000h 的老化率大约为 3μV/年，而不是 9μV/年。OP177 和 AD707 的长期稳定度大约是 0.3μV/月。这是指最初 30 天工作之后的时间周期。排除初始工作时间之后，在最初 30 天工作中这些器件的失调电压变化通常小于 2μV。

控制失调电压应该通过器件的选择来实现，此外许多精密运放都有可选失调归零的引脚，两个引脚通过一个电位计进行连接，其动触点通过一个电阻连到另一个电源，如图 2-21 所示。运放的失调引脚和输出引脚之间的电压增益实际上可能比信号的输出端增益要大，因此需要远离噪声，减少引线长度，如图 2-21 所示的引脚 7。

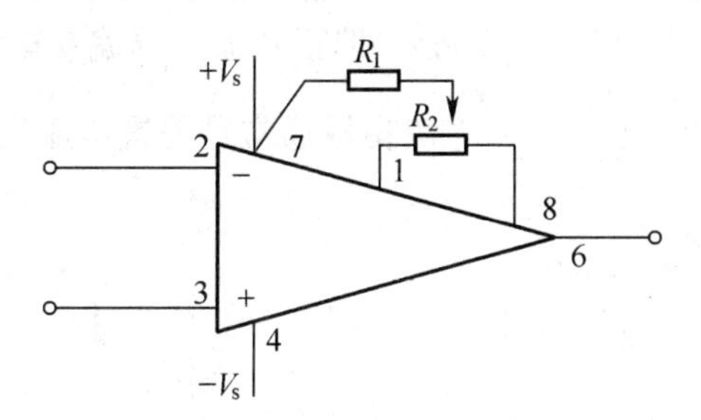

图 2-21　失调电压示意图

在图 2-21 中，当 R_1=10kΩ，R_2=2kΩ 时，失调调整范围=200μV；当 R、R_1=0，R_2=20kΩ 时，失调调整范围=3mV。

随着失调调整设置的变化，运放随失调漂移也会发生变化。在大多数情况下，双极型运放最小失调时的漂移最小。因此，失调调整引脚应当只用于调整运放本身的失调，而不去修正任何的系统失调误差，否则将增加温度漂移，漂移的影响在 JFET 输入运放中要比在双极型输入运放中更为严重，每毫伏失调电压的漂移大约为 4μV/℃。通过正确选择器件和器件等级来控制失调电压是一种比较好的方法。由于引脚数目的限制，微小封装的双运放或四运放通常不具备归零能力，当采用这些器件时，失调调整必须在系统的其他地方完成，通过一个通用的微调可以实现这一目标，且对漂移影响最小。

（2）输入失调电压和输入偏置电流模型。

除了运放的失调电压，输入偏置电流对图 2-22 所示的广义模型的失调误差也有影响，将运放输入端作为所有失调的参考量非常有用，因为它们很容易与输入信号进行比较。图中的等式分别给出了以输入（RTI）和输出（RTO）为参考的总失调电压。

R_2
B R_1 I_{B-} V_{OS}
A R_3 I_{B+}

"A" 到输出的增益 = 噪声增益 $= NG = 1 + R_2 / R_1$

"B" 到输出的增益 $= -R_2 / R_1$

- $\text{OFFSET}(RTO) = V_{os}\left[1+\dfrac{R_2}{R_1}\right] + I_{B+}\cdot R_3\left[1+\dfrac{R_2}{R_1}\right] - I_{B-}\cdot R_2$
- $\text{OFFSET}(RTI) = V_{os} + I_{B+}\cdot R_3 - I_{B-}\left[\dfrac{R_1\cdot R_2}{R_1+R_2}\right]$

偏置电流对消时：

$\text{OFFSET}(RTI) = V_{os}$，为 $I_{B+} = I_{B-}$ 和 $R_3 = \dfrac{R_1\cdot R_2}{R_1+R_2}$ 时。

图 2-22 偏置电流模型

标准双输入级（使用 PNP 或 NPN）精密运放的偏置电流典型值为 50nA～400nA，而且匹配很好。如果 R_3 等于 R_1 和 R_2 的并联组合，那么它们的 RTI 和 RTO 失调电压几乎可以相互抵消，误差只剩下失调电流，该电流幅值的级别通常小于偏置电流的指标。然而，这种方案并不适用于图 2-23 中给出的偏置电流补偿双级电路。偏置电流补偿电路的输入级具有简单双级输入级的大部分优良品质：较低的失调和漂移、电压噪声、偏置电流、稳定的温度特性。通常，附加电流源使偏置电流降低至 0.5nA～10nA，但正负输入端偏置电流不完全匹配。在偏置电流补偿的标准双极差分对的情况下，失调电流指标通常是偏置电流指标的 $\dfrac{1}{5}$～$\dfrac{1}{10}$。

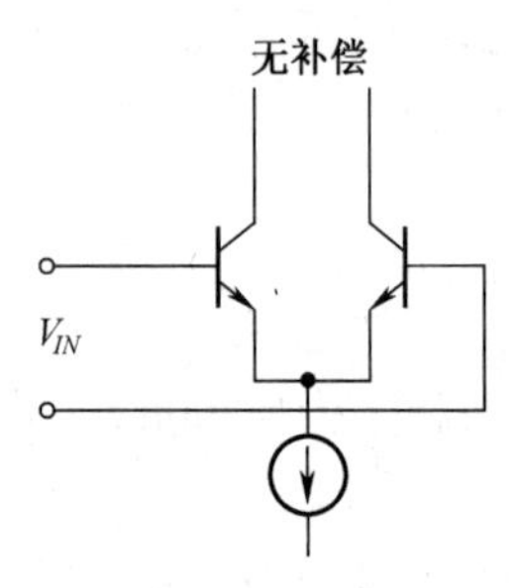

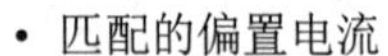

- 匹配的偏置电流
- 符号相同
- 50nA～10μA
- 50pA～5nA
- $I_{OFFSET} \leq I_{BIAS}$

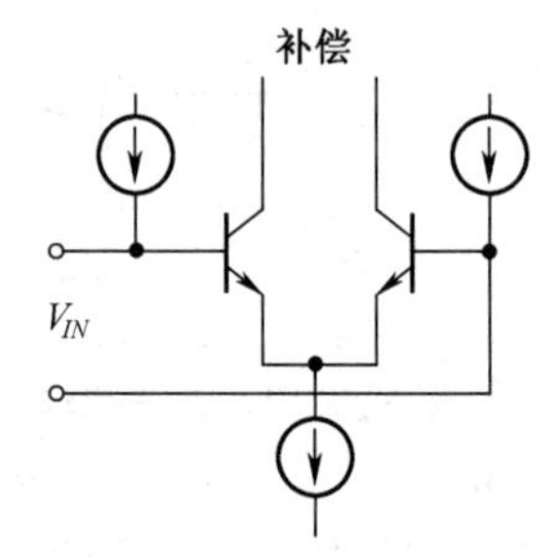

- 低且不匹配的偏置电流
- 可以具有不同的符号
- 0.5nA～10nA
- 更高的电流噪声
- $I_{OFFSET} \approx I_{BIAS}$

图 2-23 标准双输入级

（3）电流开环增益的非线性度。

电流开环增益 A_{VOL} 与闭环增益 A_{VCL} 有如下关系：

闭环增益：

$$A_{VCL}=\frac{NG}{1+\frac{NG}{A_{VOL}}} \tag{2-18}$$

式中，NG 为噪声增益，可以简单地看作是一个运放输入端连接的小电压源。

如果式中的 A_{VOL} 无限大，那么闭环增益就等于噪声增益，然而当 A_{VOL} 是有限值时，存在式（2-19）给出的闭环增益误差：

$$\frac{NG}{NG+A_{VOL}}\times 100\%=\frac{NG}{A_{VOL}}\times 100\% \text{（当}NG \ll A_{VOL}\text{时）} \tag{2-19}$$

由式（2-19）可知，增益误差的百分比是直接与噪声增益成正比的，因此对于较低的增益来说，有限的 A_{VOL} 的影响较小。

例 2-7　假设运放的噪声增益为 1000，开环增益为 2000000，求其增益误差率。如果开环开环增益降到 300000，求其增益误差率。

闭环增益为：

$$\frac{NG}{NG+A_{VOL}}\times 100\%=\frac{NG}{A_{VOL}}\times 100\%$$

如果开环增益不随温度变化，则可对不同的输出负载和电压校准增益误差。但是，如果开环增益变化，那么闭环增益也会随之发生变化，从而引起增益不确定性。输出电压电平和输入负载的变化是运放开环增益变化的最普遍的原因，开环增益随信号电平的变化将在闭环增益传递函数中产生非线性度，并且该非线性度不能通过系统校准消除。大多数运放具有确定的负载，开环增益 A_{VOL} 随负载的变化通常不那么重要。

器件的类型不同，电流开环增益非线性度的严重程度也有很大的不同。设计时应选择具有较高 A_{VOL} 值的运放来减小电流开环增益非线性度误差。电流开环增益非线性度有很多来源，且影响程度取决于运放电路设计。不同的来源需要采用不同的措施克服，例如热反馈产生的误差可以通过减小输出负载来克服。

2.2.3　运放的噪声

在运算放大电路中，噪声的来源有 3 种：运算放大器的电压噪声、电流噪声和电路中电阻的约翰逊噪声。

不同运算放大器的电压噪声不同，从 1nV/Hz 到 20nV/Hz，甚至更多。双极输入运算放大器比 JFET 输入有更低的电压噪声。电流噪声变化的范围更广，从 0.1fA/Hz（在 JFET 输入电位计运算放大电路中）到几 pA/Hz（在高速双极运算放大器中）。对于双极或者 JFET 输入装置，所有的偏差电流都流入输入接合点，电流噪声就是简单的偏差电流的肖特基噪声。肖特基噪声频谱密度是简单的 2IBq/Hz，其中 IB 是偏差电流，q 是一个电子的带电量（1.6*10^（−19）C）。它不能用于偏差补偿和电流反馈运算放大器的计算，这两种放大器中，外部的偏差电流不同于两种内部电流来源。当电流流过阻抗并产生噪声电压时，电流噪声才变得重要。选择使用低噪声运算放大器是根据它周边的阻抗。

运算放大器的噪声有两种组成部分：中频段的“白”噪声和低频段的“$1/f$”噪声。“白”噪声的频谱密度和频率平方根成反比，低频噪声通常称为 $1/f$ 噪声（噪声能量遵守 $1/f$ 法则：电压噪声和电流噪声都与 $1/f$ 成比例）。

$1/f$ 频谱密度与白色噪声相等的频率称为 $1/f$ 转折频率 f_c，它是运算放大器性能优劣的一个指标，越低的转折频率代表性能越好。$1/f$ 转折频率的值不同，少于 1Hz 的高精度运算放大器有

OP177/AD707 等，少于几百 Hz 的运放有 AD743/745FET 等。值得注意的是，即使电压与电流噪声可能有相同的行为特征，但是在一个特定的放大器的电压噪声和电流噪声中，1/*f* 转折频率不一定相同。低频 1/*f* 噪声最终限制了测量系统精度的分辨率，因为带宽增加到 10Hz 是最普遍研究的做法。注意，如果操作使用直流耦合方式，就没有办法通过滤波器减少 1/*f* 噪声。

有些运算放大器（如 OP07 和 OP27）在高频段有轻微的电压噪声增长。这时在用这种近似法计算高频噪声的时候，就应该仔细地检查电压噪声对频率曲线单调性的影响。

例 2-8：如图 2-23 所示，采用补偿运算放大器 OP27，其电压噪声低（3nV/Hz），电流噪声非常高（1pA/Hz），分别说明电阻 *R* 对运放的影响。

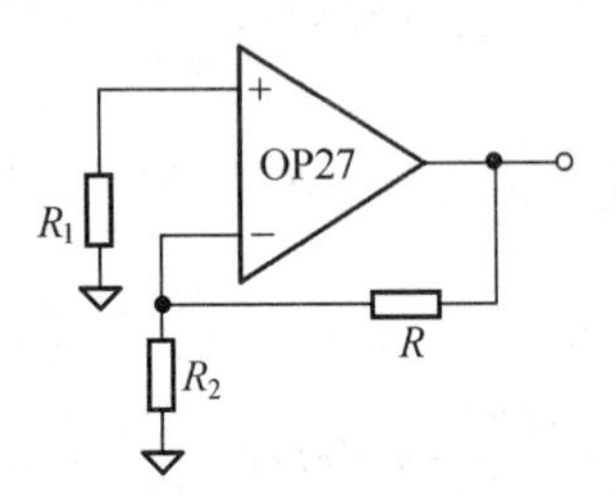

图 2-23 电压噪声示意图

R 是零阻抗时，电压噪声是主要的。电阻 *R* 为 3kΩ 时，电流噪声（1pF/Hz）流入 3kΩ 电阻，将会与电压噪声相等，但是对于 3kΩ 电阻，约翰逊噪声为 7nV/Hz，因此它才是主要的噪声来源。当电阻 *R* 为 300kΩ 时，电流噪声的影响增加百倍到 300nV/Hz，此时电压噪声不变，约翰逊噪声（和电阻的平方根成比例）增加 10 倍。此时，电流噪声是主要的。

例 2-8 表明低噪声运算放大器的选择依靠于输入信号的阻抗。在高阻抗电路中，电流噪声总是主要的，必须选择有最小电流噪声的运算放大器，如 AD549 和 AD645。对于低阻抗电路（一般小于 1kΩ），电压噪声是主要因素。可以选择低电压噪声放大器，如 OP27，它们较大的电流噪声并不会影响它们的使用。在中电阻中，电阻的约翰逊噪声是主要的，要适当选择低噪声电阻。

2.2.4 特殊放大器

1. 单电源放大器

近年来，为了满足多种家用产品单电源供电的需求，特别是电池供电的系统为了满足功耗这一关键参数的要求，需要设计低电压/低电流电路。这些需求使得单电源运放快速增长。

在单电源供应应用中，对放大器最大的影响是减少输入和输出信号容限，这使得放大器电路变得对内部和外部的误差更加敏感。运算放大器使用较大的电阻通常能降低电池电流损耗，但偏置电流的影响会加大，导致精度降低。需要仔细考虑放大器开环增益，开环增益较大可以提高电路在轻负载条件下的精度（>10kΩ），例如 OP07 系列开环增益在 25000 和 30000 之间，而 OP113/213/413 系列，开环增益更高。

在单电源供应的放大器电路设计中，需要根据速度和功率、噪声和功率、精度和功率等进行取舍，否则即使噪声保持连续不变（非常不可能），信号噪声比将会下降。

除了这些限制以外，还需要考虑别的问题。比如，由于信号摆幅的减少，信噪比（SNR）会降低。随着电源电流下降和带宽降低，放大器电压噪声会大幅度增加。为获得足够的带宽和精度要求选择单电源放大器成为设计单一供电系统的挑战。

单一电源放大器的特性（共模抑制、输入失调电压、温度系数、噪声）在精密、低电压的应用中是非常重要的。无论它们的输入是接地还是靠近放大器的正电源，轨到轨的输入运放都必须能够识别更微弱的信号。放大器至少具有 60dB 的共模抑制比在 0V 到正电源的整个输入电压范围内。放大器对超过电源电压的信号有共模抑制是没有必要的，但要求在瞬时超过电压的情况下不会毁坏。另外，输入信号的动态范围与信噪比和输出信号的动态范围与信噪比同样重要，在 0.1～10Hz 的频带上单一电源或轨到轨精密运放的 RTI 噪声级别应该小于 5μVp-p。

低电源电压应用中，维持较宽动态范围需要轨到轨放大器。在额定负载时，单一电源轨到轨放大器在电源轨上的输出电压范围至少具有 100mV。输出电压的变化绝大部分取决于输出级的布局和负载电流。一个好的输出级的电压变化应该在负载小到 10kΩ 的时候仍能维持额定变化。因为大多数的数据采集系统都至少需要 12～14 位的分辨率，因此在任何负载条件下开环增益都大于 30000 的放大器是一个好的选择。

2. 仪用放大器

仪用放大器是一个闭环增益模块，它具有一个差分输入和一个关于参考端的单端输出。它的输入阻抗是平衡的，且输入阻抗值很大，一般为 $10^9\Omega$ 或更大。与闭环增益由反向输入和反向输出间连接的外部电阻决定的运放不同，仪用放大器采用与其信号输入端隔离的内部反馈网络电阻。通过将输入信号作用到两个差分输入端，增益要么在内部首先调整，通过一个内部（以引脚的方式）或外部增益电阻（由用户设计），且与信号输入端隔离。仪用放大器的典型增益设置为 1～10000。仪用放大器能放大毫伏级信号，同时抑制其输入端的伏级共模信号，具有非常高的共模抑制比（CMR），典型值是从 70dB 到超过 100dB，而且 CMR 通常随增益的增加而有所改进。值得注意的是，在大多数实际应用中，其共模抑制对于直流输入并不有效。在工业应用中，最常见的外部干扰来自于 50/60Hz 的交流电网。而且电网的谐波频率也会造成一定的影响。在差分测量中，这种类型的干扰会同时影响放大器的两个输入端。但是，电源阻抗的不平衡会减弱某些放大器的共模抑制能力。例如电源阻抗有 1kΩ 的不平衡的情况下，放大器共模抑制频率为 50/60Hz，电阻比只有 0.1%的不匹配就会使直流共模抑制减少到大约 66dB。

仪用放大器的结构是基于运算放大器的，但简单减法器电路对于精密应用的要求来说表现不好，所以仪用运放通常采用经典的三运放结构，如图 2-24 所示。放大器的增益可以通过电阻器 R_G 来设置，它可以是内部、外部或可编程的（通过软件或引脚）。在该结构中，无论增益如何，共模信号都只放大 1 倍（由于运放的输入端之间没有有效的电势差存在，在 R_G 上不存在共模电压，因此 R_G 上也没有共模电流）。因此，从理论上来说，较大的共模信号（在 A1-A2 运放的电压空间限制内）可以在所有增益下进行处理。最后，由于该结构的对称性，输入放大器的共模误差（如果存在）往往可以通过减法器 A3 相抵消。

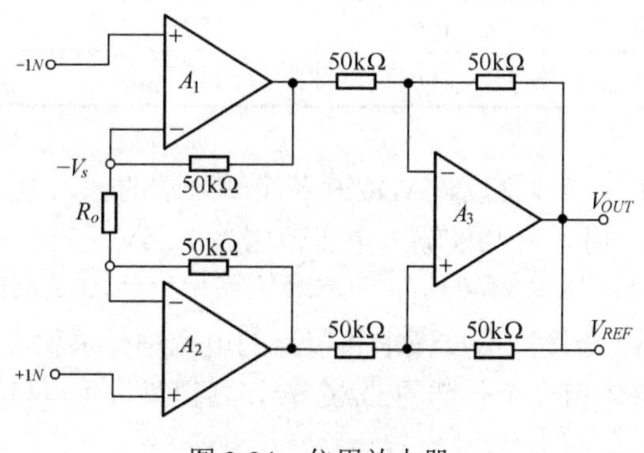

图 2-24　仪用放大器

AD620是非常流行的仪用放大器，其电源电压为±2.3～±18V。输入电压噪声在1kHz时只有9nV/Hz。由于采用的是Superbeta输入级，其最大出入偏置电流只有1nA。增益则由一个单一外部R_G电阻器来设置。AD620可以组成精度很高的放大电路，如图2-25所示。

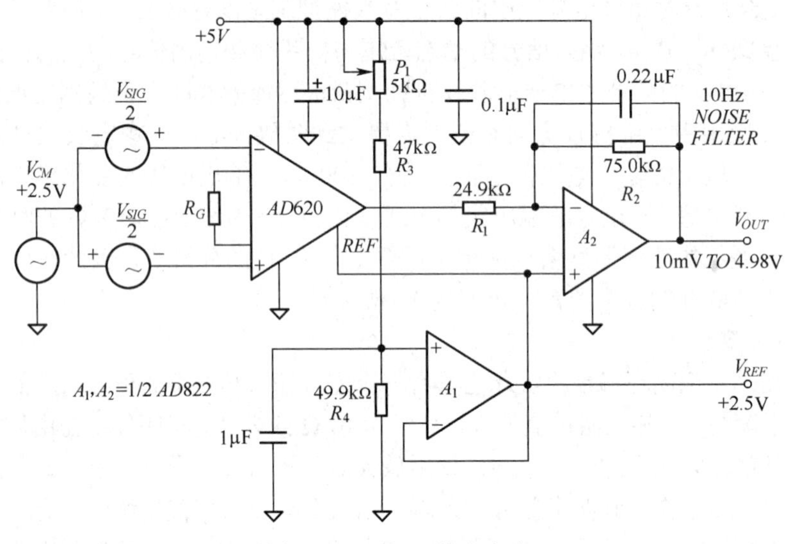

图2-25 AD620放大电路

电路的增益表达式是AD620和反相放大器增益的乘积。

例2-9：已知R_1=24.9kΩ，R_2=75.0kΩ，AD620的增益为49.4kΩ/R_G，求R_G应该选用多大的电阻才能使总增益为10倍。

解：增益为：$\left(\dfrac{49.4\text{k}\Omega}{R_G}+1\right)\left(\dfrac{R_2}{R_1}\right)$

带入数据可求得R_G=21.5kΩ（最接近标准值），总增益为10。

表2-2归纳了不同增益的值和性能。

表2-2 不同增益的值和性能

电路增益	R_G（Ω）	Vos RTI（μV）	TC Vos RTI（μV/℃）	非线性度（ppm）*	带宽（kHz）**
10	21.5k	1000	1000	<50	600
30	5.49k	430	430	<50	600
100	1.53k	215	215	<50	300
300	499	150	150	<50	120
1000	149	150	150	<50	30

在这种应用中，为了保证线性度，AD620各个输入端的输入电压必须保持在+2～+3.5V。例如，当总电路增益为10时，其共模输入电压范围是2.25V～3.25V，从而能够满足±2.5V的满量程差分输入电压。该电压是驱动V_{REF}的±2.5V输出电压所必需的。输出缓冲器采用反向结构，从而可以对流入A2级缓冲器反馈求和节点的电流进行求和，并用于调节系统的输出失调电压。这些失调电流可以由一个外部的DAC转换器提供，也可以由参考电压上连接的电阻提供。

3. 仪用放大器的直流误差源

仪用放大器的直流和噪声指标与传统集成运放稍有不同。仪用放大器的增益通常由一个电阻进行设置。如果该电阻在仪用放大器外部，它的阻值将根据期望增益通过计算或者查表选取。该电阻的绝对精度和温度系数会直接影响到仪用放大器的增益精度和漂移。由于外部电阻和内部薄膜电阻的温度系数绝不会完全相同，因此应选择温度系数较低的金属薄膜电阻（<25ppm/℃），实现 0.1%或者更高精度。

仪用放大器通常拥有 1～1000 或者 1～10000 的增益范围，可以工作在更高的增益上。但制造商绝不会保证在高增益上有合格的性能。实际上，随着增益电阻变得越来越小，金属走线和连接线引起的各种误差都逐渐明显。这些误差连同增加的噪声和漂移，使得更高的单级增益变得不切实际。另外，较高增益作用到输出端时，输入失调电压也变得非常大。当增益为 10000 时，0.5mV 输入失调电压在输出端变成了 5V。当增益较高时，最好的办法是将仪用放大器作为一个前置放大器，然后通过后置放大器进一步放大。

常见的仪用放大器有 AD621、AD620 等。AD621 是通过引脚来设置增益的仪用放大器，增益电阻是内置的且能够很好地匹配，而且增益精度和增益漂移都考虑了它们的影响。AD621 的其他方面与外部设置增益的 AD620 基本相似。增益误差是由增益等式得到的最大偏差。例如 AD620 仪用放大器上有非常小的出厂微调增益误差。高品质仪用放大器中典型值为：当 G=1 时，误差为 0.02%，当 G=500 时，误差为 0.25%。注意，增益误差随增益的增加而增加。尽管外部连接的增益网络使用户可以正确地设置增益，但外部电阻的温度系数和温差都将对总增益误差产生作用。如果数据最终被数字化并输入数字处理器，可以采用一个已知参考电压乘以一个常数来对误差进行校正。

如图 2-26 所示，仪用放大器的总输入失调电压由两部分组成：输入失调电压 V_{OS1} 是通过增益 G 作用到仪用放大器输出端的输入失调部分；输出失调电压 V_{OS0} 则与增益无关。当增益较低时，输出失调电压占支配地位；当增益较高时，输入失调电压占支配地位。输出失调电压漂移通常取 G=1 时的漂移（此时输入的影响可以忽略不计），而输入失调电压的漂移则取高增益时的漂移指标（此时输出失调的影响可以忽略不计）。总的 RTI 输出失调电压误差为 $V_{OSI}+V_{OSO}/G$。仪用放大器的数据可能单独规定 V_{OS1} 和 V_{OS0}，或者不同增益值给出总的 RTI 输入失调电压。

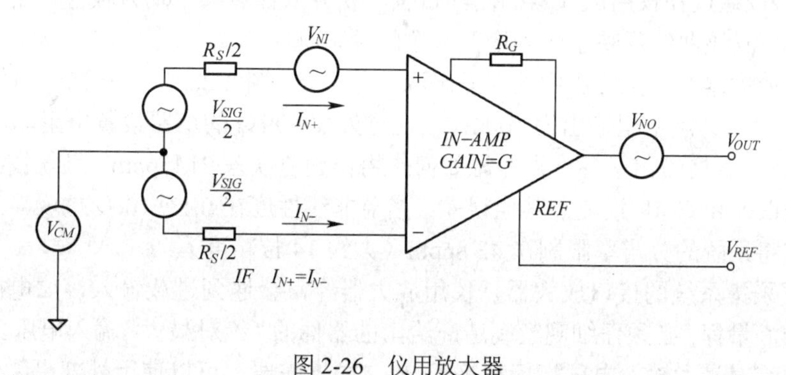

图 2-26　仪用放大器

仪用放大器电路中的输入偏置电流也可能产生失调误差。如果电源电阻 R_S 有 ΔR 的不平衡（电桥中通常如此），那么该偏置电流会产生一个额外的输入失调电压误差，且等于 $I_B\Delta R_S$（假定 $I_{B+}\approx I_{B-}=I_B$），该误差通过增益 G 作用到输出端。输入失调电流在电源阻抗上产生一个输入失调电压误差，即 I_{OS}（$R_S=\Delta R_S$），它也通过增益 G 作用到输出端。

由于仪用放大器主要用于放大微小的精密信号，所以必须对所有相关的噪声源有所了解。仪用放大器的噪声模型如图 2-27 所示。输入电压噪声存在两个来源：第一个由噪声源 V_{NI} 表示，它和传统运放一样和输入端串联，该噪声通过仪用放大器的增益 G 作用到输出端；第二个来源是输出噪声 V_{NO}，它是与仪用放大器输出端串联的噪声电压，输出噪声除以增益 G 后作用到输入端。

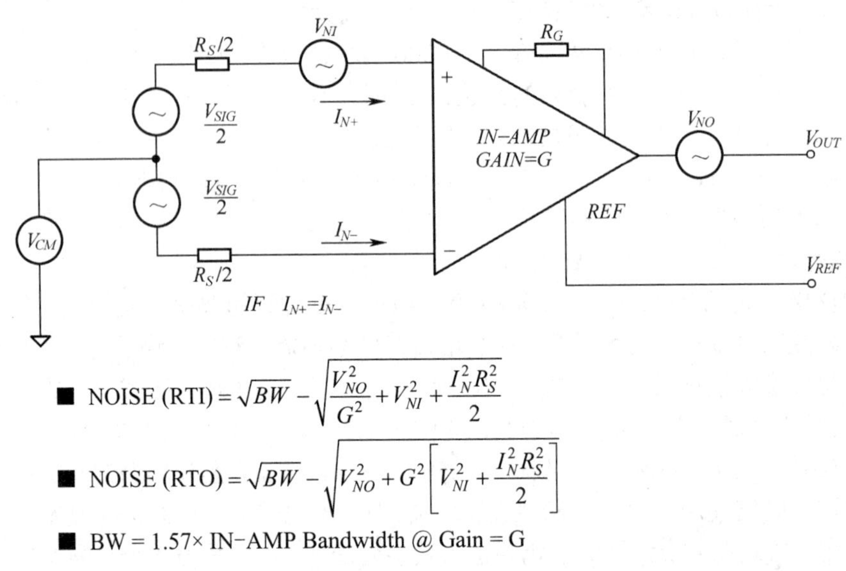

图 2-27 仪用放大器的噪声模型

与输入噪声电流 I_{N+} 和 I_{N-} 相关的有两个噪声源。尽管 I_{N+} 通常等于 I_{N-}，但它们并无关联，因此它们各自产生的噪声必须以和的平方根的方式相加。I_{N+} 流过 R_S 的一半，I_{N-} 流过另一半。这就产生了两个噪声电压，而且每个均具有 $I_N R_S/2$ 的幅值。这两个噪声源都通过增益 G 作用到输出端。将全部 4 个噪声源以和的平方根方式进行组合，就得到了总的输出噪声。

仪用放大器的数据表通常以增益函数的形式给出总的 RTI 电压噪声。该噪声的频谱密度包括输入（V_{NI}）噪声和输出（V_{NO}）噪声。输入电流噪声的密度则单独规定。与运放一样，总 RTI 噪声必须通过在仪用放大器的闭环带宽上积分来计算其平均方根值。带宽可以由数据表曲线来确定，且该曲线反映了作为增益函数的频率响应。

理解仪用放大器在典型应用中的误差来源十分重要。图 2-28 是一个 350Ω 的称重传感器。当激励为 10V 时，其满量程输出为 100mV。通过外部 499Ω 的增益设置电阻，可以将 AD620 的增益设为 100。表格给出了各个误差源如何作用得到总误差 2145ppm。系统校准可以消除增益误差、失调误差和 CMR 误差。其他误差（增益非线性度在 0.1～10Hz 的噪声）不能通过校准来消除。这将系统的分辨率限制在 42.8ppm（大约 14 位精度）。

作为数据采集系统的接口放大器，仪用放大器经常会遇到过载输入，如电压电平超出所选增益范围的满量程。必须仔细观察制造商给出的器件的“绝对最大”输入电压。与运放一样，许多放大器的绝对最大输入电压指标都等于 V_S。如果需要，可以使用外部串联电阻（用于限流）和肖特基钳位二极管来保护过载。有的仪用放大器具有内置的串联电阻（薄膜）或串联保护场效应管形式的过载保护电路。

4. 斩波稳零型放大器

为了获得最小的失调和漂移性能，斩波稳零型放大器或许是唯一的解决方案。最好的双极放大器有 10μV/℃的漂移，而通过使用斩波器可以获得小于 5μV 的失调电压且几乎无法测量的失调漂移。

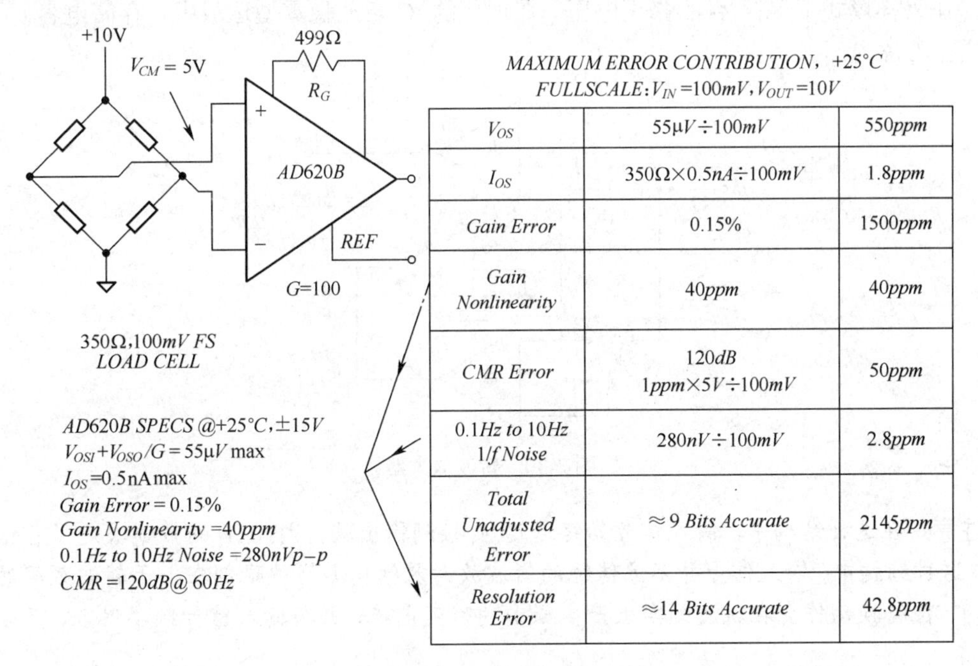

V_{OS}	55μV÷100mV	550ppm
I_{OS}	350Ω×0.5nA÷100mV	1.8ppm
Gain Error	0.15%	1500ppm
Gain Nonlinearity	40ppm	40ppm
CMR Error	120dB 1ppm×5V÷100mV	50ppm
0.1Hz to 10Hz 1/f Noise	280nV÷100mV	2.8ppm
Total Unadjusted Error	≈9 Bits Accurate	2145ppm
Resolution Error	≈14 Bits Accurate	42.8ppm

图 2-28　称重传感器

基本的斩波放大器电路如图 2-29 所示。当开关打到“Z”位置（自稳零）时，放大器的输入和输出失调电压分别向 C_2 和 C_3 两个电容充电；当开关打到“S”位置（采样）时，V_{IN} 通过 R_1、R_2、C_2、放大器、C_3 和 R_3 的路径连接到 V_{out}。斩波频率通常在几百赫兹到几千赫兹之间。注意，这是一个采样系统，为了防止欠采样引起的误差，输入频率必须小于斩波频率的一半。R_1/C_1 组合作为一个抗混叠滤波器。另外假定达到稳定状态条件后在转换周期内只存在最小数量的电荷转移，输出电容 C_4 和负载 R_L 的选取必须使自稳零周期中 V_{out} 衰减最小。

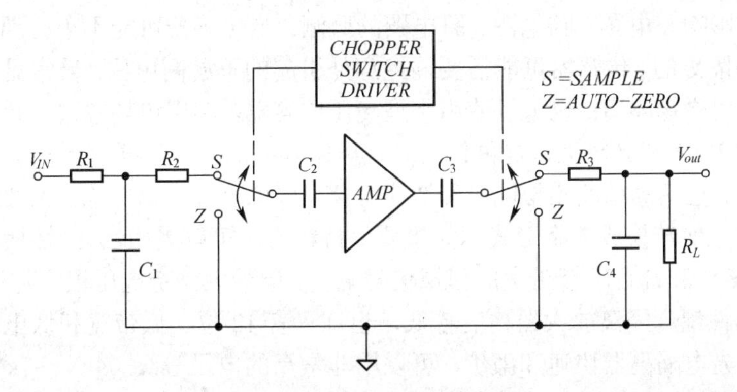

图 2-29　斩波稳零型放大器

为了防止欠采样，需要对输入进行滤波，图 2-30 中的基本斩波放大器只能通过非常低的频率。在斩波放大器的具体实现中，最经常使用的是图 2-30 所示的斩波稳零型结构。在该电路中，A_1 是主放大器，A_2 是归零放大器。在采样模式下（开关打到“S”位置），调零放大器 A_2 监控 A_1 的输入失调电压，并通过将一个适当的修正电压作用在 A_1 的调零引脚上来强迫输出归零。然而，A_2 也具有输入失调电压，因此在设法使 A_1 的失调电压调零之前必须纠正其自身的误差。这在自稳零模式（开关打到“Z”位置）下完成：通过将 A_2 和 A_1 的输入端短接在一起并将输出端接到调零引脚上实现调零。在自稳零模式下，A_1 的修正电由 C_1 暂时保存。同样地，C_2 在采样模式下保存 A_2 的修正电压。在现代的 IC 斩波稳零型运放中，存储电容 C_1 和 C_2 被集成在芯片内部。

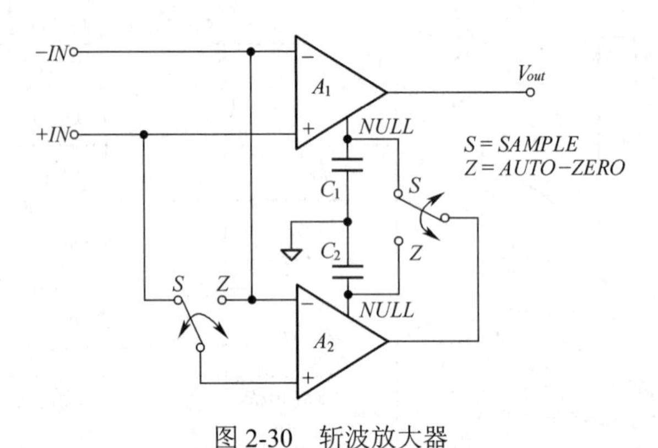

图 2-30　斩波放大器

注意：在这种结构中，输入信号始终通过 A_1 接到输出端，因此 A_1 的带宽决定了各信号带宽。在这种结构中，输入信号并不像传统的斩波放大器结构那样被限制在小于斩波频率的一半范围内，但转换动作会在斩波频率上产生微小的瞬变电流，并与输入信号频率混合，产生带内失真。

如果斩波频率大幅高于输入噪声的 $1/f$ 转折频率，斩波稳零型放大器可以通过过采样来减小 $1/f$ 噪声。因此，理论上斩波稳零型运放不存在 $1/f$ 噪声。然而，斩波动作带来了包括多种频率的噪声，这使得它通常比精密双极型运放的情况更为糟糕。

在许多应用中，希望做到系统与传感器隔离“没有直接的电气连接”，其原因要么是为了避免危险电压或电流从系统的一部分损坏另一部分，要么是为了解决难以处理的地回路。这样的系统被认为是“隔离的”。两种原因下的隔离都非常必要，例如需要了解休克病人的心电图、脑电图、肌电图监测。病人必须防止意外触电，但如果病人的心跳停止，起搏器又需要很高的电压，这又可能影响心电图、脑电图、肌电图的监测。当传感器可能不小心遇到高电压时，系统驱动必须是被隔离的。传感器可能需要隔绝意外引起的下游高电压。最常见的隔离放大器是使用变压器，利用磁场隔离；也可以使用小型高压电容器，利用电场隔离。此外还可以采用光隔离器，它包含 LED 和光电管，提供使用光、电磁辐射的一种形式来隔离。不同的光电隔离器有不同的表现，包括高精度模拟隔离和数字隔离，模拟隔离后仍然输出线性模拟信号，数字隔离需要在传输之前转换成数字形式。如果要保持精度，可以采用 V/F 转换器。变压器能够实现精度 12～16 位和几百千赫带宽的模拟信号隔离，但最大额定电压很少超过 10kV，并且通常是低得多。容性耦合隔离放大器精度较低，也许只有 12 位、低带宽和低电压等级，但是它们很便宜。光学光电隔离器快速和廉价，可以用非常高的电压等级（4kV～7kV），但它们的模拟域线性很差，通常不适合直接耦合模拟信号的精度。

在选择隔离系统时，并不是只需要考虑线性度和隔离电压。激励也是需要隔离的。使用变压器隔离的系统很容易使用变压器来提供隔离激励，但是通过电容或光电方法来传送有用的激励是不切实际的。这是变压器隔离放大器的一个巨大优点。

隔离放大器具有一个与电源和输出电路电气隔离的输入电路，另外输入端以及器件其他部分的电容也保持最小。因此，不存在直流电流，而且交流耦合也最小。隔离放大器用于那些需要安全、精密测量低频电压或电流（约 100kHz）并且具有较高共模抑制的高共模电压（数千伏）的应用场合。它们对噪声环境中高阻抗传输的线接收信号以及一般测量用途的安全性也非常有用，因为这些应用中直流和线频率漏电流必须维持在低于规定最小值的水平。

AD210 是一个三端口隔离放大器，其激励电路与输入级和输出级隔离，因此可以在任意场合使用。AD210 利用变压器隔离来实现 12 位精度的 3500V 隔离。图 2-31 给出了使用 AD210 的典型隔离放大器应用。电机控制中的电流测量系统使用 AD210 和仪用放大器 AD620。AD210 的输入端经过隔离后可以直接连接到 110V 或 230V 的电源上，而不需要采用任何保护措施。隔离后的正负 15V 电压为 AD620 提供激励，而 AD620 用来测量小型电流测量电阻上的电压降。隔离系统可以忽略交流电源的均方根共模电压。AD620 用于改善系统的精度，因为 AD620 具有较低的漂移和失调电压。如果允许更高的直流失调和漂移，那么可以不使用 AD620，而将 AD210 直接用于 100 的闭环增益。

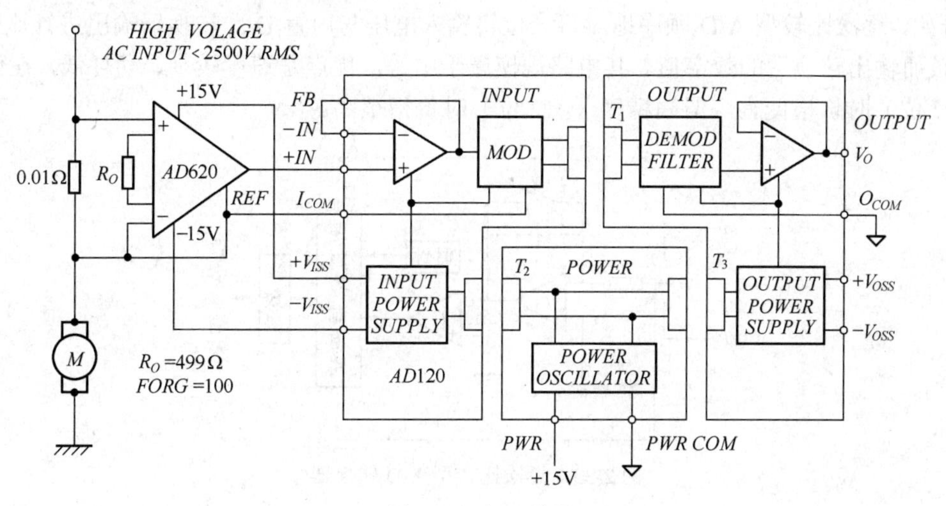

图 2-31　闭环增益

2.3　数模转换

A/D 转换即模数转换，就是把模拟信号转换为数字信号，以方便单片机、计算机等控制端处理。在自然界中，人们需要测量的数据如温湿度、亮度、电磁场等大多为模拟信号，而数字信号有利于数字电路的使用，使用各类传感器将外界变量转换为电压值，再通过 A/D 转换为仅由 0 和 1 组成的数字信号就可以通过微处理器进行处理，故 A/D 转换在电子领域有着至关重要的作用。这里主要介绍 A/D 转换器的分类、特性及原理，以及 A/D 中的主要指标和选择原则，为电子工程师设计 A/D 电路提供一个可以参考的标准。

2.3.1　A/D 的分类

随着数字技术的飞速发展，对 A/D 转换器的要求也越来越高。A/D 转换器作为模拟和数字电路的接口，在电子产业中的地位至关重要。目前实现 A/D 转换的方式主要有：积分型、逐次比较型、并行/串并行比较型、Σ-Δ 调制型、电容阵列逐次比较型、压频变换型等。

（1）积分型。

积分型 A/D 的工作原理是将输入电压转换成时间（脉冲宽度信号）或频率（脉冲频率），

然后由定时器或计数器获得数字值，如图 2-32 所示。积分型 A/D 的优点是用简单电路就能获得高分辨率，但是由于转换精度依赖于积分时间，因此转换速率极低。

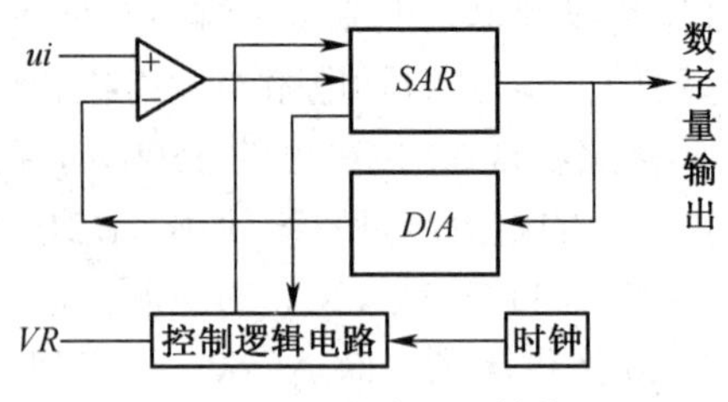

图 2-32　积分型 A/D 转换器

（2）逐次比较型。

逐次比较型 A/D 由一个比较器和 D/A 转换器通过逐次比较逻辑构成，如图 2-33 所示。从 MSB 开始，逐次比较型 A/D 顺序地对每一位将输入电压与内置 D/A 转换器输出进行比较，经 n 次比较而输出转换后的数字值。其电路规模属于中等，优点是速度较高、功耗低，在低分辨率（<12 位）时价格便宜，但高精度（>12 位）时价格很高。

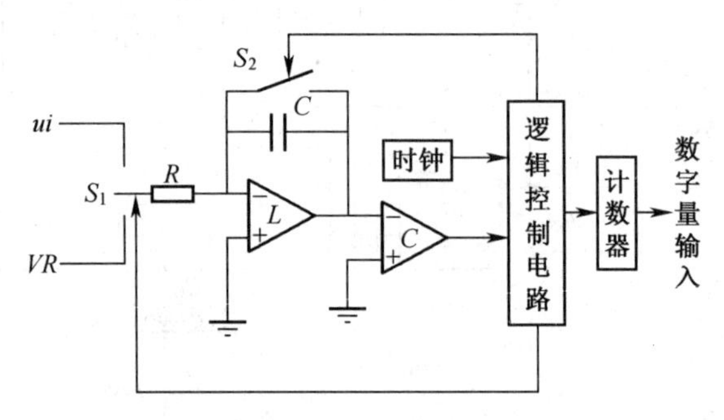

图 2-33　逐次比较型 A/D 转换器

（3）并行比较型/串并行比较型。

并行比较型 A/D 采用多个比较器，仅作一次比较就可以实行转换，又称 Flash（快速）型，如图 2-34 所示。由于转换速率极高，n 位的转换需要 $2n$-1 个比较器，因此电路规模也极大，价格也高，只适用于视频 A/D 转换器等速度特别高的领域。

串并行比较型 A/D 结构上介于并行型和逐次比较型之间，最典型的是由 2 个 n/2 位的并行型 A/D 转换器配合 D/A 转换器组成，通过两次比较实行转换，所以称为 Half flash（半快速）型。还有分成三步或多步实现 A/D 转换的叫做分级（Multistep/Subrangling）型 A/D，而从转换时序角度又可称为流水线（Pipelined）型 A/D，现代的分级型 A/D 中还加入了对多次转换结果作数字运算而修正特性等功能。这类 A/D 速度比逐次比较型高，电路规模相比并行型 A/D 转换电路要小。

（4）Σ-Δ 调制型。

Σ-Δ 型 A/D 由积分器、比较器、1 位 D/A 转换器和数字滤波器等组成。原理上近似于积分型，将输入电压转换成时间（脉冲宽度）信号，用数字滤波器处理后得到数字值。电路的数字部分基本上容易单片化，因此容易做到高分辨率，主要用于音频和测量。

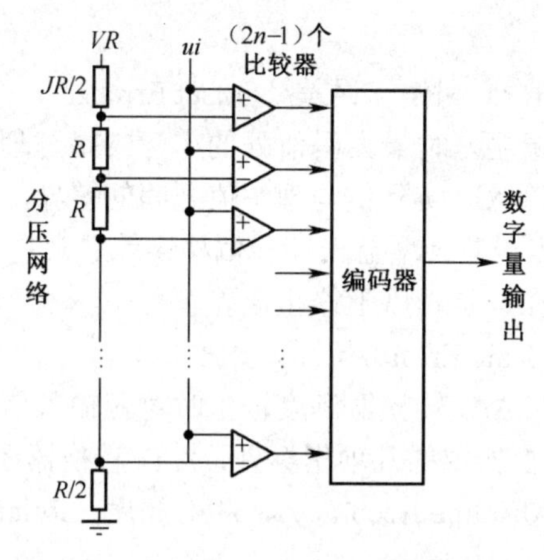

图 2-34 并行比较型 A/D 转换器

（5）电容阵列逐次比较型。

电容阵列逐次比较型 A/D 在内置 D/A 转换器中采用电容矩阵方式，也可称为电荷再分配型。一般的电阻阵列 D/A 转换器中多数电阻的值必须一致，在单芯片上生成高精度的电阻并不容易。如果用电容阵列取代电阻阵列，可以用低廉成本制成高精度单片 A/D 转换器。最近的逐次比较型 A/D 转换器大多为电容阵列式的。

（6）压频变换型。

压频变换型（Voltage-Frequency Converter）A/D 是通过间接转换方式实现模数转换的。其原理是首先将输入的模拟信号转换成频率，然后用计数器将频率转换成数字量。从理论上讲这种 A/D 的分辨率几乎可以无限增加，只要采样的时间能够满足输出频率分辨率要求的累积脉冲个数的宽度。其优点是分辨率高、功耗低、价格低，但是需要外部计数电路共同完成 A/D 转换。

2.3.2 A/D 的指标

（1）分辨率（Resolution）。

分辨率又称精度，在 A/D 转换中，分辨率指在将模拟信号转换为数字信号之后，数字量每变化一个最小量所对应模拟信号的变化量，单位通常为数字信号的位数，n 位分辨率的定义为被测电压的最大值与 2^n 的比值，如在 TLL 信号中，8 位 A/D 分辨率表示最小可分辨的电压为 5/(2^8)=5/256=19.5mV，即最小可分辨 19.5mV 的电压变化。

（2）转换速率（Conversion Rate）和采样速率（Sample Rate）。

A/D 转换速率是指完成一次从模拟转换到数字的 A/D 转换所需的时间的倒数。积分型 A/D 的转换时间是毫秒级，属于低速 A/D，逐次比较型 A/D 的转换时间是微秒级，属中速 A/D；全并行/串并行型 A/D 的转换时间可以达到纳秒级。而采样速率则是另外一个概念，是指两次转换间隔时间的倒数。为了保证转换的正确完成，采样速率（Sample Rate）必须小于或等于转换速率。因此有人习惯上将转换速率在数值上等同于采样速率也是可以接受的，常用单位是 ks/s 和 Ms/s，表示每秒采样千/百万次（kilo / Million Samples per Second）。

（3）量化误差（Quantizing Error）。

量化误差指量化结果和被量化模拟量的差值。A/D 的量化误差是由 A/D 的有限分辨率而引起的，即有限分辨率 A/D 的量化结果与被量化模拟量之间的最大偏差。通常是一个或半个最小数字量的模拟变化量，表示为 1LSB、1/2LSB。量化误差是 A/D 误差的一部分，可以通过提高 A/D 精度来降低。

（4）增益误差（Gain error）和偏移误差（Offset Error）。

增益误差是指不考虑失调误差时最大码值处的实际结果与理想值的偏差；偏移误差是指对 A/D 转换器采用零伏差动输入时实际值与理想值之间的差异，即 A/D 电路在零输入时输出不为零的值，所以也称为零点误差。增益误差和偏移误差通常是一个 A/D 转换器中最主要的误差源，可以通过 A/D 校正在一定程度上修正误差。

（5）满刻度误差（Full Scale Error）。

A/D 的满刻度误差是指在 A/D 转换器满度输出时对应输入信号与理想输入信号值之差。

除了以上所提到 A/D 转换器中的几项指标外，A/D 转换器还具有诸多重要指标，如线性度（Linearity）、绝对精度（Absolute Accuracy）、相对精度（Relative Accuracy）和总谐波失真（Total Harmonic Distotortion / THD）等。

2.3.3 A/D 的原理及特性

A/D 转换的过程是将模拟输入信号转换成 N 位二进制数字输出信号的过程。若模拟参考量为 R，则输出数字量 D 和输入模拟量 A 之间的关系为 $D \approx A/R$ 其原理类似于用天平测量质量，数字 D 永远不能精确地表示被测物体的质量 mx，而只能以一个最小砝码 m_{min} 的精度去逼近，m_{min} 称为量化单位。无论 m_{min} 多小，总不能是无穷小。由 m_{min} 不能是无穷小而带来的误差称为量化误差。A/D 转换电路中，精度和速度是最重要的两个外部特性，下面主要围绕这两个外部特性来介绍几种现今较为常见 A/D 转换电路的原理及外部特性。

（1）积分型 A/D。

积分型 A/D 转换技术是目前最常见的技术，它有单积分和双积分两种转换方式，单积分型 A/D 转换电路转换精度不高，所以现在已经基本被淘汰。双积分型 A/D 转换电路通过两次积分将输入的模拟电压转换成与其平均值成正比的时间间隔。与此同时，在此时间间隔内利用计数器对时钟脉冲进行计数，从而实现 A/D 转换；双积分型转换器通过对模拟输入信号的两次积分部分抵消了由斜坡发生器所产生的误差，提高了转换精度。

双积分型转换方式的外特性表现为精度较高、转换速度慢、能够大幅抑止高频噪声。双积分型转换方式是一种将模拟量转化为时间量，再从时间量转化为数字量的间接转换方式，并且由于积分电路的响应是输入信号的平均值，所以它具有较强的抗干扰能力，另外在两次积分内，只要 *RC* 元件参数不发生瞬变，转换结果就与 *RC* 无关，故分辨率相对较高，最高可以达到 22 位。由于积分电容的作用，能够大幅抑制高频噪声，使得电路的抗干扰能力很强。但是，正是由于它是一个以时间量作为中间变量的电路，故当分辨率的要求增加时，其转换的时间必然会增加，故要提高其转换速度必然会牺牲精度。目前每秒 100～300 次对应的转换精度为 12 位。这种转换方式主要应用在低速高精度的转换领域，如数字仪表领域。

（2）逐次比较型 A/D。

逐次比较型 A/D 转换器的工作原理可以用天平测量质量来比较，设被测物的质量在量程内，根据优选法，先取最大的砝码（相当于满量程的一半），看天平如何倾斜，来决定该砝码的去留；然后依次取四分之一量程、八分之一量程等的砝码，最终可以以最小砝码逼近被测质量。类似地，逐次比较型 A/D 是将需要进行转换的模拟信号与已知的不同的参考电压不断进行比较，从最高位开始，1 个时钟周期完成 1 位转换，N 位转换需要 N 个时钟周期，转换完成，输出二进制数。

逐次比较型 A/D 转换电路的外特性表现为转换速度中等、精度较高、输入带宽较低。由其转换电路的原理可知，其分辨率要求越高，则所需要的时钟周期就越多，故分辨率和转换速率是矛盾的，要提高分辨率就必然牺牲转换速率。由于该电路中有数模转换器，故当精度要求不断提高时就需要相应分辨率的模数转换器，而这相对难以实现，所以其分辨率的高也是在一个相对的范围内。当分辨率低于 12 位时价格低，采样速率可达 1Ms/s，故其适用于中速率而分辨率要求相对较高的场合。逐次比较型 A/D 与其他 A/D 相比，功耗相当低。

（3）并行 A/D。

并行比较器也称 Flash（闪烁型）A/D，是一种最便于理解、最直接并且是当前速度最快的转换方案。它主要由电阻分压网络、比较器、编码器等组成。

这种 A/D 转换器速度是最快的，由于转换是并行的，其转换时间只受比较器、触发器和编码电路延迟时间限制，但是由于本身的结构特点，如比较器数量较多，当分辨率为 N 时，需要用到 2 的 N 次方减 1 个比较器，以及比较器数量的两倍的电阻网络，并且大量的比较器会使得电路之间出现匹配误差，导致分辨率不高、功耗大、成本高，所以只适用于速度要求特别高的领域。如视频 A/D 转换器等，现阶段其转换速度一般在 125Ms/s～10Gs/s（四位并行）之间；由于受到功率和体积的限制，并行比较 A/D 的分辨率难以做得很高。

（4）Σ-Δ A/D。

过采样 Σ-Δ 模数转换是近十几年发展起来的一种 A/D 转换方式，Σ-Δ 调制型 A/D 转换器又称为过采样 A/D 转换器，它的分辨率高，主要应用于高精度数据采集系统特别是数字音响系统、多媒体、地震勘探仪器、声纳等电子测量等领域。过采样 Σ-Δ 型 A/D 由 Σ-Δ 调制器和数字抽取滤波器两部分构成，Σ-Δ 调制器主要完成信号抽样及增量编码，它给数字抽取滤波器提供增量编码即 Σ-Δ 码；数字抽取滤波器完成对 Σ-Δ 码的抽取滤波，把增量编码转换成高分辨率的线性脉冲编码调制的数字信号。

Σ-Δ 模数转换的主要特点是转换的精度很高，高于积分电路，内部利用高倍频过采样技术实现了数字滤波。由于采用了过采样调制、噪音成型和数字滤波等关键技术，因此充分发扬了数字和模拟集成技术的长处。Σ-Δ 模数转换使用很少的模拟元件和高度复杂的数字信号处理电路达到高精度（16 位以上）；模拟电路仅占 5%，大部分是数字电路，并且模拟电路对元件的匹配性要求不高，易于用 CMOS 技术实现。由于其采样频率过高，所以相对于其他电路来说功耗较高，其速度也不快，Σ-Δ 转换方式的转换速率一般在 1Ms/s 以内。

（5）流水线型 A/D。

流水线型 A/D 转换器的原理是将高的分辨率分级处理，以 8 位举例，将其分成两级，先对高四位进行处理，将高四位的结果暂存，并对其进行数模转换，再将输入的模拟信号与其相减，对其所得到的结果放大 2 的 4 次方倍，送入下一级进行处理，由于流水线结构是对信号进行分级串行处理，因此它具有不可消除的延时性，即每级的数字量输出是逐级延迟的。延时同步电路的作用就是把同一个输入模拟量经过 n 级子级电路量化后对应的数字输出进行同步，然后输出完整的数字结果。

每一级包括一个采样/保持放大器、一个低分辨率的 A/D 和 D/A 以及一个求和电路，其中求和电路还包括可提供增益的级间放大器。

流水线型 A/D 转换电路的外特性表现为转换速度很高，仅次于并行，精度也很高，成本相对较低，功耗较低，是对并行转换方式进行改进而设计出的一种转换方式。它在一定程度上既具有并行转换高速的特点，又具有逐次逼近型结构简单的特点，从而解决了制造困难的问题。它能够提供高速、高分辨率的 A/D 转换，还有令人满意的低功耗和较小的芯片尺寸，经过合理的设计，还可以提供优异的动态特性。

例 2-10：一片模数转换器，参考电压为 5V，分辨率为 12 位，请问当输入电压为 3V 的时候，芯片采集的数字量为多少？

解题思路：首先算出该片 A/D 的步进为多少，然后用 3V 除以步进得到十进制的数字量，再将结果转换为二进制即可。

几种 A/D 转换电路的外特性比较如表 2-3 所示。

表 2-3 不同类型 A/D 的比较

电路类型	转换速度	分辨率	应用
积分型 A/D	速度最低，约为 100～300（s/s）	分辨率相对较高，最高可达 22 位	主要应用在低速高精度的转换领域，如数字仪表领域
逐次比较型 A/D	转换速度中等，采样速率可达 1Ms/s	分辨率一般低于 12 位，高于 14 位的成本过高难以实现	在精度要求低于 12 位时使用，实现成本相对其他转换方式低，较为常用
并行比较型 A/D	速度最快，一般在 1Ms/s～10Gs/s	受功率、体积限制，难以实现高分辨率	适用于速度要求特别高的领域，如视频 A/D 转换器等
过采样 Σ-Δ 型 A/D	转换速率一般在 1Ms/s 以内	分辨率极高，最高达到 28 位以上	目前在音频领域得到广泛应用
流水线型 A/D	具有很高的转换速度，在 1Ms/s～100Ms/s	分辨率较高，可达 16 位	用于成像系统，可实现高分辨率、高品质的图像采集；优异的频域和时域特性也能够满足高速数据采集系统的要求

2.3.4 A/D 转换器的选择

在进行电路设计时，有多种的 A/D 芯片可供选择。要选取一款适合设计需求的 A/D 芯片，要综合设计的诸项因素，如系统技术指标、成本、功耗、安装等，当然最主要的依据还是速度和精度。下面列举几种 A/D 芯片选择的重要指标。

（1）精度。

与系统中所测量控制的信号范围有关，但估算时要考虑到其他因素，转换器位数应该比总精度要求的最低分辨率高一位。常见的 AD/DA 器件有 8 位、10 位、12 位、14 位、16 位等。速度应根据输入信号的最高频率来确定，保证转换器的转换速率要高于系统要求的采样频率。

（2）通道。

有的单芯片内部含有多个 AD/DA 模块，可同时实现多路信号的转换。常见的多路 A/D 器件只有一个公共的 AD 模块，由一个多路转换开关实现分时转换。

（3）数字接口方式。

接口有并行/串行之分，串行又有 SPI、I2C、SM 等多种不同标准。数值编码通常是二进制，也有 BCD（二－十进制）、双极性的补码、偏移码等。

（4）模拟信号类型。

通常 A/D 器件的模拟输入信号都是电压信号，而 D/A 器件输出的模拟信号有电压和电流两种。同时根据信号是否过零还分成单极性（Unipolar）和双极性（Bipolar）。

（5）电源电压。

有单电源、双电源和不同电压范围之分，早期的 AD/DA 器件要有+15V/−15V，如果选用单+5V 电源的芯片则可以使用单片机系统电源。

（6）基准电压。

有内外基准和单双基准之分。

（7）功耗。

一般 CMOS 工艺的芯片功耗较低，对于电池供电的手持系统，对功耗要求比较高的场合一定要注意功耗指标。

（8）封装。

过去常见的封装是 DIP，现在随着 PCB 设计面积越来越小，小体积成本的设计越来越受到工程师的欢迎，表面安装工艺的发展使得表贴型封装（SOP、MSOP 等）的应用越来越多。

（9）跟踪/保持（Track/Hold，T/H）。

原则上直流和变化非常缓慢的信号可以不用采样保持，其他情况都应该加上采样保持。

（10）满幅度输出（Rail-to Rail）。

新近业界出现的新概念，最先应用于运算放大器领域，指输出电压的幅度可以达到输入电压范围。在 D/A 中一般是指输出信号范围可以达到电源电压范围

2.4　多路开关

模拟多路开关，又称为模拟多路复用器（Analog Multiplexer），其作用是将多路输入的模拟信号按照时分多路（TDM）的原理分别与输出端连接，以使得多路输入信号可以复用（共用）一套后端的装置。核心是电控开关。

（1）电控开关的类型。

机电式：例如各种类型的继电器。

电子式：包括双极型和 MOS 型等。

固态继电器（SSR）：功率器件，主要用于控制领域。

（2）主要技术指标。

R_{ON}：导通电阻，指开关闭合后开关两端的等效电阻阻值。理想开关的 R_{ON}=0。

R_{OFF}：断开电阻，指开关断开后开关两端的等效电阻阻值。理想开关的 $R_{OFF}\to\infty$。

t_{ON}、t_{OFF}：接通（延迟）时间和断开（延迟）时间，指从控制信号到达最终值的 50%时到开关输出到达最终稳定值的 90%之间的时延。

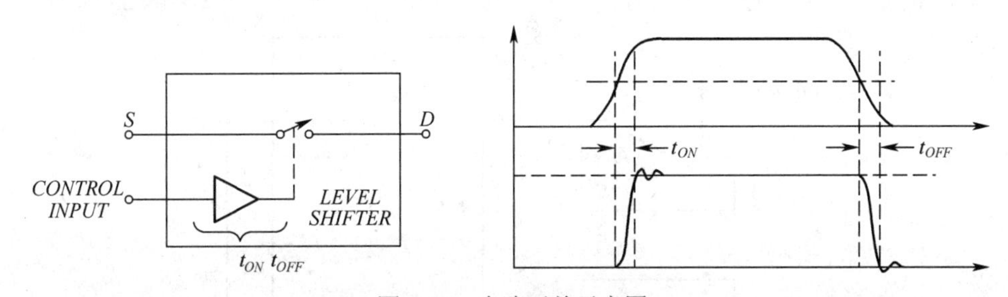

图 2-35　多路开关示意图

I_C：开关接通电流，指开关闭合时所能承受的流经开关的平均电流强度。

I_{LKG}：泄漏电流。在电子式开关中，因芯片内部半导体器件的缺陷，有微小的电流自输入端流出，经信号源内阻产生干扰（如图 2-36 所示）。I_{LKG} 又分为开关断开时的 I_{DOFF}（漏极）和 I_{SOFF}（源极）以及开关闭合时的 I_{DON} 和 I_{SON}。

在 MOS 型开关器件中，各级之间以及相邻通道之间的杂散电容也是重要的参数，这些电容将影响开关的高频性能和带宽。

Off Isolation：关断隔离度，指开关断开时输入信号通过图 3-30 所示的电容 C_{DS} 和 C_D 对输出回路的影响程度（如图 2-36 所示），一般用分贝表示。显然，该指标与输入信号的频率有关。

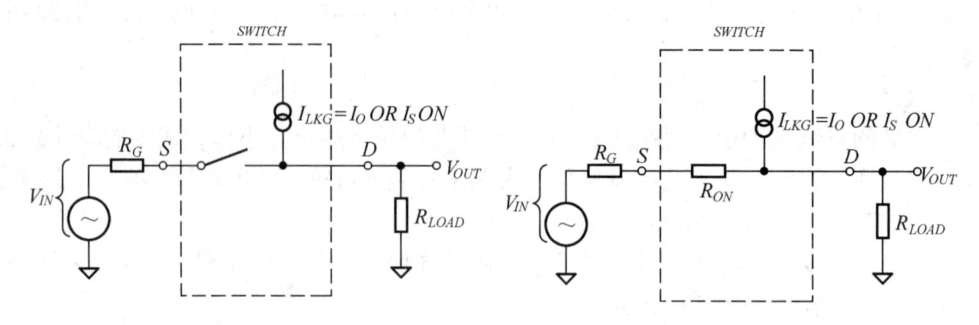

图 2-36 内阻干扰示意图

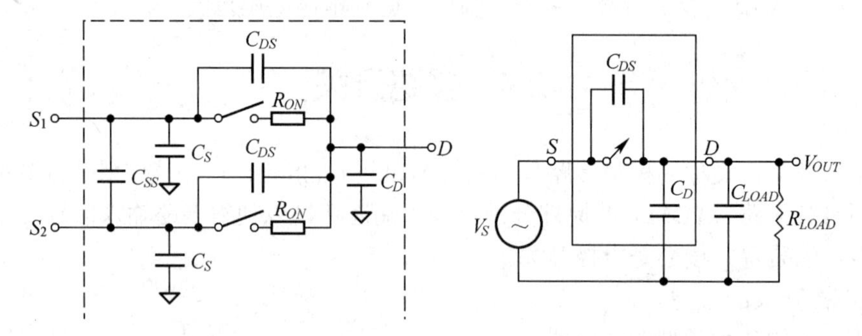

图 2-37 MOS 型开关器件的杂散电容

Crosstalk：通道之间的（Channel-to-Channel）交调干扰（串扰）。这是由于通道之间的电容 C_{SS} 引起的，显然该指标也与输入信号的频率有关。

当模拟开关切换时，开关输出端与地之间的电容还会引起严重的毛刺干扰。在图 2-38 所示的电路中，假设某个时刻 S_2 闭合、S_1 断开，C_{D2} 和 C_{D1} 都充电至−5V；当切换至 S_1 闭合、S_2 断开时，放大器 A 的输出端将出现一个负跳变的毛刺。在示波器上拍摄的波形照片如图 2-39 所示。

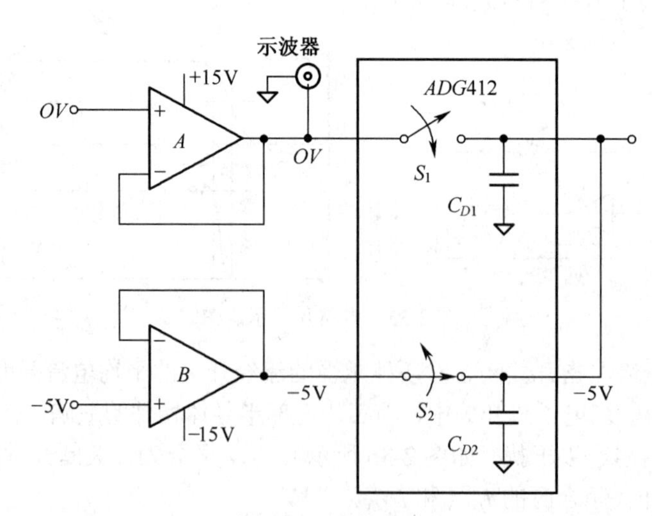

图 2-38 串扰示意

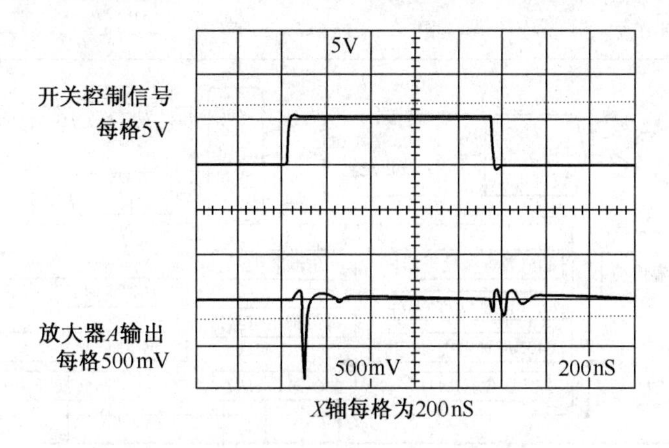

图 2-39　示波器图

在电子式开关中，由于工艺的原因，某些指标之间存在相互制约。例如，某些低 R_{ON}（小于 10Ω）的 MOS 型开关，为了减小 R_{ON}，需要占据较大的芯片面积，导致更大的分布电容，反而对开关的高频特性产生不利的影响。事实上，只要后端电路的输入阻抗大于 10MΩ 或者更高，几十欧的 R_{ON} 对采集系统的整体性能影响很小。

2.5　片上数采系统

随着工业自动化程度的不断提高，对工业仪表的要求也不断提高。多功能、小型化、智能化的智能工控仪表成为了工控仪表发展的主流。智能工控仪表一般采用微处理器为核心，配以多路 A/D、D/A、RAM、ROM 等外围器件构成。现场的模拟信号通过 A/D 转换成单片机能处理的数字信号，再经过单片机数字处理后转换成模拟信号输出。这种常规设计具有电路复杂、调试困难、成本高、抗干扰能力差、体积大、难以小型化等困难。

为了解决这些矛盾，以 ADI 公司为首的多家外国公司推出了多种片上数采系统，常见的如 ADμC812 高精度数据采集片上系统芯片，可以用一片芯片实现 A/D、D/A、单片机系统的全部功能，具有可靠性高、综合成本低、精度高、调试方便、抗干扰能力强、系统结构简单等特点，能很好地解决以上问题。

ADI 公司的高精度全集成片上采集系统 ADμC812 包含 8 通道 12 位 SAR A/D，无噪声≥14 位，速度为 220kHz；2 通道 12 位 D/A，速度 15μS；8KE^{2}PROM 程序存储器；640 字节 Flash RAM 数据存储器；工业标准 8052 核；440ppm/℃ 精密基准电压源；ADC DMA 控制器；看门狗电路；电源监视器；32 条 I/O 线；I^{2}C 兼容的 SPI 串行口；UART 串行口；时钟频率最高 16MHz，其功能结构框图如图 2-40 所示。

ADμC812 有正常、空闲、掉电三种工作模式，3V、5V 两种电源规格，其外部引脚定义如图 2-41 所示。

ADμC812 集成度高，单片即可实现一个完整的嵌入式片上采集、控制系统的全部功能，且内带看门狗电路、电源监视器，提高了可靠性，降低了综合成本，同时由于系统结构简单，使得系统调试方便、抗干扰能力强，ADμC812 设计智能工控仪表的系统结构如图 2-42 所示。

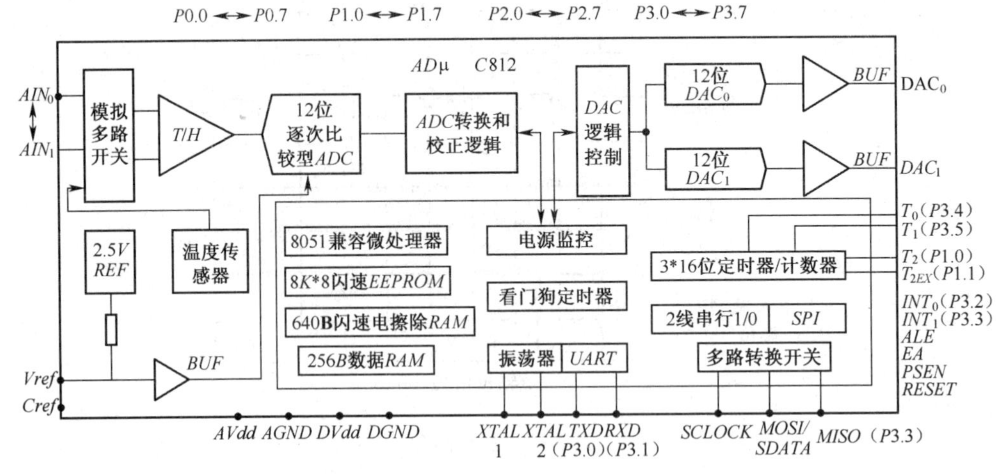

图 2-40 ADμC812 的功能结构框图

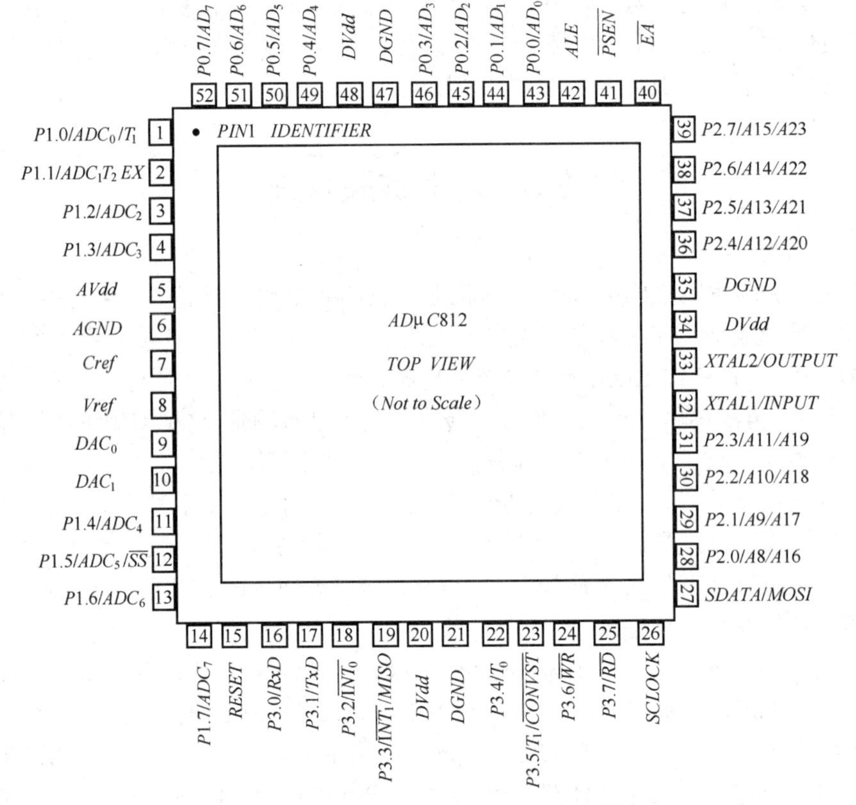

图 2-41 ADμC812 的外部引脚定义图

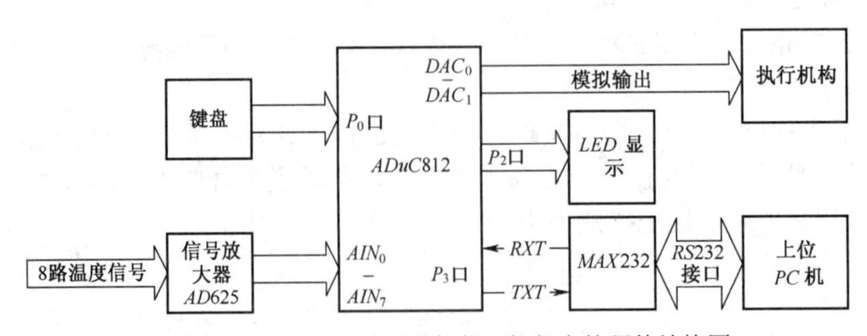

图 2-42 基于 ADμC812 的智能温控仪表的硬件结构图

思考题与习题

1．当电桥平衡时，若互换电源与检流计的位置，电桥是否仍平衡？

2．如图 2-43 所示，若桥臂 *AD*、*DC*、*CB* 间有一根短导线，实验时将有何反常现象？

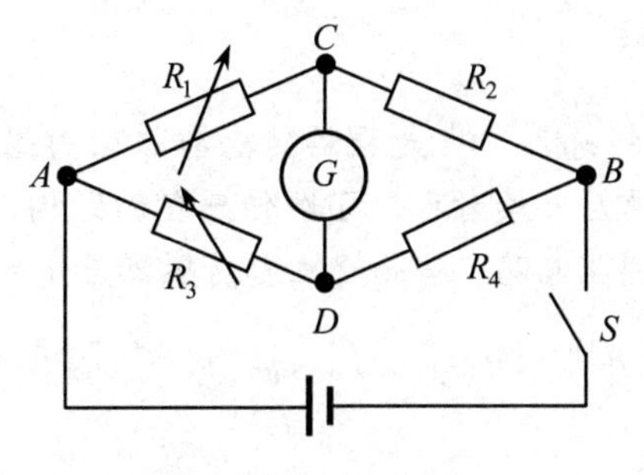

图 2-43　电桥

3．用滑线式电桥测电阻，试证明当 $I_1=I_2$ 时，待测电阻的相对误差最小是多少？

4．A/D 转换器最重要的两个指标是什么？

5．8 位 D/A 转换器当输入数字量只有最低位为 1 时，输出电压为 0.02V，若输入数字量只有最高位为 1 时，输出电压为多少？

6．D/A 转换器的主要两项参数是什么？

第 3 章　电阻式传感器

本章导读：

电阻式传感器是最常见的传感器，也是理解传感器原理的基础。电阻式传感器既包括应变片也包括热敏电阻。学习本章后，读者可以了解传感器的结构、物理量的变化方式、压阻效应、热敏效应、传感器模型和调理电路，从而建立起传感器应用的基本概念，这对理解和学习后续章节的内容非常重要。

本章主要内容和目标：

本章主要内容包括传感器的基本结构和原理、压阻效应、热敏效应、传感器模型和调理电路等。

通过本章学习应该达到以下目标：掌握电阻式传感器原理；了解压阻效应、热敏效应、电阻式传感器的分类、工作原理、材料和参数；熟悉其模型、动态响应特性、温度误差及其补偿，以及调理电路的含义。

电阻式传感器是一种最常见的传感器，从传感器分类的知识来看，电阻应变式传感器的命名是从工作原理的角度进行的，即传感器检测的被测量的变化能够体现为电阻的变化。电阻式传感器的应用极其广泛，最常见的是电阻应变式传感器和热敏电阻。

电阻应变式传感器可以用于测量位移、加速度、力、力矩、压力等各种参数。用于位移可称为电阻应变式位移传感器；用于加速度可称为电阻应变式加速度传感器；用于力可称为电阻应变式力传感器；用于称重可称为电阻应变式称重传感器。也就是说，电阻应变式传感器可用于测量多种不同类型的参数，但不管用于测量什么参数，它的基本原理是一致的，就是电阻的应变效应，即能够将应变的变化体现为电阻的变化。

热敏电阻是利用热电阻效应设计的一种传感器，它可以将温度的变化转换成电阻的变化。电阻率随温度变化而变化的现象就是热电阻效应，热电阻效应是普遍存在的现象，只是有的材料温度系数小，表现不明显；而有材料电阻温度系数高，表现明显；有的表现为电阻率随温度升高而增大，具有正的温度系数；有的随温度升高而降低，具有负的温度系数。一般来说，纯金属具有正的温度系数，而半导体有负的温度系数。热敏电阻除了可以测量温度，还可以测量流量、流速等。

3.1　概述

电阻应变式传感器具有悠久的历史，是应用最广泛的传感器之一。将电阻应变片粘贴到各种弹性敏感元件上，可构成测量位移、加速度、力、力矩、压力等各种参数的电阻应变式传感器。

虽然新型传感器不断出现，为测试技术开拓了新的领域，但是由于电阻应变测试技术具有以下独特优点，可以预见在今后它还是一种主要的测试手段：

（1）结构简单，使用方便，性能稳定、可靠。

（2）易于实现测试过程自动化和多点同步测量、远距测量和遥感测量。

（3）灵敏度高，测量速度快，适合静态、动态测量。

（4）可以测量多种物理量。

电阻应变式传感器已广泛应用于许多领域，如航空、机械、电力、化工、建筑、医学等。

电阻应变式传感器由弹性敏感元件与电阻应变片构成。弹性敏感元件在感受被测量时将产生变形，其表面产生应变，而粘贴在弹性敏感元件表面的电阻应变片将随着弹性敏感元件产生应变，因此电阻应变片的电阻值也产生相应的变化。这样，通过测量电阻应变片的电阻值变化就可以确定被测量的大小了。

弹性敏感元件在电阻应变式传感器技术中占有重要作用。它可以将各种加速度、力、力矩、压力等参数变成形变，再通过电阻应变式传感器测量出来，也就是它可以将被测量由一种物理状态（如力）转换成另一种物理状态（形变），从而被测量。由于它直接起测量作用，在传感器结构中属于敏感元件，故称为弹性敏感元件。

弹性元件是具有弹性变形特性的物体。谈到弹性元件，最容易想到的是弹簧，弹簧在力的作用下可能发生拉伸或压缩的变化，这样的变化就是变形，变形的种类是繁多的。弹性变形最关键在于变形可恢复，即它是在某个特定的范围内的概念。弹性变形可能转换为塑性变形，如果把这样的概念延伸的话，实际上意味着量程范围的问题。弹性元件的弹性变形特性必须不超越特定的界限，否则就可能变形无法恢复。

弹性元件在传感器技术中通常扮演敏感元件的角色，它的作用实际上是从力到应变或位移的映射，之所以能够完成这样的映射，与弹性变形的特性是分不开的；从弹性元件在传感器中的作用来看，一类起到对被测量直接测量的作用，当然测量的结果是变形，称为弹性敏感元件；另一类主要起到支撑导向作用，以保证传感器的活动部分得到良好的运动精度，称为弹性支承。

3.1.1　弹性敏感元件的特性

弹性特性是弹性敏感元件最重要的特性，它表现为被测量与变形之间的关系，也是弹性敏感元件能够实现敏感元件功能的基本保障；不管弹性敏感元件承受压力、力还是力矩，根本的一点就是受外力作用了；不管变形是应变、位移还是转角，根本的一点就是变形了，弹性特性就是描述这样的外力与这样的变形之间的关系。

图 3-1 表示的是不同弹性敏感元件的弹性特性曲线。由图 3-1 可见，弹性范围内，外力越大，变形越大，外力撤消后，变形恢复为 0。弹性特性可能是线性的，也可能是非线性的。

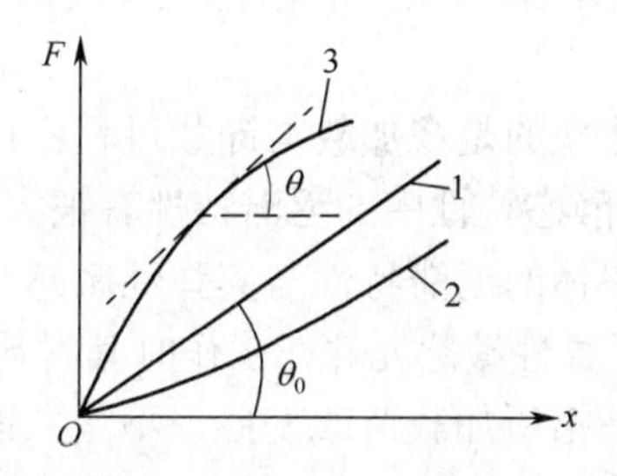

图 3-1　弹性敏感元件的弹性特性曲线

弹性特性的主要指标是刚度与灵敏度，它们是从不同侧面描述等价的两个指标。刚度定义为弹性敏感元件在外力作用下抵抗变形的能力，一般用 k 表示，计算公式如下：

$$k = \lim_{\Delta x \to 0}\left(\frac{\Delta F}{\Delta x}\right) = \frac{\mathrm{d}F}{\mathrm{d}x} \tag{3-1}$$

式中，F 为作用在弹性元件上的外力，x 为弹性元件产生的变形。

刚度是从抵抗变形这个角度来描述弹性特性的，描述的是多大的变形能够抵抗多大的外力的作用。刚度越大，弹性敏感元件抵抗变形的能力越大。

刚度可以由弹性特性曲线求得。弹性特性曲线坐标的纵轴是外力，横轴是变形，即纵轴是输入，横轴是输出。刚度等于曲线在某点的切线的斜率，即：

$$k = \tan\theta = \frac{\mathrm{d}F}{\mathrm{d}x} \tag{3-2}$$

如果弹性特性是线性的，则刚度是常数；反之，刚度是变量。

灵敏度是单位力产生变形的大小。灵敏度是从单位力产生变形的角度来描述弹性敏感元件的弹性特性，即描述的是多大的力的变化会导致多大的变形，而刚度描述的是多大的变形可以抵抗多大的力，本质上说，二者没有质的区别，只是在不同的情况下有不同的便利之处而已。灵敏度与刚度实际上是互为倒数的，一般用 S_n 表示：

$$S_n = \frac{\mathrm{d}x}{\mathrm{d}F} \tag{3-3}$$

弹性元件并联时：

$$S_n = \frac{1}{\sum_{i=1}^{n}\frac{1}{S_n}} \tag{3-4}$$

弹性元件串联时：

$$S_n = \sum_{i=1}^{n} S_n \tag{3-5}$$

关于弹性敏感元件的串联与并联的问题可以这样理解：以健身拉力器为例，一根弹簧与两根弹簧相比，拉时要省力些。从刚度与灵敏度的角度来看，弹簧并联时，意味着，抵抗变形的能力增加，即刚度增加，这个时候，弹簧变形变小，即灵敏度减小；而串联时，则是刚度减小，灵敏度增加。

弹性元件存在一种特殊特性：弹性滞后，如图 3-2 所示。弹性滞后现象描述的是弹性元件在弹性变形范围内弹性特性的加载曲线与卸载曲线不重合的现象，具体的体现为同样大小外力作用的时候，在加载过程和卸载过程中，弹性元件的变形不一样，而这个变形的差称为弹性敏感元件的滞后误差。弹性变形之差 Δx 叫做弹性敏感元件的滞后误差，曲线 1 和曲线 2 所包围的范围称为滞环。

弹性敏感元件的滞后误差体现的是在加载与卸载过程中同一个作用力下不同的弹性变形的情况。弹性滞后特性与传感器静态特性中的迟滞特性有很大的相似性。由弹性敏感元件构成的传感器中，传感器作为一个整体的迟滞特性与其弹性敏感元件的弹性滞后特性有直接的关系。弹性滞后的原因主要是由于弹性敏感元件在工作时其材料分子间存在内摩擦。

弹性敏感元件的弹性后效是指所加载荷改变后，不是立即完成相应的弹性变形，而是在一定时间间隔中逐渐完成变形的现象，如图 3-3 所示。弹性后效的存在使得弹性元件对输入的变化不能及时响应，体现的是时间因素的影响，对传感器的动态特性影响尤其明显。

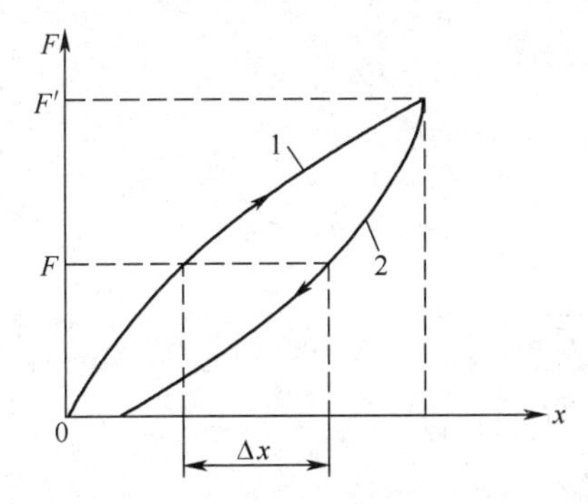

图 3-2　弹性敏感元件的滞后特性

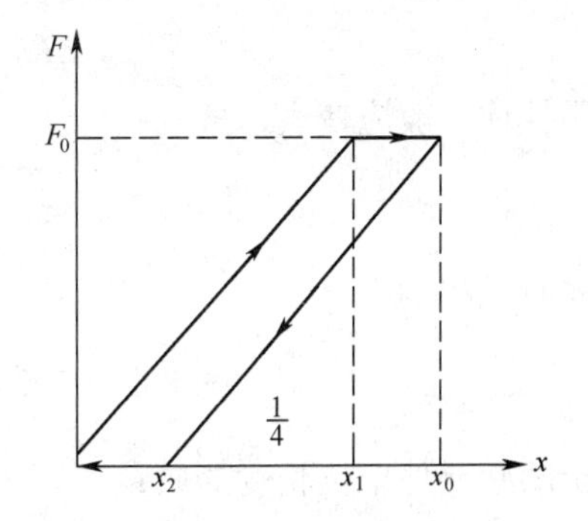

图 3-3　弹性敏感元件的弹性后效

弹性滞后和后效在本质上是同一类型的缺点，它们与材料的结构、载荷特性以及温度等一系列因素有关，在应用中，应该合理地选择材料，设计最优的结构和加工方法，从而最大程度地减小由弹性滞后和弹性后效现象产生的误差。

弹性敏感元件的动态特性和变换时的滞后现象与它的固有振动频率有关。固有振动频率通常通过实验来确定。固有振动频率也可用式（3-6）进行估算：

$$f = \frac{1}{2\pi}\sqrt{\frac{k}{m_e}}\ \text{（Hz）} \qquad f = \frac{\omega_n}{2\pi} \tag{3-6}$$

式中，k 为弹性敏感元件的刚度，m_e 为弹性敏感元件的等效振动质量。

弹性元件的固有振动频率是描述弹性元件内在特性的重要参数，它体现的是弹性元件固有的特性。固有振动频率很大程度上决定弹性元件动态特性的好坏。弹性元件的动态特性和变换被测参数时的滞后作用很大程度上与固有振动频率有关。可以通过提高固有振动频率来减少动态误差，但固有频率会影响到元件的线性度和灵敏度，实际应用中必须根据测量的对象和要求综合考虑。

3.1.2　弹性敏感元件的设计

弹性敏感元件的设计主要包括材料选择和结构设计。弹性敏感元件对材料的基本要求是：弹性滞后和弹性后效小、弹性模数的温度系数小、线膨胀系数要小且稳定、弹性极限和强度极限高、具有良好的稳定性和耐腐蚀性；具有良好的机械加工和热处理性能。通常使用的材料包括合金钢、合金铜，如 35CrMnSiA、40Cr 等。

常见的弹性敏感元件采用的结构主要有：弹性圆柱（实心、空心）、悬臂梁（等截面、变截面）、扭转棒、圆形膜片和膜盒（圆形平膜片）、弹簧管等。

弹性圆柱（实心、空心）的结构特点是：结构简单、能承受很大载荷，常用于电阻应变式拉力或压力传感器。其应变大小决定于：圆柱的灵敏结构系数、横截面积、材料性质、圆柱所承受的力，与圆柱的长度无关。在轴向承受作用力 F 时，与轴线成 α 角的截面的应力、应变公式为：

$$\sigma = \frac{F}{A}(\cos^2\alpha - \mu\sin^2\alpha) \tag{3-7}$$

$$\varepsilon_\alpha = \frac{F}{AE}(\cos^2\alpha - \mu\sin^2\alpha) \tag{3-8}$$

式中，F 为轴线方向上的作用力，E 为材料的弹性模具，μ 为材料的泊松系数，A 为圆柱的横截面面积，α 为截面与轴线的夹角。

为了方便比较，引入灵敏度结构系数 β 的概念：

$$\beta = \cos^2\alpha - \mu\sin^2\alpha \tag{3-9}$$

则圆柱体一般应变表达式为：

$$\varepsilon = \frac{F}{AE}\beta \tag{3-10}$$

其固有频率为：

$$f_0 = 0.159\frac{\pi}{2l}\sqrt{\frac{EA}{m_l}} \tag{3-11}$$

由于敏感元件单位长度的质量可以表示为：

$$m_l = A\rho \tag{3-12}$$

所以：

$$f_0 = 0.159\frac{\pi}{2l}\sqrt{\frac{E}{\rho}} \tag{3-13}$$

由式 3-13 可见：为了提高应变量，应当选择弹性模量小的材料，此时虽然降低了固有频率，但固有频率降低的程度比应变量的提高来得小，总的衡量还是有利的。如果希望不降低固有频率来提高应变量必须减小弹性元件的截面积，如果希望不降低应变值来提高固有频率必须减短圆柱的长度或选择密度低的材料。

悬臂梁是一端固定一端自由的弹性敏感元件，如图 3-4 所示。作为弹性敏感元件，其特点主要有：结构简单、加工方便，适于较小力的测量，根据梁的截面形状不同可以分为等截面和变截面（等强度）两种。

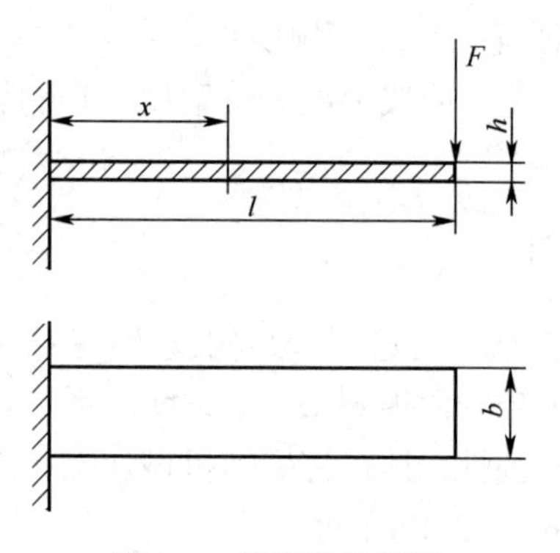

图 3-4　悬臂梁的测量

等截面悬臂梁的应变公式为：

$$\varepsilon_x = \frac{6F(l-x)}{EAh} \tag{3-14}$$

式中，ε_x 为距定端点为 x 处的应变，E 为材料的弹性模具，F 为轴线方向上的作用力，A 为梁的横截面面积，l 为梁的长度，h 为梁的厚度。

其灵敏度结构系数 β 为：

$$\beta = \frac{6(1-x)}{l} \tag{3-15}$$

扰度与作用力的关系为：

$$y = \frac{4l^3}{Ebh^3}F \tag{3-16}$$

固有频率的表达式为：

$$f_0 = \frac{0.162h}{l^2}\sqrt{\frac{E}{\rho}} \tag{3-17}$$

从以上分析可以看出，等截面梁的灵敏度主要和材料特性参数(E,ρ)和厚度参数h相关，减小厚度会提高灵敏度，降低固有频率。

等截面梁不同部位产生的应变不同，对应变片粘贴的位置精度要求很高，为了改善这一点，发展出了变截面梁（等强度梁），此外测量不同的量也需要不同的结构，如表 3-1 所示。

表 3-1　不同结构的应变

结构名称	计算公式	作用
弹性圆柱	$\varepsilon_0 = \frac{F}{A}(\cos^2 a - u\sin^2 a)$	应变大小
悬臂梁	$\varepsilon_x = \frac{6F(1-x)}{EAh}$	距固定端的应变量
扭转棒	$\varepsilon_{\max} = \frac{\sigma_{\max}}{E} = \frac{rMt}{EJ}$	最大应变量
弹簧管	$d = p\frac{1-u_2}{E}\cdot\left(1-\frac{b_2}{a_2}\right)$	自由端位移
波纹管	$a = \frac{2R-a}{2(R_H - R_B - 2H)}$	波纹平面斜角

3.2　应变片

电阻应变片（electronic resistance strain gage），也称电阻应变计，简称应变片或应变计，在工程结构试验众多的应力测量技术中至今仍是应用最广泛最有效的应力测量技术，并且在现今的工程结构健康监测方面也将发挥积极的作用。由各种电阻应变片制成的各种电阻应变式称重传感器在电子衡器工业中也发挥着极其重要的作用。

电阻应变片的工作原理是应变－电阻效应，即基于金属或合金材料受到应变作用时其电阻将会发生的变化。应变－电阻效应是由英国物理学家开尔文勋爵（Load Kelvin，本名威廉• 汤姆逊 William Thomson，开尔文是他的封号）提出的，并通过对铜丝和铁丝进行相应的试验证实。1856 年开尔文利用该原理来测知海水深度，指导敷设了大西洋海底电缆。

1878 年至 1883 年汤姆理逊（Tomlinson）证实了开尔文的试验结果，并指出金属丝的电阻变化是由于金属材料截面尺寸变化的缘故。1923 年布里奇曼（P.W.Bridgman）再次验证了开尔文的试验，并发明了用于测量水深的压力计。

1936 年至 1938 年间，美国加利福尼亚理工学院（California Institute of Technology）教授西蒙斯（E.E.Simmons）和麻省理工学院（Massachusetts Institute ofTechnology）教授鲁奇（A.C.Ruge）分别同时研制出电阻丝式纸基应变片。西蒙斯于 1938 年发表了用 No.40AWS 的康铜设计的测力计；鲁奇是在地震对结构物影响的试验时，利用胶黏剂把金属丝粘贴在纸基底上，然后把基底粘贴在被测试件上，利用试件变形时引起金属电阻丝的电阻变化来确定试件的变形。

1954 年美国学者史密斯（C.S.Smith）发现了硅、锗半导体材料的压阻效应，1957 年贝尔电话实验室的麦逊（Mason）等人研制成功了压阻半导体应变片，1960年作为商品市售。由于半导体应变片的应变灵敏度系数是金属应变片的25～100倍，因而被用于测量微小应变和制作高灵敏度传感器。为了改善半导体应变片电阻温度系数大的缺点，人们利用半导体集成电路的平面工艺技术开发了扩散型半导体应变片，大大改善和提高了半导体应变片的温度特性。随着集成电路工艺技术的发展，利用在绝缘物外延硅法（Silicon On Insulator，SOI）和由异质外延方法在蓝宝石上定向硅单晶膜工艺（Silicon On Sapphire，SOS），使半导体应变片和传感器性能有了进一步提高。近20年来，以微电子和微机械加工技术为基础，研制成功各种微型传感器。由于半导体应变片工艺和半导体集成电路工艺互相兼容，使半导体传感器的小型化、集成化以及智能化成为了可能。

1944年夏伯铁克对由他们试制的高温应变片进行高温应变测量的尝试，其后于1950年由美国BLH公司发展成为市售产品。尽管在50年代出现了用溅射方法制作薄膜应变片的技术，但是由于当时技术条件的限制而未能实用化。1966年采用溅射技术制成的薄膜应变片逐步被实用化。由于应变片敏感栅间及与试件（或弹性体）之间没有有机物的粘结层，因而应变片的蠕变、滞后小到可以忽略的程度，而且这类应变片具有良好的温度稳定性，可用于高温条件下的应力测量和制作各种传感器。

低温应变片的研制始于1955年，是美国为了配合使用液氢、液氧为燃料的航天火箭而开发研制的，1956年由BLH公司发展为市售产品。1982年，意大利FIA公司为研究控制发动机燃烧时压力的测量而开发了用金属或金属氧化物作浆料，采用丝网印制工艺及高温焙烧技术制成的厚膜应变片，于1982年在美国取得专利。该类应变片具有价格低、产量大、适用范围宽等特点。

3.2.1 电阻应变式传感器的工作原理

这样的几个问题有助于理解电阻应变式传感器的工作原理：什么是电阻应变式？应变是一种途径，应变的结果导致电阻的变化；接下来要考虑的是什么导致了应变的发生？应变应该怎么去感受到？应变的变化怎么导致电阻的变化？电阻的变化又表现了什么？

怎么理解电阻应变式传感器？电阻应变式传感器是将某种输入变换成电阻输出的一类传感器；那么输入是什么？多种被测量。输出是什么？电阻变化。电阻因为什么而变化？应变发生。应变是怎么转换为电阻变化的？某个元件能够将应变转变为电阻的变化（电阻应变效应、变换元件的功能）；应变怎么发生的？有某个敏感元件能够感受输入量，并且能够将输入量转换为应变（弹性敏感元件）。所以电阻应变式传感器可以理解为，能够感受特定的被测量，并且通过电阻应变效应而使得传感器的输出电阻发生变化的一类传感器。

有了上面的理解，电阻应变式传感器的基本结构就很容易形成了，这样的一类传感器通常需要两个转换环节：一是从被测量到应变的转换，二是从应变到电阻的转换，两个环节与传感器组成相对应分别为敏感元件和转换元件。

通常，电阻应变式传感器实现从被测量到应变的转换依赖于弹性敏感元件，弹性敏感元件感受被测量，同时发生弹性变形，这样的变形就是应变，还要有一个机制能够感受到弹性敏感元件的弹性变形，通常这个由电阻应变片来感受，电阻应变片附着在弹性敏感元件的某些部位，弹性敏感元件将弹性变形传递给电阻应变片；不同的被测量由不同的弹性敏感元件将感受到的被测量转变为不同形式的弹性变形，这样的变形传递给电阻应变片从而因为电阻应变效应带来传感器输出电阻的变化，如图3-5所示。

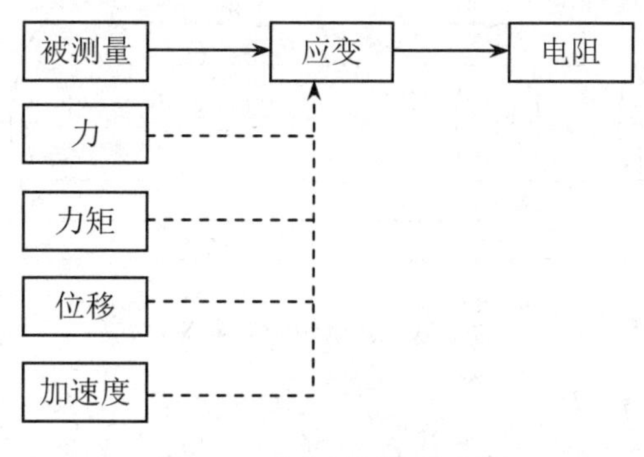

图 3-5　应变片转化示意图

电阻应变式传感器的工作原理就是被测量作用在弹性敏感元件上，使弹性敏感元件产生弹性变形，这样的变形被传递给附着在弹性敏感元件上的电阻应变片，电阻应变片感受应变，产生电阻的变化。

从传感器的组成来看，弹性敏感元件的作用就是敏感元件，而电阻应变片的作用则是转换元件。电阻应变式传感器的基本原理是将被测量的变化转换成传感器元件电阻值的变化，再经过转换电路变成电压或电流信号的变化。这样只需要通过测量电压或电流信号的变化来确认传感器输出电阻的变化，从而进一步依赖电阻变化与应变之间的关系求得被测量的变化。通过不同的弹性敏感元件可以将不同的被测量转换为应变的形式，从而实现不同的测量目的。

从测量的过程来看，首先是被测量作用在弹性敏感元件上，弹性敏感元件产生变形，这个变形被附着其上的电阻应变片感受到，进一步导致电阻的变化；从认识被测量的角度看，我们可以通过某种方式测得传感器输出电阻的变化，按照一定的规律推知电阻应变片应变的变化，然后按照应变的变化又推知弹性敏感元件变形的情况，最后通过弹性敏感元件变形与被测量作用的关系推知被测量的变化状况，从而认知被测量。这里应当请注意的是，我们要根据输出电阻的变化推知应变的情况，需要电阻变化与应变之间有某种确定的规律，同样由弹性变形推知被测量的变化也需要它们之间有某种确定的规律存在，同时还要假定这样的变形在传递给电阻应变片的时候是不失真的，或者这样的传递也需要存在确定的规律，只有这样，对被测量的认知才可以通过输出电阻的变化来得到。

电阻应变片的工作原理就是利用了金属的应变效应，将应变片感受到的应变转换为电阻的变化。

（1）金属的应变效应。

金属丝的电阻随着它所受的机械变形（拉伸或压缩）的大小而发生相应的变化的现象称为金属的应变效应，如图 3-6 所示。金属的应变效应是电阻应变片工作的基础，金属的应变效应在这里体现的是金属丝的电阻随其形状变化的现象，我们以前曾经学习过金属丝电阻的表达形式，知道金属丝的电阻与它的长度、截面积及电阻率等因素有关，那么我们很容易想到的是，金属丝在形状发生变化的时候，可能是长度的变化，也可能截面积的变化，也可能是电阻率发生变化，当然也可能这些因素都同时发生相应的变化。

金属丝受到轴向力 F 而被拉伸（或压缩）时，其 L、A、ρ 均会发生变化，金属丝的电阻值随之发生变化，由于：

$$\frac{\mathrm{d}A}{A}=2\frac{\mathrm{d}r}{r} \tag{3-18}$$

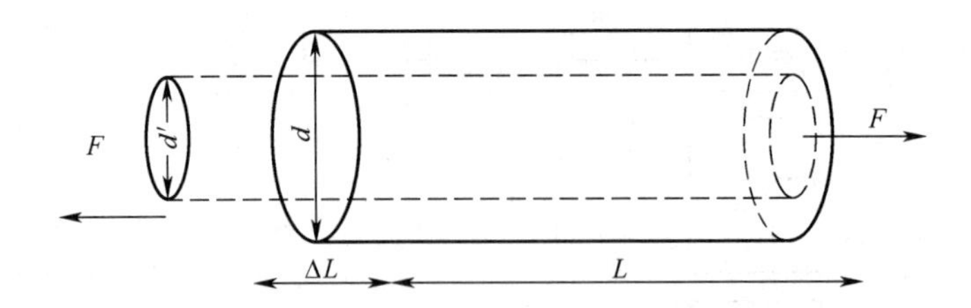

图 3-6　金属的应变效应

电阻变化和相对变化分别为：

$$\mathrm{d}R=\frac{\rho}{A}\mathrm{d}L-\frac{\rho L}{A^2}\mathrm{d}A+\frac{L}{A}\mathrm{d}\rho \tag{3-19}$$

$$\frac{\mathrm{d}R}{R}=\frac{\mathrm{d}L}{L}-\frac{\mathrm{d}A}{A}+\frac{\mathrm{d}\rho}{\rho} \tag{3-20}$$

金属丝的轴向应变：

$$\varepsilon_x=\frac{\mathrm{d}L}{L} \tag{3-21}$$

金属丝的径向应变：

$$\varepsilon_y=\frac{\mathrm{d}r}{r} \tag{3-22}$$

金属丝受拉时，沿轴向伸长，而沿径向缩短，二者之间的关系为：

$$\varepsilon_y=-\mu\varepsilon_x\text{（}\mu\text{ 为金属丝材料的泊松系数）} \tag{3-23}$$

则：

$$\frac{\mathrm{d}R}{R}=(1+2\mu)\varepsilon_x+\frac{\mathrm{d}\rho}{\rho} \tag{3-24}$$

金属丝的灵敏系数 K_s 表示金属丝产生单位变形时电阻相对变化的大小。

$$K_s=\frac{\mathrm{d}R/R}{\varepsilon_x}=(1+2\mu)+\frac{\mathrm{d}\rho/\rho}{\varepsilon_x} \tag{3-25}$$

金属丝几何尺寸变化引起　　　　金属丝变形后引起电阻率的变化

灵敏系数 K_s 分成了两个部分：一部分与金属丝的几何尺寸变化直接相关，另一部分则体现的是这样的变形同时带来的电阻率的变化情况。由于第二项目前很难用解析式表达，K_s 这个灵敏系数通常由实验的方法来确定；应变片由金属丝以特定的方法做成敏感栅后，灵敏系数会降低，这其中的原因是横向效应的影响；应变片的标称灵敏系数只能是采用抽样检测的方法来确定，那么这样的方法必须有特定的要求来保证，比如加工的一致性、材料的一致性等，只有这样，测得的标称灵敏系数才有意义。

实验证明，在金属丝变形的弹性范围内，电阻的相对变化与应变 ε_x 是成正比的，K_s 为一常数。

应变片的灵敏系数 K 恒小于同一材料金属丝的灵敏系数 K_s。标称灵敏系数是经抽样测定灵敏系数的平均值。

（2）电阻丝应变片的基本结构。

电阻应变片由基底、覆盖层、敏感栅组成。基底的作用是固定敏感栅、绝缘；覆盖层的作用是固定敏感栅，绝缘；敏感栅的作用是感受应变变化和大小。敏感栅由电阻丝构成，有两个参数：敏感栅的基长和敏感栅的宽度。

电阻应变片通过基底粘贴在弹性敏感元件上，弹性敏感元件的弹性变形首先是被基底感受到，然后再传递到固定在基底上的敏感栅，然后才导致敏感栅的电阻变化。

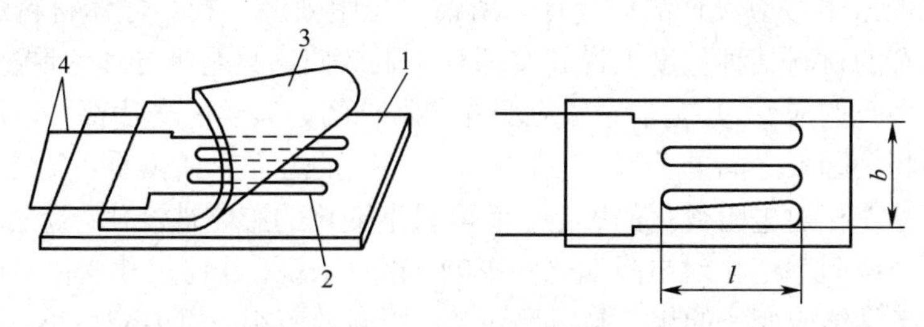

1—基底；2—电阻丝；3—覆盖层；4—引线

图 3-7 电阻丝应变片的基本结构图

（3）应变片的测试原理。

应变片本身实际上只是感受应变，并将应变转换为电阻变化，通常情况下，它并不直接感受被测量，而与弹性敏感元件的结合则扩展了它的应用范围，实现不同参数的测量。

应变片是这样一种元件，它能够将感受到的应变转换为电阻值的变化，也就是说，我们能够有一种机制保证从非电量（应变）到电量（电阻）的变化，如果有被测量不方便或不能直接转换为电量，但它能够通过其他元件（弹性敏感元件）很容易转换为应变的话，我们就可以间接地实现被测量到电量的转换，应变片在这样的应用情况下充当转换元件的角色。通过电阻值变化可以按照一定规律推知感受到的应变，再根据应力－应变关系可进一步得到应力值。

电阻应变式传感器实际是通过弹性敏感元件将位移、力、力矩、加速度、压力等参数转换为应变，可将应变片由测量应变扩展到测量上述参数，从而形成各种电阻应变式传感器。

3.2.2 分类与参数

1. 应变片的分类

应变片按敏感栅材料可分为金属应变片和半导体应变片两类。

应变片按工作温度可分为：常温应变片（20℃～60℃）、中温应变片（60℃～300℃）、高温应变片（高于 300℃）、低温应变片（低于 20℃）。

应变片按用途可分为：一般用途应变片和特殊用途应变片（水下、缝隙）等。

应变片按结构和工艺可分为：丝式应变片、箔式应变片、薄膜应变片、半导体应变片等。

（1）丝式应变片。

用金属丝构成敏感栅粘结在各种绝缘基底上构成。分为两种：回线式应变片和短接式应变片。回线式应变片由电阻丝绕制，存在横向效应。短接式应变片由电阻丝焊接，克服横向效应，但焊点多，容易出现疲劳破坏，制造工艺要求高。

（2）箔式应变片。

利用光刻、腐蚀方法将电阻箔材在其绝缘基底上制成各种图形。箔式应变片类似于印制电路板的制作方法，其优点是：可制成任意形状以适应不同的测量要求；粘合面积大；粘结情况好，传递试件应变性能好；散热性能好，允许通过较大的工作电流；横向效应可以忽略；蠕变、机械滞后小，疲劳寿命高。

（3）薄膜应变片。

采用真空蒸发或真空沉积等方法将电阻材料在基底上制成一层各种形式敏感栅而形成应变片。薄膜应变片的应变片灵敏系数高，易实现工业化生产，但温度误差较难控制。

（4）半导体应变片。

基于半导体的压阻效应设计的应变片。所谓“压阻效应”指半导体材料的电阻率随作用应力而变化。所有的材料某种程度上说其实都有压阻效应，只是半导体的这种效应特别显著，能直接反映出很微小的应变。其实半导体应变片和常见的金属丝应变片都可以用同样的公式来描述电阻变化与相关因素之间的关系，只是二者在不同的方面有所侧重，金属丝应变片比较显著地体现几何尺寸变化对电阻变化的影响，而电阻率变化的影响被淡化；反之，半导体应变片则非常突出地反映电阻率变化对电阻变化的影响，相对来说，几何尺寸变化对电阻变化的影响基本可以忽略。半导体应变片的优点是：尺寸小、横向效应小、机械滞后小、灵敏系数大、可简化后续处理；其缺点是：电阻值和灵敏系数的温度稳定性差、较大应变时非线性严重、灵敏系数分散度大、给测量结果带来误差。

2. *应变片的材料*

对电阻应变片材料的要求实际上归根到底是要求这样的材料能够更好地体现电阻应变效应，消除或减小应变效应中不利的因素，突出有利的因素。比如，输入应变与输出电阻变化之间靠灵敏系数来联系，如果希望输入输出之间有良好的线性关系，那么必然需要灵敏系数为常数，同时灵敏度要尽可能高；温度误差对电阻应变片的工作影响很大，一般希望电阻随温度变化的情况要小，也就是电阻温度系数要小；其他的条件主要是保证电阻应变片的工作寿命，同时降低对使用环境的要求。

总之，敏感栅的材料要求主要有：

- 灵敏系数和电阻率尽可能高而稳定，电阻变化率与机械应变之间应该有良好的线性关系。
- 电阻温度系数小，电阻与温度之间的线性关系和重复性好。
- 机械强度高，碾压及焊接性能好，与其他金属之间接触电势小。
- 抗氧化、耐腐蚀性能强，无明显机械滞后。

常用的材料有康铜、镍铬合金、铁铬铝合金、铁镍铬合金、贵金属材料等。

基底材料要保证良好的应变传递的特性，一是应变从试件或弹性敏感元件到基底的传递要好，二是应变从基底材料到敏感栅的传递要准确。基底材料有纸和聚合物两大类。要求：机械强度好、挠性好、粘贴性能好、电绝缘性能好、热稳定性好、抗湿性好，无滞后和蠕变。

引线材料要容易与敏感栅材料对接，同时要易于外部（后续）电路的接入。

3. *应变片的参数*

了解电阻应变片的参数对于正确地选择或使用电阻应变片来说非常重要。电阻应变片的参数主要有：

- 应变片电阻值（R_0）：指未安装的应变片，在不受外力的情况下，于室温条件下测定的电阻值，也称原始阻值。应变片电阻值，与后续电桥电路的桥臂电阻的选择有关。目前应变片电阻值趋于标准化。
- 绝缘电阻：敏感栅与基底间的电阻值，一般应大于 10GΩ；绝缘电阻越大，电阻变化受周围电阻元件（金属材料、试件材料）的影响就越小。
- 灵敏系数（K）：指应变片安装于试件表面，在其轴线方向的单向应力作用下，应变片的阻值相对变化与试件表面上安装应变片区域的轴向应变之比。灵敏系数作为电阻应变片标称的体现输入输出关系的系数，它的准确性直接影响到我们测量的精度，前面说过，电阻应变片的灵敏系数是标称的灵敏系数，是抽样检测的结果，因此我们的灵敏系数与实际情况之间可能会存在差异，这个差异的大小是衡量应变片质量优劣的主要标志。当然，也可以使用校准的方法来对应变片的灵敏系数进行校正，灵敏系数要求尽量大而稳定。灵敏系数在使用范围内稳定，相当于输入输出关系的线性好，灵敏度大，更便于后续测量。

- 允许电流：指不因电流产生热量而影响测量精度，应变片允许通过的最大电流。允许电流与应变片本身、试件、粘合剂和环境等因素有关，需要与具体应用的电路结合计算。简单地说，电流会导致发热，而这样的发热要不影响到应变的传递。比如，发热导致基底与试件的结合松动，或者温度误差的影响偏大等。箔式应变片的允许电流大，与它的结构有相当的关系，表面积大、厚度小，散热好。
- 应变极限：在温度一定时，指示应变值和真实应变值的相对差值不超过一定数值时的最大真实应变数值，差值一般规定为 10%，当指示应变值大于真实应变的 10%时，真实应变值称为应变片的极限应变。应变极限的概念是在一定的误差情况下的概念，排除温度影响，应变片的应变应该有一个合理的范围，当超出这个范围时，应变片通过电阻变化指示出来的应变与真实应变的差值会超越某个界限，而这个时候的真实应变值就是极限应变。换句话说，当应变片工作在应变极限或者应变超出极限应变时，测试的结果误差会偏大，或者说就不可靠了，因此在使用应变片的时候要尽量远离应变片的应变极限工作。
- 机械滞后 Z_j：对粘贴的应变片，在温度一定时，增加和减少机械应变过程中同一机械应变量下指示应变的最大差值。机械滞后从定义上看，与传感器的迟滞特性有极大的相似，可以认为，应变片的机械滞后的后果会带来传感器的迟滞问题。
- 零漂 P：指已粘贴好的应变片，在温度一定和无机械应变时，指示应变随时间的变化。零漂，又叫零点漂移，它体现的是在无机械应变或者说应变片在理论上零输入的时候，输出并不一定是 0，而是有一定的偏差。
- 蠕变：已粘贴好的应变片在温度一定并承受一定的机械应变时，指示应变值随时间的变化而变化。蠕变与零漂的不同之处在于，零漂是在无输入的情况下，而蠕变是在某一恒定输入的情况下，理论上说，这时输出应该也是一个恒定值，但实际上输出却随时间有一定的变化。这个与弹性敏感元件的弹性后效特性有一定的相似之处。

例 3-1　如图 3-8 所示为一直流应变电桥，$E = 4\text{V}$，$R_1=R_2=R_3=R_4=350\Omega$，求：

①R_1 为应变片，其余为外接电阻，R_1 增量为$\triangle R_1=3.5\Omega$ 时输出 U_0 为多少？

②R_1、R_2 是应变片，感受应变极性大小相同，其余为电阻，电压输出 U_0 为多少？

③R_1、R_2 感受应变极性相反，输出 U_0 为多少？

④R_1、R_2、R_3、R_4 都是应变片，对臂同性，邻臂异性，电压输出 U_0 为多少？

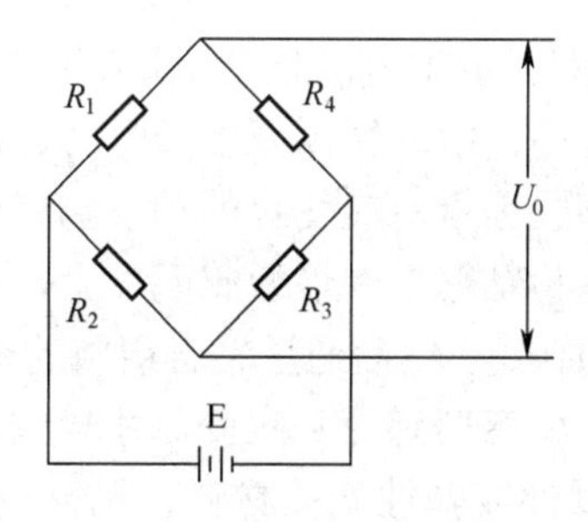

图 3-8　直流应变电桥

解： ① $U_0 = \dfrac{E}{4}\dfrac{\Delta R}{R} = \dfrac{4}{4}\cdot\dfrac{3.5\Omega}{350\Omega} = 0.01\text{V}$

② 相邻桥臂增加的电阻值相同，电桥平衡，$U_0 = 0\text{V}$

③ $U_0 = \frac{E}{2}\frac{\Delta R}{R} = \frac{4}{2}\cdot\frac{3.5\Omega}{350\Omega} = 0.02\text{V}$

④ $U_0 = E\frac{\Delta R}{R} = \frac{4}{2}\cdot\frac{3.5\Omega}{350\Omega} = 0.04\text{V}$

3.2.3 动态响应特性

当试件或弹性元件的应变大小和方向随时间改变时，应变片处于动态下工作。这就会出现:应变从试件或者弹性元件传到敏感栅要用多长时间？在进行高频的动态应变测量时哪些因素影响应变片对动态应变的响应？下面对应变传播过程进行全面分析，从中可以得到答案。

应变以应变波的形式经过试件或者弹性元件材料、粘合层等，最后传播到应变片上将应变波全部反映出来。表 3-2 列出了应变波在各种材料中的传播速度。

表 3-2 不同材料的应变波传播速度

材料名称	传播速度（m/s）
混凝土	2800～4100
水泥砂浆	3000～3500
石膏	3200～5000
钢	4500～5100
铝合金	5100
镁合金	5100
铜合金	3400～3800
钛合金	4700～4900
有机玻璃	1500～1900
塞潞珞	850～1400
环氧树脂	700～1450
环氧树脂合成物	500～1500
橡胶	30
电木	1500～1700
型钢结构物	5000～5100

动态响应特性即动态输入信号的响应特性。当输入不断随时间发生变化时，需要考虑应变从试件或弹性敏感元件开始传递到敏感栅需要多长时间、能不能适应高频的动态信号测量、应变在整个过程中怎么传递、哪些因素对应变片的动态响应产生影响。

以弹性敏感元件为例，应变片粘贴在弹性敏感元件上，当弹性敏感元件感受到被测量时，应变首先在弹性敏感元件材料中传递，然后通过粘合层将这个应变传递到应变片的基底，之后再由基底将应变传递给敏感栅，敏感栅感受到应变后才导致电阻的变化。

应变以应变波的形式经过试件或弹性元件材料、粘合层等，最后传播到应变片上将应变波全部反映出来。

应变波在试件材料中传播，应变波在不同的材料中传播速度有差异，应变波在粘合层和应变片基底中传播。

应变片反映出来的应变波形是应变片线栅长度内所感受应变量的平均值。

1. 应变计可测频率的估算

应变计可测频率的估算实际上是在忽略一些影响不大的因素作用的情况下，对应变计带宽的一个估计。影响带宽的因素很多，作用效果不尽相同，在估算的时候通常根据不同的情况进行分析。影响应变片频率响应特性的主要因素是应变片的基长和应变波在试件材料中的传播速度。

应变片的可测频率或称截止频率可以根据以下 3 种情况进行估计：应变波为正弦波、应变波为阶跃波、其他情况。分析应变计可测频率可以了解应变片基长对可测频率的制约，但在工程应用时基长应尽量选择短的，以便真实测出被测部位的应变，提高测试精度。

（1）应变波为正弦波，如图 3-9 所示。

$$f = v / nl_0 \tag{3-26}$$

式中，n 为应变波波长与应变片基长之比，一般可取 10～20，其误差小于 1.6%～0.4%。

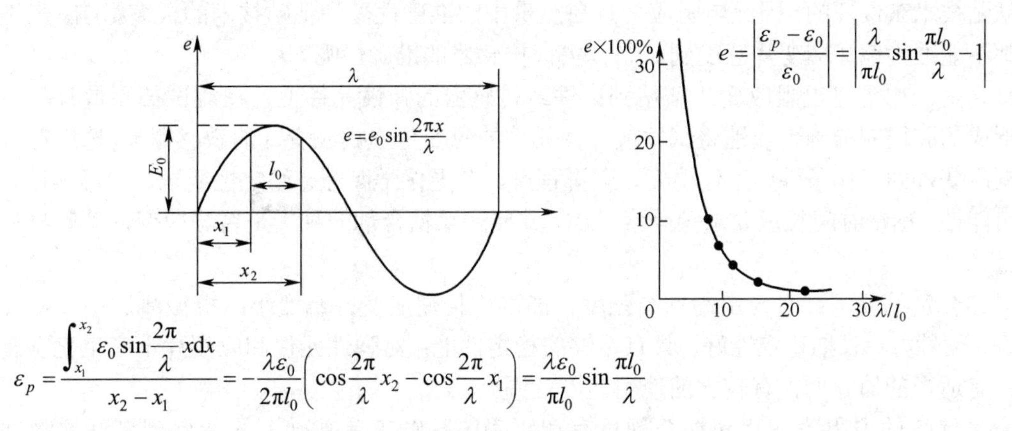

图 3-9　正弦波应变片的可测频率

由于应变片反应的是线栅长度内应变量的平均值，那么容易想到的是当应变片的长度（基长）与应变波的波长相同时，应变片会完全抹煞应变波的波形，所以通常情况下应变片在正弦波输入的情况下，如果要能够比较准确地反映应变波的状况，基长通常要远小于应变波的波长。

波长与频率的乘积体现为传播速度，如果应变片的基长确定，选择合适的波长基长比，则该应变片的可测频率即可估计。

（2）应变波为阶跃波，如图 3-10 所示。

上升时间：
$$t_k = 0.8 l_0 / v \tag{3-27}$$

可测频率：
$$f = 0.35 / t_k = 0.44 v / l_0 \tag{3-28}$$

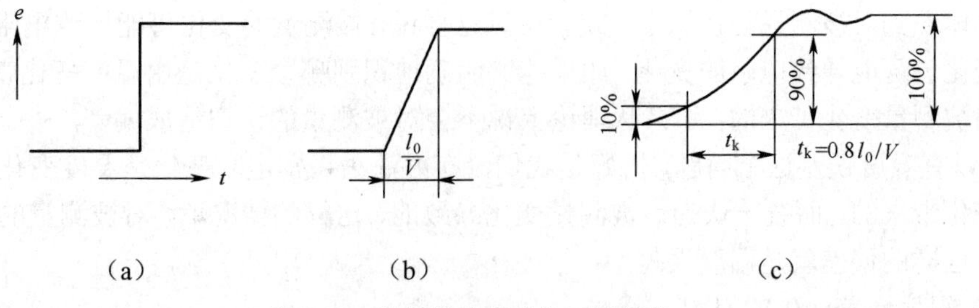

图 3-10　阶跃波应变片的可测频率

上升时间的估计来源于应变波通过应变片的时间，基长越小，时间越短，可测频率就越高；0.35 这个常数来源于工程上用上升时间来估计频带宽度的一种常见的方法。阶跃信号使得应变从原有的一个位置跃升到另一个位置，考虑到应变片对应变的体现是一种平均值，当然是完全达到高位值的时候应变片反映出来的应变量最大，那么这个达到高位的时间可以用阶跃输入在应变片基长中的传播时间来估计。

（3）其他情况。

求出被测对象的最高振动频率和应变波在被测对象中的传播速度，取应变波波长的 1/10～1/20 来选应变片的基长。

2. 粘合剂及应变片的粘贴技术

粘合剂及应变片的粘贴技术的主要目的是保证应变从试件或弹性元件能够准确地传递到敏感栅，弹性敏感元件将被测量准确地转变为变形或应变，而应变片能够准确地将应变转换为电阻的变化，问题是弹性敏感元件的应变怎么被应变片准确地感受到呢？这个传递就是靠粘合剂和粘贴技术来保证的，因此电阻应变片在测量中的准确性受到粘贴技术的极大影响。产生的应变都不能准确地让应变片感受到，怎么去谈传感器的准确性呢？

粘合剂：用于将电阻应变片粘贴到试件或传感器的弹性元件上，在测试被测量时，粘合剂所形成的胶层应准确无误地将试件或弹性元件的应变传递到应变片的敏感栅上。选用粘合剂要根据应变片的工作条件、工作温度、潮湿程度、有无化学腐蚀、稳定性要求、加温加压、固化的可能性、粘贴时间长短要求等因素考虑，并要注意粘合剂的种类是否与应变片基底材料相适应。

对粘合剂的要求：有一定的粘结强度；能准确传递应变；蠕变小；机械滞后小；耐疲劳性能好，韧性好；长期稳定性好，具有足够的稳定性能；对弹性元件和应变片不产生化学腐蚀作用；有适当的储存期；有较大的使用温度范围。

质量优良的电阻应变片和粘合剂只有在正确的粘贴工艺基础上才能得到良好的测试结果，正确的粘贴工艺对保证粘贴质量、提高测试精度作用很大。

应变计粘贴工艺如下：应变片检查（包括外观检查和电阻值检查）；修整应变片；试件表面处理；划贴应变片的定位线；粘贴应变片；粘合剂的固化处理；应变片粘贴质量检查（包括外观、电阻值、绝缘电阻）；引出线的固定保护；应变片的防潮处理。

3.2.4 温度误差与补偿

电阻应变式传感器的温度误差分析与补偿是本章的重点内容，同时也是难点内容。

1. 温度误差分析

（1）什么是温度误差。

温度变化可能直接影响到电阻丝的电阻变化，从而带来对被测量认识上的误差，这个误差最终会体现到对被测量的认识上。或者可以这样说，被测量的变化可能导致电阻的变化，而温度的变化也可能导致电阻的变化，如果能够明确地识别哪个变化是由温度变化带来的，哪个变化是由被测量变化带来的，那么从理论上说不会对被测量的认识造成偏差，从而没有温度误差，之所以有温度误差这个问题，恰好是我们没有办法去识别电阻变化是温度变化带来的还是被测量变化带来的，而统一认为是被测量变化导致的，这样的情况下，对被测量的认识就会发生偏差，这样的偏差就是温度误差。

（2）温度误差产生的原因。

1）电阻温度系数的影响。

温度变化直接影响到敏感栅的电阻，这个与敏感栅材料的电阻温度系数有关。电阻温度系数体现的是材料的电阻随温度变化而变化的情况，温度为 t 时，电阻的阻值为：

$$R_t = R_0(1+\alpha\Delta t) = R_0 + R_0\alpha\Delta t \tag{3-29}$$

温度产生的电阻变化为：

$$\Delta R_{t\alpha} = R_t - R_0 = R_0\alpha\Delta t \tag{3-30}$$

温度变化导致的电阻变化被错误地认为是被测量变化导致时温度误差就产生了。将温度变化 Δt 时的电阻变化折合成应变，则：

$$\varepsilon_{t\alpha} = \frac{\Delta R_{t\alpha}/R_0}{K} = \frac{\alpha\Delta t}{K} \tag{3-31}$$

K 为应变片的灵敏系数。

2）线膨胀系数的影响。

试件材料与敏感栅材料的线膨胀系数不同，使应变片产生附加应变。这与材料的线膨胀系数相关；由于线膨胀系数不同，通过附加应变影响电阻变化。

应变丝的伸长和膨胀量为：

$$l_{t1} = l_0(1+\beta_{丝}\Delta t) = l_0 + l_0\beta_{丝}\Delta t \tag{3-32}$$

$$\Delta l_{t1} = l_{t1} - l_0 = l_0\beta_{丝}\Delta t \tag{3-33}$$

试件的伸长和膨胀量为：

$$l_{t2} = l_0(1+\beta_{试}\Delta t) = l_0 + l_0\beta_{试}\Delta t \tag{3-34}$$

$$\Delta l_{t2} = l_{t2} - l_0 = l_0\beta_{试}\Delta t \tag{3-35}$$

应变丝的附加变形为：

$$\Delta l_{t\beta} = \Delta l_{t2} - \Delta l_{t1} = l_0(\beta_{试} - \beta_{丝})\Delta t \tag{3-36}$$

折合为应变：

$$\varepsilon_{t\beta} = \frac{\Delta l_{t\beta}}{l_0} = (\beta_{试} - \beta_{丝})\Delta t \tag{3-37}$$

引起的电阻变化为：

$$\Delta R_{t\beta} = R_0 K(\beta_{试} - \beta_{丝})\Delta t \tag{3-38}$$

需要注意的是，这样的一个线膨胀的结果，由于热胀冷缩程度不同而带来的误差真正地导致了应变的发生，而这样的应变也就会被应变片真实地体现为电阻的变化，但这个时候输入实际上是没有发生变化的。由于线膨胀程度的不同，试件材料与应变片之间产生了附加的应变，如果我们能够识别这个应变与由被测量导致的应变，从而明确区分二者的话，这样的误差也不会产生，问题就在于无法区分这样的应变究竟是怎么产生的，而简单的统一认为是由被测量变化带来的，这才导致了我们对被测量认识的偏差。

3）温度误差。

应变片的温度误差主要由电阻温度系数和线膨胀系数引起，总电阻变化为：

$$\Delta R_t = \Delta R_{t\alpha} - \Delta R_{t\beta} = R_0\alpha\Delta t + R_0 K(\beta_{试} - \beta_{丝})\Delta t \tag{3-39}$$

总附加虚假应变量为：

$$\varepsilon_t = \frac{\Delta R_t/R_0}{K} = \frac{\alpha\Delta t}{K} + (\beta_{试} - \beta_{丝})\Delta t$$

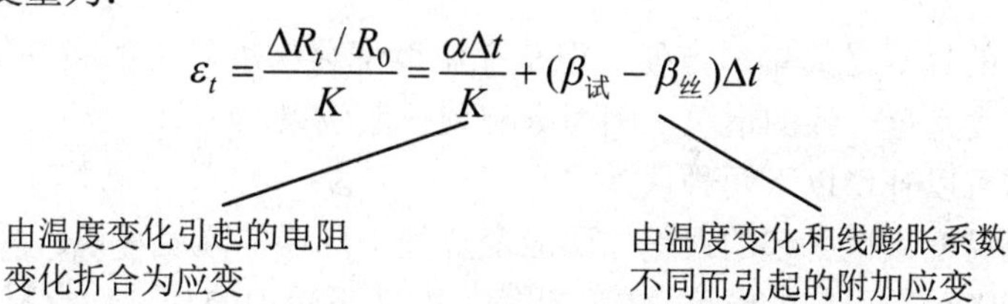

关于温度误差的理解：温度误差是由温度变化引起的，这里讨论的温度误差的形成并不是因为温度变化引起传感器被测量的变化，而是在认为传感器感知的被测量并没有真正变化时，由于传感器输出端的变化被折合为被测量的变化。由于温度与电阻的关系而引起的电阻变化可以认为是并没有真正产生附加应变，而是电阻变化作为输出，折合到输入端体现为虚假的应变。由于线膨胀系数不同，温度变化时，应变片本身的确可能产生了附加应变，而此附加应变将会导致输出电阻的变化，但此附加应变并不是由于传感器感受的被测量的变化带来的，也就是说在从输出折算输入的时候此附加应变被认为是被测量的变化了，因此也是虚假的附加应变。

应变片的正常工作流程：

被测量变化——感知应变——电阻变化

电阻变化——应变——被测量变化

温度电阻关系引起温度误差形成示意：

被测量未变——应变未变——电阻不应变化

温度变化直接导致电阻变化

电阻变化——认为是应变产生——认为被测量变化

温度引起的电阻变化被体现为了被测量的变化，形成误差

线膨胀系数不同导致温度误差的示意：

被测量不变——应变不变——电阻不变

线膨胀系数不同，温度变化产生附加应变

被测量不变——附加应变产生——电阻变化

电阻变化——应变变化——被测量变化

附加应变被体现为了被测量的变化，形成误差

2. 温度补偿方法

（1）桥路补偿法。

桥路补偿法是利用测量电桥进行的一种补偿方法。如图 3-11 所示，利用电桥的特点，将两个应变片接入电桥的相应桥臂，让因温度而起的电阻变化在电桥中的作用互相抵消，从而达到温度补偿的目的。

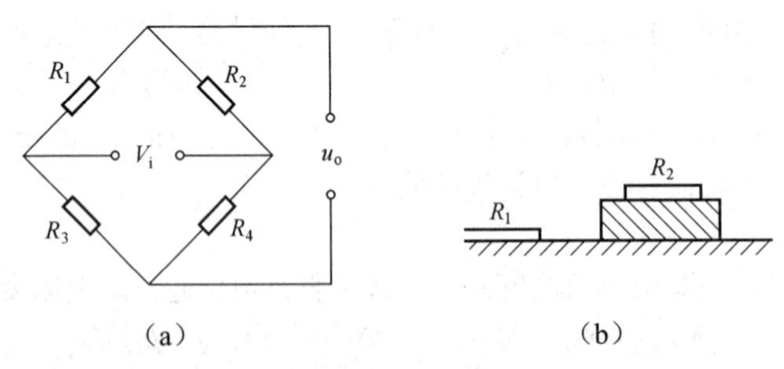

图 3-11 桥路补偿法

桥路补偿法的优点是简单、方便；但是在温度变化梯度较大的条件下，很难做到工作片与补偿片处于温度完全一致的情况，因而影响到补偿效果。

桥路补偿法可以补偿以下两种误差：

- 由电阻温度系数引起的误差：两应变片处于同样的温度环境。
- 由线膨胀系数引起的温度误差：补偿片贴在不受力的与试件材料相同的材料上，如果

有线膨胀现象出现，两个应变片应该有同样的变化。

（2）双金属敏感栅（双丝）自补偿应变片。

如图 3-12 所示，双金属敏感栅（双丝）自补偿应变片利用两种材料的电阻温度系数不同（一个正，一个负）的特性，通过串联的形式来达到温度补偿的目的。这种方式主要是补偿温度系数带来的影响。

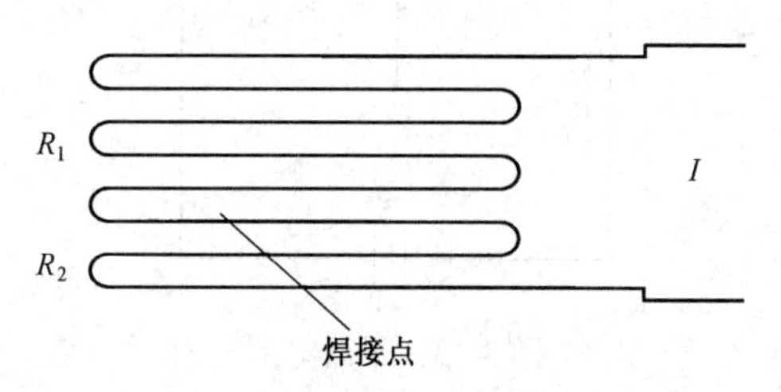

图 3-12 双金属敏感栅自补偿应变片

图中：
$$\frac{R_1}{R_2}=\frac{\Delta R_{2t}/R_2}{\Delta R_{1t}/R_1} \qquad (\Delta R_{1t})=-(\Delta R_{2t})$$

（3）单丝自补偿应变片。

单丝自补偿应变片又称为选择式自补偿应变片，由式（3-39）可知，如果温度变化时，电阻温度系数引起的误差与由线膨胀系数引起的温度误差的和为 0，附加的电阻变化值为 0，则可实现温度补偿，缺点是该应变片只能用于一种材料，局限性很大。

（4）热敏电阻补偿法。

热敏电阻 Rt 与应变片处在相同的温度条件下，热敏电阻能够补偿电桥的输出，实现灵敏度的补偿。热敏电阻补偿法，补偿的是电桥灵敏度。

3.2.5 信号调节电路

应变片把应变转换为电阻的变化并没有达到测量的最终目的，还需要把这个电阻的变化再转化为电压或电流的变化，以便显示与记录应变的大小。能完成上述作用的电路称为电阻应变式传感器的信号调节电路。

信号调节电路的主要目的是把应变片输出结果转换为容易测量、记录的电压或电流的变化，同时信号调节电路还有改善非线性，进行非线性补偿的能力，或者提高灵敏度等作用，电阻应变式传感器通常采用测量电桥来完成电阻应变式信号调节。电桥电路有平衡电桥和不平衡电桥，分别用于不同的测量目的。平衡电桥通常通过电桥的两次平衡调节来完成对电阻变化的测量，不适宜于动态测量但精度较高。

1. 平衡电桥

$$I_g=E\frac{R_2R_3-R_1R_4}{R_g(R_1+R_2)(R_3+R_4)+R_1R_2(R_3+R_4)+R_3R_4(R_1+R_2)} \tag{3-40}$$

如图 3-13 所示，R_3 和 R_4 称为比例臂，R_2 称为调节臂。零示法的要点：当图中 1 点和 2 点具有相等的电位时，I 为 0。测量前和测量时需要作两次平衡，通过零示法获取电阻的改变量，平衡电桥多用于静态测量。

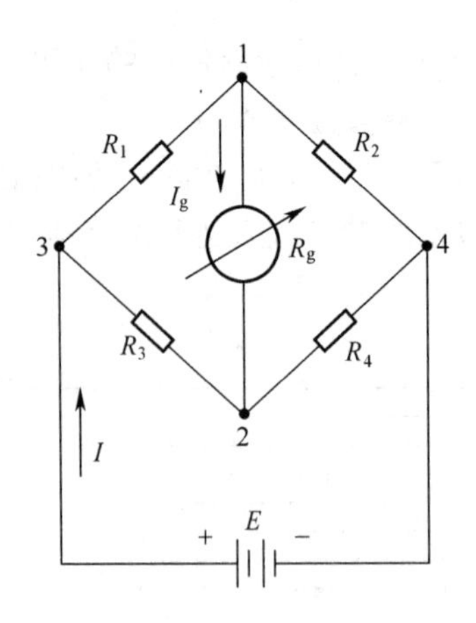

图 3-13 平衡电桥

2. 不平衡电桥

$$\dot{U}_0=\dot{U}_1-\dot{U}_2=\frac{R_1+\Delta R_1}{R_1+\Delta R_1+R_2}\dot{U}-\frac{R_3}{R_3+R_4}\dot{U}=\frac{\dfrac{R_4}{R_3}\cdot\dfrac{\Delta R_1}{R_1}}{\left(1+\dfrac{\Delta R_1}{R_1}+\dfrac{R_2}{R_1}\right)\left(1+\dfrac{R_4}{R_3}\right)}\dot{U} \tag{3-41}$$

如图 3-14 所示，设 $n=R_2/R_1$，考虑初始平衡条件 $R_2/R_1=R_4/R_3$，略去微小项 $\Delta R_1/R_1$，则有：

$$\dot{U}\approx\dot{U}\frac{n}{(1+n)^2}\cdot\frac{\Delta R_1}{R_1} \tag{3-42}$$

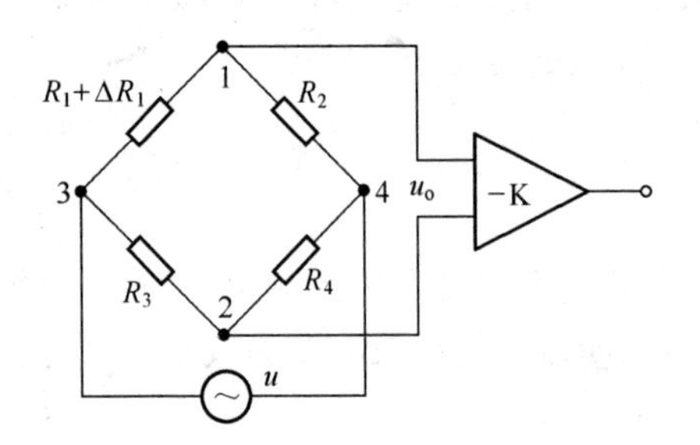

图 3-14 不平衡电桥

电桥的电压灵敏度为：

$$S_u=\frac{\dot{U}}{\dfrac{\Delta R_1}{R_1}}=\dot{U}\frac{n}{(1+n)^2} \tag{3-43}$$

由于放大器 K 通常具有很大的输入阻抗，不会影响到 1 点和 2 点之间的电位差，应变片电阻的变化相对于自身阻值是微不足道的，所以分母中的变化率项可以忽略。

电桥电路除了能够将电阻变化转换为电压或电流变化外，还能够对灵敏度做出有益的贡献。电桥的电压灵敏度正比于电桥供电电压。电桥供电电压高，则电桥电压灵敏度高，但电桥电压并不是可以一味地提高的，它受温升的限制，温度误差也不容忽视。电桥电压的提高受两个方面的限制：应变片的允许温升和应变电桥电阻的温度误差。

电桥电压灵敏度与电桥各臂的初始比值有关。当 u 一定时，可求得 $n=1$ 时电压灵敏度 S_n 最大，此时电桥输出为：

$$\dot{U}_0 = \frac{1}{4}\dot{U}\frac{\Delta R_1}{R_1}\frac{1}{\left(1+\frac{1}{2}\frac{\Delta R_1}{R_1}\right)} \tag{3-44}$$

化简为：

$$\dot{U}_0 = \frac{1}{4}\dot{U}\frac{\Delta R_1}{R_1} \tag{3-45}$$

即：

$$S_u = \frac{1}{4}\dot{U} \tag{3-46}$$

3．电桥电路的非线性误差及其补偿

实际的非线性特性曲线与理想的线性特性曲线的偏差称为绝对非线性误差。理想的线性特性曲线为：

$$U_0' = \frac{1}{4}U\frac{\Delta R_1}{R_1} \tag{3-47}$$

非线性特性曲线为：

$$\gamma = \frac{U_0 - U_0'}{U_0'} = \frac{U_0}{U_0'} - 1 = \frac{1}{\left(1+\frac{1}{2}\frac{\Delta R_1}{R_1}\right)} - 1 \approx 1 - \frac{1}{2}\frac{\Delta R_1}{R_1} - 1 = -\frac{1}{2}\frac{\Delta R_1}{R_1} \tag{3-48}$$

消除非线性误差的方法是采用差动电桥。

（1）半桥差动。

如图 3-15 所示为半桥差动，采用两片应变片，在应变时，一片电阻增加而另一片电阻减小，满足增加的与减小的相当，而电桥最初满足平衡条件，即 R_1、R_2 的比值与 R_3、R_4 的比值相等，电桥输出为：

$$U_0 = U_1 - U_2 = \left(\frac{R_1 + \Delta R_1}{R_1 + \Delta R_1 + R_2 - \Delta R_2} - \frac{R_3}{R_3 + R_4}\right)U \tag{3-49}$$

化简为：

$$U_0 = \frac{1}{2}U\frac{\Delta R_1}{R_1} \tag{3-50}$$

由公式（3-50）可见，电阻相对变化与电桥输出电压变化之间直接成线性关系，没有非线性误差；同时，电桥的电压灵敏度比单一应变片时还提高了一倍。此外，这个电路也能同时起到温度补偿的作用。

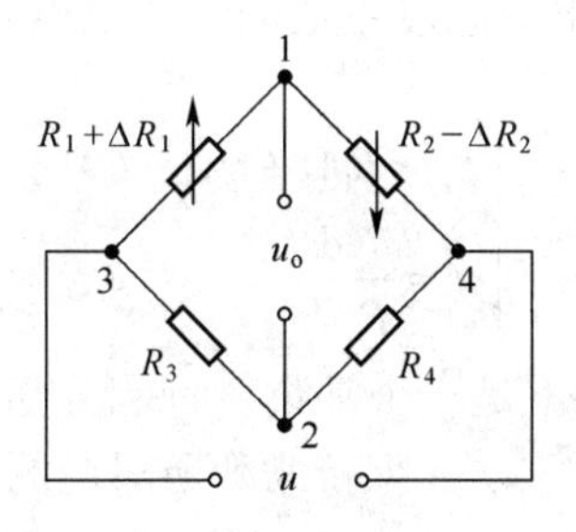

图 3-15　半桥差动

（2）全桥差动。

如图 3-16 所示为全桥差动，采用四片应变片，在应变的情况下，两片电阻增加，两片电阻减小，增加与减小的相当时电桥满足初始平衡条件，电桥输出为：

$$U_0 = U_1 - U_2 = U\frac{\Delta R_1}{R_1} \tag{3-51}$$

此时，电桥的输出电压变化与电阻的相对变化之间也成线性关系，也没有非线性误差。与半桥差动相比，电桥灵敏度又提高了一倍。

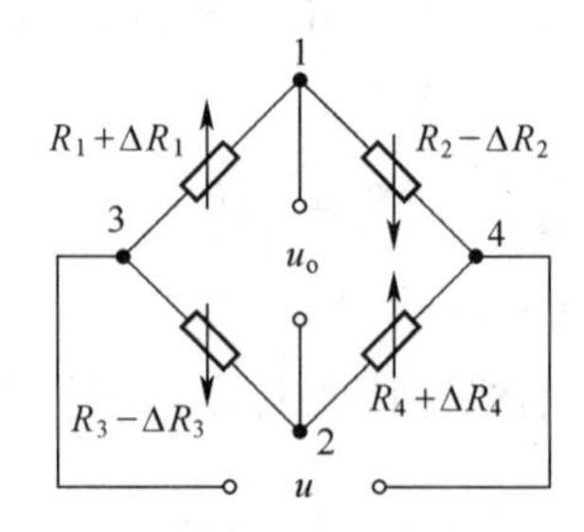

图 3-16　全桥差动

总之，不管是半桥差动还是全桥差动，都从原理的角度上改变了应变片电路输入输出之间的关系，把非线性的关系改变为线性关系，彻底消除了单一应变片时的非线性误差。

3.3　热敏电阻

利用温度与电阻之间的函数关系将温度变化转换为电阻变化制成的温度敏感元件称为热敏电阻。热敏电阻就是能够利用这种电阻随温度变化而变化的特性将感受到的温度变化转换为电阻的变化，从而实现温度测量的电阻。

热敏电阻的优点：电阻温度系数大、灵敏度高、热容量小、响应速度快、分辨率很高；缺点：互换性差、热电特性非线性大。

3.3.1　工作原理

热敏电阻是通过热敏电阻效应实现温度测量的。热敏电阻效应是指电阻率随温度变化而变化的现象。热敏电阻效应是普遍存在的现象，只是有的材料表现不明显，或者说电阻温度系数小，而有些材料表现明显，或者说电阻温度系数高；有的表现为电阻率随温度升高而增大，或者说具有正的温度系数，有的随温度升高而降低，或者说具有负的温度系数。一般来说，纯金属具有正的温度系数，而半导体有负的温度系数。

金属热敏电阻的电阻变化受电阻温度系数约束，电阻温度系数通常是一个与温度有关的系数，其电阻温度特性方程为：

$$\begin{cases} R_t = R_0[1+\alpha(t-t_0)] \\ \alpha = \dfrac{1}{R}\dfrac{\mathrm{d}R}{\mathrm{d}t} \end{cases} \tag{3-52}$$

式中，α 为电阻温度系数，通常并不是一个常数，而是温度的函数，在一定的温度范围内，可近似看作一个常数，不同的金属导体，α 保持常数所对应的温度范围不同；R_t 是温度为 t 时的电阻值；R_0 为标称电阻值。

温度特性：热敏电阻的基本特性是电阻与温度之间的关系，其曲线是一条指数曲线，如式（3-53）。

$$\begin{cases} R_T = A\mathrm{e}^{B/T} \\ B = T_1T_2/(T_1-T_2)\ln(R_1/R_2) \\ A = R_1\mathrm{e}^{(-B/T_1)} \end{cases} \tag{3-53}$$

式中，R_T 是温度为 T 时的电阻值，A 是与热敏电阻的尺寸、形式以及它的半导体物理性能有关的常数，B 是与半导体物理性能有关的常数，T 是热敏电阻的绝对温度。

由式（3-52）和式（3-53）可得：

$$\alpha = -B/T^2 \tag{3-54}$$

式（3-54）表明，热敏电阻的电阻温度系数是一个体现电阻随温度相对变化的能力的参数，它与 B 常数及温度有关。

热敏电阻的温度特性还可以通过伏－安特性和安－时特性图解。

伏－安特性：在稳态情况下，通过热敏电阻的电流 I 与其两端之间电压 U 的关系称为热敏电阻的伏安特性。伏安特性体现的是流过热敏电阻的电流与热敏电阻两端电压的关系，它关系到热敏电阻由于电流流过导致发热的问题；从伏安特性曲线上可以看到，当电流较小时，伏安特性基本为直线，当电流较大时，电压反而呈下降的趋势，意味着此时电阻在减小，这个减小是因为电流导致发热的原因带来的。

安－时特性：表示热敏电阻在不同的外加电压下电流达到稳定最大值所需的时间。安时特性体现的是热敏电阻在不同电压情况下电阻发热与散热达到热平衡的过程。

3.3.2 特性参数

1. 标称电阻值

热敏电阻在环境温度（25±0.2℃）时的零功率状态下的阻值，又称冷电阻，其大小主要取决于热敏电阻的材料和几何尺寸。如果环境温度不是 25℃，而在 25℃～27℃，可用下面的公式计算：

$$R_T = R_{25}[1 + a_{25}(t-25)] \tag{3-55}$$

2. 电阻温度系数

电阻温度系数指在规定温度下单位温度变化使热敏电阻的阻值变化的相对值，通常指 20℃时的温度系数。电阻温度系数表明热敏电阻的灵敏度。

$$a_T = \frac{1}{R_T}\cdot\frac{\mathrm{d}R_T}{\mathrm{d}T}\times 100\% \tag{3-56}$$

3. 时间常数

时间常数是表征热敏电阻值惯性大小的参数，其数值等于热敏电阻在零功率测量状态下，当环境温度突变时，热敏电阻的阻值从起始变化到最终变化量的 63%时所需的时间。时间常数可通过式（3-57）计算：

$$\tau = C/H \tag{3-57}$$

式中，H 为耗散系数，指热敏电阻的温度与周围介质的温度相差 1℃时所耗散的功率；C 为热容量，是热敏电阻的温度变化 1℃时所需吸收或释放的热量。

4. 能量灵敏度 G

是使热敏电阻的阻值变化 1%所需耗散的功率。能量灵敏度 G 与耗散系数 H、电阻温度系数 α 之间的关系为：

$$G = (H/\alpha)100 \tag{3-58}$$

5. 额定功率

额定功率（P_E）指在标准压力下和规定的最高环境温度下热敏电阻长期连续工作所允许的最大耗散功率。

3.3.3 分类与应用

通常情况下，热敏电阻可分为金属热敏电阻和半导体热敏电阻。

金属热敏电阻的优点：在测温范围内，材料的物理、化学性质稳定；电阻温度系数保持为常数，便于实现温度表的线性刻度特性；具有较大的电阻率，以利于减少热敏电阻的体积，减小热惯性；特性复现性好，容易复制。常用的材料有铂、铜、铁和镍。金属热敏电阻通常具有正的温度系数，电阻随温度升高而增大。

半导体热敏电阻常称为热敏电阻。它比金属热敏电阻具有更大的电阻温度系数，或者说半导体热敏电阻随温度变化电阻变化更明显。不同性质的半导体热敏电阻有不同的应用领域。具有正温度系数的热敏电阻，由于它的电阻随温度升高而升高，因此常用作电路中的限流元件：电流增大，温度升高，电阻增大，电流减小，温度降低。负温度系数的热敏电阻常用于自动控制及电子线路的热补偿线路中，比如电阻应变式传感器温度补偿电路中桥路补偿电压灵敏度的应用：临界温度系数热敏电阻，因为它在某一个温度值上电阻发生剧烈变化，所以常常被用于温度开关。

陶瓷电阻是用某种金属氧化物为基体原料，加入一些添加剂，采用陶瓷工艺制造的具有半导体特性的电阻器，其电阻对温度变化很明显。陶瓷电阻分为以下 3 类：正温度系数热敏电阻、负温度系数热敏电阻、临界温度系数热敏电阻。

半导体材料的热敏电阻包括纯半导体材料热敏电阻和杂质半导体材料热敏电阻，如硅电阻等，具体分类如表 3-2 所示。

表 3-2 热敏电阻的分类

陶瓷热敏电阻	半导体材料热敏电阻
PTC 热敏电阻	纯半导体材料热敏电阻
NTC 热敏电阻	杂质半导体材料热敏电阻
CTC 热敏电阻	杂质半导体材料热敏电阻

其中，PTC 表示正温度系数，NTC 表示负温度系数，CTC 表示临界温度系数。

3.3.4 线性化

热敏电阻的阻值与温度不是线性关系，在实际工程中我们需要找到一种方法将它们规划为一种线性关系，方便我们分析与计算。

热敏电阻的阻值随温度变化率大、测量灵敏度高而广泛应用于测温电路中，但由于其非线性较大，在实际应用中必须进行相应的线性化处理。采用串并联电阻法线性效果好，但大大降低了测量灵敏度；分段直线拟合法或曲线拟合法拟合度高，但段点判断和计算工作量大；数值查表法能克服线性化电路硬件结构和公式计算带来的问题，但需要软件查表判别，受数据量限制且存在间隔误差，故测量精度不高。这里针对热敏电阻随温度变化具有反对数的特点设计对数电路和温度补偿电路来实现电阻值 Rt 与温度 T 的线性化。

1. 对数电路测温

由式（3-53）可见，热敏电阻的阻值和温度通常成指数关系，如果采用对数放大器，最终的输出就可以与温度成线性关系，从而实现温度的线性化补偿，这称为对数电路测温，如图 3-17 所示。图中 U_i 为输入电压，U_r 为补偿控制电压。

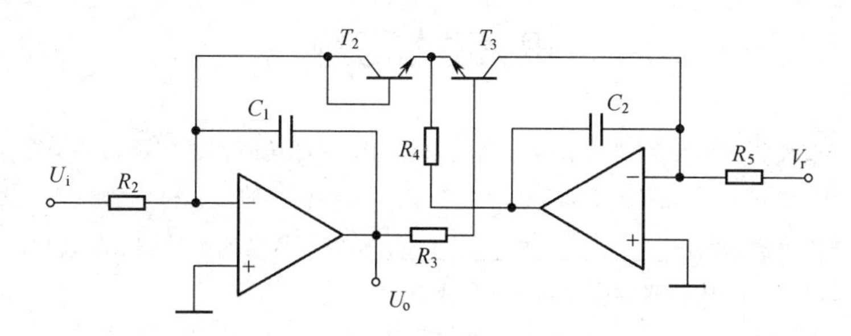

图 3-17　对数电路

2. *差动补偿结构的测温电路设计*

在图 3-17 中输出电压 U_0 与温度 T 成线性，但与热敏电阻有关。当使用不同类型的热敏电阻时，由于参数不同，公式计算和微处理器的编程及调试需要针对性处理。即使使用同一类型的热敏电阻时，由于热敏电阻单体参数的分散性也会对测温带来一定的随机性误差影响。

为了使测温电路更具通用性，可采用差动输入的补偿电路结构，以消除热敏电阻参数不一致带来的影响，具体电路如图 3-18 所示。

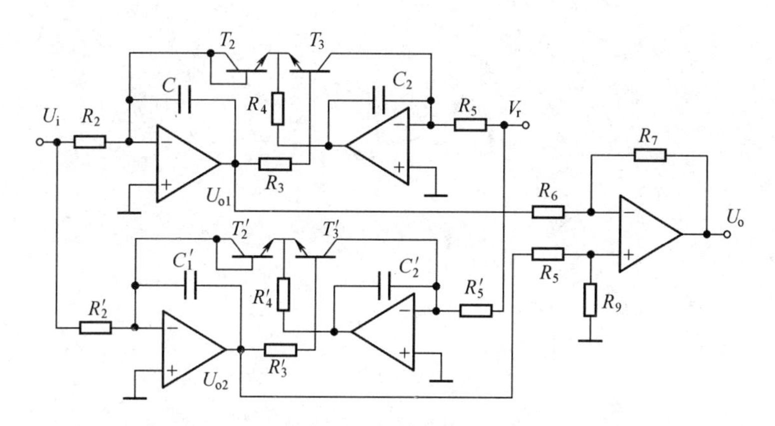

图 3-18　差动补偿

该图假设 $R_6 = R_8$，$R_7 = R_9$，$R_5 = R_5'$，通过计算可得：

$$U_o = \frac{kR_6}{qR_7} T \ln \frac{R_2}{R_2'} \tag{3-59}$$

式（3-59）表明，测温信号电压输出与温度 T 成线性关系，且只与电路的几个电阻参数有关，而与热敏电阻的参数无关，极大地方便了系统的测温数据处理和程序编制调试，在批量的测温产品中使测温系统具有很高的一致性。

3.4　其他电阻式传感器

其他电阻式传感器主要还包括电位器式传感器和锰铜压阻传感器等。

电位器式传感器是一种常用的电子元件，广泛应用于各种电器和电子设备中。它是一种把机械的线位移和角位移输入量转换为与它成一定函数关系的电阻和电压输出的传感元件。

锰铜压阻传感器，温度范围为-30℃～85℃，支持压力线性极准和温度补偿，以及不同温度条件下的压力曲线拟合功能。

思考题与习题

1．请画出电阻应变式压力传感器的组成框图，以它为例说明传感器的组成，并简要说明各组成部分在传感器中的作用。如果要设计该原理的不同量程的传感器，主要应该修改该传感器的哪一部分？如何修改？

2．电阻应变式传感器通常由__________和__________构成，常用的信号调节与转换电路为__________。

3．简单说明电阻应变式传感器温度误差产生的原因及补偿方法。

第 4 章　电容式传感器

本章导读：

电容式传感器、电感式传感器都和电阻式传感器类似，从广义上看都是阻抗类传感器，所以其调节电路非常类似，但二者又有所不同。电容式传感器是利用电容改变来测量被测量，可以实现非接触测量，可以测量位移、角度、距离等，输入可以是动态量。而电阻式传感器一般用于测量变形或微小距离，一般输入是静态量。学习本章内容，读者可以了解传感器的结构、物理量的变化方式、传感器模型和调节电路（如交流电桥等），从而了解不同传感器应用的特点，这对理解和学习后续章节的内容是非常重要的。

本章主要内容和目标：

电容式传感器的工作原理及结构形式、电容式传感器的等效电路、电容式传感器的信号调节电路、影响电容传感器精度的因素及提高精度的措施、电容传感器的应用等。

通过本章学习应该达到以下目标：熟悉电容式传感器的工作原理及结构形式、传感器模型、电容式传感器的信号调节电路，影响电容式传感器精度的因素及提高精度的措施，掌握相应的调节电路和传感器应用特点。

4.1　概述

什么是电容式传感器？电容式传感器是以各种类型的电容器件作为传感元件，将被测物理量的变化转变为电容值的变化。电容式传感器的输入为各种不同的物理量，如位移、角度等，输出体现为电容值的变化。从输入看，可以为位移、角位移、加速度、压力、液面、振动等多种非电物理量，从输出看，体现为电容器电容值的变化，通过适当的信号调节电路，最终电容式传感器的输出可以体现为电压、电流、频率等形式的电量。

那么什么因素可以带来电容值的变化呢？输入的这些物理量又通过什么样的方式作用在这些影响因素上呢？这是本章内容需要重点研究的。电容式传感器体现的是平板电容器电容大小的规律，也就是平板电容器电容大小与平板电容器的极间距离、有效面积及介质介电常数之间的关系，这是按工作原理进行分类的结果。

4.1.1　原理、分类、结构与参数

1. 电容式传感器的原理

电容式传感器的基本工作原理以平板电容器来进行说明。可以这样来理解电容式传感器的工作原理，电容式传感器的核心是传感器中的某个电容器件，被测量以某种形式作用在电容器件上，影响到电容器件的某些参数，从而导致电容器件的电容值发生改变，而电容器件电容值的表达不失一般性，可以通过平板电容器电容值的公式来体现。

如图 4-1 所示，忽略边缘效应时平板电容器的电容为：

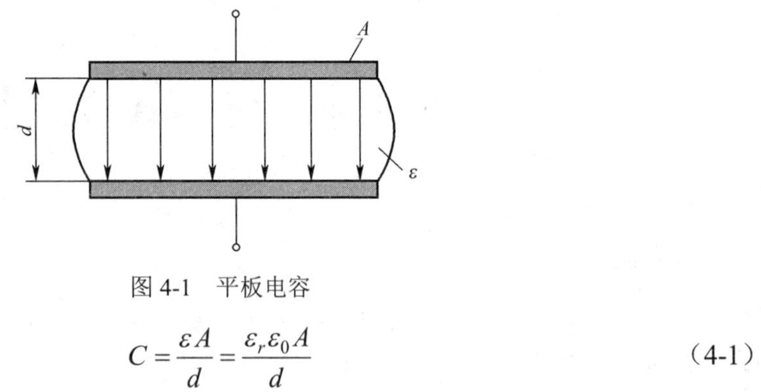

图 4-1 平板电容

$$C=\frac{\varepsilon A}{d}=\frac{\varepsilon_r \varepsilon_0 A}{d} \tag{4-1}$$

式中，A 为极板面积，d 为极板间距离，ε_r 为相对介电常数，ε_0 为真空介电常数，ε 为极板间介质的介电常数。

由式（4-1）可知，影响平板电容器电容值的因素有三个：一是极板面积，它与电容值的大小成正比；二是介电常数，同样也与电容值的大小成正比；三是极板间距离，它与电容值成反比。怎么把被测物理量作用到这样的三个因素上面去？简单对应可见，改变极板间距离的方式可以用于测量位移；改变电容极板的有效面积可用于角度的测量；改变极板间介质的介电常数可用于液面高低的测量。电容式传感器的工作过程可以表述为：被测量变化→电容变化→电压或电流变化。对被测量的认识过程可以表述为：电压或电流变化→电容变化→被测量变化。工作过程描述的是从被测量变化起经过一系列的转换变成输出的过程，而认识过程就是根据测得的输出反过来倒推出被测量情况的过程；这样工程中的各个环节都是有规律可循的。

如上所述，电容式传感器的工作过程实际上是将被测量的变化直接或间接（比如通过弹性敏感元件）按照一定的规律体现在影响电容器电容的某个因素上，而这个因素的变化将导致电容值按照一定规律发生改变。通常这样的电容变化可以通过适当的信号调节电路转换为电压、电流、频率等电量的变化。

2. 电容式传感器的分类

被测量通常总是通过作用在电容值的影响因素上而实现改变电容的，三个因素中的任意几个的变化都可能带来电容的变化，但是从便于分析、计算的角度出发，在设计传感器的时候通常都会选择让被测量只以某种形式影响到三个因素中的某一个，而不会改变其他两个因素，来使电容发生变化。从这个思路出发，电容式传感器按照工作原理可以分为三种具体的类型：只改变极板间距离的变极距型传感器只改变极板有效面积的变面积型电容式传感器、只改变极板间介质的介电常数的变介质型电容式传感器。

（1）变面积型电容式传感器。

变面积型电容式传感器是通过改变面积来改变传感器电容值，从而实现传感器测量的。变面积型传感器具有良好的线性，一般用于测量角位移或较大的线位移。变面积型电容式传感器中，平板形结构对极距变化特别敏感，测量精度受到影响。而圆柱形结构受极板径向变化的影响很小，成为实际中最常采用的结构。

（2）变极距型电容式传感器。

变极距型电容式传感器用一个固定极板和一个可动极板构成。可动极板由被测金属平面充当。当电容式传感器极板间距因被测量变化而变化时，电容变化量为极距变化时的初始电容量。极板间距的变化不是线性关系，存在着原理性非线性误差，因此这种类型的传感器一般用来测量微小的位移变化量。由于在极板间距过小时，电极表面的平面度对灵敏度有影响，同时还容易引起电容器击穿，所以极板间距不能无限小。改善的办法是在极板间增放一片云母片或塑料膜。云母的相对介电系数为空气的 7 倍，其击穿电压不小于 10^3kV/mm，而空气的击穿电压仅为 3kV/mm，即使厚度为 0.01mm 的云母片，其击穿电压也不小于 10kV/mm。因此，放置云母片后，极板之间的起始距离可以大大减小。只要云母片选得恰当，就能获得较好的线性关系。一般电容式传感器的起始电容约为 20pF～30pF 之间，极板间距在 25μm～200μm 左右，最大位移应该大于间距的 1/10。

实际使用中，为改善非线性、提高灵敏度及克服某些外界条件如环境温度变化的影响等，经常采用差动式结构。在未开始测量的初始状态时，将可动极板调整到中间位置，两边电容相等。测量时，中间极板跟随被测对象上下移动，就会引起上下两部分的电容量上增下减或上减下增，从而提高灵敏度并改善零点附近的线性度。需要指出，圆柱形极板能制成小位移传感器。

（3）变介质型电容式传感器。

变介质型电容式传感器大多用来测量电介质的厚度、液位，还可以根据极间介质的介电常数随温度、湿度的改变而改变来测量介质材料的温度、湿度等。若忽略边缘效应，单组式平板位移传感器的电容量与介质线位移的关系为固定极板的长度和宽度及被测物进入两极板间的长度的函数。介质本身介电常数变化的电容式传感器和改变工作介质的电容式传感器都属于变介质型电容式传感器。

常见的电容式传感器的原理结构形式如图 4-2 所示。

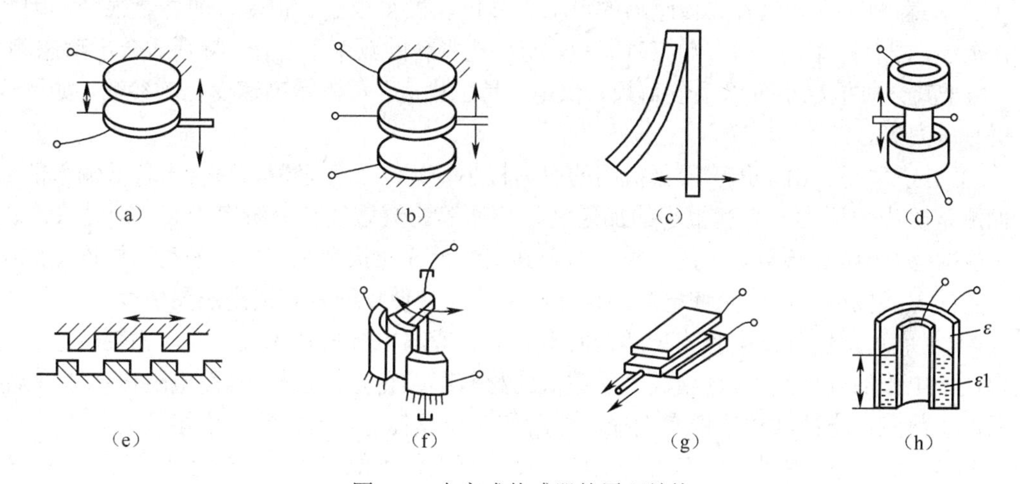

图 4-2 电容式传感器的原理结构

图（a）所示为固定一个极板改变另一个极板距离的变极距型电容式传感器，常用于位移测量。

图（b）所示为电容由三个极板构成，两头固定，中间极板可以上下移动，从而同时改变两个电容器的极间距离，通过电容串联的形式实现电容的变化，由于中间极板上下移动的时候两个电容一个极间距离增加，另一个极间距离就减小，从而实现差动形式的变极距型电容式传感器。

图（c）所示为通过极板有效面积的变化来改变电容的变面积型电容式传感器。

图（d）与（b）类似，差动形式，但改变的是两个电容器极板间的有效面积，上下两个圆环与中心的圆柱构成电容器，也可用于位移的测量。

图（e）所示为变面积型电容式传感器，多齿，提高灵敏度，有效面积体现在齿的顶端。

图（f）所示为变面积型电容式传感器，外面的两个极板是固定的，中间的极板可以绕中心转动，差动形式，可用于角度的测量。

图（g）所示为变介质电容式传感器，中间板子为介质板，通过介质板的不同位置来改变两个极板间介质的介电常数。

图（h）所示为变介质电容式传感器，通过液面高度的不同影响极板间的介电常数，用于液面高度的测量。

3. 电容式传感器的常见参数

（1）工作温度：电容式传感器的工作环境温度一般为-60℃～140℃。

（2）供电电压：电源电压，不同的传感器不同，一般为10V。

（3）测量范围：被测量的范围，单位与被测量的单位相同。

（4）灵敏度：被测量（这里也就是转换成的极距、面积、介质）变化导致电容量变化的程度。变极距的灵敏度与极距的平方成反比，在微距测量时具有极高的灵敏度；而变面积与变介质的灵敏度基本是一个常数。如果仅从灵敏度的高低比较，则变极距型电容式传感器最高。

（5）时间常数：反应传感器的动态响应特性，单位为s。

（6）迟滞：也称磁滞或回滞（Hysteresis），是指系统的输出不仅与当前被测量有关，还与过去的测量积累有关。

4.1.2 特点

1. 优点

（1）结构简单，适应性强。电容式传感器结构简单，易于制造，且易于实现小型化，便于实现某些特殊的测量。电容式传感器一般使用金属作电极，非金属材料作绝缘支承，可工作在高低温、强辐射、强磁场等恶劣的环境中，承受较大温度变化和高压力、高冲击、过载等，能测量超高压和低压差，也能对带磁工作进行测量。

（2）动态响应好。电容式传感器的可动部分可以做得很小、很薄，即质量很轻，因此工作能耗极小，固有频率高，动态响应时间短，能在几兆赫的频率下工作，特别适合于动态测量。此外，由于其介质损耗小可以用较高频率供电，易于集成，可测量高速变化的参数，如测量振动、瞬时压力等。

（3）分辨率高。由于传感器极板间的引力极小，运动部件轻薄，适合于较低输入能量输入，如测量极小的压力、力和很小的加速度、位移等。灵敏度和分辨率极高，可达0.001pm以下。能敏感0.01μm甚至更小的位移；由于其空气等介质损耗小，采用差动结构连接成电桥式时产生的零残极小，因此允许电路进行高倍率放大，使仪器具有很高的灵敏度。

（4）温度稳定性好。电容式传感器的电容值一般与电极材料无关，介质损耗较小。电容值仅取决于电极的几何尺寸，选用温度系数低的材料影响稳定性也极小。而电阻传感器有电阻，供电后产生热量：电感式传感器有铜损、磁游和涡流损耗等，易发热产生零漂。

（5）实现非接触测量，具有平均效应。在被测试件不能受力、高速运动、表面不连续、表面不允许有划痕等情况下，传感器需要具有非接触测量能力，例如iPAD使用的触摸屏。此外，电容式传感器具有平均效应，可以减小被测件随机噪声对测量的影响。

（6）极板间的静电引力很小（约几个10^{-5}N），需要的作用能量极小，所以输入和输入能量极小，因而可测极低的压力，以及很小的加速度、位移等，可以做得很灵敏，分辨率高。

2. 缺点

（1）输出阻抗高，带负载能力差。电容式传感器的电容量受其电极几何尺寸等限制，其电容量一般为几皮法到几百皮法，使传感器输出阻抗很高。尤其当采用音频范围内（频率小于21kHz）的交流电源时，输出阻抗更高（高达10^6～$10^8\Omega$），因此传感器带负载能力差，易受外界干扰影响而产生不稳定现象，严重时甚至无法工作，且必须采取屏蔽措施，从而给设计和使用带来极大不便。阻抗大还要求传感器绝缘部分的电阻值极高（几十MΩ以上），否则绝缘部分将作为旁路电阻而影响仪器的性能（如灵敏度降低），为此还要特别注意周围的环境，如温度、清洁度等。采用高频供电，可降低传感器输出阻抗，但高频放大、传输远比低频的复杂，且寄生电容影响大，不易保证工作的稳定性。

（2）电容式传感器由于受结构与尺寸的限制，其初始电容量都很小（几pF到几十pF），而连接传感器和电子线路的引线电缆电容（1m～2m导线可达800pF）、电子线路的杂散电容，以及传感器内极板与其周围导体构成的“寄生电容”却较大，不仅降低了传感器的灵敏度，而且这些电容（电缆电容）经营随机变化，将使仪器工作很不稳定，影响测量精度。因此对电缆的选择、安装、接法都有要求。

（3）输出特性非线性。对于变极板距离的电容式传感器，电容量与极板间距离是非线性的关系，虽然差动式结构中可以改善非线性，但由于存在漏电容和不完全对称问题，因此不能完全消除其非线性。对于测厚度、湿度的变介质电容式传感器，电容量与被测介质的厚度、湿度也不是线性关系。其他类型电容式传感器只有在忽略了电场的边缘效应的情况下，输出特性才是线性的。

随着材料、工艺、电子技术，特别是集成技术的发展，使电容式传感器的优点得到发扬，而缺点不断地得到克服。电容式传感器正逐渐成为一种高灵敏度、高精度，在动态、低压及一些特殊测量方面大有发展前途的传感器。电容式传感器对环境的要求很高，测量很容易受环境干扰，但是它有很高的精度和分辨率，比如ZCS1100电容式传感器是一个单一通道的高性能线性位移测量系统，有纳米级分辨率，线性0.08%，灵敏度可调，量程为240mm，分辨率为0.1nm，供电：±15VDC。该传感器具有数字集成一体化结构，0.1%高精度，9.4kHz高响应，同时量程是可以定制的，它是利用光学的反射原理，主要应用于火车轮轮缘轮廓测量、公路车辙和平整度测量，也可用于非接触测量位移、三维尺寸、厚度、物体形变、振动、分拣及玻璃表面测量等。高精度测量一个静态钢铁板之间的距离，距离大概在30mm，可以使用ZLDS100激光位移传感器。

3. 设计使用电容式传感器的注意事项

电容式传感器所具有的高灵敏度、高精度等独特的优点是与其正确的设计、正确的加工工艺分不开的。为了扬其所长、避其所短，在设计使用电容式传感器时可以从以下几点加以考虑：

（1）减小环境温度、湿度等环境因素变化所产生的影响，保证绝缘材料的高绝缘性。

（2）消除或减小边缘效应。

（3）消除或减小寄生电容的影响。

（4）尽量采用差动式结构的电容式传感器。

（5）防止和减小外界的干扰。

4.2 电容式传感器的工作原理、等效电路及误差分析

4.2.1 变间隙的电容式传感器

变间隙电容式传感器将讨论两种具体形式：一种是完全空气介质的，另一种是有固体介质的。在这里讨论它们电容变化与距离变化之间的关系，这样的电容式传感器常用于测量位移。

1. 空气介质变间隙电容式传感器

如图4-3所示，极板2为定极板，固定不动，极板1为动极板，与被测体相连，当被测参数改变而引起动极板1移动时就改变了极板间距离，从而改变极板间的电容。

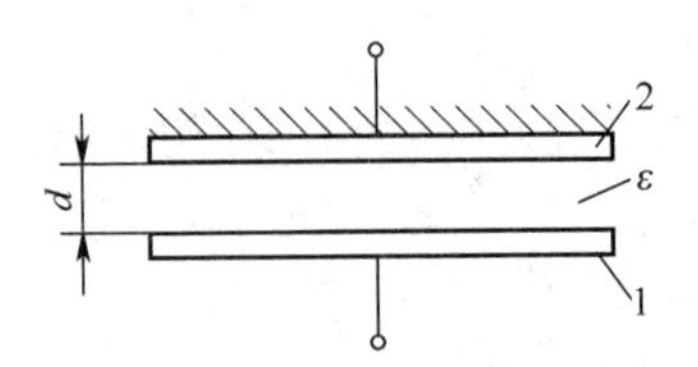

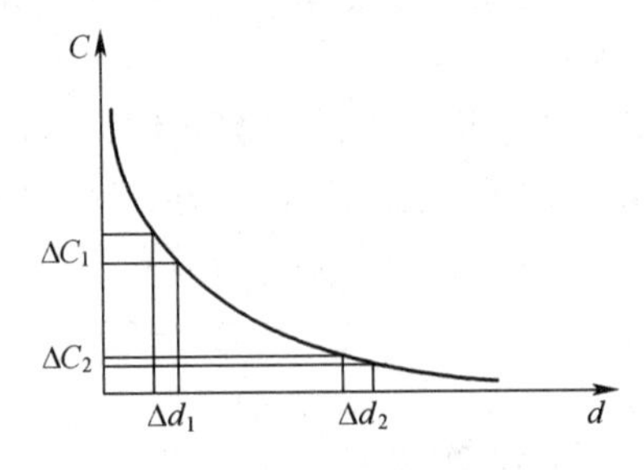

图 4-3　变间隙的电容式传感器

极板面积为 A，初始距离为 d_0，以空气为介质的电容器的电容值 C_0 为：

$$C_0 = \frac{\varepsilon_0 A}{d_0} \tag{4-2}$$

当间隙 d_0 减小 Δd 时，则电容增加 ΔC，即：

$$C_0 + \Delta C = \frac{\varepsilon_0 A}{(d_0 - \Delta d)} = C_0 \frac{1}{1 - \dfrac{\Delta d}{d_0}} \tag{4-3}$$

电容的相对变化量 $\Delta C / C_0$ 为：

$$\frac{\Delta C}{C_0} = \frac{\Delta d}{d_0}\left(1 - \frac{\Delta d}{d_0}\right)^{-1} \tag{4-4}$$

分析式中所示的电容与距离之间的关系可知：距离越大，电容就越小。即距离增加，同样间隙的变化带来的电容的变化就更不明显，而距离较小的时候，同样间隙的变化带来的电容的变化更大。这意味着，间隙的变化对电容变化的影响与初始的距离有关，且随距离变化。

变间隙的电容式传感器通常在测量位移时主要是用于较小的位移测量，而且当极间距离太大时，平板电容器的模型不再适用。从灵敏度高这个角度出发，也应该选择距离较小的。

如果以电容的相对变化为输出，电容间隙的相对变化为输入的话，这样的输出输入关系在采用线性关系时会带来非线性误差，考虑二次项的情况下推导出相对非线性误差。

考虑线性项与二次项：

$$\frac{\Delta C}{C_0} = \frac{\Delta d}{d_0}\left(1 + \frac{\Delta d}{d_0}\right) \tag{4-5}$$

相对非线性误差为：

$$\delta = \frac{\left|(\Delta d / d_0)^2\right|}{\left|\Delta d / d_0\right|} \times 100\% = \left|\Delta d / d_0\right| \times 100\% \tag{4-6}$$

要提高灵敏度，应减小起始间隙 d_0，但非线性随相对位移的增加而增加，减小 d_0 相应地增大了非线性。这里说到的灵敏度是指在特定初始条件下输出为电容变化，输入为位移变化意义下的灵敏度。此时，灵敏度与初始电容大小成正比，与初始间隙大小成反比。如果要提高灵敏度，可以通过增加初始电容、提高介电常数或增大极板面积来达成，也可以通过减小初始间隙来实现。考察相对非线性误差又可以发现，非线性随相对位移的增加而增加，减小初始间隙，实际又会导致相对位移的增加，从而导致非线性增大，因此，对于初始间隙的问题，必须要根据应用的情况综合进行考虑。

2. 差动电容结构

采用差动式电容结构，单一电容的特性方程为：

$$C_1 = C_0\left[1+\frac{\Delta d}{d_0}+\left(\frac{\Delta d}{d_0}\right)^2+\left(\frac{\Delta d}{d_0}\right)^3+\cdots\right] \tag{4-7}$$

$$C_2 = C_0\left[1-\frac{\Delta d}{d_0}+\left(\frac{\Delta d}{d_0}\right)^2-\left(\frac{\Delta d}{d_0}\right)^3+\cdots\right] \tag{4-8}$$

电容总的变化为：

$$\Delta C = C_1 - C_2 = C_0\left[2\frac{\Delta d}{d_0}+2\left(\frac{\Delta d}{d_0}\right)^3+\cdots\right] \tag{4-9}$$

电容相对变化为：

$$\frac{\Delta C}{C_0} = 2\frac{\Delta d}{d_0}\left[1+\left(\frac{\Delta d}{d_0}\right)^2+\left(\frac{\Delta d}{d_0}\right)^4+\cdots\right] \tag{4-10}$$

略去高次项，则：

$$\frac{\Delta C}{C_0} \approx 2\frac{\Delta d}{d_0} \tag{4-11}$$

差动电容式传感器的相对非线性误差近似为：

$$\delta = \frac{\left|2(\Delta d/d_0)^3\right|}{\left|2(\Delta d/d_0)\right|} = \left(\frac{\Delta d}{d_0}\right)\times 100\% \tag{4-12}$$

从推导的结果来看，电容式传感器以差动形式使用的时候灵敏度提高一倍，而非线性则大大降低。主要是因为，间隙的相对变化是一个远小于 1 的量，它的高阶减小得更快。采用差动式电容结构有利于提高灵敏度，减小非线性；推导过程从单一电容的特性方程入手，一增一减。需要注意的是，这里对电容的使用并不是采用两个电容串联，而是将两个电容接入到差动电桥当中分别使用。

3. 具有固体介质的变间隙电容式传感器

前面的内容体现空气介质的情况下减小间隙能够提高灵敏度，但是又不能不考虑电容击穿的问题，间隙减小使得这样的风险增加。那么有没有什么办法可以在间隙减小的情况下耐压的能力又能增加呢？具有固体介质的变间隙电容式传感器就试图解决这样的问题。

具有固体介质的电容器相当于两个电容器的串联，一个是距离为 d_1 的空气介质电容器，一个是距离为 d_2 的固体介质电容器。在计算这样的电容器串联的电容值的时候，其实可以引入等效间隙这样一个概念，将介电常数的影响体现到等效的空气间隙当中，从而将 d_2 折算为空气间隙，然后把电容器整体当作空气介质的电容器，等效间隙之和来作为电容器的间隙即可。

$$C = \frac{\varepsilon_0 A}{d_1/\varepsilon_1 + d_2/\varepsilon_2} = \frac{\varepsilon_0 A}{d_1 + d_2/\varepsilon_2} \tag{4-13}$$

若 d_1 减小 Δd_1，电容将增大 ΔC，变为：

$$C+\Delta C=\frac{\varepsilon_0 A}{d_1-\Delta d_1+d_2/\varepsilon_2} \tag{4-14}$$

电容相对变化为：

式中：

$$\frac{\Delta C}{C}=\frac{\Delta d_1}{d_1+d_2}\frac{1}{1/N_1-\Delta d_1/(d_1+d_2)} \tag{4-15}$$

$$N_1=\frac{d_1+d_2}{d_1+d_2/\varepsilon_2}=\frac{1+d_2/d_1}{1+d_2/d_1\varepsilon_2} \tag{4-16}$$

整理得：

$$\frac{\Delta C}{C}=\frac{\Delta d_1}{d_1+d_2}N_1\frac{1}{1-N_1\Delta d_1/(d_1+d_2)} \tag{4-17}$$

注意：如最后一式的表达中，N_1 所在分子的位置体现灵敏度，而分母中 N_1 的位置体现非线性，当然分母中的间隙相对变化应该是一个小于 1 的值。

当 $N_1\Delta d_1/(d_1+d_2)<1$ 时，展开可得：

$$\frac{\Delta C}{C}=\frac{\Delta d_1}{d_1+d_2}N_1\left[1+N_1\frac{\Delta d_1}{d_1+d_2}+\left(N_1\frac{\Delta d_1}{d_1+d_2}\right)^2+\cdots\right] \tag{4-18}$$

当 $N_1\Delta d_1/(d_1+d_2)<<1$ 时，略去高次项，则：

$$\frac{\Delta C}{C}\approx N_1\frac{\Delta d_1}{d_1+d_2} \tag{4-19}$$

N_1 为灵敏度因子，又是非线性因子，增大 N_1 提高灵敏度的同时也增加了非线性。

N_1 的值取决于电介质层的厚度比 d_2/d_1 和固体介质的介电常数。

灵敏度因子 N_1 与 d_2/d_1 及 ε 之间的关系如图 4-4 所示。

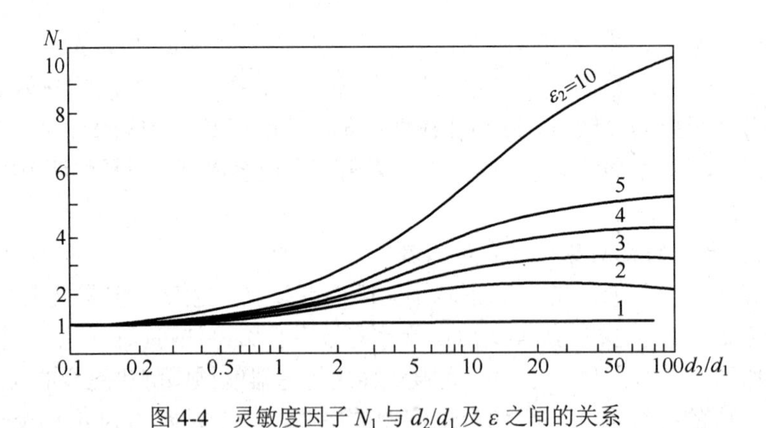

图 4-4 灵敏度因子 N_1 与 d_2/d_1 及 ε 之间的关系

从图中可以看出，N_1 随着间隙比的增加而增加，也随着介电常数的增加而增加。

4. 平板电容器的边缘效应

前面在讨论平板电容器工作原理的时候没有去考虑平板电容器的边缘效应问题，当然这样的边缘效应在实际应用中可以通过增加保护环的方式加以改善，边缘效应的影响基本可以消除。保护环作用的要点在于保护环与极板 1 具有同一电位，如图 4-5 所示。

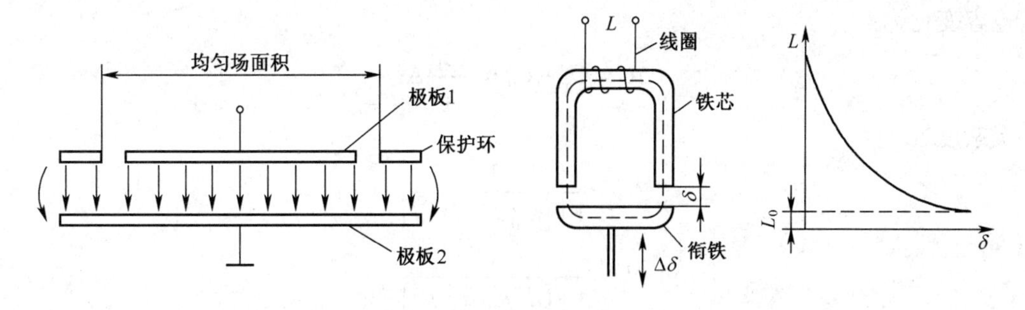

图 4-5　增加保护环

4.2.2　变面积的电容式传感器

以直线位移传感器为例进行分析，直线位移传感器灵敏度是常数，采用的是电容变化对位移变化的比值，位移的初始值为 0，不宜采用相对变化进行分析。注意，极板面积的改变不是指极板的物理面积，而是作为电容起作用的有效面积。

$$\begin{cases} C_x = \dfrac{\varepsilon b(a-\Delta x)}{d} = C_0 - \dfrac{\varepsilon b}{d}\Delta x \\ \Delta C = C_x - C_0 = -\dfrac{\varepsilon b}{d}\Delta x = -C_0\dfrac{\Delta x}{a} \end{cases} \tag{4-20}$$

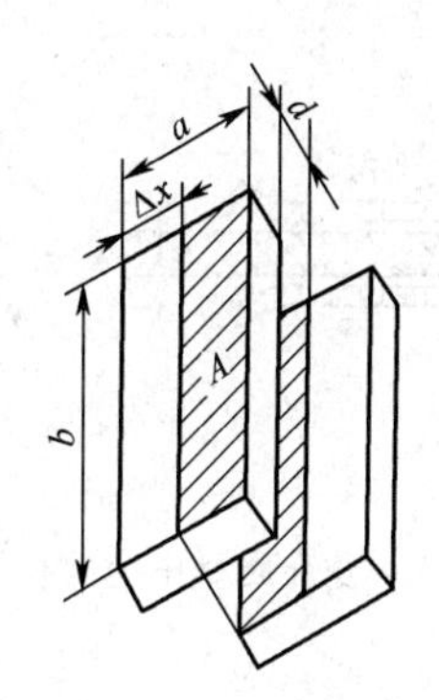

图 4-6　变面积的电容式传感器

灵敏度 S_n 公式（4-21）所示，输出特性是线性的，灵敏度为常数。增大极板边长 b，减小极板间隙 d 可以提高灵敏度：

$$S_n = -\frac{\Delta C}{\Delta x} = \frac{\varepsilon b}{d} \tag{4-21}$$

例 4-1　变面积的电容式传感器可用于测量位移。如图 4-7 所示为直线位移电容式传感器的原理。当动极板发生位移 Δx 时，电容极板间的有效面积 A 就发生改变，使得电容也随之改变。试推导输出电容变化 ΔC 与输入位移变化 Δx 之间的关系，给出灵敏度 S_n 的表达式，并根据结果讨论提高灵敏度的措施。

解：当 $\Delta x = 0$ 时，初始电容为：

$$S_n = -\frac{\Delta C}{\Delta x} = \frac{\varepsilon b}{d}$$

当动极板移动 Δx 时，有效面积 A 发生改变，此时电容值为：

$$C_x = -\frac{\varepsilon b(a-\Delta x)}{d} = C_0 - \frac{\varepsilon b}{d}\Delta x$$

电容变化为：

$$\Delta C = C_x - C_0 = -\frac{\varepsilon b}{d}\Delta x$$

灵敏度 S_n 为：

$$N_2 = \frac{1}{1+\left[\varepsilon_r(a-d)/d\right]}$$

$$N_3 = \frac{1}{1+\left[d/\varepsilon_r(a-d)\right]}$$

由结果可知，增加边长 b、增加介质的介电常数 ε 或减小间隙 d 都可以提高灵敏度。

4.2.3 变介质型电容式传感器

图 4-7 所示是两种改变介质介电常数的电容式传感器的原理图，图（a）常用来检测片状材料的厚度，图（b）常用来检测液位的高度。

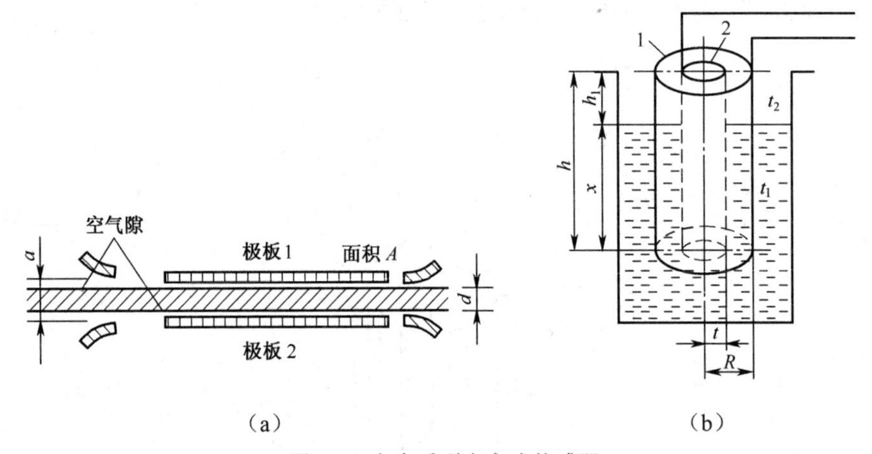

图 4-7 变介质型电容式传感器

1. 检测片状材料的厚度

电容器的电容为：

$$C = \frac{\varepsilon_0 A}{a-d+d/\varepsilon_r} \tag{4-22}$$

式（4-22）可以这样理解，按采用等效间隙的方式，依据介电常数的不同可以将电容式传感器分为两个部分：一个是间隙为 a-d 的空气间隙，另一个是间隙为 d 的固体介质电容器。注意这里的输入是介电常数的变化，也就是说，具体到这个例子，固体介质的介电常数会在初始介电常数的情况下发生变化。若相对介电常数增加 $\Delta\varepsilon_r$ 时，电容相应增加：

$$C + \Delta C = \frac{\varepsilon_0 A}{a-d+\left[d/(\varepsilon_r+\Delta\varepsilon_r)\right]} \tag{4-23}$$

电容的相对变化为：

$$\frac{\Delta C}{C} = \frac{\Delta\varepsilon_r}{\varepsilon_r}N_2\frac{1}{1+N_3(\Delta\varepsilon_r+\Delta\varepsilon_r)} \tag{4-24}$$

式中：

$$N_2 = \frac{1}{1+\left[\varepsilon_r(a-d)/d\right]} \tag{4-25}$$

$$N_3 = \frac{1}{1+\left[d/\varepsilon_r(a-d)\right]} \tag{4-26}$$

在 $N_3/(\Delta\varepsilon_r/\varepsilon_r)<1$ 的情况下，展开得：

$$\frac{\Delta C}{C} = \frac{\Delta\varepsilon_r}{\varepsilon_r}N_2\left[1-\left(N_3\frac{\Delta\varepsilon_r}{\varepsilon_r}\right)+\left(N_3\frac{\Delta\varepsilon_r}{\varepsilon_r}\right)^2-\left(N_3\frac{\Delta\varepsilon_r}{\varepsilon_r}\right)^3+\cdots\right] \tag{4-27}$$

式（4-27）中，在满足介电常数相对变化很小的条件下，N_3 是非线性因子，N_2 是灵敏度因子。根据 N_2 的表达式（4-25）可知，当空固间隙比增加的时候 N_2 灵敏度因子会减小，而介电常数初值大的时候灵敏度也会减小；根据 N_3 的表达式（4-26）可知，当空固间隙比增加的时候 N_3 非线性因子会增大，而介电常数初值大的时候非线性会增加。因此，如果要提高灵敏度，需要减小空固间隙比或者减小介电常数初值，而这样的结果同时也会使非线性减小。

若介电材料的相对介电常数为常数，而厚度 d 为自变量，则电容的相对变化为：

$$\frac{\Delta C}{C} = \frac{\Delta d}{d}N_4\frac{1}{1-N_4(\Delta d/d)} \tag{4-28}$$

式中：

$$N_4 = \frac{\varepsilon_r - 1}{1+\left[\varepsilon_r(a-d)/d\right]}$$

在 $N_4(\Delta d/d)<1$ 的情况下，展开得：

$$\frac{\Delta C}{C} = \frac{\Delta d}{d}N_4\left[1+N_4\frac{\Delta d}{d}+\left(N_4\frac{\Delta d}{d}\right)^2+\left(N_4\frac{\Delta d}{d}\right)^3+\cdots\right] \tag{4-29}$$

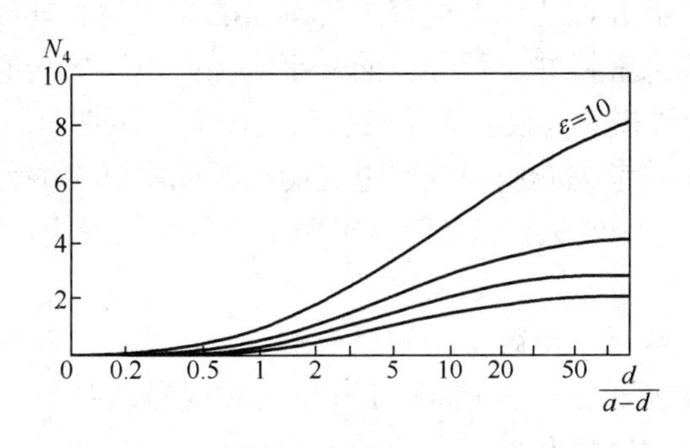

图 4-8　N_4 的选择

N_4 既是灵敏度因子，也是非线性因子。N_4 与间隙比和介电常数有关；N_4 与固空间隙比相关，也与介电常数有关，介电常数大，则 N_4 大，固空间隙比大，则 N_4 大。N_4 的选择应该综合考虑灵敏度和非线性因素的影响，如图 4-8 所示。

这个分析是在考虑电容式传感器在材料厚度测量方面的应用问题，实际上它更应该归类到变间隙的电容式传感器中，而不是在变介电常数的电容式传感器中。

2. 检测液位的高度

图 4-7（b）中由圆筒 1 和圆柱 2 构成电容器两极，假定部分浸入被测量液体中（液体应不能导电，若能导电，则电极需作绝缘处理）。这样，极板间的介质由两部分组成：空气介质和液体介质，由此而形成的电容式液位传感器，由于液体介质的液面发生变化，从而导致电容器的电容 C 也发生变化。这种方法测量的精度很高，且不受周围环境的影响。总电容 C 由液体介质部分电容 C_1 和空气介质部分电容 C_2 两部分组成：

$$C_1=\frac{2\pi x\varepsilon_1}{\ln R/r} \qquad C_2=\frac{2\pi(h-x)\varepsilon_2}{\ln R/r}$$

总电容量为：

$$\begin{aligned}C=C_1+C_2&=\frac{2\pi x\varepsilon_1}{\ln R/r}+\frac{2\pi(h-x)\varepsilon_2}{\ln R/r}\\&=\frac{2\pi h\varepsilon_2}{\ln R/r}+\frac{2\pi(\varepsilon_1-\varepsilon_2)x}{\ln R/r}\end{aligned} \tag{4-30}$$

式中，h 为电容器圆筒的高度，x 为电容器中液体的高度，R 为同心圆电极的外半径，r 为同心圆电极的内半径，ε_1 为被测液体的介电常数，ε_2 为空气的介电常数。

当容器的尺寸和被测介质确定后，则 h、R、r、ε_1 和 ε_2 均为常数，令：

$$\begin{cases}C=a_0+b_0\\a_0=\dfrac{2\pi\varepsilon_2}{\ln R/r}\\b_0=\dfrac{2\pi(\varepsilon_1-\varepsilon_2)}{\ln R/r}\end{cases} \tag{4-31}$$

式（4-31）表明，电容量 C 的大小与电容器浸入液体的深度 x 成正比。

4.2.4 等效电路分析

1. 等效电路

在前面的分析中讨论了各种情况下电容式传感器的灵敏度和非线性等问题，一直都是把电容式传感器当作纯电容来看待并进行分析的。事实上，电容式传感器真的是纯电容特性的吗？极板间有无泄漏？介质损耗有没有？阻性负载有没有？感性负载有没有？

由于极板间存在泄漏并考虑介质损耗，电容两极板间实际上并联了损耗电阻，这部分电阻在低频的时候对损耗的影响较大，但是随着电路工作频率的增高，电容的容抗减小，并联电阻的影响就会减弱。

串联电阻主要是引线电阻、电容支架和极板的电阻，它在几兆赫兹频率下工作的时候通常较小，但是随着频率增加而增大，在高频工作的时候就必须要予以考虑了。

电感包含电容器本身的电感和外部引线的电感，其中电容器本身的电感与电容器的结构有关，引线电感与引线长度有关。

在电容器的损耗和电感效应不能忽略时，等效电路如图 4-9 所示。

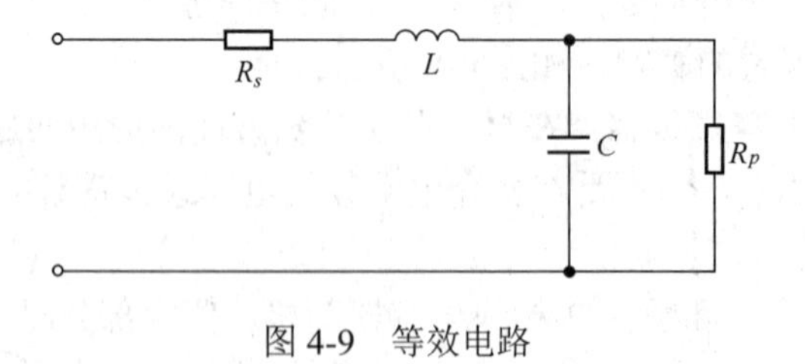

图 4-9 等效电路

2. 主要参数及分析

并联损耗电阻 R_p——产生原因：极板间的泄漏电阻和极板间的介质损耗；特点：对低频工作时影响较大。

串联电阻 R_s——产生原因：引线电阻、电容器支架和极板的电阻；特点：随频率增高而增大。

电感 L——产生原因：电容器本身的电感和引线电感；特点：分别与电容器结构形式和引线长度有关。

电容式传感器的等效电路是一个 RLC 振荡电路，有一个谐振频率，通常在几十兆赫兹。只有在低于谐振的频率上（通常为谐振频率的 1/3～1/2）才能获得电容传感元件的正常运用。

有效容抗 C_e：

$$1/j\omega C_e = j\omega L + 1/j\omega C \tag{4-32}$$

$$C_e = \frac{C}{1-\omega^2 LC} \tag{4-33}$$

电容的实际相对变化量为：

$$\frac{\Delta C}{C} = \frac{\Delta C / C}{1-\omega^2 LC} \tag{4-34}$$

电容传感元件的实际相对变化与固有电感有关。

由于感抗抵消了一部分容抗，传感元件的有效容抗在考虑电感的因素之后将有所增加，有效容抗的计算公式是一个近似计算。

4.3　电容传感器应用系统分析

4.3.1　信号调理电路

电容式传感器的常用信号调节电路有运算放大器电路、电桥电路、调频电路、谐振电路、二极管 T 型网络及脉冲宽度调制电路等多种形式，具体应用选择要根据实际情况进行合理选择。

1. 运算放大器电路

电路的最大特点是能够克服变间隙电容式传感器的非线性而使其输出电压与输入位移（间距变化）有线性关系。

如图 4-10 所示电容式传感器的运算放大器电路使用两个电容 C_0 与 C_x 和运算放大器构成一个典型的反相放大电路，电路的放大倍数（增益）由两个电容决定；当然，对放大器而言，可以认为它的开环增益为无穷大；C_x 是一个与输入位移（变间隙）有关的电容。需要注意的是，在这个运算放大器电路中，输入 u_i 不能是一个直流电压，而应该是一个交流电压。

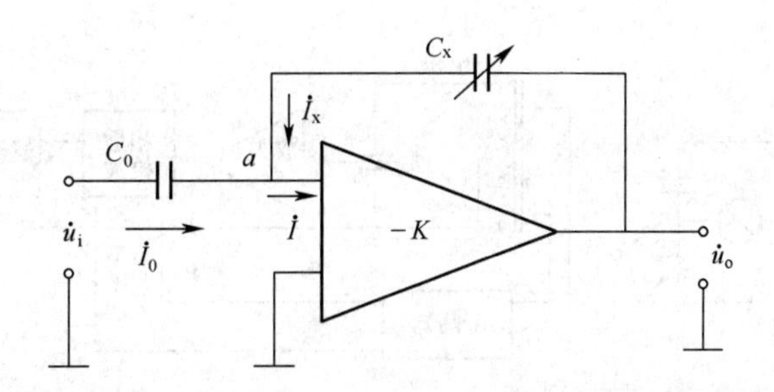

图 4-10　运算放大器电路

电容式传感器的运算放大电路分析：电路为放大器放大系数为−K 的反相放大电路；作为

运放输入端之一的 a 点与运放的另一个输入端具有相同的电位——地电位；考虑电路节点 a，a 点流向运算放大器的电流为 0。可得方程组：

$$\begin{cases} U_i = -j\dfrac{1}{\omega c_0}\dot{I}_0 \\ U_i = -j\dfrac{1}{\omega c_x}\dot{I}_x \\ \dot{I}_0 = \dot{I}_x \end{cases} \tag{4-35}$$

联立求解，可得：

$$\dot{U}_0 = -\dot{U}_i\frac{C_0}{\varepsilon A}d \tag{4-36}$$

而：

$$C_x = \varepsilon A / d \tag{4-37}$$

带入得：

$$\dot{U}_0 = -\dot{U}_i\frac{C_0}{C_x} \tag{4-38}$$

运算放大器电路的输出电压与输入电压、输入端电容及反馈端电容有关，而反馈端的电容即为可变电容，它的值由电容极板间距离决定，在电路输入电压 U_i 一定、运放反相输入端输入电容一定的情况下，电路的输出与可变电容的间隙之间成线性关系。采用运算放大器电路后，可变电容的电容值与间隙之间的关系改变了吗？这个线性关系的输入与输出是什么？当这样的一种线性关系成立之后再联系之前讲过的非线性误差补偿的概念，运放电路是否有非线性误差硬件补偿的作用？这充分体现了信号调节电路在传感器组成中的作用。

更进一步分析，输出电压与可变间隙之间成线性关系，那么这个电路的灵敏度受什么因素影响？有输入电压、输入端电容 C_0，然后是可变电容的介电常数、面积等，也就是说，除了可变电容之外，还可以通过改变运放电路的输入电压和输入电容来改变该信号调节电路的灵敏度。

2. 电桥电路

电桥测量电路的电路原理图（如图 4-11 所示）中，电容 C_1 与电容 C_2 组成差动形式，是电路的一个基本原理，而图（b）的变压器电桥线路可以说是原理图的一个具体应用实例，原理图中的检流计被图（b）中的放大器电路取代，而该实例电路可用于微小位移测量。

电桥平衡条件：

$$\frac{z_1}{z_1+z_2} = \frac{C_1}{C_1+C_2} = \frac{d_1}{d_1+d_2} \tag{4-39}$$

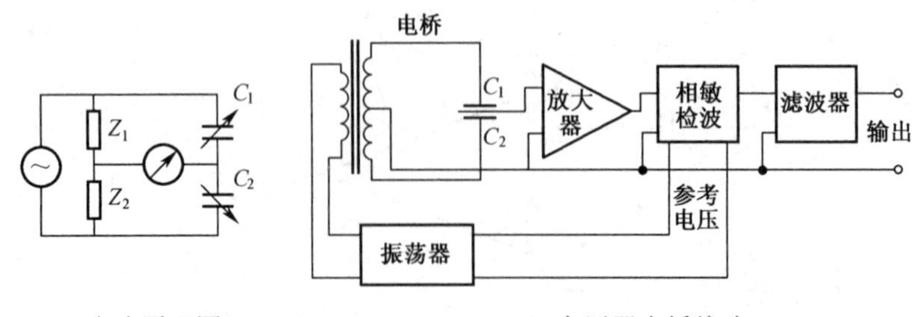

（a）电路原理图　　（b）变压器电桥线路

图 4-11　电桥电路

中心电极移动Δd，电桥重新平衡：

$$\begin{cases} \dfrac{d_1+\Delta d}{d_1+d_2}=\dfrac{z_1}{z_1+z_2} \\ \Delta d=(d_1+d_2)\dfrac{z_1-z_2}{z_1+z_2} \end{cases} \tag{4-40}$$

分压器原则上用电阻、电容和电感制作均可。

3. 调频电路

调频电路（如图 4-12 所示）利用电容变化调节振荡器的振荡频率，在鉴频环节将频率的变化体现为振幅的变化，经放大输出。调频电路分为两种情况：一种是直放式调频，一种是外差式调频。

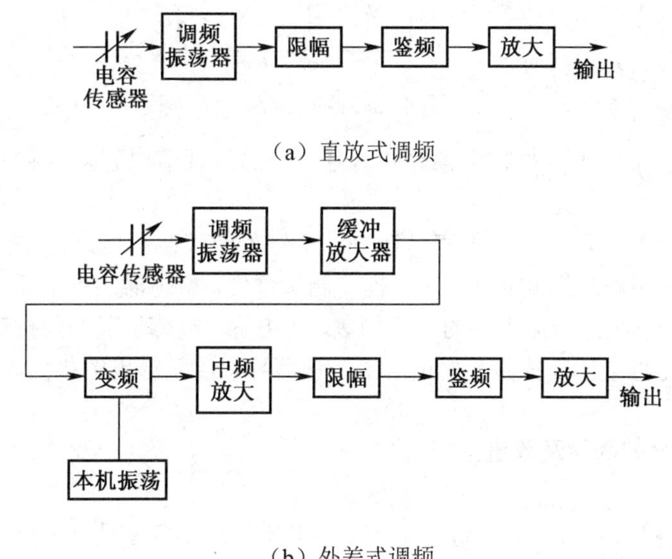

（a）直放式调频

（b）外差式调频

图 4-12　调频电路

外差式电路比较复杂，但选择性高，特性稳定，抗干扰性能优于直放式调频。外差式主要体现在振荡器输出频率与本振频率的和频与差频上，通过外差的方式可以把高频变频成中频，从而可以使用中频放大器进行放大处理。

鉴频器的作用是将频率的变化转换为幅度的变化，或者这样说，一定频率的信号就体现为一定的直流电平，从而在振荡器输出特定的频率时整个调频电路的输出为一直流电平。

调频电路的特点：抗外来干扰能力强，特性稳定，能取得高电平的直流信号。

4. 谐振电路

谐振电路的原理：利用传感器电容作为调谐电容的一部分，电容变化时使得谐振回路的阻抗发生变化，导致整流器电流的变化。如图 4-13 所示，谐振回路由 L_2、C_2 和可变电容 C_3 组成，它们通过电感耦合的形式从稳定的高频振荡器取得振荡电压。

通常谐振电路的工作点选择谐振曲线的一边最大振幅的 70%左右，以获得较好的线性关系。图中所示曲线为电路输出信号电流与谐振电路电容之间的关系，电路在谐振点处电流输出幅度最大。

LC 自由振荡电路可以因 L 和 C 的不同值产生一个不同频率的振荡电流，可以用作电磁波发射或本机使用；LC 谐振电路是因 LC 的不同值有一个不同的固有谐振频率，当有外来电磁波与此电路固有谐振频率一致时，该电路谐振，产生一个谐振电流，从而达到接收此电磁波的作用。

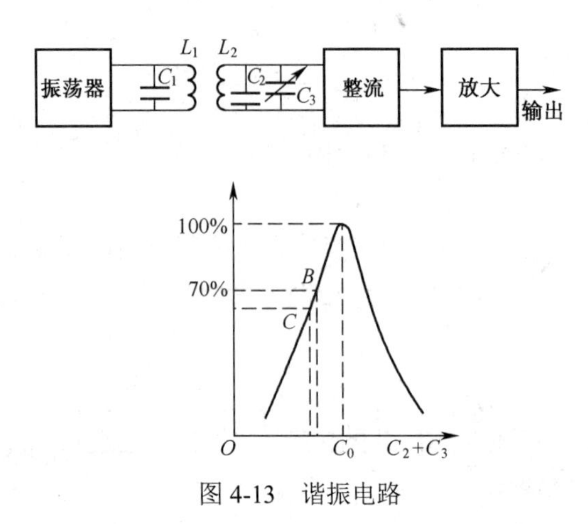

图 4-13 谐振电路

收音机利用谐振电路来接收特定频率的信号，是通过调节电容来达到调节谐振频率，与之道理类似。

谐振电路比较灵敏，但工作点不容易选好，变化范围较窄；传感器与谐振回路要近，否则电缆的杂散电容对电路的影响较大；为了提高测量精度，振荡器的频率要求具有很高的稳定性。振荡器的频率会影响到谐振电路的工作频率，而电容、电感呈现的阻抗都与工作的频率有关。这样频率的变化也会体现在整流器电流上，从而导致测量精度的损失。

4.3.2 影响精度的因素及改进措施

（1）温度对结构尺寸的影响。温度变化可能引起传感器各零件几何尺寸和相互间位置的变化，从而导致温度附加误差。对变间隙的电容式传感器影响严重，一般尽量选取温度系数小和温度系数稳定的材料。

（2）温度对介质介电常数的影响。介质介电常数有不为零的温度系数，空气及云母介电常数的温度系数可认为零。可补偿，完全消除困难。

（3）漏电阻的影响。漏电阻将使灵敏度下降。改进方法：选取绝缘性能好的材料做极板间的支架，提高激励电源频率可降低对材料绝缘性能的要求。

（4）边缘效应与寄生参量的影响。边缘效应使设计计算复杂化、产生非线性以及降低传感器的灵敏度。消除和减小边缘效应的方法是在结构上增设防护电极，防护电极必须与被防护电极取相同的电位，尽量使它们同为地电位。

（5）电容式传感器测量系统寄生参数的影响主要是指与传感器电容极板并联的寄生电容的影响。消除和减小寄生电容的方法：缩短传感器至测量线路前置级的距离、驱动电缆法、整体屏蔽法、增加原始电容值，减小寄生电容和漏电的影响。电容式传感器一般原始电容值很小，容易被干扰所淹没，在条件允许的情况下尽量减小原始间隙和增大覆盖面积以增加原始电容值，但气隙减小受加工、装配工艺和空气击穿电压的限制，也会影响测量范围；为防止击穿，极板间可插入介质。

4.4　电容式传感器的应用

1. 常见电容式传感器应用

电容式传感器广泛应用在位移、压力、流量、液位等的测试中。电容式传感器的精度和稳定性也日益提高，精度达 0.01%的电容式传感器已有商品出现，例如 250mm 量程的电容式位移传感器，精度可达 5μm。

（1）电容式测厚仪。

当金属带材在轧制中厚度发生变化时，利用变间隙和差动测量原理将厚度变化转换为电容量变化并显示出来，从而实现金属带材在轧制过程中厚度的测量。

（2）电容式转速传感器。

当齿轮转动时，电容量发生周期性变化，通过测量电路转换为脉冲信号，则频率计显示的频率代表转速大小。

（3）电容式压力传感器。

电容式压力传感器（如图 4-14 所示）主要用于测量液体或气体的压力，当液体或气体压力作用于弹性膜片，使弹性膜片产生位移，位移导致电容量的变化，从而引起由该电容组成的振荡器的振荡频率变化，实现压力测试。目前，电容式压力传感器已被广泛地使用在工业生产中。

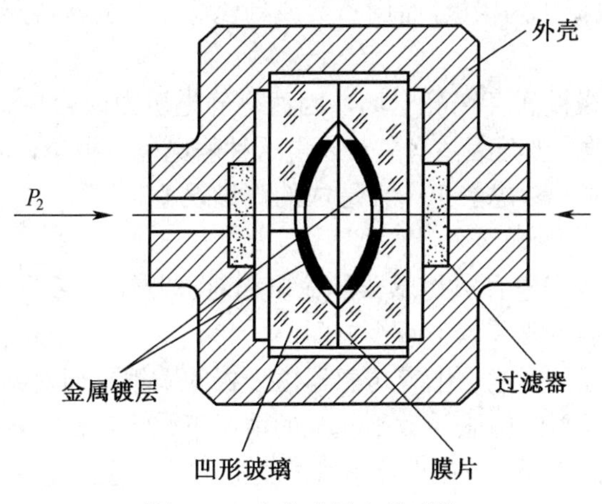

图 4-14　电容式压力传感器

（4）电容式测微仪。

高灵敏度电容式测微仪采用非接触方式精确测量微位移和振动振幅。电容式测微仪整机线路包括高增益主放大器，包括前置放大器、精密整流电路、测振电路和高稳定度稳压电源，并将主放大器和振荡器放在内屏蔽盒里严格屏蔽，其线路地端和屏蔽盒相连，精密整流电路接地。

（5）电容位移传感器。

传感器可以在线检测微小位移，如 ZCS1100 型精密电容位移传感器可以检测压电微位移、振动台、电子显微镜微调、天文望远镜镜片微调、精密微位移测量等。该传感器是一个单一通道的高性能线性位移测量系统，创新的电容位移测量技术提供了纳米测量能力，成本低，适合测量任何导电目标。

（6）电容介质传感器。

传感器可以在线检测介质变化，可以测量水分、杂质等，如 FWS-CII 型在线电容式水分检测传感器可以在线检测各种工作机械的液压、润滑系统介质的含水率，特别是外部水容易渗入机械内部的轧钢机、造纸机、汽轮机、船舶机械；监视循环油系统是否存在泄漏，如水冷却器等。监视工作机械的密封元件是否损坏，引起外部水渗入；监视环境空气湿度对润滑液压系统油品品质和含水率的影响，从而精确测定润滑油质量，预测设备故障，是设备润滑油管理中的关键部件。该传感器采用螺纹连接，体积小、重量轻、结构可靠、测量精度高、工作稳定，具有较强的抗电磁干扰性能。它具有封闭型不锈钢制外壳，具有很好的防水防尘性能，可直接安装于工厂现场液压润滑管道上，是理想的在线水分检测传感器。该传感器还可与控制室中的二次仪表或控制器相连，在线、连续、实时地检测各种低水分油品的含水率，可以直接显示，远程控制和报警，实现数据存储、积算、传输和控制功能。

2. 电容传感器应用中存在的问题

（1）边缘效应。

在以上各种电容式传感器的计算中忽略了边缘效应的影响。实际上当极板厚度 h 与极距 d 之比相对较大时，边缘效应的影响就不能忽略了。这时，对极板半径为 r 的变极距型电容式传感器，边缘效应不仅使电容式传感器的灵敏度降低，而且产生非线性。为了消除边缘效应的影响，可以采用带有保护环的结构，保护环与定极板同心、电气上绝缘且间隙越小越好，同时始终保持等距，以保证中间工作区得到均匀的场强分布，从而克服边缘效应的影响。为减小极板厚度，往往不用整块金属板作为极板，而用石英或陶瓷等非金属材料蒸涂一薄层金属作为极板。

（2）静电引力。

电容式传感器两个极板间存在静电场，因而有静电引力或力矩。静电引力的大小与极板间的工作电压、介电常数、极间距离有关。通常这种静电引力很小，但在采用推动力很小的弹性敏感元件的情况下，必须考虑静电引力造成的测量误差。

（3）温度影响。

环境温度的变化将改变电容式传感器的输出相对被测输入量的单值函数关系，从而引入温度干扰误差。这种影响主要有以下两个方面：

- 温度对结构尺寸的影响。电容传感器由于极间隙很小而对结构尺寸的变化特别敏感。在传感器各零件料线膨胀系数不匹配的情况下，温度变化将导致极间隙相对变化，从而产生很大的温度误差。在设计电容式传感器时，适当选择材料可以满足温度误差补偿要求。
- 温度对介质的影响。温度对介电常数的影响随介质不同而不同，空气的温度系数近似为零，某些液体介质如硅油、蓖麻油、煤油等，其介电常数的温度系数较大，例如煤油的介电常数的温度系数可达 0.07%/℃。若环境温度变化加减 50℃，则将带来 7% 的温度误差，故采用此类介质时必须注意温度变化造成的误差。

思考题与习题

1. 简要说明如图 4-15 所示电容式加速度传感器的工作原理。

2. 电容式传感器的等效电路中，并联损耗电阻代表极板间的泄漏电阻和极板间的介质损耗。这部分损耗的影响与电路工作的频率有关，通常在________时影响较大。

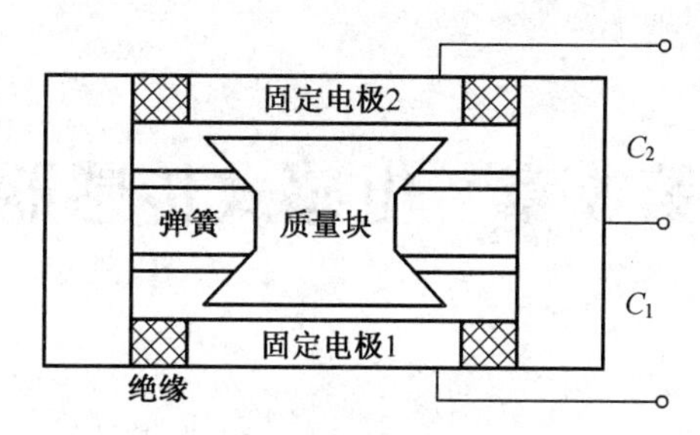

图 4-15　电容式加速度传感器示意图

3．电容式传感器可以分为三种类型：变间隙式、变面积式和变介电常数式。其中，常用于介质湿度、密度测量的是________。

4．电容式传感器常用运算放大器电路作为信号调节电路。请画出该电路的基本模型，推导变间隙式电容式传感器间隙变化与运算放大器电路输出之间的关系，并说明信号调节电路在传感器中的作用。

5．变面积式电容式传感器可以用于位移的测量，若电容式传感器的工作原理如图 4-16（a）所示，而信号调节电路采用图 4-16（b）所示的运算放大器电路，试推导运放输出电压与位移变化△x 之间的关系。

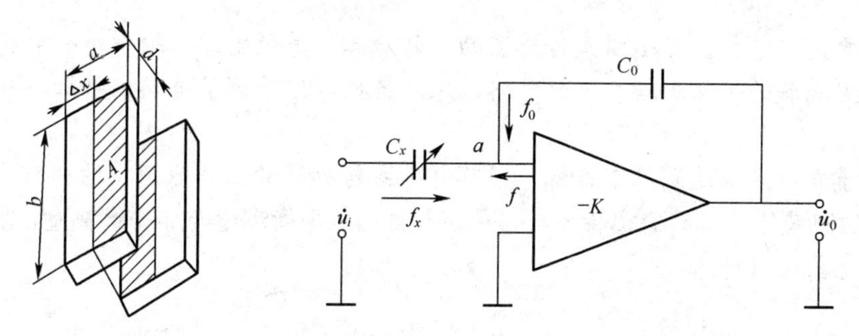

图 4-16　变面积式电容式传感器用于位移测量的示意图

第 5 章　电感式传感器

本章导读：

电感式传感器、电阻式传感器与电容式传感器都是阻抗类传感器，但它们又有所不同。电磁式传感器是利用电磁感应原理，利用电场和磁场之间的感应系数变化来测量，从实现过程来说，增加了一次场与场之间的转换过程。学习完本章内容读者可以了解电感式传感器的结构和模型、物理量的转换过程、调节电路、平衡测量与非平衡测量等，可以加深对传感器原理的认识。

本章主要内容和目标：

本章主要内容包括：变磁阻式传感器的工作原理、等效电路、输出特性分析、信号调节电路；差动变压器的工作原理、等效电路、基本特性、信号调节电路；平衡测量与非平衡测量等。

通过本章学习应该达到以下目标：了解电感式传感器的工作原理及结构形式，熟悉传感器模型、变磁阻式传感器的输出特性与信号调节电路、平衡测量与非平衡测量，掌握相应的调节电路和传感器应用特点。

5.1　概述

什么是电感式传感器？电感式传感器是利用电磁感应原理，将被测量（如位移、压力、流量、振动）转换成线圈自感或互感的变化，进而转换为电路中电压或电流的变化，从而实现非电量到电量测量的一类传感器。根据工作原理的不同，电感式传感器可分为变磁阻式传感器、变压器式传感器和涡流式传感器等，可实现位移、振动、压力、流量、比重等参数的测量。

电感式传感器的一般工作流程为：被测量通过对电感线圈自感系数 L 或互感系数 M 影响，再通过适当的信号调节电路体现为电压或电流的变化，形成电信号输出。被测物理量的认识过程为：测得输出电压或电流的变化；依据一定的规律推知自感或互感量的变化；再依据一定的规律推知被测物理量的变化。从对被测量的认识过程来看，需要几个规律的支持：一是信号调节电路中最终输出的电流或电压与自感或互感系数之间的关系必须有特定规律，二是从被测量到自感系数或互感系数的变化也需要有规律可循。

1. 电感式传感器的分类

（1）变隙电感式传感器。

变隙电感式传感器是由弹性元件、铁芯、衔铁及线圈等组成，衔铁与膜盒的上端连在一起。被测量通过弹性元件转换成位移量，带动衔铁发生移动，从而使气隙发生变化，再使流过线圈的电流也发生相应的变化。通过检测电流就可以检测被测量的大小。

（2）差动变压器式传感器。

差动变压器式传感器也称为互感式传感器，它把被测位移转换为传感器线圈的互感变化。这种传感器是根据变压器的基本原理制成的，并且次级线圈绕组采用差动式结构，故称为差动变压器式传感器，简称差动变压器。差动变压器的结构多采用螺线管式，具有结构简单、灵敏度高和测量范围广等优点，广泛应用于位移及可转换为位移的参数测量。差动变压器式传感器主要由膜盒、随膜盒的膨胀与收缩而移动的衔铁、感应线圈等组成。初级线圈与振荡电路相连，产生交流激励电压，并在线圈周围产生磁场，在两个次级线圈中产生感应电势。被测量通过弹性元件转换成位移量，通过衔铁移动改变互感系数，从而改变感应电势，实现测量。

2. 电感式传感器的主要优点

（1）结构简单、工作可靠、测量力小、寿命长。传感器无活动电触点，因此工作可靠、寿命长。

（2）灵敏度和分辨力高。测量位移变化，分辨力能达到 0.01μm，测量角度变化，分辨力能达到 0.1。传感器的输出信号强，电压灵敏度能达到 100mV/mm 数量级的输出。

（3）精度高，性能稳定，线性度和重复性都比较好。在一定位移范围（几十微米至数毫米）内传感器非线性误差可达 0.05%～0.1%，输出特性的线性度比较好且比较稳定。

（4）能实现信息的远距离传输、记录、显示和控制，所以在工业自动控制系统中被广泛采用。

3. 电感式传感器的主要缺点

（1）存在交流零位信号。

（2）频率响应较低，不适宜高频动态信号测量。

5.2　变磁阻式传感器原理

变磁阻式传感器是利用被测量的变化引起线圈自感系数的变化，从而导致线圈电感量改变这一物理现象来实现测量的传感器，可用来测量位移、振动、压力、流量、重量、力矩、应变等多种物理量。它既可用于动态测量，也可用于静态测量。变磁阻式传感器实质上是一种机电转换装置，在自动控制系统中应用十分广泛，是非电量测量的重要传感器之一。

5.2.1　工作原理及结构

变磁阻式传感器由线圈、铁芯和衔铁三部分组成，工作原理如图 5-1 所示。在应用的时候，磁路由铁芯、衔铁以及它们之间的气隙构成闭合回路，磁路中磁阻的变化将会影响到电感线圈的电感值。当衔铁部分随被测物理量产生上下位移时，衔铁与铁芯之间的气隙发生变化，导致磁路的磁阻发生变化，从而使线圈的电感值发生改变。图示传感器的实质是一个具有可变气隙的铁芯线圈，气隙的改变将带来线圈自感 L 的变化。

对于图 5-1 所示的变磁阻式传感器原理，示出的实际上只是气隙发生改变的情况，通常线圈及铁芯部分是固定不动的，而衔铁与传感器的运动部分相连，当传感器感受到被测量的时候衔铁产生位移，带来气隙的厚度发生改变，从而改变磁路的磁阻而使得电感线圈的电感值发生改变；从电感与气隙的关系示意图来看，气隙越小，电感越大，而当气隙太大时，电感值则趋于某个定值 L_0，这个定值实际上就是带铁芯的电感线圈的电感值。

线圈的电感值：

$$L = \frac{W^2}{R_M} \tag{5-1}$$

式中，W 为线圈的匝数，R_M 为磁路的总磁阻。

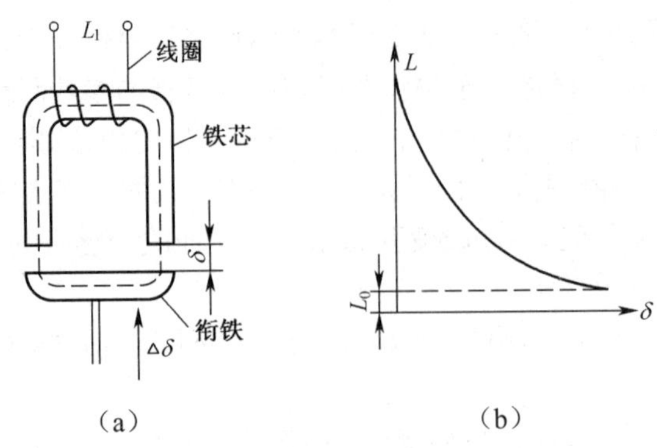

（a）　　　　（b）

图 5-1　变磁阻式传感器的原理

如果气隙厚度较小，且不考虑磁路铁损：

$$R_M=\sum_{i-1}^{n}\frac{l_i}{\mu_i s_i}+2\frac{\delta}{\mu_0 s} \tag{5-2}$$

式中，l_i 为各段铁芯的长度，μ_i 为各段铁芯的相对磁导率，s_i 为各段铁芯的截面积，δ 空气隙的厚度，μ_0 为空气隙的磁导率，s 为空气隙的截面积。

将式（5-2）代入式（5-1），线圈电感 L 为：

$$L=\frac{W^2}{\sum_{i-1}^{n}\frac{l_i}{\mu_i s_i}+2\frac{\delta}{\mu_0 s}} \tag{5-3}$$

从总磁阻的计算公式可以注意到，每个部分的磁阻实际上与它的长度、相对磁导率及截面积相关；铁磁材料的相对磁导率要远大于空气的磁导率，铁磁材料的磁阻远小于空气的磁阻，计算时可以忽略，式（5-3）可以改写为式（5-4）：

$$L=\frac{\mu_0 s W^2}{2\delta} \tag{5-4}$$

由式（5-3）和式（5-4）可见，变磁阻式传感器的电感量与气隙厚度、截面积和磁导率有关。对于有气隙的传感器，可以改变气隙厚度，也可以改变气隙的截面积，而对于没有气隙而是全部由铁磁材料构成磁路的可以利用铁磁材料的压磁效应改变铁磁材料的磁导率。所以，从工作原理的角度进行划分，变磁阻式传感器又可以进一步分为三种类型：变气隙厚度的电感式传感器、变气隙面积的电感式传感器、变铁芯磁导率的电感式传感器。变气隙厚度的电感式传感器的灵敏度高，是最常用的电感式传感器，但输出特性非线性。变气隙面积的电感式传感器的灵敏度低，但输出特性为线性特性，常用于角位移测量。变铁芯磁导率的电感式传感器利用铁磁材料的压磁效应改变磁导率，主要用于各种力的测量。

5.2.2　等效电路

变磁阻式传感器的等效电路如图 5-2 所示。

1. 电感 L

线圈匝数 W、磁路长度 l（m）、通过的电流强度 I（A）、线圈内的磁场强度 H（A/m）的关系为：

$$H=\frac{WI}{l} \tag{5-5}$$

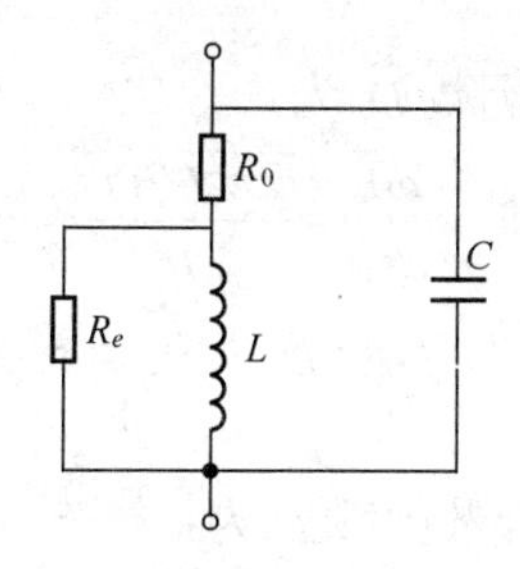

图 5-2　变磁阻式传感器等效电路

磁感应强度 B 为：

$$B = \mu H = \frac{\mu WI}{l} \tag{5-6}$$

设线圈的截面积为 S，总磁通量 Φ 为：

$$\Phi = \mu I \frac{W^2}{l} S \tag{5-7}$$

线圈的自感系数 L 为：

$$L = \frac{\Phi}{I} = \frac{\mu W^2 S}{l} \tag{5-8}$$

2. 线圈电阻 R_c

设线圈直径为 d，电阻率为 ρ_c，W 匝，平均匝长 l_c，线圈电阻为：

$$R_c = \frac{4\rho_c W l_c}{\pi d^2} \tag{5-9}$$

从式（5-9）可见，R_c 只与材料和尺寸有关，与频率无关。

3. 涡流损耗电阻 R_e

如果小气隙铁磁磁芯是由厚度为 t 的铁片构成，铁磁材料电阻率为 ρ_1，涡流透入深度为 p，当 $t/p<2$ 时，涡流损耗电阻 R_e 的计算公式为：

$$R_e = \frac{6}{(t/p)^2}\omega L = \frac{12\rho_1 S W^2}{l t^2} \tag{5-10}$$

式中：

$$p = \frac{10^{4.5}}{2\pi}\sqrt{\frac{\rho_1}{\mu f}} \tag{5-11}$$

从式（5-10）可见，为减少涡流损耗，磁芯应尽可能采用薄片结构。

4. 耗散因数

耗散因数描述的是耗能与储能的能力比值，电阻是耗能的，电感是储能的，其能量比值就是耗散因数。

线圈电阻 R_c 对应的耗散因数 D_c 为：

$$D_c = \frac{R_c}{\omega L} = \frac{l\rho_c l_c}{2\pi^3 f W d^2 \mu S} = \frac{C}{f} \tag{5-12}$$

式中：

$$C = \frac{l\rho_c l_c}{2\pi^3 f W d^2 \mu S} \tag{5-13}$$

由式（5-12）和式（5-13）可见线圈损耗电阻 R_c 引起的电感耗散因数 D_c 与频率 f 成反比。

由涡流损耗电阻 R_e 引起的耗散因数 D_e 为：

$$D_e = \frac{\omega L}{R_e} = \frac{2\pi^2 t^2 \mu f}{3\rho_1} = ef \tag{5-14}$$

磁滞损耗电阻 R_h 引起的耗散因数 D_h：D_h 与气隙有关，气隙越大 D_h 越小；D_h 不随频率变化。

具有叠片铁芯的电感线圈的总耗散因数 D 为：

$$D = D_c + D_e + D_h = \frac{C}{f} + ef + D_h \tag{5-15}$$

当 $f_m = \sqrt{\dfrac{C}{e}}$ 时，耗散因数可以取得最小值：

$$D_{\min} = D_h + 2\sqrt{C \cdot e} \tag{5-16}$$

线圈的品质因数是耗散因数的倒数，此时可以求得最大值：

$$Q_{\max} = \frac{1}{D_h + 2\sqrt{Ce}} \approx \frac{1}{2\sqrt{Ce}} \tag{5-17}$$

5. 寄生电容

变磁阻式传感器的等效电路中存在一与传感器线圈并联的寄生电容，这个电容主要是由线圈绕组的固有电容及连接传感器与电子测量设备的电缆电容所引起的；当线圈有电容并联时，有效串联损耗电阻及有效电感都增加了，而有效 Q 值减小；并联电容后使电感传感器的灵敏度增加，因此必须根据测量设备所用的电缆实际长度对传感器进行校正或者相应地调整总并联电容。

有并联寄生电容 C 的电感线圈的线圈阻抗 Z_s 为：

$$Z_s = \frac{(R + j\omega L)\left(-j\dfrac{1}{\omega C}\right)}{R + j\omega L - j\dfrac{1}{\omega C}} \tag{5-18}$$

当品质因数 $Q = \dfrac{\omega L}{R}$ 很大时，公式可以改写为式（5-19）：

$$Z_s \approx \frac{R}{\left(1 - \omega^2 LC\right)^2} + \frac{j\omega L}{1 - \omega^2 LC} = R_s + j\omega L_s \tag{5-19}$$

从式（5-19）可见，当有电容并联时，有效串联损耗电阻和有效电感增加，而 Q 值减小，此时的有效灵敏度为：

$$\frac{dL_s}{L_s} = \frac{1}{1 - \omega^2 LC} \cdot \frac{dL}{L} \tag{5-20}$$

从式（5-20）可见，当有电容并联时，系统的灵敏度增加，因此必须增加电缆长度，合理地调整并联电容。

5.2.3 输出特性及误差分析

具有铁芯及小气隙的电感式传感器，线圈匝数为 W，磁路长度为 l（m），线圈横面积为 S，气隙厚度为 δ，电感线圈的电感为 L，相对磁导率为 μ_s，有效磁导率 μ 为：

$$\mu = \frac{\mu_s}{1 + (\delta / l)\mu_s} \tag{5-21}$$

其电感计算公式为：

$$L=\frac{\mu W^2 S}{l} \tag{5-22}$$

假设 $K=SW^2$ （常数），对已知线圈：

$$L=K\frac{1}{\delta+l/\mu_s} \tag{5-23}$$

若气隙减小 $\Delta\delta$ ，则电感量增加 ΔL ，即：

$$L+\Delta L=K\frac{1}{\delta-\Delta\delta+l/\mu_s} \tag{5-24}$$

代入 K 可得：

$$1+\frac{\Delta L}{L}=\frac{\delta+l/\mu_s}{\delta-\Delta\delta+l/\mu_s} \tag{5-25}$$

电感的相对变化为：

$$\begin{aligned}\frac{\Delta L}{L}&=\frac{\Delta\delta}{\delta-\Delta\delta+l/\mu_s}=\frac{\Delta\delta}{\delta}\cdot\frac{1}{1+l/\delta\mu_s-\Delta\delta/\delta}\\&=\frac{\Delta\delta}{\delta}\cdot\frac{1}{1+l/\delta\mu_s}\cdot\frac{1}{1-(\Delta\delta/\delta)\left[1/(1+l/\delta\mu_s)\right]}\end{aligned} \tag{5-26}$$

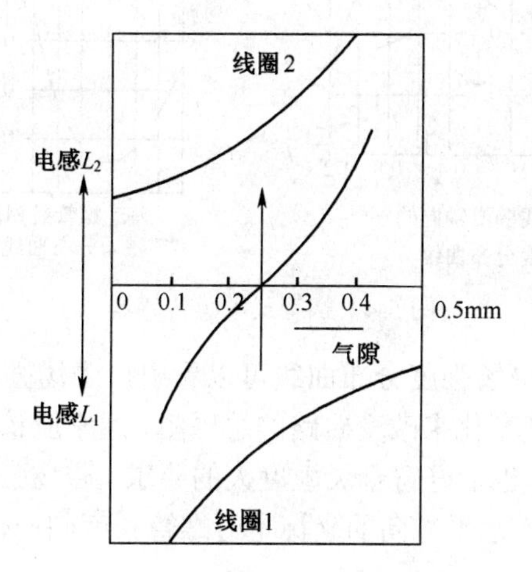

图 5-3　气隙—电感曲线图

注意灵敏因子与非线性因子均为$1/(1+l/\delta\mu_s)$，若$\left|\frac{\Delta\delta}{\delta}\cdot\frac{1}{1+l/\mu_s}\right|<<1$，式（5-26）可展开为：

$$\frac{\Delta L}{L}=\frac{\Delta\delta}{\delta}\frac{1}{1+l/\mu_s}\left[1+\frac{\Delta\delta}{\delta}\frac{1}{1+l/\mu_s}+\left(\frac{\Delta\delta}{\delta}\frac{1}{1+l/\mu_s}\right)^2+\cdots\right] \tag{5-27}$$

若气隙增加，电感减小，有：

$$\frac{\Delta L}{L}=\frac{\Delta\delta}{\delta}\frac{1}{1+l/\mu_s}\left[1-\frac{\Delta\delta}{\delta}\frac{1}{1+l/\mu_s}+\left(\frac{\Delta\delta}{\delta}\frac{1}{1+l/\mu_s}\right)^2+\cdots\right] \tag{5-28}$$

若气隙变化极小，高次项可忽略，有：

$$\frac{dL}{L}=-\frac{d\delta}{\delta}\cdot\frac{1}{1+l/\delta\mu_s} \tag{5-29}$$

单个线圈与差动连接时传感器的输出特性如图 5-3 所示。可以采用差动形式消除表达式中的气隙相对变化的偶次项，减小非线性程度。要提高此类传感器的灵敏度，可以通过减小铁芯长度、增大铁芯材料的相对磁导率或使初始的气隙增大来实现，但增大气隙有可能使分析的模型失效。

螺管式电感传感器是典型的变磁阻式传感器。其工作原理是建立在线圈泄漏路径中的磁阻变化原理上，线圈的电感与铁芯插入线圈的深度有关。沿着有限长线圈的轴向磁场强度的分布不均匀，只有铁芯工作在线圈中段才有较好的线性关系，此时磁场强度的变化比较小。螺管式电感传感器的铁芯长度选择在 0.6L 左右。

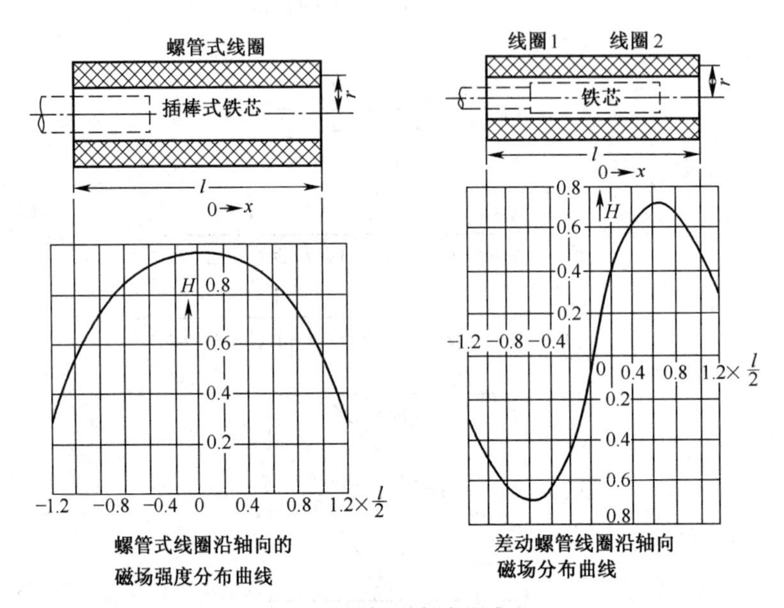

图 5-4 螺管式电感传感器

从螺管式线圈沿轴向的磁场强度分布曲线可以看出，磁场强度在整个螺管范围内变化很大。如果利用这样的磁场强度变化来改变磁路的总磁阻，通常应该选择在磁场变化比较小的一段来进行。当然，这样的选择也恰好符合灵敏度大的要求。磁场强度变化最缓慢的一段应该是螺管中心附近的一段。图中，水平方向的坐标是对螺管长度归一化的结果。

5.2.4 影响传感器精度的因素分析

影响传感器精度的因素主要分两个方面：外界工作环境的影响（包括温度变化、电源电压的波动、电源频率的波动等）和传感器本身特性固有的影响（包括线圈电感与衔铁位移之间的非线性、交流零位信号的存在等）。

电源电压通常作为电桥的供电电压，影响传感器的灵敏度。由于线圈的感抗与频率相关，电源电压工作频率的变化会影响感抗。采用严格对称的交流电桥可补偿频率波动影响。

温度的变化影响线膨胀系数，导致零部件尺寸改变，本来就是对微小位移的测量，部件的尺寸变化对测量精度影响很大。此外温度变化导致气隙的改变影响灵敏度和线性度，温度变化还会导致线圈电阻和铁芯导磁率的变化。

传感器的线圈电感与气隙厚度之间的非线性特性是造成输出特性非线性的主要原因。改善非线性的方法：采用差动式结构，限制衔铁的最大位移量。

输出电压与电源电压之间的相位差会导致：正交分量导致波形失真。消除或抑制正交分量的方法：采用相敏整流电路，提高传感器的品质因数 Q 值。

电桥的残余不平衡电压（零位误差）产生的原因是：差动式电感线圈的电气参数及导磁体的几何尺寸不可能完全对称；传感器具有铁损（即磁芯化曲线的非线性）；电源电压中含有高次谐波；线圈具有寄生电容，线圈与外壳、铁芯间有分布电容。零位信号的危害主要有：降低测量精度；削弱分辨力；易使放大器饱和。减小零位误差的措施：减少电源中的谐波成分；减小电感传感器的激磁电流，使之工作在磁化曲线的线性段；当电桥有起始不平衡电压时，可在差动电感电桥的电路中再接入两只可调电位器，通过调节电位器使电桥达到平衡条件。

5.3　差动变压器

差动变压器本身是一个变压器，它能够将被测量的变化转换为传感器的互感的变化，从而使次级线圈感应电压也产生相应的变化。差动变压器利用被测量对电感线圈互感系数的影响来实现被测量的测量；它的原理是变压器的原理，与变压器不同的是，初级线圈与次级线圈在互感系数上的关系来得到特定的电压输出，而差动变压器是利用被测量作用在互感系数上，通过次级线圈输出电压的变化来认识被测量。此类利用变压器原理的传感器常常以差动的形式出现，常用于位移量的测量。差动变压器的结构形式中，应用最广的是螺管形差动变压器。

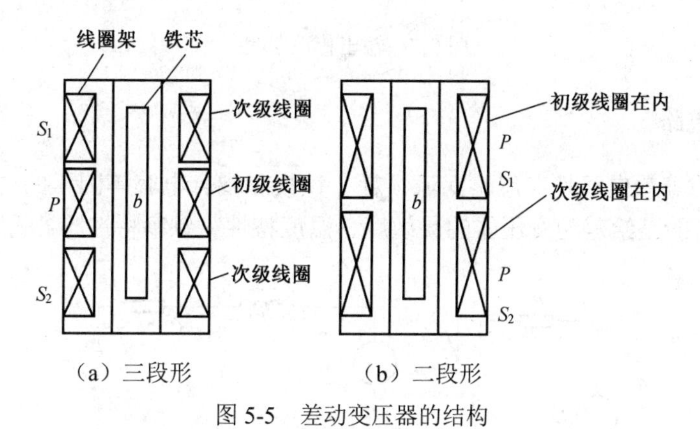

图 5-5　差动变压器的结构

5.3.1　工作原理

差动变压器的初级线圈上通常加上某一特定频率的交流电压；次级线圈通过互感产生感应电压，其大小与铁芯的轴向位置成比例；差动结构中，输出电压实际上是两个次级线圈感应电压的差值；对于两段形的变压器，输出就是次级线圈的感应电压。对于差动变压器，当铁芯在中间位置时，两个次级线圈与初级线圈的互感系数相同，它们线圈上的感应电压也相同，为某一特定值，于是输出为0；当铁芯向上移动时，线圈 S_1 的互感系数增加，线圈 S_2 的互感系数减小，从而使得线圈 S_1 上的感应电压 E_{s1} 增大，而线圈 S_2 上的感应电压 E_{s2} 减小，输出电压逐渐增大（为正值）；铁芯向下移动时，线圈 S_1 的互感系数减小，线圈 S_2 的互感系数增大，从而使得线圈 S_1 上的感应电压 E_{s1} 减小，而线圈 S_2 上的感应电压 E_{s2} 增大，输出电压逐渐增大（为负值）。差动变压器输出特性曲线如图 5-7 所示，其特点是在没有相敏整流情况下的输出不能区分方向。

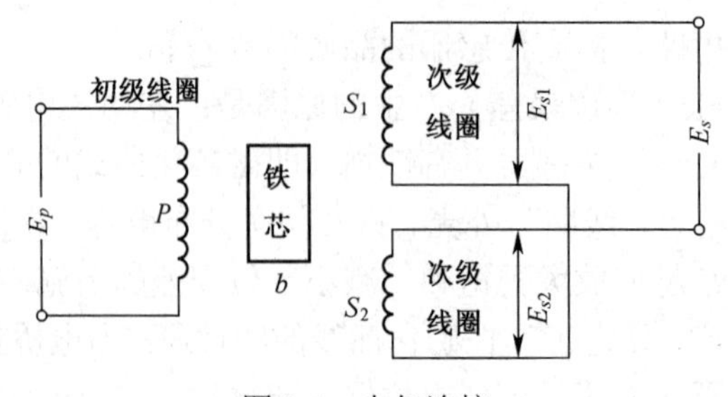

图 5-6 电气连接

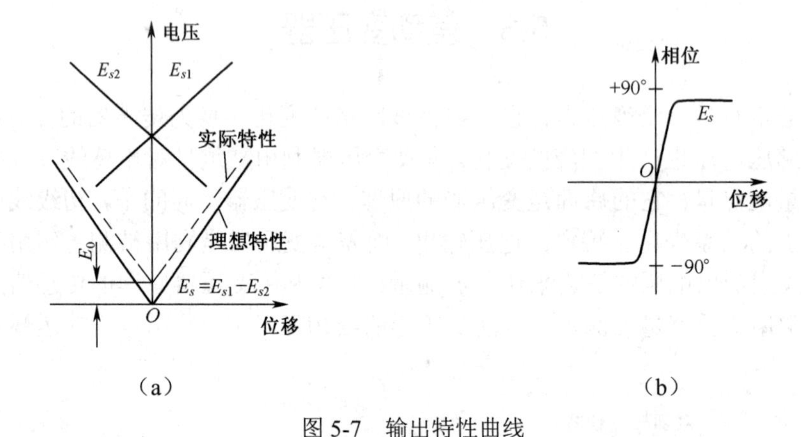

（a） （b）

图 5-7 输出特性曲线

5.3.2 等效电路

差动变压器的等效电路是在忽略涡流损耗、铁损和耦合电容等因素的情况下得到的，用这个等效电路的目的是给差动变压器的灵敏度、温度特性、频率特性等分析带来方便。

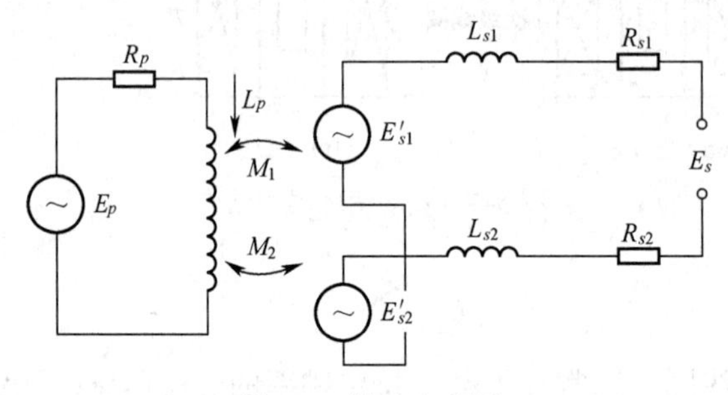

图 5-8 等效电路图

从图 5-8 所示的等效电路可以看出：

$$\begin{cases} \dot{I}_p = \dot{E}_p/(R_p + j\omega L_p) \\ \dot{E}_{s_1} = -j\omega M_1 \dot{I}_p \\ \dot{E}_{s_2} = -j\omega M_2 \dot{I}_p \\ \dot{E}_s = \dfrac{-j\omega(M_1 - M_2)\dot{E}_p}{R_p + j\omega L_p} \end{cases} \tag{5-30}$$

式中，L_p 和 R_p 为初级线圈的电感与有效电阻，M_1 和 M_2 为互感，$\dot{E}_p$ 为激励电压向量，$\dot{E}_s$ 为输出电压向量，ω 为激励电压的频率。

分以下三种情况讨论：

（1）磁芯处于中间平衡位置时：

$$M_1 = M + \Delta M，M_2 = M - \Delta M \tag{5-31}$$

（2）磁芯上升时：

$$M_1 = M_2 = M，E_s = 0 \tag{5-32}$$

$$E_s = 2\omega\Delta M E_p / \sqrt{R_p^2 + \left(\omega L_p\right)^2}，与 E_{s1} 同相 \tag{5-33}$$

（3）磁芯下降时：

$$M_1 = M - \Delta M, M_2 = M + \Delta M \tag{5-34}$$

$$E_s = -2\omega\Delta M E_p / \sqrt{R_p^2 + \left(\omega L_p\right)^2}，与 E_{s2} 同相 \tag{5-35}$$

输出电压可写为：

$$E_s = \frac{2\omega M E_p}{\sqrt{{R_p}^2 + (\omega L_p)^2}} \cdot \frac{\Delta M}{M} = 2E_{s_0}\frac{\Delta M}{M} \tag{5-36}$$

例 5-1　已知变隙式电感传感器的铁芯截面积 A=2cm^2，磁路长度 L=20cm，相对磁导率 μ_1=4000，气隙 δ_0=0.5cm，$\Delta\delta$=±0.1cm，真空磁导率 μ_0=4π×10^{-7} H/m，线圈匝数 W=2500，求单端式传感器的灵敏度 $\Delta L/\Delta\delta$，如果采用差分结构，灵敏度会如何变化？

解： $\dfrac{\Delta L}{\Delta\delta} = \dfrac{W^2\mu_0 A}{2\delta_0^2} = \dfrac{2500^2 \times 4\pi \times 10^{-7} \times 2 \times 10^{-4}}{2 \times 0.5^2 \times 10^{-4}} = 10\pi$（H/m）

如果采用差分结构，灵敏度提高一倍，线性度也会相应提高。

5.3.3　基本特性

1．*灵敏度*

差动变压器的灵敏度是指差动变压器在单位电压激磁下，铁芯移动一单位距离时的输出电压，单位为 V/mm，一般差动变压器大于 50mV/mm/V。差动变压器的灵敏度与激磁电压有关，输入为位移变化，输出为电压变化，此时灵敏度体现的是在多大激磁电压的作用下，铁芯多大的位移可以导致多大的输出电压变化。

（1）提高灵敏度的途径。

- 提高线圈 Q 值，增加尺寸，线圈的长度一般为直径的 1.5～2 倍。
- 选择较高励磁频率。
- 增加铁芯直径，改进材料（采用导磁率高、铁损小、涡流损耗小的材料），减小损耗。
- 在不使一次线圈过热的条件下尽量提高激磁电压。

（2）频率与灵敏度的关系。

差动变压器的工作频率一般为 50Hz～10kHz，频率太低会导致灵敏度下降，温度误差和频率误差增加。频率太高，理想差动变压器的分析就不能成立，铁损和耦合电容也会增加，从而使输出信号减小。这种影响不仅影响灵敏度，还影响线性度。激磁频率与输出电压有很大关系：频率增加，副绕组磁通量增加，输出电压增加；频率减小，初级线圈的电抗增加，输出信号减小，频率特性随负载阻抗而变化。

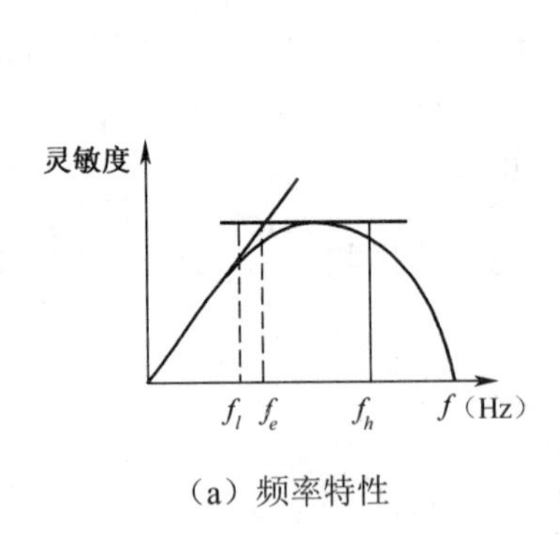

（a）频率特性

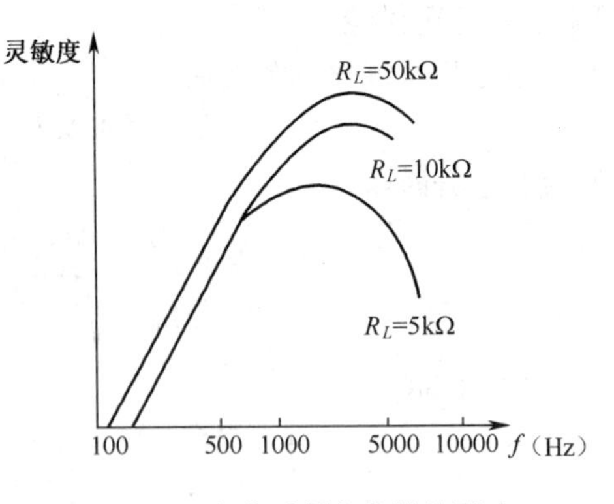

（b）负载对频率特性的影响

图 5-9 基本特性

从输出电压的频率特性曲线可以看到，当频率很低的时候，灵敏度很小，当频率很高的时候，灵敏度也很小，只有某一段灵敏度处于比较大的位置，同时在这一段灵敏度的变化也相对缓慢，也就是说，当激磁频率受到干扰或发生变动的时候对灵敏度的影响相对也较小；从负载特性上看，负载电阻越大，灵敏度就越高，因此希望负载电阻大一些。

（3）相角超前。

差动变压器的次级电压对初级电压的相角通常超前几度到十几度。相角与差动变压器的结构和励磁频率有关。小型低频差动变压器的相角超前较大，大型高频差动变压器的相角超前较小。相角超前是由于初级线圈感性，初级电流对初级电压滞后而引起的，同时也和差动变压器的负载相关。

2. 其他参数

（1）线性范围：理想的差动变压器的次级输出电压与铁芯移动成线性关系，但实际上由于铁芯与线圈结构（包括形状、大小、材料等）的影响，线性范围只有线圈骨架长度的1/4～1/10。线性度还要求次级电压的相位角为定值，线性度好坏与激磁频率、负载电阻、铁芯长度都有关系；用差动整流电路对差动变压器的交流输出电压进行整流，能改善输出电压线性度；可依靠测量电路来改善差动变压器的线性度和扩展线性范围。

（2）温度范围：由于温度的变化，会影响差动变压器的结构，从而影响差动变压器的精度。此外随温度变化，磁特性、导磁率、铁损、涡流损耗也会变化，从而带来温度误差。

3. 零位电压的补偿

零位电压的补偿：传感器的上下几何尺寸和电气参数严格地相互对称；衔铁或铁芯必须经过热处理，以改善导磁性能，提高磁性能的均匀性和稳定性；为了使导磁体避开饱和区，铁芯的最大工作磁感应强度应该低于材料磁化曲线 μ_{max} 处所对应的磁感应强度值，即在磁化曲线的线性段工作。

5.3.4 差动变压器的信号调节电路

差动变压器的测量电路可分为两大类：不平衡测量电路和平衡测量电路。不平衡测量电路包括交流电压测量（用仪器直接测量差动变压器的输出电压）、相敏整流电路、差动整流电路、电桥电路。

1. 平衡测量电路

平衡测量电路包括自动平衡电路和力平衡电路。

自动平衡电路：由于铁芯移动，使差动变压器 D 输出感应电压，此电压经放大器放大后使可逆电机 M 带动电位器 R 旋转。M 的旋转方向是使放大器输出端电压趋于零，从而使电路达到新的平衡。

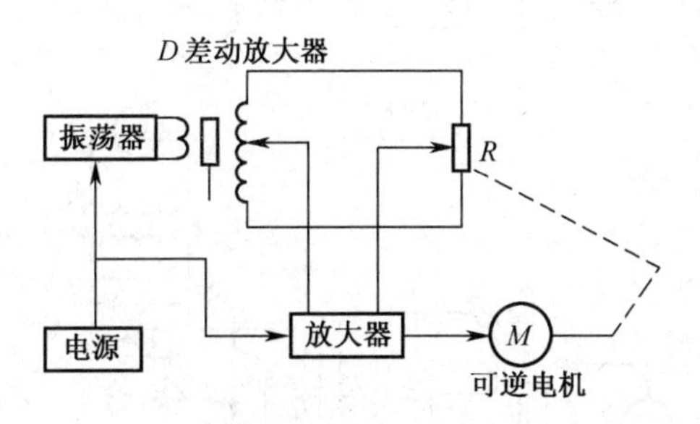

图 5-10　差动放大器

力平衡电路：杠杆常处于某一平衡位置上，此时差动变压器的铁芯处在零位；当外力或位移作用在杠杆上使杠杆围绕支点偏转，使得铁芯发生位移，差动变压器输出电压信号，经放大器作用后并整流产生一相应的电流，此电流流过力平衡线圈，使力平衡线圈在永久磁铁产生的磁场中受一作用力；当此作用力矩与被测力矩相等时，杠杆稳定在新的位置上，此时流过力平衡线圈的电流与被测力成正比。

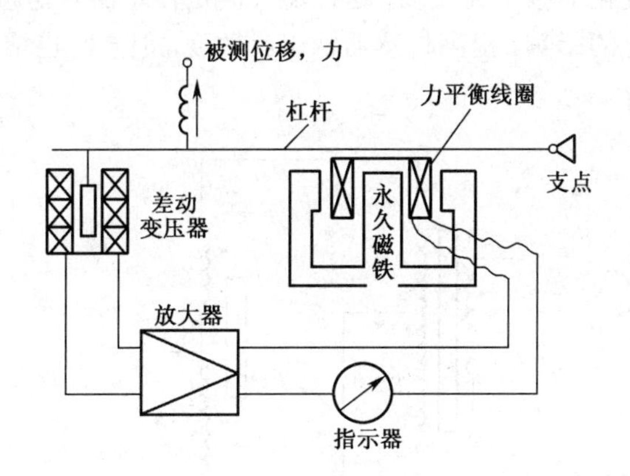

图 5-11　力平衡电路

2. 不平衡测量电路

（1）相敏整流电路。

当比较电压 E_k 与差动变压器的输出电压 E_s 频率相同时，如果铁芯不动，其相位差恒定，输出恒定电压；当铁芯移动，其相位差改变时，输出电压改变。这种电路的缺点是初始相必须一致：在差动变压器用低频激磁电流的场合，次级电压对初级电压的导前角大，E_k 必须设置移相电路来使初始相位一致；在高频激磁的场合，差动变压器的初次级电压相位变化小，也会影响初始相位。另外，比较电压 E_k 必须比 E_s 最大值还大，否则输出线性度变差。

（2）差动整流电路。

把差动变压器两个次级电压分别整流后以它们的差作为输出，这样次级电压的相位和零点残余电压都不必考虑。电流输出的形式用在低阻抗负载的场合，而电压输出的形式用在高阻抗负载的场合；差动整流后输出电压的线性度与不经整流的次级输出电压的线性度相比有些变化。当次级线圈阻抗高、负载电阻小、接入电容器进行滤波时，其输出的线性度的变化倾向于铁芯位移大，线性度增加。可以用于扩展差动变压器的线性范围。

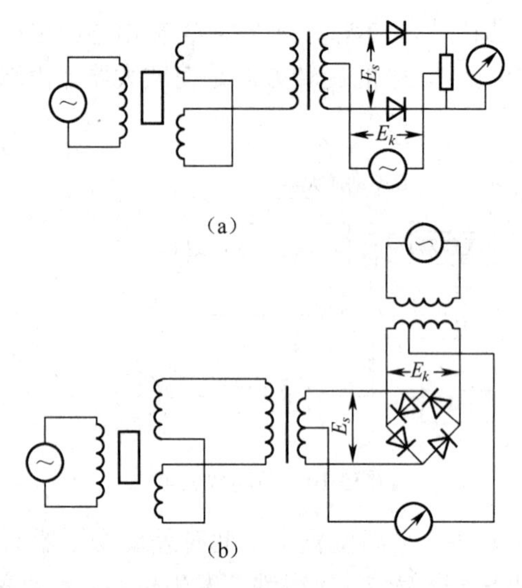

图 5-12　相敏整流电路

（3）电桥电路。

差动式电感传感器常用电桥电路作为信号调节电路，如图 5-13 所示。通常，电桥的供桥电源的频率比铁芯位移变化的频率高很多，这样能够满足传感器对动态响应频率的要求，还可以减小传感器受温度变化的影响，提高传感器输出灵敏度，但同时也增加了铁芯损耗和寄生电容带来的影响。

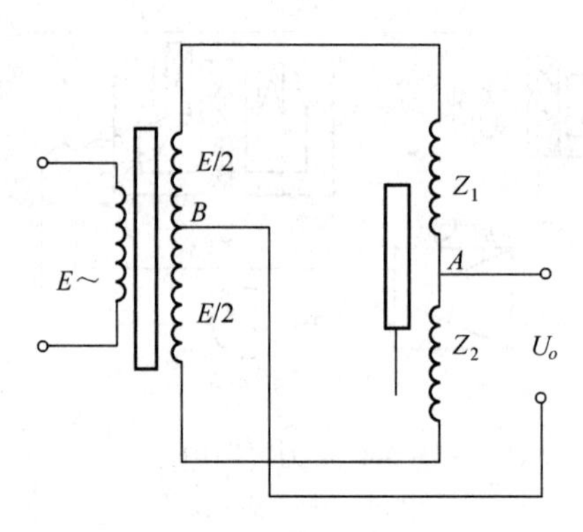

图 5-13　差动传感器的电桥

由于次级线圈上的电势为 E，B 点是次级线圈的中心，电位为固定电位，而 A 点是两个线圈分压的结果，利用等效阻抗可以得到；初始平衡条件应该是铁芯处于中间位置，此时输出电压为 0。

A 点电位：

$$U_A=\frac{Z_1}{Z_1+Z_2}E \tag{5-37}$$

B 点电位：

$$U_B=\frac{E}{2} \tag{5-38}$$

输出电压 U_o：

$$U_o = U_A - U_B = \left(\frac{Z_1}{Z_1 + Z_2} - \frac{1}{2}\right)E \qquad (5\text{-}39)$$

平衡条件：

$$Z_1 = Z_2 = Z \qquad (5\text{-}40)$$

当铁芯向下移动时：

$$U_o = \left(\frac{Z + \Delta Z}{2Z} - \frac{1}{2}\right)E = \frac{\Delta Z}{2Z}E \qquad 5\text{-}41)$$

$$U_o = \frac{\omega \Delta L}{2\sqrt{{R_s}^2 + (\omega L)^2}}E \qquad (5\text{-}42)$$

当铁芯向上移动时：

$$U_o = \left(\frac{Z - \Delta Z}{2Z} - \frac{1}{2}\right)E = -\frac{\Delta Z}{2Z}E \qquad (5\text{-}43)$$

$$U_o = \frac{-\omega \Delta L}{2\sqrt{{R_s}^2 + (\omega L)^2}}E \qquad (5\text{-}44)$$

输出电压需要进行整流、滤波处理。使用无相位鉴别的整流时不能辨别铁芯位移的方向，同时输入电压有谐波时常引起残余电压。残余电压是线圈损耗电阻不平衡引起的，与频率有关。当使用有相位鉴别的整流时，输出电压的极性可以指示铁芯位移的方向，如图 5-14 所示。

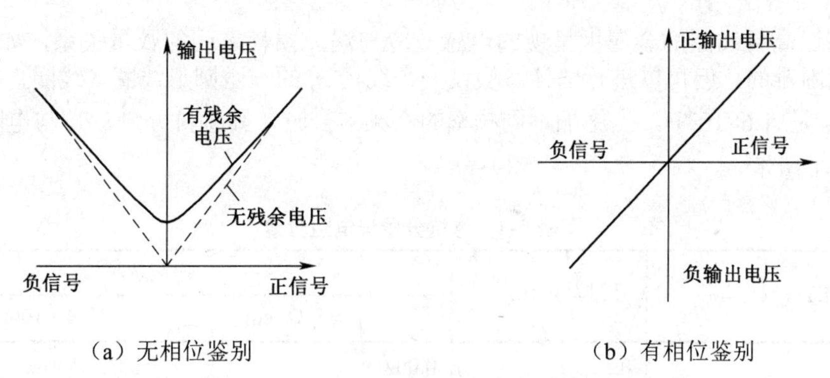

（a）无相位鉴别　　（b）有相位鉴别

图 5-14　无相位鉴别与有相位鉴别曲线图

5.4　涡流式传感器

5.4.1　高频反射式涡流传感器

如图 5-15 所示，高频信号 I_S 施加于邻近金属一侧的电感线圈 L 上，L 产生的高频电磁场作用于金属板的表面。由于超肤效应，高频电磁场不能透过具有一定厚度的金属板，而仅作用于表面的薄层内，而金属板表面感应的涡流 I 产生的电磁场又反作用于线圈 L 上，改变了电感的大小，其变化程度取决于线圈 L 的外形尺寸、线圈 L 至金属板之间的距离、金属板材料的电阻率 p 与导磁率 u，以及 I_S 的频率等。对非导磁金属（u=1）而言，若 I_S 及 L 等参数已定，金属板的厚度远大于涡流透深度时，则表面感应的涡流 i 几乎只取决于线圈 L 至金属板的距离，而与板厚及电阻率的变化无关。

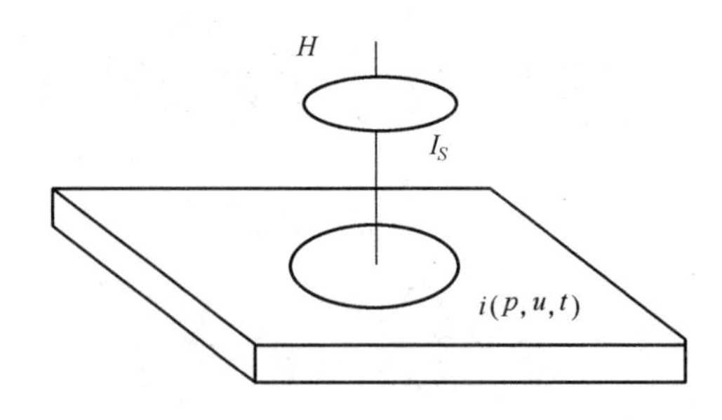

图 5-15 高频反射式传感器示意图

下面用等效电路的方法来说明上述结论的实质。

考虑到涡流的反射作用，L 两端的阻抗 Z_L 用下式表示：

$$Z_L = R + j\omega L + \frac{W^2 M^2}{R_E + j\omega L_E} \tag{5-45}$$

$$Z_L = R + j\omega L(1+K^2)\frac{1}{\dfrac{1}{j\omega LK^2} + \dfrac{L_E}{R_E LK^2}} \tag{5-46}$$

式中，W 为信号源的角频率，K 为耦合系数，在高频的情况下可以认为 $R_E << \omega L_E$。

$$Z_L = R + RE\frac{L}{L_E}K^2 + j\omega L(1-K^2) \tag{5-47}$$

计算邻近高频线圈的金属板呈现的电感效应与涡流损耗之间的数量关系，如用理论推导方法是比较困难的，但可以进行估计。假设一个线径 ρ_1 的一匝圆形线圈（线圈直径为 10mm）的电感量 L_E 是 1.6×10^{-6}H，当施加不同频率的高频信号时，其感抗分量 ωL_E 与电阻分量 R_E 的大小如表 5-1 所示。

表 5-1 感抗分量与电阻分量

频率（MHz）$U_B = \frac{E}{2}$	感抗（ωL_E）	电阻 R_E	
		$\rho = 1\mu\Omega\cdot\text{cm}$	$\rho = 100\mu\Omega\cdot\text{cm}$
1	0.1	0.002	0.02
10	1.0	0.063	0.063
100	10.0	0.02	0.2

但由于在实际条件下，线圈 L 与金属板之间的耦合程度很弱，即 $K<1$，并有 $RE << \omega LE$，因而可以认为上式在特定条件下存在着以下关系：

$$R_E\frac{L}{L_E}K^2 << \omega L(1-K^2) \tag{5-48}$$

5.4.2 低频透射式涡流传感器

如图 5-16 所示为低频透射式涡流传感器工作原理。发射圈 L_1 和接受圈 L_2 分别位于被测材料 M 的上下方。由振荡器产生的音频电压 u 加到 L_1 的两端后，线圈中即流过一个同频的交变电流，并在其周围产生交变磁场。如果两线圈间不存在被测材料 M，L_1 的磁场就能直接贯穿 L_2，于是 L_2 的两端会生成一交变电势 E。

在 L_1 与 L_2 之间放置一金属板 M 后，L_1 产生的磁力线必然切割 M，并在 M 中产生涡流 i。

这个涡流损耗了部分磁场能量，使到达 L_2 的磁力线减少，从而引起 E 的下降。M 的厚度 t 越大，涡流损耗也越大，E 就越小。由此可知，E 的大小间接反映了 M 的厚度 t，这就是测厚的依据。

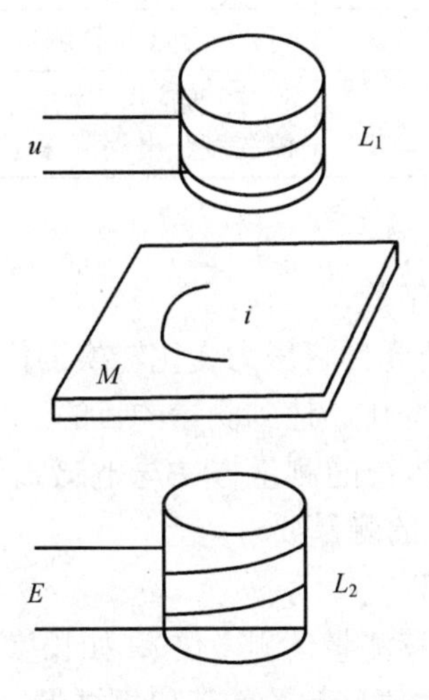

图 5-16　透射式涡流传感器原理图

对于确定的被测材料，其电阻率为定值，当选用不同的测试频率 f 时，透过深度 q 的值是不同的，从而使 E-t 曲线的形状发生变化。

从图 5-17 可以看到，在 t 较小的情况下，Q 小曲线的斜率大于 Q 大曲线的斜率；而在 t 较大的情况下，Q 大曲线的斜率大于 Q 小曲线的斜率。所以，测量薄板时应选较高频率，而测量厚板时应选较低频率。

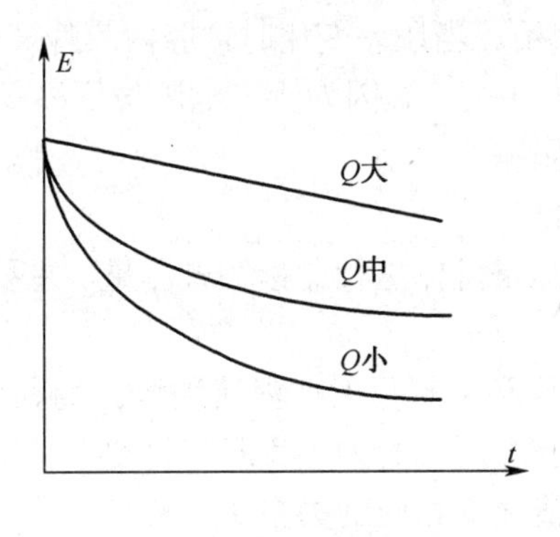

图 5-17　E-t 曲线

5.5　电感式传感器的应用

传统的电感式传感器是一种机电转换装置，在自动控制设备中广泛应用。

现在电感式传感器以其结构简单、输出功率大、输出阻抗小、抗干扰能力强、稳定性能好和使用方便等特点广泛应用于测量、监测、自控等领域。其中电涡流传感器具有非接触测量的优势，更受到广大用户的青睐。

下面列出几种常用电感式传感器，然后详细分析每一种传感器的用途，如表 5-2 所示。

表 5-2 电感式传感器的种类和用途

传感器种类	主要用途
变磁阻式传感器	一般作为压力传感器和测量工具
差动变压器传感器	可直接用于位移测量
电涡流传感器	目前主要应用于测位移、测振动、测转速、测厚度、测材料、测温度、电涡流探伤等

1. 变磁阻式传感器的应用

一般作为压力传感器和测量工具。

（1）弹簧管作为第一次换能元件将压力变化转换为位移大小的变化，衔铁作为第二次换能元件将位移大小转换为电压的变化，达到测量的目的。

（2）新型的测试工具是将传统的测量方法与电感式传感器相结合，将测量精度提高到0.01μm 级，满足现代化机械加工的测量要求。

2. 差动变压器传感器的应用

差动变压器式可直接用于位移测量（测微仪），如长度、内径、外径、不平度、不垂直度、偏心、椭圆等；也可以用来测量与位移相关的任何机械量，如振动、加速度、零件的膨胀伸长、应变、移动等。

（1）作为电感测厚仪使用。在电感测厚仪的结构原理图中，差动变压器铁芯与测厚滚轮相连，板材正常厚度值时调整差动变压器输出为零，变压器电动势输出大小的变化反映了被测板材厚度变化的大小，极性表示厚度是增加还是减小。

（2）作为电感测微仪使用。采用差动变压器，桥路输出的不平衡与衔铁位移成正比，相敏输出与交流放大器输出信号成正比，相位反映了位移的方向。

（3）作为电感压差计使用。当压差变化时，腔内膜片产生位移使差动变压器铁芯产生位移，从而使次级感应电动势发生变化，因为输出电压与位移成正比，即与压差成正比，所以通过输出电压的变化可以检测压差的大小。

3. 电涡流传感器的应用

电涡流传感器的最大特点是可以进行非接触式测量，主要应用于以下几个方面：

（1）测厚度。

分为低频透射式涡流测厚和高频反射式涡流测厚。均利用电磁感应，根据电压的变化建立厚度与测量量的关系，达到测厚目的。为了克服带材的不平整或运动过程中上下波动的影响，常采用差动形式，利用变化值建立相应的关系。

（2）测转速。

检测转速的方式较多，常用测量方法是在旋转体上加工或安装一个齿轮状金属，旁边安装涡流传感器，旋转体旋转时传感器线圈与被测体距离发生周期性变化，电涡流传感器将周期的改变信号输出，由频率计数求出转速。

（3）测振动。

是利用电涡流传感器测量振动的方法，可对汽轮机两侧、空气压缩机旋转轴的径向振动、汽轮机叶片的振动进行检测，可研究轴的振动形状，作出振型图。测量方法是将多个传感器安装在轴的侧面，当轴旋转时多道记录仪可以获得每个传感器各点的瞬间振幅值并画出轴振型图。

（4）电涡流探伤。

探伤时，传感器与被测金属保持距离不变，如有裂纹出现，导体的电阻率会发生变化，涡流损耗改变而引起输出电压的变化。典型应用为火车车轮裂纹检测。传感器安装在火车车轮经过的测试现场，在车轮宽度的位置上排列摆放多个电涡流传感器，并在沿周长方向上也连续放置多个传感器，目的是可以保证车轮旋转一周时车轮表面的每个部位上都能被传感器检测到。

（5）微测量。

微测量中，电感式传感器一直享有优势。微差压传感器在微流量测量、泄漏测试、洁净间测试、环境密封性检测等许多高精度测量场合应用广泛。磁性液体微差压传感器采用螺线式差动变压器工作原理，具有压力范围大、线性度好、灵敏度高、稳定可靠等优点，可以广泛应用于工业过程控制、机械制造、生物医学工程等许多领域。

表 5-3 详细描述了涡流式传感器在工业测量中的应用领域。

表 5-3　涡流式传感器在工业测量中的应用领域

被测参数	变换量	特征
位移、厚度、振动	x	非接触，连续测量受剩磁的影响
表面温度、电解质浓度、材质判别、速度（温度）	p	①非接触，连续测量 ②对温度变化进行补偿
应力、硬度	u	①非接触，连续测量 ②受剩磁和材质影响
探伤	x、p、u	可以定量测定

思考题与习题

1．简要说明图 5-18 所示铁芯衔铁电感式传感器的自感 L 与气隙 δ 之间的关系。

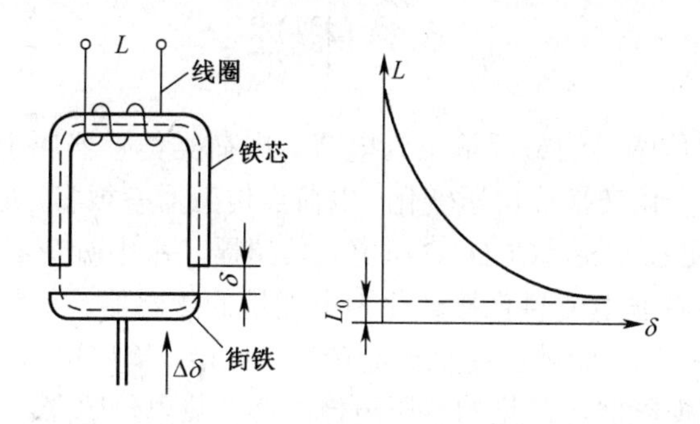

图 5-18　铁芯衔铁电感式传感器

2．根据参数的变换，电感式传感器按原理可分为哪三种？

3．某些传感器在工作时采用差动结构，这种结构相对于基本结构有哪些优点？

4．试分析差动变压器式电感传感器的相敏整流测量电路的工作过程，带相敏整流的电桥电路具有哪些优点？

第 6 章　电荷类传感器

本章导读：

电荷类传感器和前几章所学的阻抗类传感器不同，它属于有源传感器。电荷类传感器主要是通过被测量器件材料特性的改变产生电荷，实现传感器功能。它大多是物性型传感器，即被测量的感应只与传感器选择的材料有关，而与其结构（如大小、厚度等）无关。但是，电荷类传感器和大多数有源传感器（如之后讲解的电势传感器）还有区别，不能用于静态测试。此外，电荷传感器的调节电路也与一般有源传感器不同，需要高阻抗放大器。学习完本章内容后读者可以了解物性型传感器的一般原理、传感器模型、调节电路，可以加深对传感器原理的认识。

本章主要内容和目标：

本章主要内容包括：电荷传感器的基本原理、压电传感器的工作原理、等效电路、输出特性分析、信号调节电路等。

通过本章学习应该达到以下目标：了解电荷传感器的基本原理，熟悉压电传感器的工作原理、等效电路传感器模型，掌握压电传感器的输出特性；熟悉相应的调节电路和传感器应用特点。

6.1　概述

电荷类传感器是指传感器的最后输出为电荷。电荷类传感器属于高阻抗传感器，需要通过高阻抗放大器将电荷变化转换成电压变化。电荷类传感器有很多，最常见的有电荷耦合图像传感器（Charge Coupled Device，CCD）、压电式传感器、水中听音器等。

有源传感器是指能将非电能量直接转化为电能量的传感器。例如压电式传感器的能量转换的形式，它无需外部提供电源就能将机械能转换为电能，输出电压或电荷。有源传感器也称为能量转换性传感器或换能器，常见的有压电传感器、热电传感器、光电传感器等。

CCD 传感器是一种新型光电转换器件，它能存储由光产生的信号电荷。当对它施加特定时序的脉冲时，其存储的信号电荷便可在 CCD 内作定向传输而实现自扫描。CCD 传感器主要由光敏单元、输入结构和输出结构等组成，具有光电转换、信息存储和延时等功能，在摄像、信号处理和存储三大领域中得到广泛应用。

压电式传感器是一种重要的电荷类传感器，它是以某些物质的压电效应为基础实现能量转换。压电式传感器是一种有源传感器，也是力敏感元件，可以用于力、加速度、速度、振动、流量等参数的测量，在机械、声学、力学和医学等领域得到了非常广泛的应用。

压电式传感器的特点主要包括：灵敏度高、结构简单、工作可靠、信噪比高。需要注意的是，电荷类传感器不适合静态信号的测量，这是因为压电式传感器是利用所测物体的机械运动，通过压电效应产生电信号，而静态的不能产生相应的电信号。

6.2　压电式传感器工作原理

6.2.1　压电效应

压电式传感器的工作原理是利用某些物质的压电效应将机械能转换为电能，具体说，是将在某些方向上作用的外力表现为介质表面的电荷的多少，从而实现非电量测量。

压电式传感器的工作过程为：被测量→力→电荷。

被测量的认识过程为：电荷（或电压）→力→被测量。

压电效应：某些电介质，当沿着一定方向受到拉力或压力的作用而发生变形时，内部会产生极化现象，其表面上会产生电荷，而将外力去掉时它们又重新回到不带电的状态，这种现象称为压电效应。

压电效应本质上是一种通过物质内部结构的变化产生极化现象从而导致电荷积聚的结果，电荷的积聚与特定方向的受力有关，当这样的力撤消的时候电荷的积聚也就散去。压电式传感器体现的是某些材料的物理特性，与这些物质的物理结构有关。电介质材料因为受力而带电是正压电效应，能量的转换体现为机械能到电能的变化；与正压电效应相反，当在电介质的极化方向上施加电场，这些电介质也会产生变形，这种现象称为逆压电效应。逆压电效应的能量转换形式就是电能到机械能的变化。具有压电效应的物体称为压电材料或压电元件。常见的压电材料有石英、钛酸钡、锆钛酸铅等。利用逆压电效应可以制成电激励的制动器（执行器）；基于正压电效应可以制成机械能的敏感器（检测器），即压电式传感器。

石英晶体是一种常见的压电材料，以石英晶体的结构为例对压电效应进行阐述比较方便，易于理解。石英晶体结构上具有各向异性，不同晶向具有不同的物理特性，不同方向上的作用力与之相应的压电系数是不同的，也就是说，不同方向受力产生的电荷数量是不同的。

石英晶体的压电效应和其内部结构密切相关。石英晶体的化学分子式是 SiO_2，其结构如图 6-1 所示。

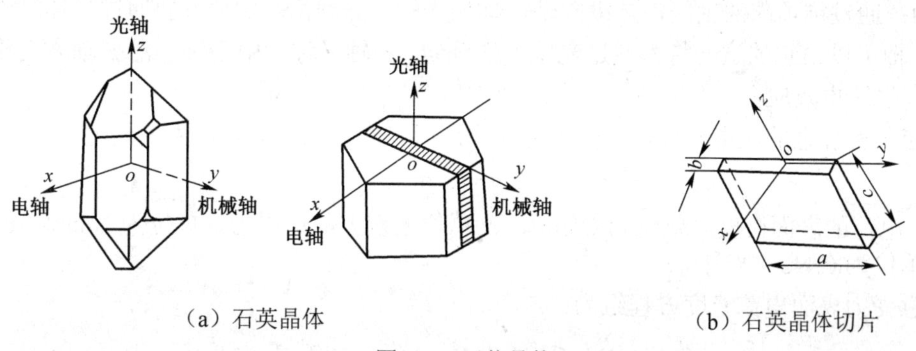

（a）石英晶体　　（b）石英晶体切片

图 6-1　石英晶体

图中硅原子带有 4 个正电荷，氧原子带有 2 个负电荷，正常情况下石英晶体正负电荷是平衡的，外部没有带电现象。

x 轴平行于正六面体的棱线，如图 6-2 所示，当 x 轴方向受力压缩时硅离子就挤入两个氧离子之间，而氧离子则挤入两个硅离子之间，呈现出表面 A 上带负电荷，表面 B 上带正电荷；当 x 轴方向受拉时则刚好相反。x 轴称为电轴，石英晶体电荷的积聚是在与此轴垂直方向的平面内发生的。沿该方向受力产生的压电效应称为“纵向压电效应”。当沿电轴方向施加作用力

F_x时，则在与电轴垂直的yoz平面上产生电荷Q_x，电荷Q_x的符号视F_x是受拉或受压而决定。切片上产生的电荷的多少与切片的几何尺寸无关，它的大小为：

$$Q_x = d_{11}F_x \tag{6-1}$$

式中，d_{11}为压电系数。

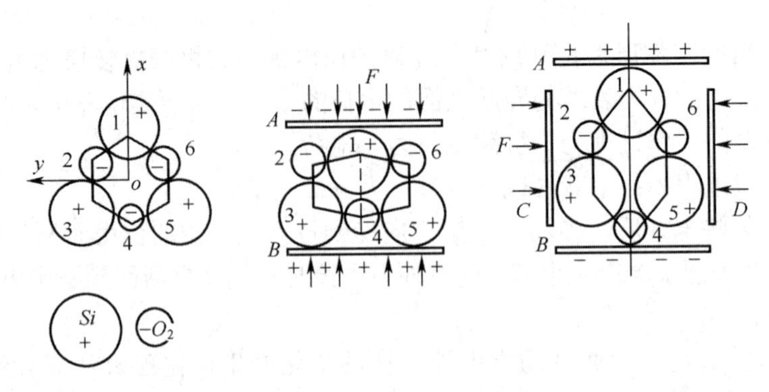

图 6-2 石英晶体的压电效应

y轴垂直于正六面体棱面，当y轴方向受压力时，则将硅离子1和氧离子4向外挤，于是表面A和表面B分别呈现正、负电荷，而氧离子2与硅离子3、氧离子6和硅离子5作用相互平衡，故在表面C和表面D上不呈现电荷；y轴称为机械轴。沿y轴方向施加作用力，沿机械轴方向在力作用下产生电荷的压电效应称为“横向压电效应”。机械轴方向受力，产生的电荷并不出现在与机械轴垂直的平面上，而是同样出现在yoz平面上，实际上对于石英晶体不管哪个方向受力，如果有电荷积聚出现，那么都一定是在yoz平面之上；机械轴的方向与正六面体的棱面垂直；与电轴压电效应相比，机械轴导致的电荷积聚与电轴导致的电荷积聚方向相反，而且电荷的多少与晶体切片的长度和厚度有关。电荷的大小为：

$$Q_y = d_{12}\frac{a}{b}F_y = -d_{11}\frac{a}{b}F_y \tag{6-2}$$

式中，a和b为晶体切片的长度和厚度，d_{12}为y轴方向受力时的压电系数，$d_{12} = -d_{11}$。

z轴：通过锥顶端的轴线，是纵向轴，称为光轴。光线沿着z轴方向通过晶体时不发生双折射，z轴可以由它的这一特性通过光学方法确定。z轴又称为中心轴，沿z轴方向施加作用力不会产生压电效应。

对应一种任意的压电元件，在受到力的作用时，相应的表面上产生表面电荷为：

$$q = d_{ij}\sigma \tag{6-3}$$

q为电荷的表面密度，单位为$\mathrm{C/cm^2}$，σ单位面积上的作用力，单位为$\mathrm{N/cm^2}$，d_{ij}为压电常数，单位为C/N。

任意受力表面电荷密度方程组为：

$$\begin{cases} q_{xx} = d_{11}\sigma_{xx} + d_{12}\sigma_{yy} + d_{13}\sigma_{zz} + d_{14}\tau_{yz} + d_{15}\tau_{zx} + d_{16}\tau_{xy} \\ q_{yy} = d_{21}\sigma_{xx} + d_{22}\sigma_{yy} + d_{23}\sigma_{zz} + d_{24}\tau_{yz} + d_{25}\tau_{zx} + d_{26}\tau_{xy} \\ q_{zz} = d_{31}\sigma_{xx} + d_{32}\sigma_{yy} + d_{33}\sigma_{zz} + d_{34}\tau_{yz} + d_{35}\tau_{zx} + d_{36}\tau_{xy} \end{cases} \tag{6-4}$$

方程组描述了在任意受力的情况下，压电元件在分别与x轴、y轴、z轴垂直平面上的电荷密度情况。本质上说，电荷密度分布情况是与所有方向上受力情况相关的电荷积聚的总体体现。或者说，电荷出现在某一平面上是各种作用力的综合结果，只是大小与各个压电系数相关。任意受力的情况可以分解为三个轴向上的拉压应力及三个平面上的剪切力。

压电系数的角注有明确的含义，第一个下标表示晶体的极化方向，其中产生电荷表面垂直于 x 轴，为 1，y 轴为 2，z 轴为 3；第二个下标表示作用力的方向，其中 1 为 x 轴方向，2 为 y 轴，3 为 z 轴，4 为 yoz 平面内的剪切力，5 为 xoz 平面，6 为 xoy 平面。也就是说，压电系数联系起某个方向受力在某个极化方向上的电荷积聚关系。

压电材料的压电特性可以用压电常数矩阵表示：

$$\begin{bmatrix} d_{11} & d_{12} & d_{13} & d_{14} & d_{15} & d_{16} \\ d_{21} & d_{22} & d_{23} & d_{24} & d_{25} & d_{26} \\ d_{31} & d_{32} & d_{33} & d_{34} & d_{35} & d_{36} \end{bmatrix} \tag{6-5}$$

有了材料的压电系数矩阵实际上我们就知道了该材料在各个方向上受力导致的电荷积聚的情况。石英晶体的压电系数矩阵为：

$$\begin{bmatrix} d_{11} & d_{12} & 0 & d_{14} & 0 & 0 \\ 0 & 0 & 0 & 0 & d_{25} & d_{26} \\ 0 & 0 & 0 & 0 & 0 & 0 \end{bmatrix} \quad \begin{cases} d_{12} = -d_{11} \\ d_{25} = -d_{14} \\ d_{26} = -2d_{11} \end{cases} \tag{6-6}$$

垂直于 x 轴方向的电荷积聚与 x 轴方向的受力、y 轴方向的受力及垂直于 x 轴平面内的剪切力有关，而与其他方向的受力状况无关；而在垂直于 y 轴的平面上的电荷积聚状况只与垂直于 y 轴的平面内的剪切力和垂直于 z 轴的平面内的剪切力有关，其他受力都不会导致该平面的电荷积聚。在垂直于 z 轴的平面内，由于所有系数均为 0，因此在这个平面上不会产生电荷积聚，也就是说，任何方向上的力的作用都不能使垂直于 y 轴的平面上积聚电荷。矩阵第 3 列所有系数为 0，意味着 z 轴方向的作用力不会导致任何平面上的电荷积聚，也就是说，光轴方向受力没有压电效应产生。由于石英晶体晶格的对称性，它的压电系数矩阵中的 5 个系数可以看做是两个系数的作用。

对能量转换有意义的石英晶体变形方式有如图 6-3 所示的几种。

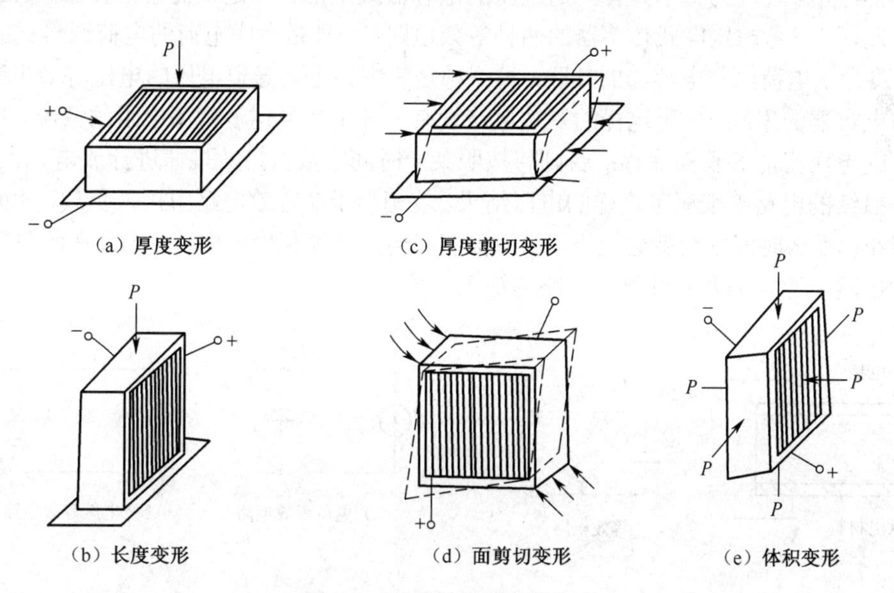

图 6-3　石英晶体的变形方式

所谓对能量转换有意义的变形方式，实际就是该变形方式所对应的受力状况可以导致某个方向上的电荷积聚，或者说这样的变形方式会导致压电效应的出现。厚度变形对应 x 轴方向受力的状况，长度变形对应 y 轴方向的受力状况。

$$q_{xx} = d_{11}\sigma_{xx} \text{ 或 } Q_{xx} = d_{11}F_{xx} \tag{6-7}$$

长度变形（*LE* 方式，横向压电效应）：

$$q_{xx} = d_{12}\sigma_{yy} \text{ 或 } Q_{xx} = d_{12}F_{yy}\frac{S_{xx}}{S_{yy}} \tag{6-8}$$

S_{xx} 为压电元件垂直于 x 轴的表面积，S_{yy} 为压电元件垂直于 y 轴的表面积。

面剪切变形（*FS* 方式）：

$$\begin{aligned} q_{xx} &= d_{14}\tau_{yz} \quad (\text{对于 } x \text{ 切晶片}) \\ q_{yy} &= d_{25}\tau_{zx} \quad (\text{对于 } y \text{ 切晶片}) \end{aligned} \tag{6-9}$$

厚度剪切变形对应 *xoy* 平面内的剪切力作用状况，面剪切变形根据切片方向可能分别对应 *yoz* 平面受剪切力作用的状况和 *xoz* 平面受剪切力作用的情况（*TS* 方式）。

$$q_{yy} = d_{26}\tau_{xy} \quad (\text{对于 } y \text{ 切晶片}) \tag{6-10}$$

弯曲变形（*BS* 方式）不是基本的变形方式，而是拉、压应力和剪切应力共同作用的结果。应根据具体晶体的切割及弯曲情况选择合适的压电常数进行计算。

压电材料要求主要有：①转换性能：具有较大的压电常数；②机械性能：强度高、刚度大，以期获得宽的线性范围和高的固有振动频率；③电性能：高的电阻率、大介电常数，以期减弱外部分布电容的影响，获得好的低频特性；④温度和湿度稳定性要好，具有较高的居里点，以期获得较高的工作温度范围；⑤时间稳定性：压电特性不随时间蜕变。

6.2.2 等效电路

压电效应使得压电材料的两个表面产生电荷积聚，压电材料中间为绝缘体，从而整体上可以表现为一个电容器。积聚的电荷会使这个电容器两个极板间存在一定的电压；在没有负载的时候，压电材料表现为一个具有一定电压的电容器或是带有一定电荷的电容器，从这样的两个角度出发，可以考虑压电式传感器的两种等效电路：一种是考虑电荷的电荷源形式的等效电路，该电路为一电荷源与电容器的并联；另一种是考虑该电荷导致电压的电压等效电路，为一电压源与电容器的串联。如果这样的等效电路没有外部负载且也没有漏电阻的情况，那么电荷或电容上的电压将能够长期保存；否则将按照某一时间常数按指数规律进行放电。也就是说，如果要在后续的电路中来测量这样的电压结果，就相当于在等效电路中接入负载，如果这个负载阻抗很小，那么时间常数就会较小，从而很快就会消耗掉积聚的电荷，因此在测量压电式传感器的输出时，通常需要后续测量电路的输入阻抗很大。

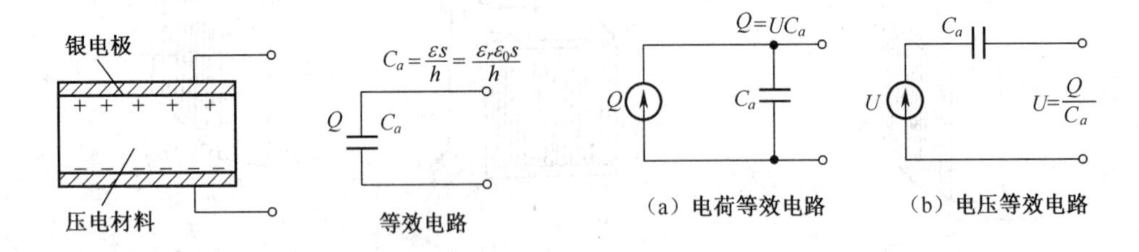

图 6-4　压电效应的等效电路

压电式传感器放大器输入端等效电路如图 6-5 所示。

压电片在实际使用中常常是以两片或多片的形式以不同的连接方式出现的，压电片在并联和串联的情况下电压、电荷和电容的变化情况是与单片压电片的情况相比较的。

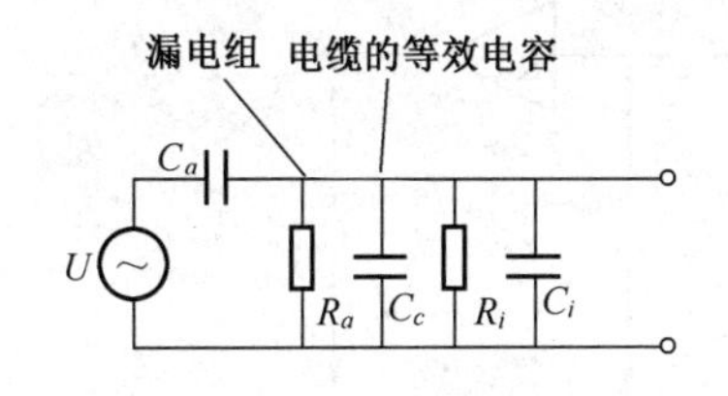

（a）电压灵敏度表示时

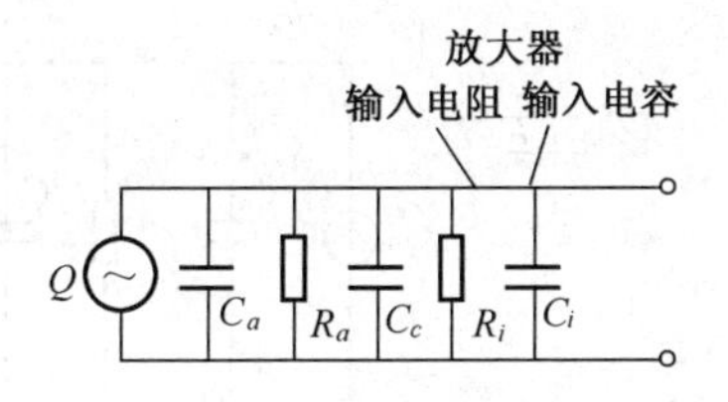

（b）电荷灵敏度表示时

图 6-5　放大器输入端等效电路

并联：电压不变，电荷量为 2 倍，电容 2 倍，如图 6-6 所示。

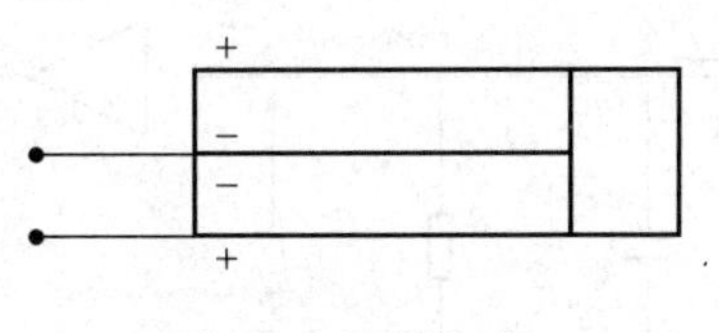

图 6-6　并联方式

串联：电压 2 倍，电荷量不变，电容一半，如图 6-7 所示。

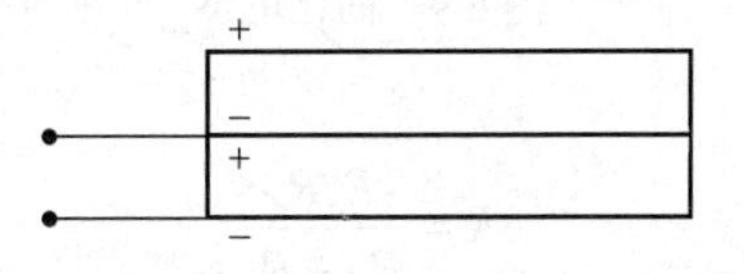

图 6-7　串联方式

在两种接法中，并联接法输出电荷大、本身电容大、时间常数大，适宜用在测量慢变信号并且以电荷为输出量的地方；串联接法输出电压高、本身电容小，适宜用在电压输出且测量电路输入阻抗很高的地方。

6.3　信号调节电路

由于压电式传感器的特殊性，即靠积聚电荷实现能量转换，作为它的测量电路的输入阻抗，也就是压电式传感器等效电路中的负载，必须要很大，这样才能有一个大的时间常数，使得测量过程中的 RC 放电的影响较小，测量误差才能较小，因此通常会在压电式传感器的信号调节电路中设置一个高输入阻抗的放大器来与压电材料的输出相连，该放大器的性能直接会影响到压电式传感器的测量精度。因此通常压电式传感器后信号调节电路的接法是：压电式传感器输出→高输入阻抗的前置放大器→放大电路或其他电路。

压电式传感器的信号调节电路中高阻抗的前置放大器的作用有两个：一个是将压电式传感器的微弱信号放大，另一个是实现高阻抗到低阻抗输出变换。压电式传感器的前置放大器有电压型和电荷型两种形式。

6.3.1　电压放大器

传感器与电压放大器连接的等效电路如图 6-8 所示。

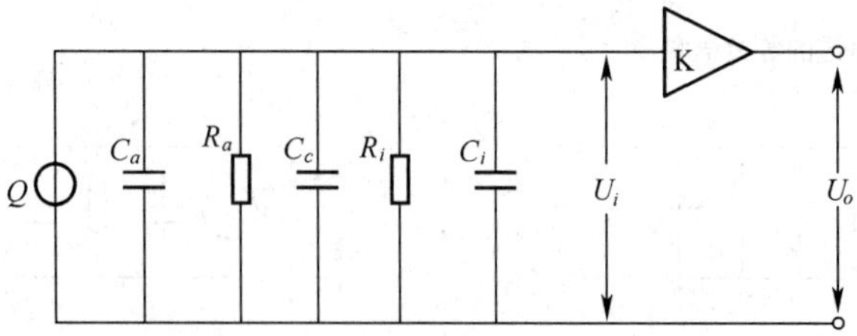

图 6-8 与电压前置放大器连接的等效电路

简化电路如图 6-9 所示。

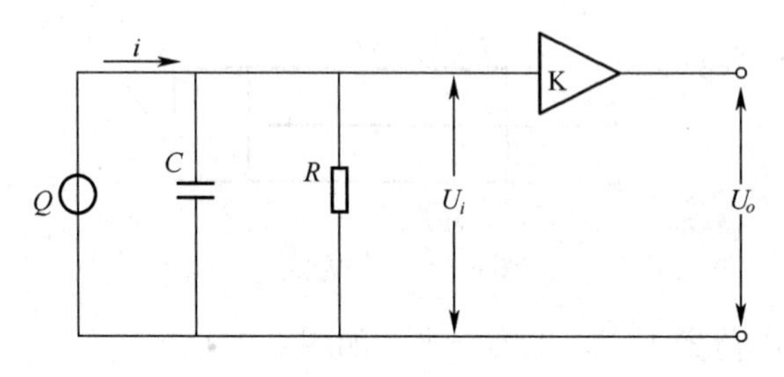

图 6-9 简化电路

等效电阻：

$$R = \frac{R_a R_i}{R_a + R_i} \tag{6-11}$$

等效电容：

$$C = C_a + C_c + C_i \tag{6-12}$$

式中，R_a 为传感器绝缘电阻，R_i 为前置放大器输入电阻，C_a 为传感器内部电容，C_c 为电缆电容，C_i 为前置放大器输入电容。

若作用在压电元件上的力 F 为：

$$F = F_m \sin \omega t \tag{6-13}$$

压电系数为 d，则在 F 的作用下产生的电荷为：

$$Q = dF \tag{6-14}$$

电流 i 为：

$$i = \frac{\mathrm{d}Q}{\mathrm{d}t} = \omega d F_m \cos \omega t \tag{6-15}$$

$$\dot{I} = j\omega d \cdot \dot{F} \tag{6-16}$$

输入电压为：

$$\dot{U}_i = \dot{I} \frac{R}{1 + j\omega RC} = d\dot{F} \frac{j\omega R}{1 + j\omega RC} \tag{6-17}$$

前置放大器的输入电压幅值为：

$$U_{im} = \frac{dF_m \omega R}{\sqrt{1 + (\omega R)^2 (C_a + C_c + C_i)^2}} \tag{6-18}$$

输入电压与作用力之间的相位差为：

$$\varphi = \frac{\pi}{2} - \tan^{-1} \omega (C_a + C_c + C_i) R \tag{6-19}$$

理想情况下，前置放大器的输入电压幅值为：

$$U_{am}=\frac{dF_m}{C_a+C_c+C_i} \tag{6-20}$$

实际输入电压：

$$\frac{U_{im}}{U_{am}}=\frac{\omega R(C_a+C_c+C_i)}{\sqrt{1+(\omega R)^2(C_a+C_c+C_i)^2}} \tag{6-21}$$

令：

$$\omega_1=\frac{1}{R(C_a+C_c+C_i)}=\frac{1}{\tau} \tag{6-22}$$

τ 为测量回路的时间常数：

$$\tau=R(C_a+C_c+C_i) \tag{6-23}$$

则：

$$\frac{U_{im}}{U_{am}}=\frac{\dfrac{\omega}{\omega_1}}{\sqrt{1+\left(\dfrac{\omega}{\omega_1}\right)^2}} \tag{6-24}$$

$$\varphi=\frac{\pi}{2}-\arctan\left(\frac{\omega}{\omega_1}\right) \tag{6-25}$$

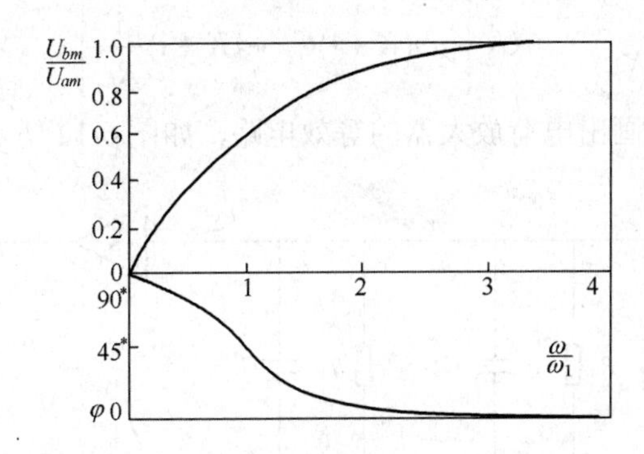

图 6-10　电压幅值比和相角频率比的关系曲线

当作用在压电元件上的力是静态力时，前置放大器的输入电压等于零。这也就从原理上决定了压电式传感器不能测量静态物理量。

当作用力的变化频率与测量回路的时间常数的乘积远大于 1 时，前置放大器的输入电压随频率的变化不大。压电式传感器的高频响应好。

扩大压电式传感器低频响应范围切实可行的办法是提高测量回路的电阻。测量回路的电阻主要取决于前置放大器的输入电阻。

6.3.2　电荷放大器

为了使压电式传感器有更好的低频特性，通常的做法是使用电荷放大器。电荷放大器作为压电传感器的专用前置电荷放大器，能将高内阻的电荷源转换为低内阻的电压源，而且它的输出电压正比于输入电荷。电荷放大器本身也有阻抗变换的作用，其输入阻抗高达 10^{10}～$10^{12}\Omega$，输出阻抗小于 100Ω。

电荷放大器原理图如图 6-11 所示，其中 C_F 为电荷放大器的反馈电容，R_F 为并联在反馈电容两端的漏电阻。当放大器的开环增益 K 足够大并且放大器的输入阻抗很高时，放大器的输入端几乎没有分流，电流 i 仅流入反馈回路 C_F 和 R_F。

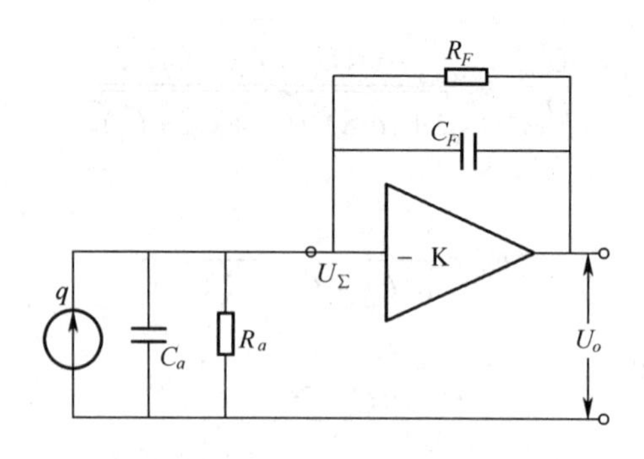

图 6-11　电荷放大器原理图

由电路图可知：

$$
\begin{aligned}
i &= \left(U_\Sigma - U_o\right)\left(j\omega C_F + \frac{1}{R_F}\right) \\
&= \left[U_\Sigma - (-KU_\Sigma)\right]\left(j\omega C_F + \frac{1}{R_F}\right) \\
&= U_\Sigma\left[j\omega(K+1)C_F + (K+1)\frac{1}{R_F}\right]
\end{aligned}
\tag{6-26}
$$

根据式（6-26）可以画出电荷放大器的等效电路，如图 6-12 所示。

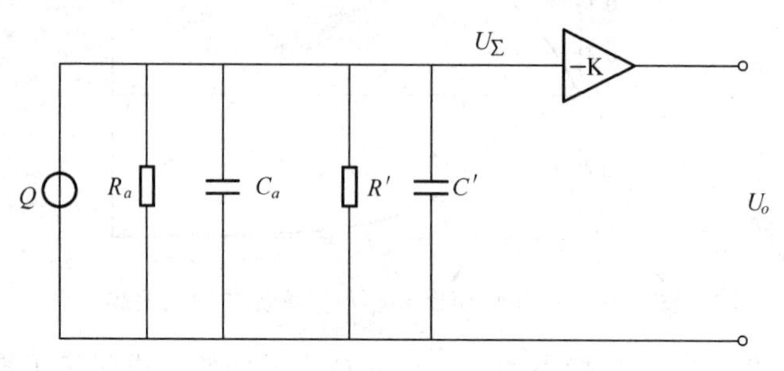

图 6-12　电荷放大器的等效电路

由式（6-26）可知，C_F、R_F 等效到放大器的输入时，电容 C_F 将会增大 $(K+1)$ 倍，电导 $1/R_F$ 也会增大 $(K+1)$ 倍，即图中 $C' = (K+1)C_F$，$1/R' = (K+1)/R_F$，即密勒效应。由图中电路可以很容易地求得节点 U_Σ 和电压输出 U_o：

$$
U_\Sigma = \frac{j\omega q}{\left[\dfrac{1}{R_a} + \dfrac{(K+1)}{R_F}\right] + j\omega\left[C_a + (K+1)C_F\right]}
\tag{6-27}
$$

$$
U_o = -KU_\Sigma = \frac{-j\omega qK}{\left[\dfrac{1}{R_a} + \dfrac{(K+1)}{R_F}\right] + j\omega\left[C_a + (K+1)C_F\right]}
\tag{6-28}
$$

当考虑电缆电容C_c时，则有：

$$U_o = -KU_{\Sigma} = \frac{-j\omega qK}{\left[\frac{1}{R_a}+\frac{(K+1)}{R_F}\right]+j\omega\left[C_a+C_c+(K+1)C_F\right]} \tag{6-29}$$

当放大器的开环增益K足够大时，传感器本身的电容将不影响电荷放大器的输出。因此，输出电压U_o只取决于输入电荷q及反馈回路的参数C_F和R_F。同时，因为$R_F << \omega C_F$，则：

$$U_o \approx \frac{-Kq}{(K+1)C_F} \approx \frac{-q}{C_F} \tag{6-30}$$

由此可知，输出电压U_o与开环增益K无关，它只取决于电荷q和反馈电容C_F。在实际的电路中，为了确保测量结果的精确度，通常会要求电容的稳定性很好，经过综合因素的考量，电容C_F的取值范围一般在100～10000pF。

那么开环增益需要多大时才能满足测量精度呢？假设要求误差$\delta \leqslant 0.01$，那么：

$$\begin{cases} U_o \approx \dfrac{-Kq}{C_a+C_c+(K+1)C_F} \\ U_o' \approx \dfrac{-q}{C_F} \end{cases} \tag{6-31}$$

则由上式可知，误差δ的表达式为：

$$\delta = \frac{U_o'-U_o}{U_o'} \approx \frac{C_a+C_c}{(K+1)C_F} \tag{6-32}$$

例 6-1：假设传感器和电荷放大器的参数选取为$C_a = 1000\text{pF}$，$C_F = 100\text{pF}$，$C_c = 100\text{pF/m} \times 100\text{m} = 10^5\text{pF}$，对于误差$\delta \leqslant 0.01$的要求，求对电荷放大器放大倍数$K$的要求。

解：由式（6-30）可得：

$$\delta = 0.01 = \frac{1000+10^4}{(K+1)\times 100}$$

可求得$K > 10^5$。这对于线性集成运算放大器来说是比较容易实现的。

由上式可知，当角频率ω较小，K仍然足够大时，分母中的电导$\left[1/R_a+(K+1)/R_F\right]$与电纳$j\omega\left[C_a+C_c+(K+1)C_F\right]$相比不能直接忽略。此时的电荷放大器的输出电压$U_o$成为了复数表达式，其幅值和相位都与角频率$\omega$有关，即：

$$\begin{aligned} U_o &\approx \frac{-j\omega qK}{(K+1)\dfrac{1}{R_F}+j\omega(K+1)C_F} \\ &\approx -\frac{j\omega q}{\dfrac{1}{R_F}+j\omega C_F} \end{aligned} \tag{6-33}$$

其幅值为：

$$U_o = \frac{\omega q}{\sqrt{\dfrac{1}{R_F}+\omega^2 {C_F}^2}} \tag{6-34}$$

输出电压U_o不仅与产生的电荷q有关，而且与参数R_F、C_F和ω有关，但是和运算放大器的开环增益K无关。当$1/R_F = C_F\omega$时，有：

$$U_o = \frac{q}{\sqrt{2}C_F} \tag{6-35}$$

式（6-35）是截止频率点对应的输出电压，增益下降 3dB 时的下限截止频率为：

$$f_L = \frac{1}{2\pi R_F C_F} \tag{6-36}$$

低频时，输出电压U_o与电荷q之间的相位差为：

$$\varphi = \arctan\frac{1}{\omega R_F C_F} \tag{6-37}$$

由此可见，压电式传感器使用电荷放大器时，其低频幅值误差和截止频率只取决于反馈电路的参数R_F和C_F，其中C_F可由所需的电压输出幅度决定。所以在给定工作频带的下限截止频率f_L时反馈电阻R_F的值可以由公式确定。同时，该电阻还提供了直流反馈的功能，因为电荷放大器中采用的是电容负反馈，对直流工作点而言相当于开路，因此零漂会产生误差。为了减小零漂的干扰，通常并联电阻R_F，形成直流负反馈，使放大器能稳定工作。

例 6-2 采用石英晶体加速度计及电荷放大器测量机械振动，已知加速度计灵敏度为 5pc/g，电荷放大器灵敏度为 50mV/pc，问：

（1）机器达到最大加速度时的相应输出电压幅值为 2V，试求机械的振动加速度a（单位为 g）。

（2）机械振动为 1.15g 时，电荷放大器的输出电压V_{out}为多少 mV？

解：（1）$a = \frac{2\text{V}}{50\text{mV/pc}} \div (5\text{pc/g}) = 40\text{pc} \div (5\text{pc/g}) = 8\text{g}$

（2）$V_{out} = 1.15\text{g} \times (5\text{pc/g}) \times 50\text{mV/pc} = 287.5\text{mV}$

6.4 电荷类传感器的应用

压电传感器可用来测量力、压力、加速度和振动等物理量，但这些物理量的测量基础都是要转换为测量力，例如可以将测量流速转换为测量流体作用在某个物体上的力，而且不能测量静态量。

1. 压电式压力传感器

压电式压力传感器是利用压电元件直接实现力电转换的传感器。尽管根据实际需求的不同，压电式压力传感器的结构形式多种多样，但是它们的基本原理相同。

图 6-13 所示是压电式压力传感器的基本结构，它由本体、支撑螺杆、压电转换元件、电极和膜片等组成。

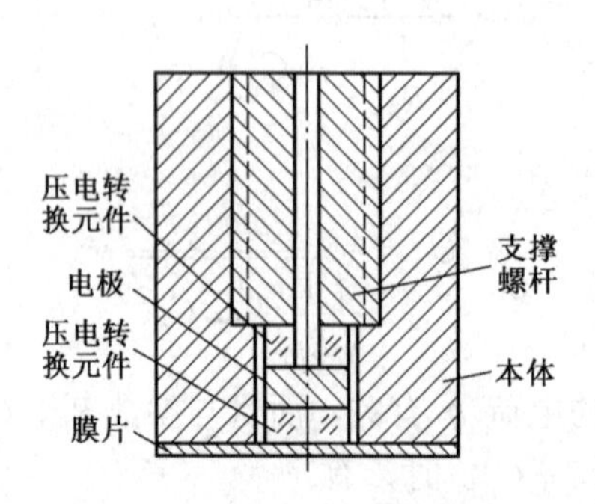

图 6-13 压电式压力传感器原理图

当膜片受到压强 p 作用后，在两个压电转换元件上产生电荷 q 为：

$$q = 2d_{11}F = 2d_{11}Sp \tag{6-38}$$

式中，F 为作用于压电片上的力，d_{11} 为压电转换元件石英晶体的压电系数，p 为压强，S 为膜片的有效面积。

这种结构的压力传感器的灵敏度和分辨率都比较高，而且容易小型化。但是由于压电元件的预压缩应力的施加过程容易使膜片产生变形，会导致传感器的线性度和动态性能变坏。不仅如此，当膜片受环境温度的影响发生变形时，压电元件的预压缩应力也将发生变化，导致输出不稳定。

2. 压电式加速度传感器

压电式加速度传感器是一种常用的加速度计，占所有加速度传感器的 80%以上。因其固有频率高，有较好的频率响应（几千赫至几十千赫），如果配以电荷放大器，低频响应也很好（可低至零点几赫）。另外，压电式传感器体积小、重量轻。缺点是要经常校正灵敏度。

1. 结构和工作原理

压电加速度传感器的结构形式主要有压缩型、剪切型和复合型。

（1）压缩型。

常见的压电型加速度传感器的结构一般是利用压电陶瓷的纵向效应，图 6-14 所示为压缩型压电加速度传感器的结构原理图。

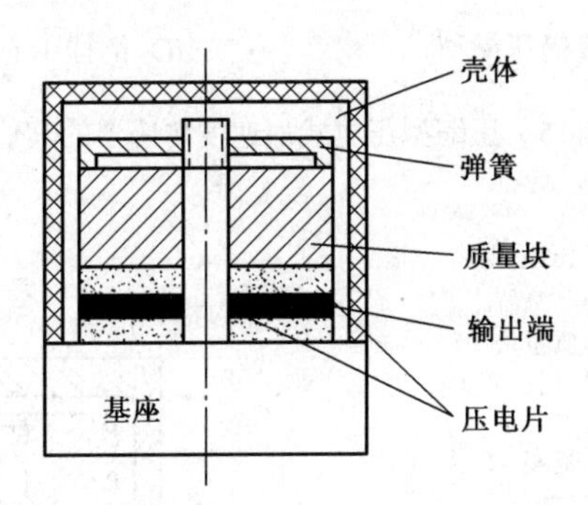

图 6-14　压缩型压电加速度传感器的结构原理图

测量时，将传感器基座与试件刚性固定在一起。当传感器感受振动时，因质量块的质量 m 相对被测物体的质量 M 小得多，因此传感器的质量 m 感受到与传感器基座 M 相同的振动，并受到与加速度 a 方向相反的惯性力，此力为 $F = ma$。惯性力作用在压电陶瓷上产生的电荷 Q 为：

$$Q = d_{33} \cdot F = d_{33} \times m \times a \tag{6-39}$$

当振动频率远低于传感器的固有频率时，传感器的输出电荷（电压）与作用力成正比，亦即与试件的加速度成正比。

压缩式的压电式加速度传感器还有其他结构，如图 6-15 所示。

剪切型与压缩型相比，剪切型加速度传感器是一种很有发展前途的传感器，并有替代压缩型的趋势。

- 环形剪切式结构，如图 6-16 所示。
- 扁环形剪切式结构，如图 6-17 所示。
- H 形剪切式结构，如图 6-18 所示。
- 三角形剪切式结构，如图 6-19 所示。

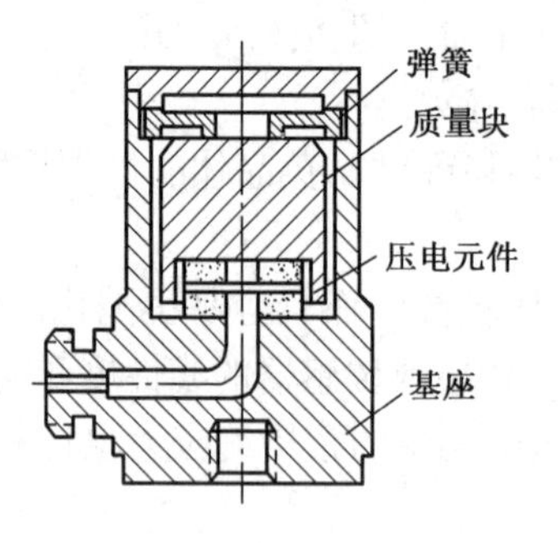

（a）中央安装压缩型

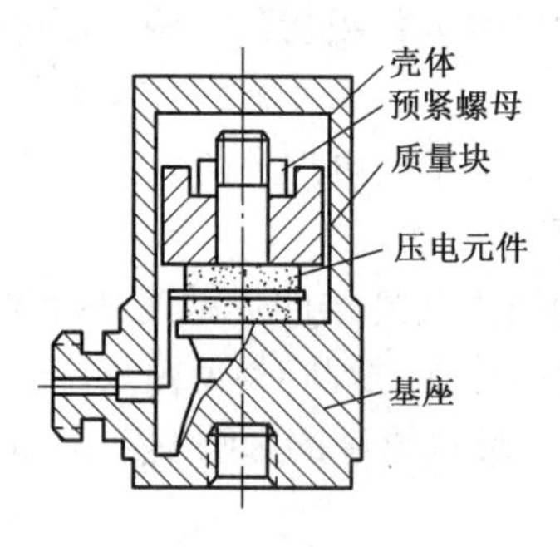

（b）隔离基座压缩型

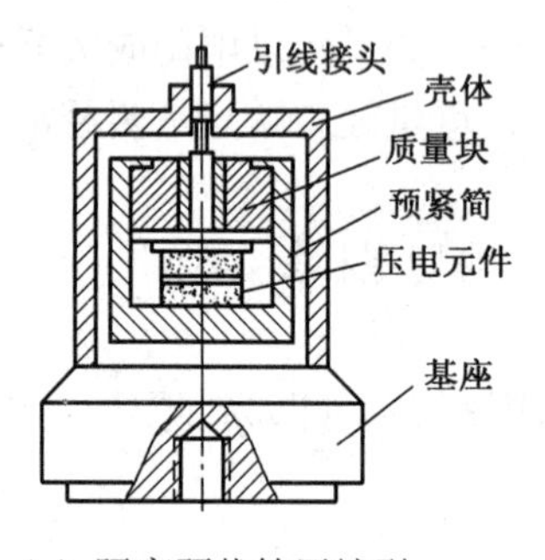

（c）隔离预载筒压缩型

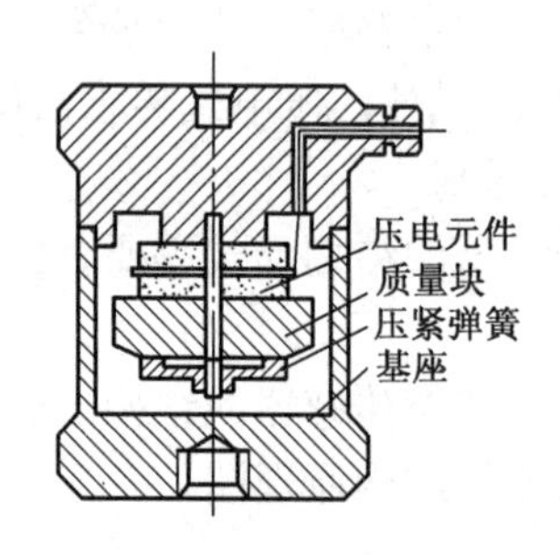

（d）倒挂中心压缩型

图 6-15　压缩型压电式加速度传感器的其他结构

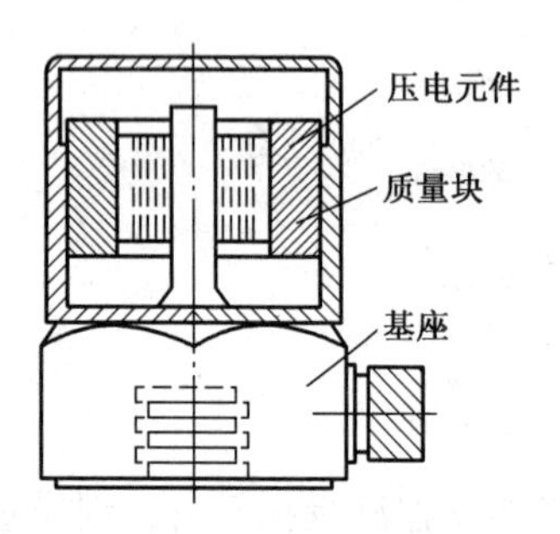

图 6-16　环形剪切式结构

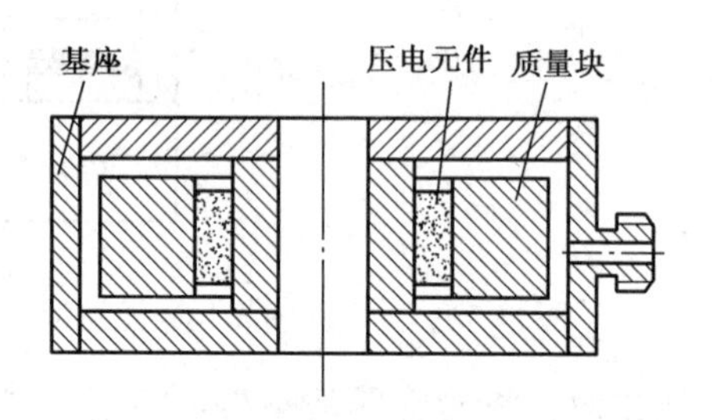

图 6-17　扁环形剪切式结构

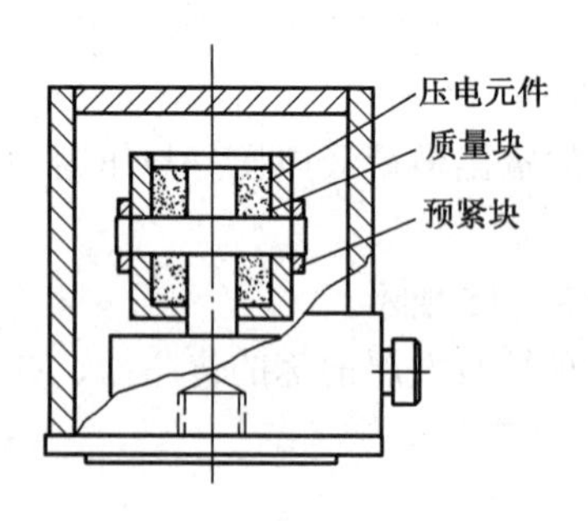

图 6-18　H 形剪切式结构

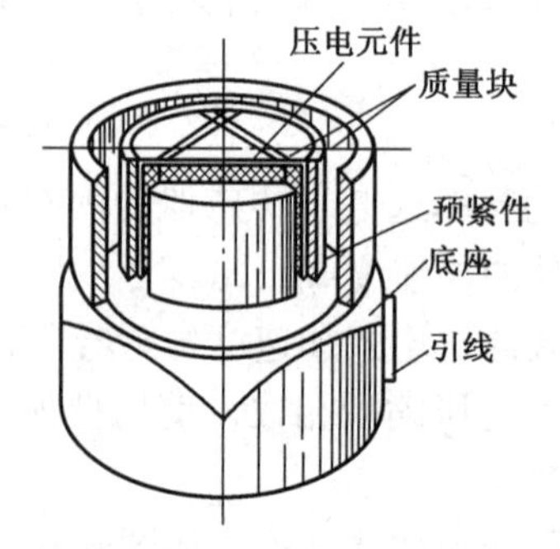

图 6-19　三角形剪切式结构

（2）复合型。

1）剪切—压缩复合型。

一种压电式三向加速度传感器断面图，如图 6-20 所示。

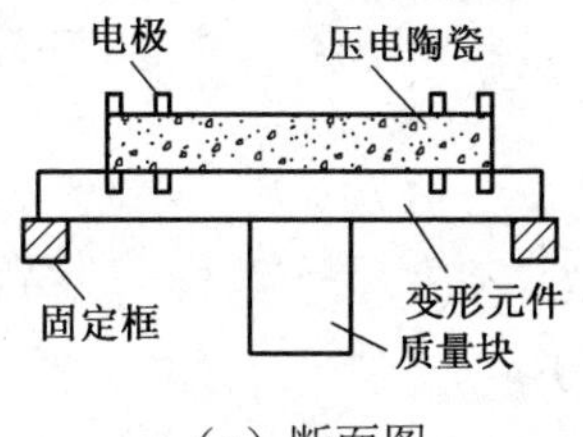

（a）断面图

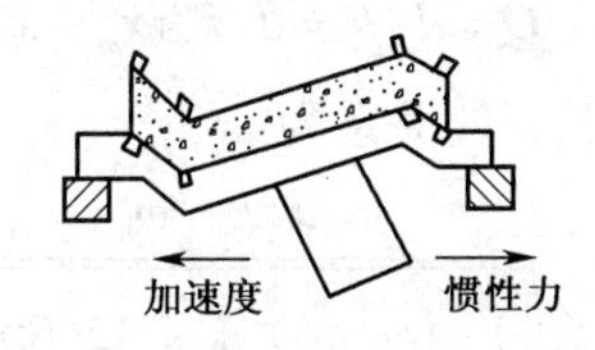

（b）X 和 Y 方向加速度检测原理图

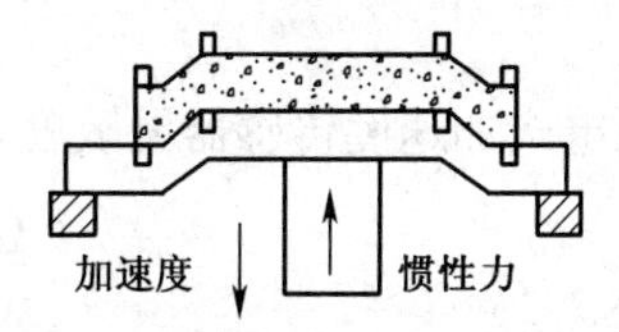

（c）Z 方向加速度检测原理图

图 6-20 剪切－压缩复合型

2）组合一体化压电加速度传感器。

3）弯曲型压电加速度传感器。

2. 动态特性

加速度传感器可以简化成质量块、阻尼器、弹簧组成的二阶单自由度系统，如图 6-21 所示。

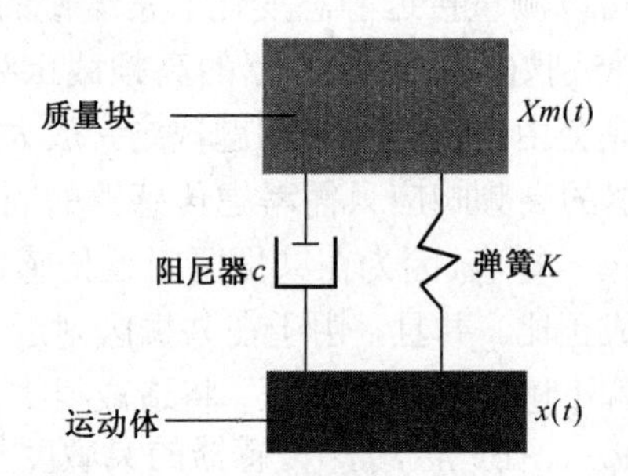

$x(t)$：运动体的绝对位移，$Xm(t)$：质量块的绝对位移

图 6-21 加速度传感器简化图

输入量为被测加速度 $a=\ddot{x}$，输出量为质量块与被测物间的相对位移 x_m-x，当作用于质量块上的力平衡时其动力学方程式为：

$$m\frac{\mathrm{d}^2x_m}{\mathrm{d}t^2}+c\frac{\mathrm{d}(x_m-x)}{\mathrm{d}t}+k(x_m-x)=0$$

根据二阶传感器频响特性分析方法可得压电式加速度传感器的幅频特性和相频特性分别为：

$$\left|\frac{x_m-x}{\ddot{x}}\right|=\frac{(1/\omega_n)^2}{\sqrt{\left[1-(\omega/\omega_n)^2\right]^2+4\xi^2(\omega/\omega_n)^2}} \tag{6-40}$$

$$\varphi=-\arctan\frac{2\xi(\omega/\omega_n)}{1-(\omega/\omega_n)^2} \tag{6-41}$$

固有频率 $\omega_n=\sqrt{\dfrac{k}{m}}$，阻尼比 $\xi=\dfrac{c}{\sqrt{mk}}$。

由于质量块与振动体之间的相对位移（x_m-x）就是压电元件受到作用力后产生的变形量，因此在压电元件的线性弹性范围内有：

$$F=k_y(x_m-x) \tag{6-42}$$

式中，F 为作用在压电元件上的力，ky 为压电元件的弹性系数。

而压电片表面所产生的电荷量与作用力成正比，即：

$$Q = d \cdot F = d \cdot k_y (x_m - x) \tag{6-43}$$

则压电式加速度传感器灵敏度与频率的关系为：

$$\frac{Q}{\overline{x}} = \frac{d \cdot k_y / \omega_n^2}{\sqrt{\left[1-(\omega/\omega_n)^2\right]^2 + 4\xi^2(\omega/\omega_n)^2}} \tag{6-44}$$

当 $\omega << \omega_n$ 时，为：

$$\frac{Q}{\overline{x}} \approx d \cdot k_y / \omega_n^2 \tag{6-45}$$

此时传感器的电荷灵敏度 $K_q = Q/\overline{x}$ 近似为一常数，即在这一频率范围内灵敏度基本上不随频率变化而变化。这一频率范围就是传感器的理想工作范围。

对于与电荷放大器配合使用的情况，传感器的低频响应受电荷放大器的 3dB 下限截止频率的限制。而一般电荷放大器的 f_L 可低至 0.3Hz 甚至更低，因此当压电式传感器与电荷放大器配合使用时，低频响应很好，可以测量接近静态变化非常缓慢的物理量。

压电式传感器的高频响应特别好，只要放大器的高频截止频率远高于传感器自身的固有频率，那么传感器的高频响应完全由自身的机械问题决定，放大器的通频带要做到 100kHz 以上并不困难，因此压电式传感器的高频响应只需考虑传感器的固有频率。但是，测量频率的上限不能设得跟传感器的固有频率一样高，因为在共振区附近传感器的灵敏度将随频率而急剧增加，其输出电量不再跟输入量成正比。并且，由于在共振区附近工作时，传感器的灵敏度要比出厂时的校正灵敏度高得多，若不进行灵敏度修正，将造成很大的测量误差。因此实际测量的振动频率上限取 $\omega = (1/5 \sim 1/3)\varphi_n$，在此区域，传感器的灵敏度基本不随频率变化而变化。由于传感器的固有频率相当高（一般可达 30kHz 甚至更高），因此它的测量频率上限可达几千赫，甚至达十几千赫。

思考题与习题

1．以石英晶体为例简述压电效应产生的原理。

2．压电式传感器的前置放大器的作用是什么？电压式与电荷式前置放大器各有哪些特点？

3．什么是电荷类传感器？

第 7 章　电势类传感器

本章导读：

电势类传感器是一种有源传感器，是指被测量通过材料特性的改变产生电势，实现传感器功能。电势类传感器大多是物性型传感器，即被测量的感应只与传感器选择的材料有关，而与其结构（如大小、厚度等）无关。电势类传感器的代表传感器是热电传感器中的热电偶，它体积小、速度快，可以用于动态测试。热电传感器除了热电偶还有热电阻，热电阻和前面讲到的电阻类传感器中的应变片不同，它不是结构型传感器，也属于物性传感器，输出与结构无关。此外，光电传感器也大部分属于电势传感器。电势传感器的输出信号一般很小，需要进行低噪声放大。学习完本章内容读者可以了解电势传感器的一般原理、传感器模型、调节电路，可以加深对传感器原理的认识。

本章主要内容和目标：

本章主要内容包括：电势传感器的基本原理、热电传感器的工作原理、等效电路、输出特性分析、信号调节电路等。

通过本章学习应该达到以下目标：了解电势传感器的基本原理，熟悉热电传感器的工作原理、等效电路传感器模型，掌握热电传感器的输出特性；熟悉相应的调节电路和传感器应用特点。

7.1　概述

直接将非电量转化为电量的传感器称为有源传感器，也称为能量转换型传感器或换能器。有源传感器工作的过程是一种能量的转换，即将被测量通过传感器转换为电能量，可以被感知或被测量。如果从工作原理上分，传感器通常可以分为物性型传感器和结构型传感器。物性型传感器指被测量通过改变敏感元器件的物理性质（材料特性）实现信号转换，如热电传感器、光电传感器等；结构型传感器是以结构（如形状、尺寸等）为基础，利用某些物理规律来感知被测量，并将其转换为电信号实现测量的，如变间隙的电容式传感器是依靠改变电容极板间距的结构参数来实现被测的位移量转换成传感器的电容量。

自然界中，热和光最普遍，所以人们利用发现的热电效应和光电效应制成热电偶和各种光电管，在温度测量或者其他领域都有广泛的应用。

7.1.1　电势式传感器的特点

电势式传感器最主要的特点是产生了电势，是有源的。科学发展至此，人们发现许多生电物性的材料或理论，如热生电（热电效应）、光生电（光电效应）、磁电（电磁感应）、压电等。而本章所说的电势式传感器主要研究材料特性的改变，主要介绍热电传感器和光电传感器。

热电偶是将温度量转换为电势大小的热电式传感器，特点是：结构简单、使用方便、精度高、热惯性小，可测量局部温度，便于远距离传送与集中检测、自动记录，可广泛用于测量100℃～1300℃范围内的温度。

光电式传感器的特点是：结构简单、响应速度快、高精度、高分辨率、高可靠性、抗干扰能力强（不受电磁辐射影响，本身也不辐射电磁波）、可实现非接触式测量等。

7.1.2 热电式传感器

热电式传感器是基于热电效应，将温度变化转换为电势的装置。热电式传感器主要用于温度测量，一种应用是以测量温度作为系统的目标，另外一种应用是在测量其他物理量时用作温度误差补偿。

根据被测量温度转换的结果，热电式传感器分为热电偶和热电阻两种形式，其中热电偶的作用是将感受到的温度变化转换为电势，属于有源的变化；热电阻的作用是将温度的变化转换为电阻的变化，属于无源类型的变换。

任意两种导体（或半导体）都可配成热电偶，当两个接点温度不同时就能产生热电势。不是所有材料都适宜制作热电偶，热电偶对热电极材料的基本要求是：热电特性稳定，即热电势与温度的对应关系不变；热电势要足够大，易于测量，有较高的准确度；热电势与温度为单值关系，最好为线性关系或简单的函数关系；电阻温度系数和电阻率要小；物理性能稳定，化学成分均匀，不易氧化和腐蚀；材料的复制性好；材料的机械强度要高。

电阻率随温度变化而变化的现象就是热电阻效应，热电阻效应是普遍存在的现象，只是有的材料表现不明显，或者说电阻温度系数小，而有的材料表现明显，或者说电阻温度系数高；有的表现为电阻率随温度升高而增大，或者说具有正的温度系数，有的随温度升高而降低，或者说具有负的温度系数。一般来说，纯金属具有正的温度系数，而半导体有负的温度系数。

利用温度与电阻之间的函数关系将温度变化转换为电阻变化制成的温度敏感元件称为热电阻。热电阻就是能够利用这种电阻随温度变化而变化的特性将感受到的温度变化转换为电阻的变化，从而实现温度测量，当然这样的温度到电阻之间的转换通常是有规律可循的。

7.2 热电式传感器原理

热电偶是其中一种典型的热电式传感器，本节将重点介绍热电效应、热电偶的基本定律及其输出特性和调节电路。

7.2.1 热电偶原理

1. 热电三大效应

热电效应是一个由温差产生电压的直接转换，且反之亦然。简单地放置一个热电装置，当它们的两端有温差时会产生一个电压，而当一个电压施加于其上时，它也会产生一个温差。这个效应可以用来产生电能、测量温度、冷却或加热物体。因为这个加热或制冷的方向决定于施加的电压，热电装置让温度控制变得非常容易。

一般来说，热电效应这个术语包含了三个分别经过定义的效应：塞贝克效应（Seebeck effect，由 Thomas Johann Seebeck 发现）、珀耳帖效应（Peltier effect，由 Jean-Charles Peltier 发现）、汤姆逊效应（由威廉·汤姆逊发现）。在很多教科书上，热电效应也被称为珀耳帖－塞贝克效应。它同时由法国物理学家晋·查理·阿提鞍斯·珀耳帖和爱沙尼亚裔德国物理学家托马斯·约翰·塞贝克分别独立发现。还有一个术语叫焦耳加热，也就是说当一个电压通过一个阻抗物质上即会产生热，尽管它不是一个普通的热电效应术语（由于热电装置的非理想性，它通常被视为一个产生损耗的机制）。珀耳帖－塞贝克效应与汤姆逊效应是可逆的，但是焦耳加热不可逆。

（1）塞贝克效应。

1823 年由塞贝克（Seebeck）发现在两种不同金属所组成的闭合回路中，当两接触处的温度不同时，回路中就要产生热电势，称为塞贝克电势。这个物理现象称为热电效应（塞贝克效应）。热电效应是热能到电能的转换，是一种有源转换；热电效应关键点：闭合回路、接触点温度不同。

如图 7-1 所示两种不同材料的导体两端连接在一起，一端称为工作端或热端（T），测温时置于被测温度场中；另一端称为参考端或冷端（T_0），通常恒定在某一温度。此时在这个回路中将产生一个与温度 T、T_0 以及导体材料性质有关的电势 $E_{AB}(T,T_0)$，然后可以利用这个热电效应来测量温度。由两种不同材料构成的上述热电变换元件称为热电偶，A 和 B 两种不同的导体称为热电极。

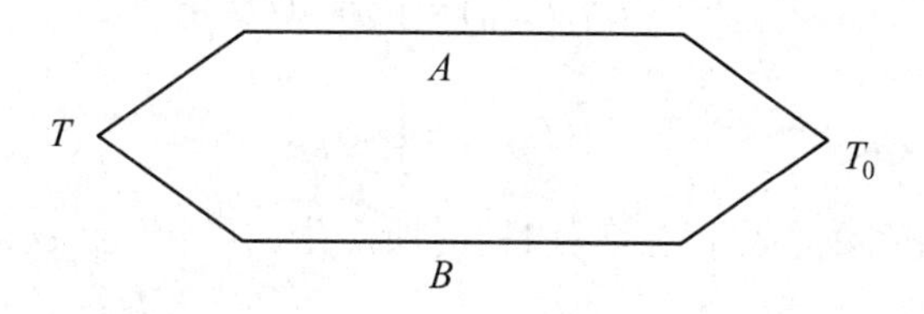

图 7-1 赛贝克效应

实验证明，回路的总热电势为：

$$E_{AB}(T,T_0)=\int_{T_0}^{T}\alpha_{AB}\mathrm{d}T=E_{AB}(T)-E_{AB}(T_0) \tag{7-1}$$

式中为热电势率或塞贝克系数，其值随热电极材料和两接点的温度而定。

其实这里有个有趣的故事，19 世纪 20 年代初期，塞贝克通过实验方法研究了电流与热的关系。1821 年，塞贝克将两种不同的金属导线连接在一起，构成一个电流回路。他将两条导线首尾相连形成一个结点，他突然发现，如果把其中的一个结加热到很高的温度而另一个结保持低温的话，电路周围存在磁场。塞贝克确实已经发现了热电效应，他做出了解释：导线周围产生磁场的原因是温度梯度导致金属在一定方向上被磁化，而非形成了电流。科学学会认为，这种现象是因为温度梯度导致了电流，继而在导线周围产生了磁场。后来研究指出，热电效应产生的电势由珀耳帖效应（接触电势）和汤姆逊效应（温差电势）两部分组成。

（2）珀耳帖效应。

珀耳帖效应（接触电势）：将同温度的两种不同的金属互相接触，由于不同金属内自由电子的密度不同，在两金属的接触处会发生自由电子的扩散现象，自由电子将从密度大的金属 A 扩散到密度小的金属 B，从而 A 失去电子显正电，B 就显负电，直至在接点处建立起平衡电场。两种不同金属的接点处产生的电动势称为珀耳帖电势，又称接触电势：

$$E'_{AB}(T)=\frac{kT}{e}\ln\frac{n_A}{n_B} \tag{7-2}$$

$$E'_{AB}(T)-E'_{AB}(T_0)=\frac{k}{e}(T-T_0)\ln\frac{n_A}{n_B} \tag{7-3}$$

珀耳帖效应反映的是在温度相同的情况下，两种不同金属接触时，由于自由电子的扩散而导致电势出现的现象，这个电势的大小与两种金属的特性以及接触点的温度有关。学习珀耳帖效应把握两点：不同材料接触、同一温度环境。

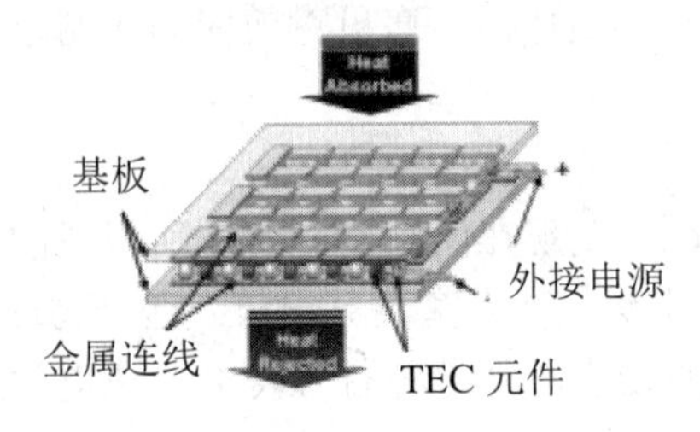

图 7-2　珀耳贴效应

（3）汤姆逊效应。

当匀质棒状导体两端存在温度梯度时，导体内自由电子将从温度高的一端向温度低的一端扩散，从而使棒内建立起平衡电场。电场产生的电势称为汤姆逊电势或温差电势。

当匀质导体两端的温度分别是 T、T_0 时，温差电势为：

$$E_A(T,T_0)=\int_{T_0}^{T}\sigma_A \mathrm{d}T \tag{7-4}$$

$$E_B(T,T_0)=\int_{T_0}^{T}\sigma_B \mathrm{d}T \tag{7-5}$$

式中 σ 称为汤姆逊系数，表示温差为 1℃时所产生的电势值。σ 的大小与材料性质和导体两端的平均温度有关。

回路的温差电势为：

$$\begin{aligned} E_A(T,T_0)-E_B(T,T_0) &= \int_{T_0}^{T}\sigma_A \mathrm{d}T-\int_{T_0}^{T}\sigma_B \mathrm{d}T \\ &= \int_{T_0}^{T}(\sigma_A-\sigma_B)\mathrm{d}T \end{aligned} \tag{7-6}$$

汤姆逊效应反映的是在一个导体两端存在温度差别的时候自由电子在内部扩散的情况。这个电势的大小与导体的材料性质及导体两端的温差有关。如果是匀质导体，则电势的大小与温度在导体上的分布状况无关，只与温差有关。如果导体两端的温度相同，则温差电势为 0，也就是说如果热电偶两端处于同样的温度环境则没有汤姆逊效应，或者说由温差导致的电势为 0。

热电偶的总热电势就是珀耳帖电势（接触电势）与汤姆逊电势（温差电势）的代数和。总热电势计算公式为：

$$\begin{aligned} E_{AB}(T,T_0) &= E'_{AB}(T)-E'_{AB}(T_0)+\int_{T_0}^{T}(\sigma_A-\sigma_B)\mathrm{d}T \\ &= \left[E'_{AB}(T)+\int_{0}^{T}(\sigma_A-\sigma_B)\mathrm{d}T\right]+\left[E'_{AB}(T_0)+\int_{0}^{T_0}(\sigma_A-\sigma_B)\mathrm{d}T\right] \\ &= E_{AB}(T)-E_{AB}(T_0) \end{aligned} \tag{7-7}$$

如果两个电极的材料相同，两个接触点的温度不同时，每个电极的内部会有汤姆逊电势（温差电势）产生，它们大小相等、方向相反。由于材料相同，在两个电极的接触点上不会有珀耳帖电势（接触电势）产生，所以回路总电势为 0。

如果两个电极的材料不同，但两个接触点温度相同，则对单个电极而言，内部不会有汤姆逊电势（温差电势）产生。在两个接触点，由于材料不同，将会产生珀耳帖电势（接触电势），但这两个接触电势大小相等、方向相反，回路总电势也为 0。

换句话说，只有热电偶两电极由不同材料组成且两个接触点温度不同时，才会有热电势产生。

从公式推导的过程看，两端温度为 T，T_0 的热电偶的热电势相当于两个热电偶的热电势的代数和：一个热电偶热端温度为 T，冷端温度为 0；另一个热电偶热端温度为 T_0，冷端温度为 0。在这里实际体现了热电偶的中间温度定律。

热电偶究竟怎么实现温度测量？它测量温度的基本原理是什么？怎么导出的？

当热电偶两个电极的材料不同且 A、B 固定后，热电势 $E_{AB}(T,T_0)$便为两接点温度 T 和 T_0 的函数，即：

$$E_{AB}(T,T_0) = E(T) - E(T_0) \tag{7-8}$$

当 T_0 保持不变时，热电势 $E_{AB}(T,T_0)$便为热电偶热端温度 T 的单值函数：

$$E_{AB}(T,T_0) = E(T) - c = \varphi(T) \tag{7-9}$$

热电势的产生及大小实际上与构成两个电极的材料、两个接触点的温度有关，但是当热电偶做好之后，两个电极的材料确定了，那么对接触电势而言，两个材料的自由电子密度确定，那么接触电势就只取决于接触点的温度，温度的高低就决定了此接触点的接触电势的高低。对温差电势而言，本来温差电势的大小受材料的汤姆逊系数及温差影响，电极确定后，汤姆逊系数则只取决于导体两端的平均温度，也就是说，此时温差电势实际上也只受温度的影响。

当热电偶做好后，热电势的大小只与热电偶两端的温度有关。更进一步，如果将热电偶的冷端保持在一个特定的温度，那么此时唯一影响热电势大小的因素就是热端的温度了，热电势也就成为热电偶热端温度的单值函数。这就是热电偶测温的基本原理。

2. 热电偶的基本定律

通过对热电偶回路做了大量的研究，准确测量电流、电阻和电动势并进行分析，建立了热电偶的几个基本定律，并且通过实验验证。

（1）均质导体定律。

均质导体定律：两种均质金属组成的热电偶，其电势大小与热电极直径、长度及沿热电极长度上的温度分布无关，只与热电极材料和两端温度有关。

如果材质不均匀，则当热电极上各处温度不同时将产生附加的热电势，造成无法估计的测量误差，因此热电极材料的均匀性是衡量热电偶质量的重要指标之一。

热电偶的均质导体定律从本质上说是为了回避热电极导体长度方向上的温度分布的问题。它的成立使得我们在应用热电偶的过程中只需要关注热电极的材料和热电极两端的温度，而无须考虑在整个热电极长度方向上温度究竟是怎么一种分布的具体状况。或者说在设计、制作热电偶的过程中只需要保证材料均匀，就可以使得热电偶各处温度不同时不至于对测温结果产生较大的影响。如果材质不均匀，则温度分布的不同状况对热电势的大小就有不同的影响。

（2）中间导体定律。

中间导体定律：在热电偶回路中插入第三、四、……种导体，只要插入导体的两端温度相等，且插入导体是均质的，则无论插入导体的温度分布如何，都不影响原来热电偶的热电势的大小。

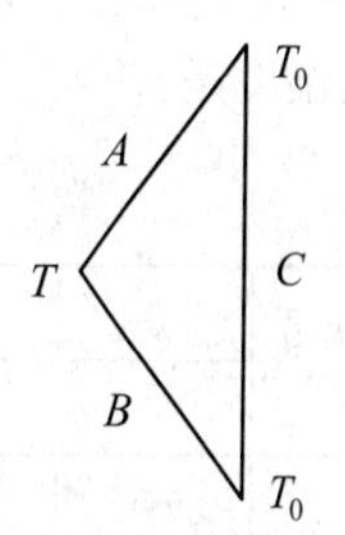

图 7-3　中间导体定律

热电偶回路的电势怎么去测？中间导体定律则为这样的测量提供了一种可能。中间导体定律要注意几个关键点：一是插入导体两端的温度要相等，这个主要是避免在插入导体中产生温差电势；二是插入导体要匀质，使得电势与插入导体的温度分布无关。图 7-3 中插入导体 C 后，AC 接触点有接触电势，BC 接触点有接触电势，它们的代数和实际上就是 AB 接触点的接触电势（在温度为 T_0 时），导体 C 由于两端温度相同，没有温差电势。

（3）中间温度定律。

中间温度定律：热电偶在接点温度为 T,T_0 时的热电势等于该热电偶在接点温度为 T,T_n 和 T_n,T_0 时的热电势的代数和：

$$E_{AB}(T,T_0)=E_{AB}(T,T_n)+E_{AB}(T_n,T_0) \tag{7-10}$$

$$E_{AB}(T,0)=E_{AB}(T,T_n)+E_{AB}(T_n,0) \tag{7-11}$$

中间温度定律有什么用？它是热电偶的分度表应用的基础。热电偶的分度表是在冷端温度为 0 的条件下测得的，使用的时候必须是在冷端温度为 0 的情况下才能直接应用。在实际使用热电偶的过程中，通常不一定会保持冷端在 0℃，而是可能是其他温度，这个时候怎么利用分度表或者分度曲线？中间温度定律就解决了这个问题，利用分度表来完成不同冷端温度下热电偶测温的问题。分度表描述的是某种特定类型的热电偶在冷端温度为 0℃时热端温度所对应的热电势的大小。

（4）标准电极定律。

标准电极定律：如果两种导体分别与第三种导体组成的热电偶所产生的热电势已知，则由这两种导体组成的热电偶所产生的热电势也就已知。

如图 7-4 所示导体 A、B 分别与标准电极 C 组成热电偶，若它们所产生的热电势为已知，即：

$$E_{AC}(t,t_0)=e_{AC}(t)-e_{AC}(t_0) \tag{7-12}$$

$$E_{BC}(t,t_0)=e_{BC}(t)-e_{BC}(t_0) \tag{7-13}$$

那么导体 A 与 B 组成的热电偶，其热电势可由下式求得：

$$E_{AB}(t,t_0)=E_{AC}(t,t_0)-E_{BC}(t,t_0) \tag{7-14}$$

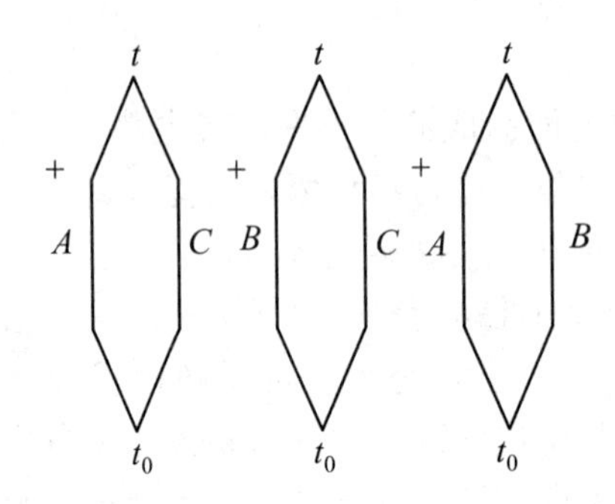

图 7-4 三种导体分别组成热电偶

例 7-1 用镍铬－镍硅热电偶测量某低温箱温度，把热电偶直接与电位差计相连接。在某时刻，从电位差计测得热电势为-1.07mV，此时电位差计所处的环境温度为 15℃，试求该时刻温箱的温度是多少？

表 7-1 镍铬－镍硅热电偶分度表（$E(t,0)$）

测量端温度（℃）	0	1	2	3	4	5	6	7	8	9
	热电势（mV）									
-20	-0.77	-0.81	-0.84	-0.88	-0.92	-0.96	-0.99	-1.03	-1.07	-1.10
-10	-0.39	-0.43	-0.47	-0.51	-0.55	-0.59	-0.62	-0.66	-0.70	-0.74
-0	-0.00	-0.04	-0.08	-0.12	-0.16	-0.20	-0.23	-0.27	-0.31	-0.35

续表

测量端温度（℃）	0	1	2	3	4	5	6	7	8	9
	热电动势（mV）									
+0	0.00	0.04	0.08	0.12	0.16	0.20	0.24	0.28	0.32	0.36
+10	0.40	0.44	0.48	0.52	0.56	0.60	0.64	0.68	0.72	0.76
+20	0.80	0.84	0.88	0.92	0.96	1.00	1.04	1.08	1.12	1.16

解：分为以下 3 个步骤：

①偶冷端温度即环境温度 T_0=15℃，查分度表得 $E(t_0,0)$=0.60mV

②计算热电偶相对 0℃的热电势：

$$E(t,0)=E(t,t_0)+E(t_0,0)=-1.07+0.60=-0.47\ \text{mV}$$

③根据 $E(t,0)=-0.47$ mV，反查分度表，得温箱的温度是-12℃。

答：该时刻温箱的温度是-12℃。

7.2.2　输出特性及调节电路

1. 热电偶的输出特性

热电偶传感器是高温监测监控系统中的重要传感部件，合理选择、正确地安装热电偶传感器，并根据实际情况采用必要的温度补偿措施，不仅可以减小误差、提高精度、确保检测到的温度参数准确，而且可以有效地防止和避免热电偶的损坏、节省系统的运行成本、确保测控系统的质量。

热电偶需要与另外一种金属连接这一事实实际上又建立了新的一对热电偶，在系统中引入了极大的误差，消除此误差的唯一办法是检测参考端的温度，以硬件或硬件/软件相结合的方式将这一连接所贡献的误差减掉，纯硬件消除技术由于线性化校正的因素，比软件/硬件相结合技术受限制更大。一般情况下，参考端温度的精确检测用热电阻 RTD、热敏电阻或是集成电路温度传感器进行。原则上说，热电偶可由任意的两种不同金属构建而成，但在实践中，构成热电偶的两种金属组合已经标准化，因为标准组合的线性度及所产生的电压与温度的关系更趋理想。

图 7-5 所示为常用的热电偶 E、J、T、K、N、S、B、R 的特性。

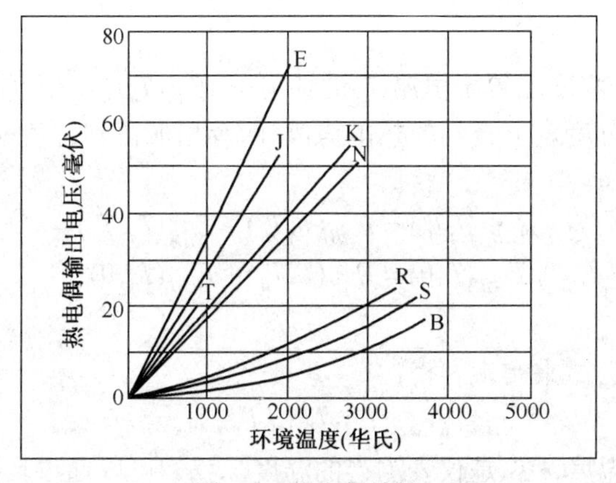

图 7-5　热电偶特性

除此之外，热电偶由于与参考温度之间有一定的函数关系，它能确定温度的数值（参考温度定义为热电偶导线相对其焊接端的远端端头温度，通常用热电阻 RTD、热敏电阻或硅集成电路传感器测定）。

热电偶的热质量较小，因此其响应速度较快。这种温度传感器由于其宽广的温度检测范围，在一些恶劣环境下几乎成为独一无二的选择。

2. 热电偶误差分析及补偿

（1）误差分析。

热电偶比其他温度传感器的成本低、结构强度大、体积小，但材料所受的任何应力，如弯曲、拉伸、压缩均可改变热梯度特性，此外腐蚀介质可穿透其绝缘外皮，引起其热力学特性的改变，给热电偶加一保护性管壳，如陶瓷管以作高温保护是可行的。热电偶电压沿两种不同金属的长度方向上存在电压降，但这并不意味着长度较短的热电偶与长度较大的热电偶相比一定会有不同的塞贝克系数。

线材长度短当然会使温度梯度陡峭，但从导电效应来看，线材长度较大的热电偶却有它自己的优点，这时温度梯度会小些，但导电损失也减小；但从长导线的负面效应来看，长线材热电偶的输出电压小，增加了后续信号调节电路的负担。除了输出信号小之外，器件的线性度差需要大额度的校准，通常是以硬件与软件实现，如以硬件实现，需要一绝对温度参考用作为冷端参考；如以软件实现，则以对照表或多项式计算以减小热电偶误差。

电磁干扰会耦合进这个双线系统：小线规线材可用作高温检测，寿命也会长些，但如果灵敏度成为最重要因素，则大线规线材的测量性能好些。总体来讲，热电偶由于可测温度范围大、机械强度高、价格低，成为温度测量的常选。高精度系统要求的线性度及准确度要实现并不容易。如果精度要求更高，则应选择其他的温度传感器。

（2）对冷端变化的补偿措施。

由于热电势大小取决于热电偶两端的温度，所以我们在测量温度的时候希望一端温度恒定，那么输出的电势才是关于工作温度的单值函数。然而事实上由于环境影响，冷端不会是恒定的或者保持 0℃，会带来误差。补偿措施如下：

1）零点恒温法。

零点恒温法是将补偿导线末端放入冰水混合物或零度恒温器中，这样热电偶冷端的温度就是 0℃，可直接测出热端温度。该方法原理简单、测量误差小、精度高，一般情况下误差可忽略不计，但冰水混合物制作、维护麻烦，而零度恒温器容量又小，所以这种方法多用在实验室测量。

2）冷端恒温法。

根据中间温度定律，将冷端置于恒温 T_n 的环境下，$E_{AB}(T,T_n)$为该温度下的实测值，$E_{AB}(T_n,0)$为根据这个环境温度从分度表上查到的热电势值，两者相加得到总值就可以在分度表上查到该点的温度值。

$$E_{AB}(T,T_0)=E_{AB}(T,T_n)+E_{AB}(T_n,T_0) \tag{7-15}$$

$$E_{AB}(T,0)=E_{AB}(T,T_n)+E_{AB}(T_n,0) \tag{7-16}$$

3）系数修正法。

工程上会利用修正公式来实现补偿：

$$T=T_1+kT_n$$

T 是要测量的实际温度，T_1 是仪表测得的温度，我们可以通过环境温度 T_n 和材料查到修正系数 k，然后即可计算出实际温度。

4）电桥补偿法。

电桥补偿法是现场最常用的冷端补偿法之一，它是利用不平衡电桥产生的电压来补偿热电偶冷端温度 T_0 的变化对输出电势的影响，其原理如图 7-6 所示，在补偿导线末端放置一个电阻温度传感器 R_t，通过选择合适的补偿电桥参数使电桥输出电压的大小正好补偿因冷端温度 T_0 而引起的热电势 $E_{AB}(T_0,0)$，这样就得到 $E_{AB}(T,0)$，从而消除了冷端温度对测量结果的影响，实现了冷端补偿。

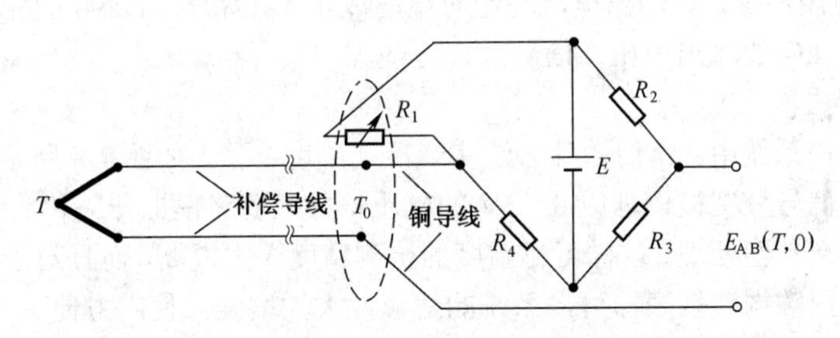

图 7-6　电桥补偿法原理图

这种方法结构简单、使用方便、硬件投资少，但因热电偶是非线性的，而补偿电桥是线性的，因而难以实现完全补偿，常出现欠补偿或过补偿现象，另外还存在与分度号匹配问题，补偿电桥与热电偶的分度号必须是一一对应的，通用性差。

5）导线补偿法。

该方法又称为冷端延长法或延伸电热极法。当冷端由于温度变化范围较大难于稳定时，可以采用补偿导线将冷端延长到合适位置进行补偿。

补偿注意事项：①热电偶与补偿导线需要配套使用；②补偿导线的正极和负极不能接错；③补偿导线的使用温度不能过高，一般为 0 ~ 100℃。

6）分压法。

电位补偿法采用分压方式，在冷端引进一个额外的电势来补偿冷端。

7）不需要冷端补偿的热电偶。

采用不需要冷端补偿的热电偶。部分热电偶在一定温度范围内电势很小，如果冷端在这个温度范围内，而热端又远高于这个温度范围，则可以不用补偿。如镍铁－镍铜热电偶在 50℃以下热电势很小。

8）二极管补偿法。

由 PN 结理论可知，在室温附近，当流经 PN 结的电流恒定时，PN 结温度每升高 1℃，其正向电压将减小 2～2.5mV（具体数值由 PN 结参数确定）据此特性可以设计相应热电偶冷端温度补偿电路，如图 7-7 所示即为一例。

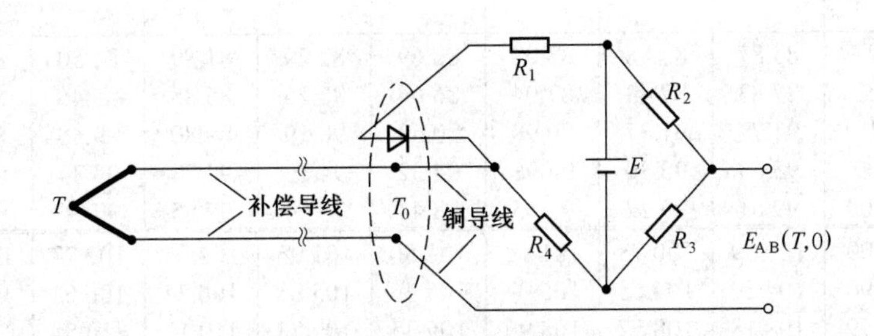

图 7-7　二极管冷端温度补偿原理图

这种方法结构简单、使用方便，补偿精度可达 0.01℃，补偿范围为−25℃～80℃。

9）集成温度传感器补偿法。

这种方法是利用高性能半导体温度传感器实现测温和补偿的，原理是由集成温度传感器测得冷端温度，再与热电偶所测温差叠加而得到热端温度。该补偿法方法简单、精度高、线性好。

目前，可用器件有电流输出型器件 AD590 和电压输出型器件 LM135、LM235、LM335 等，其中 AD590 应用广泛，其输出电流与绝对温度成正比，如将 AD590 的输出电流通过 1kΩ 电阻即可获得 1mV/kΩ 的输出电压，信号处理方便。

10）软件补偿法。

在智能温度测控系统中，常用软件方法实现冷端温度补偿，如图 7-8 所示，热电偶和冷端温度传感器的输出信号分别被调理成 0～5V 的电压，并经多路模拟开关和 A/D 转换后再由单片机内程序进行冷端补偿处理，这样可将温度的检测精度大大提高，而且对于不同分度号的热电偶，只要改变机内数据转换表即可，系统的适应性大大增强，使用方便。

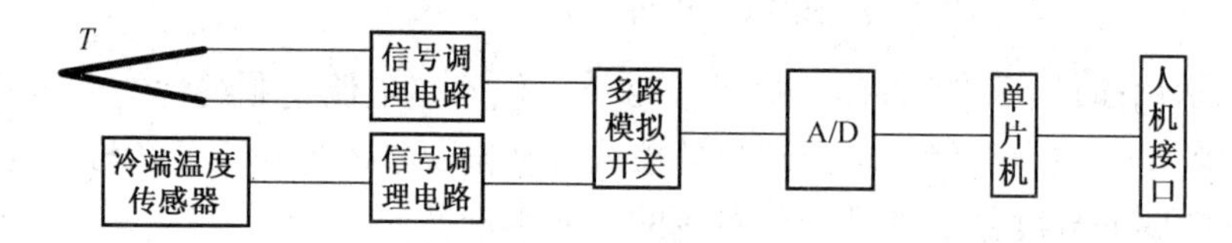

图 7-8　智能冷端温度补偿法硬件原理图

例 7-2　采用铜－康铜热电偶测量温度，其冷端采用铂热电阻 P_t100，热电偶输出电势为 1.237mV，铂热电阻的电阻值为 103.9Ω，求此时热端的实际温度。

表 7-2　铜－康铜热电偶分度表

温度（℃）	0	1	2	3	4	5	6	7	8	9
	热电势（mV）									
0+	0.000	0.039	0.078	0.117	0.156	0.195	0.234	0.273	0.312	0.351
10	0.391	0.430	0.470	0.510	0.549	0.589	0.629	0.669	0.709	0.749
20	0.789	0.830	0.870	0.911	0.951	0.992	1.032	1.073	1.114	1.155
30	1.196	1.237	1.279	1.320	1.361	1.403	1.444	1.486	1.528	1.569
40	1.611	1.653	1.695	1.738	1.780	1.822	1.865	1.907	1.950	1.992

表 7-3　铂热电阻 P_t100 分度表

温度（℃）	0	1	2	3	4	5	6	7	8	9
	电阻值（Ω）									
-200	18.52									
-40	84.27	83.87	83.48	83.08	82.69	82.29	81.89	81.50	81.10	80.70
-30	88.22	87.83	87.43	87.04	86.64	86.25	85.85	85.46	85.06	84.67
-20	92.16	91.77	91.37	90.98	90.59	90.19	89.80	89.40	89.01	88.62
-10	96.09	95.69	95.30	94.91	94.52	94.12	93.73	93.34	92.95	92.55
0	100.00	99.61	99.22	98.83	98.44	98.04	97.65	97.26	96.87	96.48
0	100.00	100.39	100.78	101.17	101.56	101.95	102.34	102.73	103.12	103.51
10	103.90	104.29	104.68	105.07	105.46	105.85	106.24	106.63	107.02	107.40
20	107.79	108.18	108.57	108.96	109.35	109.73	110.12	110.51	110.90	111.29
30	111.67	112.06	112.45	112.83	113.22	113.61	114.00	114.38	114.77	115.15
40	115.54	115.93	116.31	116.70	117.08	117.47	117.86	118.24	118.63	119.01

由铂热电阻 P_t100 分度表可以查出电阻值 103.9Ω 对应温度是 10℃，即冷端温度是 10℃。由于 $E_{AB}(T,0)=E_{AB}(T,T_n)+E_{AB}(T_n,0)$，通过铜－康铜热电偶分度表可以查到：$E_{AB}(T,0)=$ 0.391mV

$$E_{AB}(T,0)=1.237+0.391=1.628\text{mV}$$

40℃热电势为1.611mV，41℃热电势为1.635mV可通过插值获得热端实际温度：

$$\frac{x-40}{1.628-1.611}=\frac{41-40}{1.653-1.611}$$

$$x-40=\frac{0.017}{0.042}$$

$$x=40.4$$

所以热端温度为 40.4℃。

3. 热电偶测量电路的调节与应用

（1）热电偶常用基本测量应用电路。

1）基本电路。

如图 7-9 所示是热电偶测量温度的基本电路，图中 A 和 B 是热电偶，A'、B'为热电偶补偿导线，t_0 为使用补偿导线后热电偶的冷端温度，实际使用时把补偿导线一直延伸到测量仪表的接线端子，冷端温度即为仪表接线端子所处的环境温度。从电流表读出数值，根据欧姆定律可以知道热电偶两端的热电势，再根据热电势与被测温度之间的关系（线性与非线性），需要采用查表法、转换法等处理，方可直接显示所测温度数值。

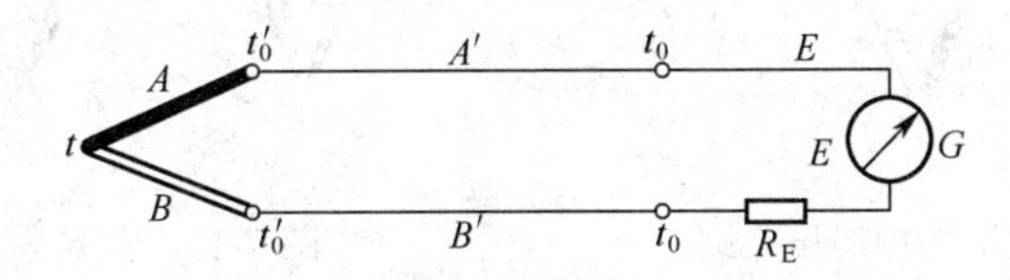

图 7-9　测量温度的基本电路

2）测量多点电路。

如果要测量多路温度，可采用图 7-10 所示的电路，多个被测温度用多个型号相同的热电偶分别测量，多个热电偶共用一台显示仪表，它们是通过多路转换开关来进行测温点切换的。多点测温电路用于自动巡回检测中，按要求显示各测点的温度值，只需要一套显示仪表和补偿热电偶。

3）测量温度差电路。

如图 7-11 所示是测量两点之间温度差的测温电路，用两个相同型号的热电偶反向串联，配以相同的补偿导线，这种连接方法使得仪表测量的是两个热电偶产生的热电势之差，因此可以测量 t_1 和 t_2 之间的温度差。

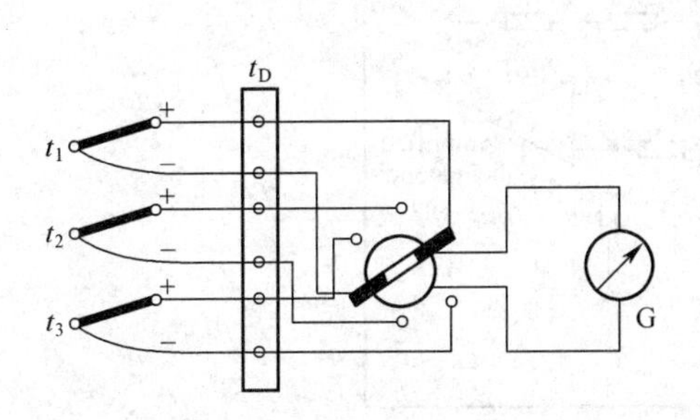

图 7-10　多路热电偶测温

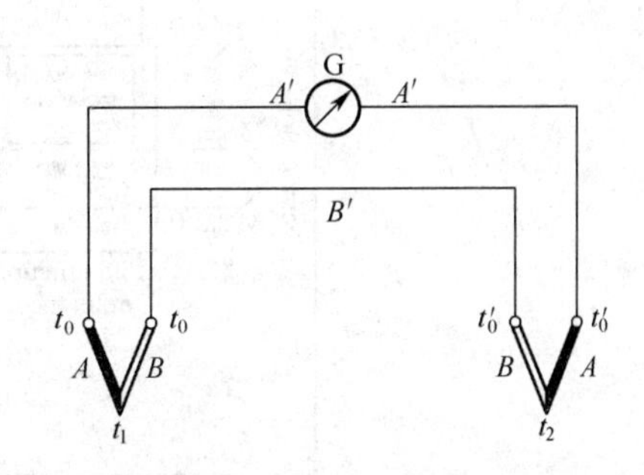

图 7-11　测量温度差电路

4）测量平均温度电路。

用热电偶测量平均温度一般采用热电偶并联的方法，如图 7-12 所示。三个同型号的热电偶并联在一起，工作在特性曲线的线性部分，每支热电偶串联较大的均衡电阻 R，输入到仪表两端的毫伏值为三个热电偶输出热电势之和的平均，即 $E=(E_1+E_2+E_3)/3$，因此可以反映三个测温点的平均温度。可以测量被测区域的平均温度，且仪表分度与使用一个热电偶时一样，缺点是当某一热电偶断线后仍能正常工作，仪表上不能很快地反映出来。

5）测量温度和电路。

用热电偶测量几点温度之和的测温电路的方法一般采用几支相同型号热电偶的同向串联，如图 7-13 所示，输入到仪表两端的热电势之总和，即 $E=E_1+E_2+E_3$。此种电路的优点是，一支热电偶断线时热电势立即消失，另一支热电偶断线时热电势立即下降，仪表上均可立即反映出来，另外可以获得较大的热电势。

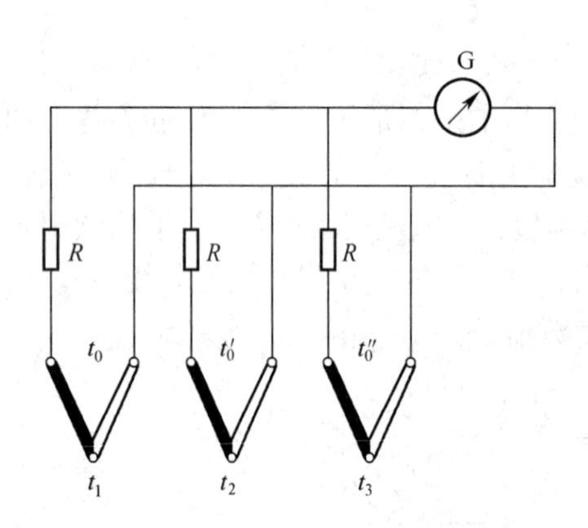

图 7-12 热电偶测量平均温度电路

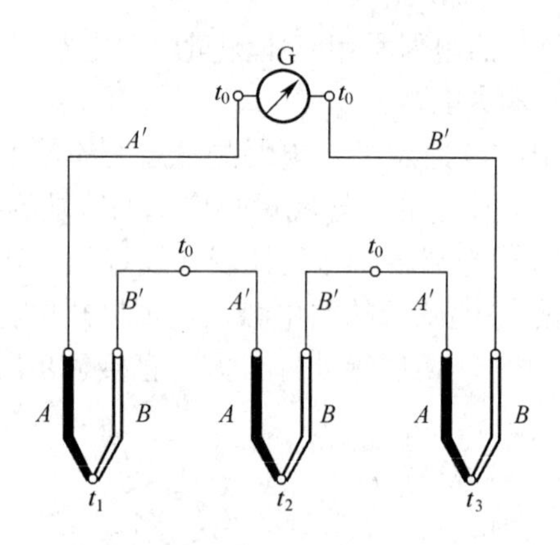

图 7-13 热电偶测量温度和电路

6）热电偶传感器调节电路与应用。

热电偶根据两个不同金属线结点之间的温度差提供电压信号。热电偶温度传感器具有一个感测端（金属 A/金属 B 连接端）和一个参考端。冷端参考温度与热电偶信号一道进行控制和测量。热电偶具有大约 10mV/℃～80mV/℃的小信号电平范围和小的源阻抗。配置成差分放大器的单放大器（如图 7-14 所示）把信号放大到 ADC 输入所需的电平。差分放大器增益为 AV=xR/R，其中 x 是电阻比，它决定增益。差分配置有助于抑制热电偶线的共模拾取。放大器应具有低失调电压和低失调电压漂移。

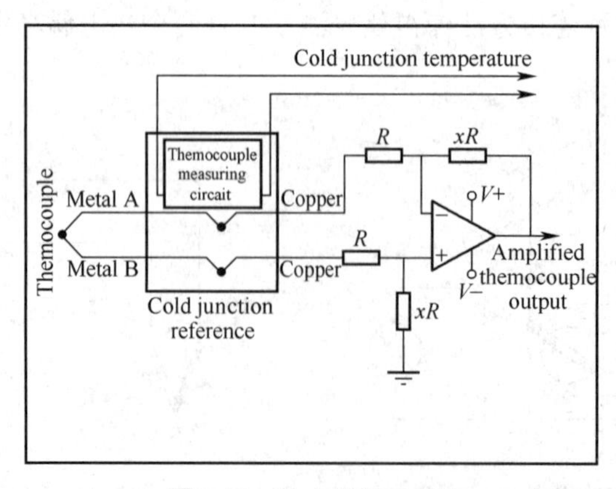

图 7-14 热电偶接口电路

4. 热电偶传感器的分类

热电偶的类型、规格、结构品种繁多，可以按不同的分类观点进行分类，如按使用温度、热电极材料、用途、结构等。

（1）按热电极材料分类。

1）铂铑10－铂热电偶（S型热电偶）。

优点：准确度最高、稳定性最好、测温温区宽、使用寿命长等。它的物理、化学性能良好，热电势稳定性及在高温下抗氧化性能好，适用于氧化性和惰性气氛中。

缺点：热电势率较小，灵敏度低，高温下机械强度下降，对污染非常敏感，贵金属材料昂贵，因而一次性投资较大。

2）铂铑13－铂热电偶（R型热电偶）。

优点：准确度最高、稳定性最好、测温温区宽、使用寿命长等。其物理、化学性能良好，热电势稳定性及在高温下抗氧化性能好，适用于氧化性和惰性气氛中。

缺点：热电势率较小，灵敏度低，高温下机械强度下降，对污染非常敏感，贵金属材料昂贵，因而一次性投资较大。

3）铂铑30－铂铑6热电偶（B型热电偶）。

优点：准确度最高、稳定性最好、测温温区宽、使用寿命长、测温上限高等。适用于氧化性和惰性气氛中，也可短期用于真空中。B型热电偶一个明显的优点是不需要用补偿导线进行补偿，因为在0～50℃范围内热电势小于3μV。

缺点：热电势率较小，灵敏度低，高温下机械强度下降，对污染非常敏感，不适用于还原性气氛或含有金属或非金属蒸气气氛中，贵金属材料昂贵，因而一次性投资较大。

4）镍铬－镍硅热电偶（K型热电偶）。

优点：线性度好、热电势较大、灵敏度高、稳定性和均匀性较好、抗氧化性能强、价格便宜等，能用于氧化性和惰性气氛中。

缺点：不能直接在高温下用于硫、还原性或还原、氧化交替的气氛中和真空中，也不推荐用于弱氧化气氛中。

5）镍铬硅－镍硅热电偶（N型热电偶）。

优点：线性度好、热电势较大、灵敏度较高、稳定性和均匀性较好、抗氧化性能强、价格便宜、不受短程有序化影响等。

缺点：不能直接在高温下用于硫、还原性或还原、氧化交替的气氛中和真空中，也不推荐用于弱氧化气氛中。

6）镍铬－铜镍热电偶（E型热电偶）。

优点：电势之大、灵敏度之高属所有热电偶之最，宜制成热电堆，测量微小的温度变化。对于高湿度气氛的腐蚀不甚灵敏，宜用于湿度较高的环境。E热电偶还具有稳定性好、抗氧化性能优于铜－康铜和铁－康铜热电偶、价格便宜等优点，能用于氧化性和惰性气氛中。

缺点：不能直接在高温下用于硫、还原性气氛中、热电势均匀性较差。

7）铁－铜镍热电偶（J型热电偶）。

优点：线性度好、热电势较大、灵敏度较高、稳定性和均匀性较好、价格便宜等。

缺点：可用于真空、氧化、还原和惰性气氛中，但正极铁在高温下氧化较快，故使用温度受到限制，也不能直接无保护地在高温下用于硫化气氛中。

（2）按热电偶的结构分类。

根据测温环境的不同，热电偶会采用不同的结构形式，主要包括：普通型热电偶、铠装热电偶、小惯性热电偶、薄膜热电偶、表面热电偶等。按其安装时的连接方法可分为螺纹连接和法兰连接两种。

1）铠装热电偶。

铠装热电偶又称缆式热电偶，是由热电极、绝缘材料（通常为电熔氧化镁）和金属保护管三者结合，经控制而成一个坚实的整体。铠装热电偶有单支（双芯）和双支（四芯）之分，其测量端有露头型、接壳型和绝缘型三种基本形式。铠装热电偶的参比端（接线盒）形式有简易式、防水式、防溅式、接插式和小接线盒式等。铠装热电偶具有体积小、精度高、动态响应快、耐振动、耐冲击、机械强度高、可挠性好、便于安装等优点，已广泛应用在航空、原子能、电力、冶金和石油化工等部门。

2）小惯性热电偶。

小惯性热电偶的特点是时间常数小、响应速度快，可以用来测量瞬态温度变化过程。它又可以分为普通小惯性热电偶、快速微型热电偶和薄膜热电偶等。

3）薄膜热电偶。

薄膜热电偶是用真空蒸镀的方法将热电极沉积在绝缘基板上而成的热电偶，采用蒸镀加工工艺，所以热电偶可以做得很薄，而且尺寸可以做得很小。它的特点是热容量小、响应速度快，适合于测量微小面积上的瞬变温度。

7.2.3 热电阻原理

通常情况下，热电阻可分为金属热电阻和半导体热电阻，前者称为热电阻，后者称为热敏电阻。前者通常是正温度系数，后者有正温度系数和负温度系数两种，常用于测量-200℃～500℃。热电阻材料的特点主要有：

- 电阻温度系数尽可能大、稳定。
- 电阻率高。
- 比热小、热惯性小。
- 电阻值随温度变化尽可能为负。
- 在测量范围内尽可能稳定。
- 具有良好的工艺性，便于批量生产。

1. 金属热电阻

金属热电阻的电阻变化受电阻温度系数约束。电阻温度系数通常是一个与温度有关的系数，它不是一个常数，但是在一定的温度范围内这个系数变化不大，可近似地看做一个常数。当然，对不同的金属，电阻温度系数近似不变的温度范围也有不同。

其电阻温度特性方程为：

$$R_t = R_0[1+\alpha(t-t_0)] \tag{7-17}$$

式中，对于绝大多数金属导体，α 并不是常数，而是温度的函数。在一定的温度范围内，α 可近似看做一个常数。不同的金属导体，α 保持常数所对应的温度范围不同。

金属热电阻的材料的要求：材料的电阻温度系数要大；在测温范围内，材料的物理、化学性质稳定；在测温范围内，电阻温度系数保持为常数，便于实现温度表的线性刻度特性；具有较大的电阻率，以利于减少热电阻的体积、减小热惯性；特性复现性好，容易复制。常用的材料有铂、铜、铁和镍。

2. 热敏电阻

半导体比金属具有更大的电阻温度系数，或者说半导体热电阻随温度变化电阻变化更明显；当然和金属相比，半导体通常是负的温度系数，电阻随温度升高而减小；金属通常具有正的温度系数，电阻随温度升高而增大。热敏电阻的优点：电阻温度系数大、灵敏度高、热容量小、响应速度快、分辨率很高。热敏电阻的缺点：互换性差、热电特性非线性大。

不同性质的半导体热敏电阻有不同的应用领域：具有正温度系数的热敏电阻，由于它的电阻随温度升高而升高，因此常用作电路中的限流元件；电流增大，温度升高，电阻增大，电流减小，温度降低。负温度系数的热敏电阻常用于自动控制及电子线路的热补偿线路中，比如电阻应变式传感器温度补偿电路中桥路补偿电压灵敏度的应用。临界温度系数热敏电阻，因为它在某一个温度值上电阻发生剧烈变化，所以常常被用于温度开关。

（1）阻温特性。

阻温特性：热敏电阻的基本特性是电阻与温度之间的关系，如图 7-15 所示，其曲线是一条指数曲线，表达式为：

$$R_T = Ae^{B/T}\frac{n!}{r!(n-r)!} \tag{7-18}$$

式中，A 是与热敏电阻尺寸、形式以及它的半导体物理性能有关的常数，B 是与半导体物理性能有关的常数，T 是热敏电阻的绝对温度，R_T 是温度为 T 时的电阻值。

$$A = R_1e^{(-B/T_1)} \qquad B = \frac{T_1T_2}{T_2 - T_1}\ln\frac{R_1}{R_2}$$

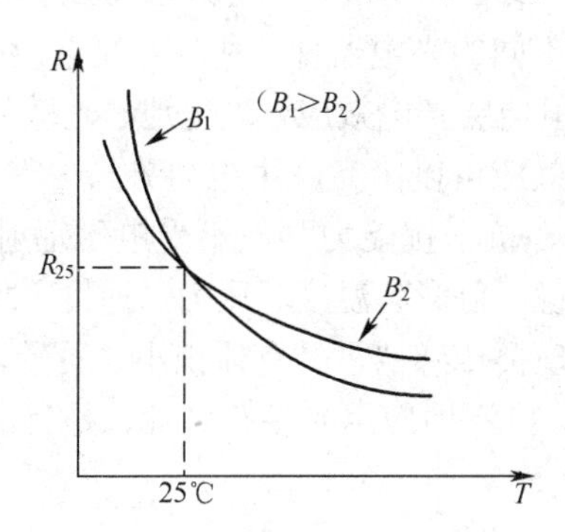

图 7-15　热敏电阻阻温特性

α 为热敏电阻温度系数，体现电阻随温度相对变化的能力，计算公式为：

$$\alpha = \frac{1}{R}\frac{\mathrm{d}R}{\mathrm{d}t} \tag{7-19}$$

将式（7-18）代入式（7-19），得：

$$\alpha = \frac{B}{T^2} \tag{7-20}$$

由式（7-20），利用不同温度下测得的电阻值可以确定式中的 B 和 A 两个常数。

2）伏安特性和安时特性。

伏安特性：在稳态情况下，通过热敏电阻的电流 I 与其两端之间电压 U 的关系称为热敏电阻的伏安特性。伏安特性体现的是流过热敏电阻的电流与热敏电阻两端电压的关系，它关系到热敏电阻由于电流流过导致发热的问题。热电阻的伏安特性为：当电流较小时，伏安特性基本为直线，当电流较大时，电压反而呈下降的趋势，意味着此时电阻在减小，这个减小是因为电流导致发热的原因带来的。

安时特性：表示热敏电阻在不同的外加电压下电流达到稳定最大值所需的时间。安时特性体现的是热敏电阻在不同电压情况下电阻发热与散热达到热平衡的过程。

（3）热敏电阻的主要参数。

标称电阻值 R_H：环境温度（25±0.2℃）时测得的电阻值，又称冷电阻。

电阻温度系数 α：热敏电阻的温度变化 1℃时电阻值的变化率，通常指 20℃时的温度系数。

耗散系数 H：指热敏电阻的温度与周围介质的温度相差 1℃时所耗散的功率。

热容量 C：热敏电阻的温度变化 1℃所需吸收或释放的热量。

能量灵敏度 G：使热敏电阻的阻值变化 1%所需耗散的功率。能量灵敏度 G 与耗散系数 H、电阻温度系数 α 之间的关系为：

$$G=(H/\alpha)100 \tag{7-21}$$

时间常数 τ：是热容量 C 与耗散系数 H 之比：

$$\tau=C/H \tag{7-22}$$

7.3 光电式传感器原理

光是重要的信息媒体，具有波粒二象性。一方面，具有粒子性，可以看成由光子组成；另一方面，又可以看成光波，符合麦克斯韦方程。光电式传感器是能将光能转换为电能的一种器件，简称光电器件。它的物理基础是光电效应。光电效应是多种不同形式的光与电之间联系的效应的普遍性叫法。根据不同的工作机理，光电效应可以有不同的具体现象；而利用光与电之间不同联系的现象可以制成不同的光电器件：利用外光电效应，光电管、光电倍增管；利用内光电效应，光敏电阻；利用阻挡层光电效应，光电池、光敏晶体管等；阻挡层光电效应又叫做光生伏打效应，意思是这种效应可以由光产生电动势。

光电传感器具有可靠性高、抗干扰能力强、不受电磁辐射影响、可直接检测光信号、使用范围广等特点，可以检测图像、色彩、温度、压力、速度、加速度、位移等。同时，光电传感器属于无损伤、非接触的物理类传感器，具有体积小、质量轻、响应快、高灵敏度、低功耗等特点，便于集成、批量生产，广泛地应用到各行各业，是目前发展速度较快、潜力巨大的传感器。

7.3.1 光的基本特性

光具有波粒二象性。从波动特性上通常定义，光指 10^{11}Hz（远红外）～10^{171}Hz（远紫外）范围内的电磁波，其波长和频率的关系为：

$$\lambda=c/\gamma \tag{7-23}$$

式中，c 是光速，λ 是光的波长，γ 是光的频率。

光是电磁谱中人眼可以感知的部分，如图 7-16 所示。正常人眼的感知部分在波长 400nm～700nm 之间，少数人可感知到 380nm～780nm。一般把波长小于 380nm 的电磁波称为紫外线，波长大于 650nm 的电磁波称为红外线。

下面是在光学领域的主要单位和概念。

辐射度：纯能量流，单位 W（瓦特）。

光度：人眼可测量范围内的能量流，单位 lm（流明）。

光强：单位面积上的辐射度，单位 W/m^2。

发光强度：给定方向上，相应人眼敏感最高峰（555nm 波长光）波长光的强度，单位 cd（坎德拉），1 坎德拉指在给定方向上辐射强度为 1/683 瓦特/球面度。

光通量：光源的有效辐射比，即光效，单位 lm/W，一般灯泡为 10lm/W，而金属卤灯可以达到 80 lm/W，所以金属卤灯更节能。

光照度：射入单位面积的光通量，单位 lx（勒克斯）。

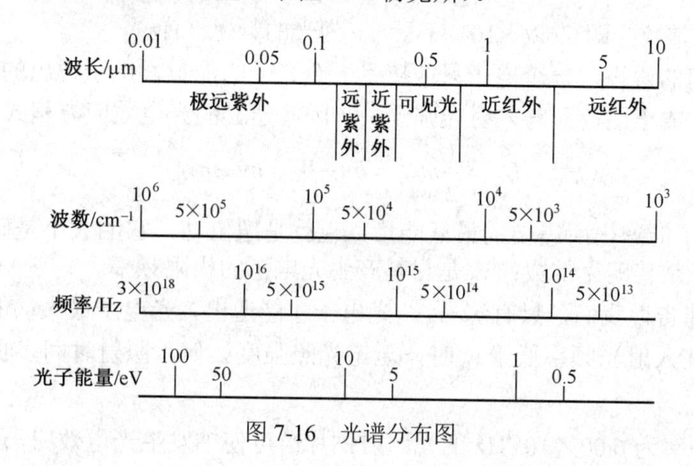

图 7-16　光谱分布图

7.3.2　光电效应

所谓光电效应就是物质在光的作用下释放出电子的物理现象，它表现了光的粒子性。光与物质的作用实质上是光子与电子的作用，电子吸收光子的能量后改变了电子的运动规律。由于物质的结构和物理性能不同，以及光和物质的作用的条件不同，所以在光电子作用下产生的载流子有不同的运动规律，即各种不同的光电效应。

光电效应可分为外光电效应和内光电效应，内光电效应又可以分为光电导效应和光生伏特效应。

1. 外光电效应及器件

（1）外光电效应。

在光线作用下，物质内的电子逸出物体表面向外发射的现象称为外光电效应，如图 7-17 所示。向外发射的电子叫做光电子。外光电效应由赫兹于 1887 年发现，后来人们又发现了外光电效应的两个定律。要能实现外光电效应，最起码满足两个条件：一是材料要具有外光电效应，即能逸出电子；二是入射光的频率要足够大（光子能量），能够克服材料表面的电子亲和势将电子激发出来。基于外光电效应的光电器件有光电管、光电倍增管等。

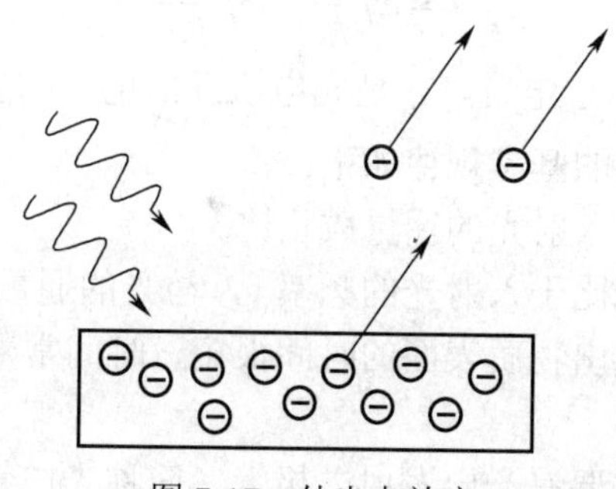

图 7-17　外光电效应

虽然赫兹发现了光电效应，但是他并没有进行深入的研究。因为当时没有量子理论，在光学领域，光是一种波占主流思想。后来，普朗克提出量子理论，爱因斯坦创造性地将光认为是一个个带有最基本能量单元的能量子，引入了光量子的假设，并在此基础上建立了光电效应方程式。至此，光进入了波粒二象性时代。

每个光子的能量为：

$$E = hv \tag{7-24}$$

式中，h 为普朗克常数，即 $6.626\times10^{-34}\,\mathrm{J\cdot s}$，$v$ 为光的频率（Hz）。

根据爱因斯坦的假设，一个电子只能接受一个光子的能量，电子逸出的最大初始动能 E_m 与入射光的频率 υ 成正比，而与入射光强无关。因此建立的光电效应方程式为：

$$E_m = \frac{1}{2}mv_0^2 = hv - W = hv - hv_0 \tag{7-25}$$

式中，W 是光电子能逸出所需要的最低能量，也就是逸出功，它的大小是确定了的，是与材料有关的常数；h 是普朗克常数；v_0 是材料产生光电子的极限频率。

爱因斯坦定律告诉我们，只有 $v > v_0$，光电子才能逸出，光电子最大动能随光子能量增加而线性增加；而在入射光频率低于 v_0 时，无论光照强度如何、照射时间多长，都不会发生光电效应。

例 7-3 用频率为 6.00×10^{14}Hz 的光照射钠片恰可使钠发生光电效应，现改用频率为 8.00×10^{14}Hz 的紫外线照射，飞出的光电子的最大初动能应该为多少？

$$W = hv_0 = h\times6.00\times10^{14}$$

$$E_m = hv - hv_0 = h\times(8-6)\times10^{14} = 2\times10^{14}h$$

所以飞出电子的最大动能是 $2\times10^{14}h$。

例 7-4 发光功率为 P 的点光源向外辐射波长为 λ 的单色光，均匀投射到以光源为球心、半径为 R 的球面上。已知普朗克常量为 h，光速为 c，则在球面上面积为 S 的部分每秒钟有多少个光子射入？

单个光子能量 $E = hv = hc/\lambda$

光源发出的光子速率 $= P/E = p\lambda/hc$

球面积 $= 4\pi r^2$

光子发射时均匀的 S 面积发出光子度 $= sp\lambda/(4\pi r^2 hc)$

通过例 7-4 可见，同一种光源，光强越大则电路产生的电流（饱和光电流）就越大。这就是斯托列托夫定律（如图 7-18 所示）：当入射光的频率或频谱成分不变时，饱和光电流（单位时间内发射的光电子数目）与入射光的强度成正比。

$$I = e\eta\frac{P}{hv} = e\eta\frac{P\lambda}{hc} \tag{7-26}$$

式中，I 是饱和光电流，e 是电子电量，η 是光电激发出电子的量子效率，P 是辐射功率。

综上可以总结出光电效应的基本规律如下：

- 光电子逸出的数量与入射光的通量成正比。
- 光电子的初始动能正比于入射光的频率 v，与光的通量无关。
- 电子从吸收光子到逸出物质表面的时间很短，时间常数约为 10^{-12}s。

（2）外光电效应器件。

常见的外光电效应器件主要有光电发射二极管（简称光电管）和光电倍增管。

（1）光电管。

光电管由光电阴极和光电阳极组成，光电阴极受到适当波长的光线照射时会发射电子，电子被带正电的光电阳极所吸引，这样在光电管内就有电子流，在外电路中便产生了电流，如图 7-19 所示。

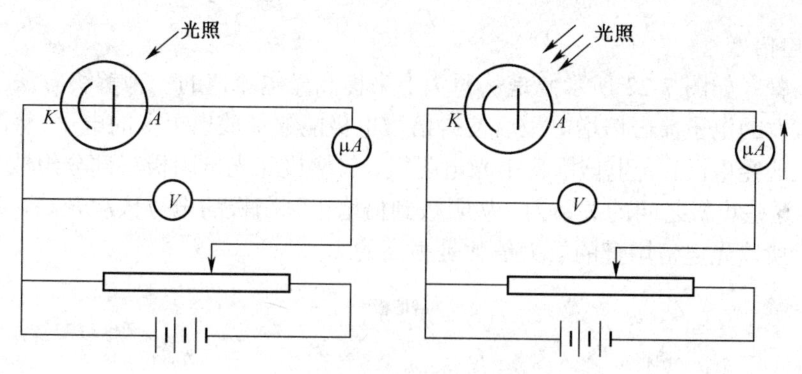

图 7-18 斯托列托夫定律

真空管的伏安特性曲线如图 7-20 所示，真空管阳极电流与阳极电压及光通量有关，但当阳极电压高到适当的程度以后，阳极电压的提高就无助于阳极电流的增加了，此后阳极电流会保持在一个特定的电流上，此电流的大小只取决于阴极感受到的光通量的大小。换句话说，当阳极电压到适当的程度时，阳极电流的大小就能体现特定的光通量大小。光电管的工作点应选在光电流与阳极无关的区域内。

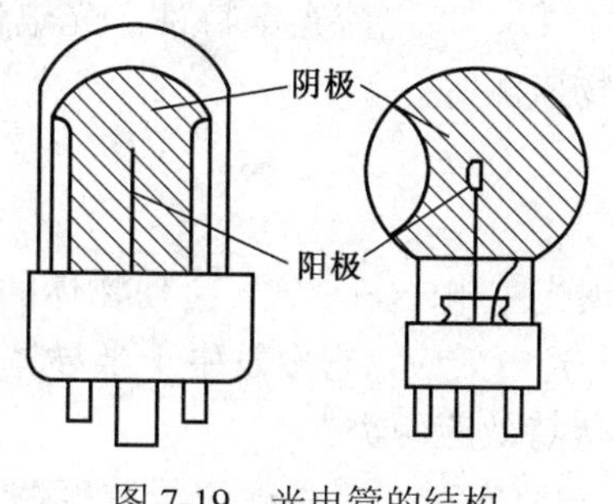

图 7-19 光电管的结构

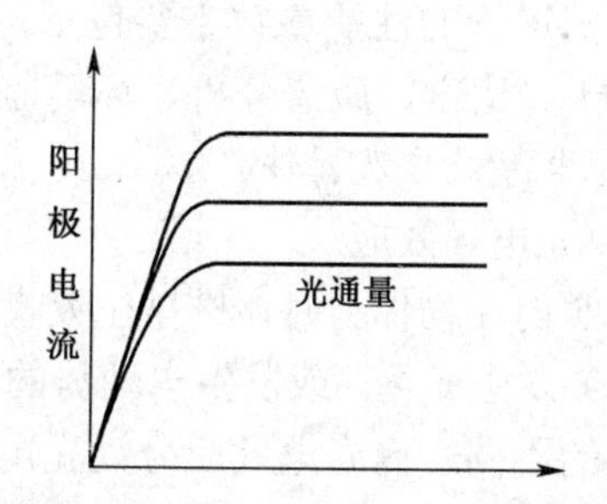

图 7-20 真空光电管的伏安特性

充气光电管的伏安特性如图 7-21 所示，充气的光电管含有少量的惰性气体，当光电阴极受光照射发射电子时，光电子在趋向阳极的过程中将撞击惰性气体，使其电离，从而使阳极电流急速增加，可以提高光电管的灵敏度；但其灵敏度随阳极电压显著变化的稳定性、频率特性都差于真空管。

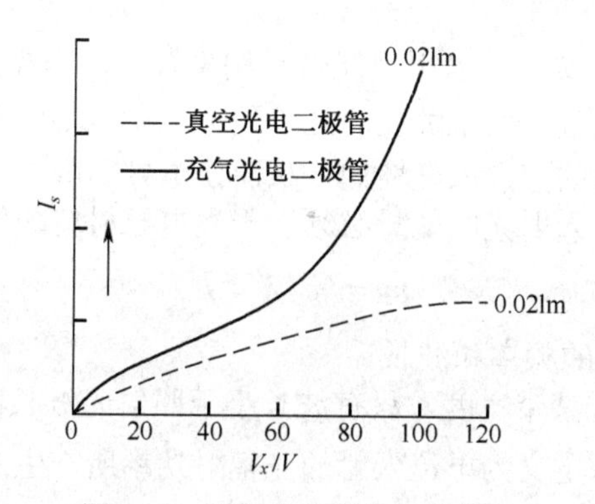

图 7-20 充气光电管的伏安特性

光电管的缺点在于在入射光很弱的情况下，测量电流的精度很容易受到噪声的影响。解决此问题不外乎两种思路：一种是提高测量电路中抗干扰的能力；另一种就是从源头上增加光电流的值，或者说提高灵敏度，为此可采用光电倍增管。

（2）光电倍增管。

光电倍增管（如图 7-22 所示）是从源头上来提高光电流值的一种解决方法。它的思路是让光电阴极激发的电子撞击倍增电极后使得倍增电极能够释放出更多的电子，从而使光电阳极能够形成更大的光电流。光电倍增管由光电阴极、倍增极和光电阳极三部分组成。其中倍增极可能有多个，这些电极之间的关系为，从阴极到倍增极到阳极的电位依次升高，并且增长倍数是指数形式，所以光电倍增管的放大倍数是很高的。

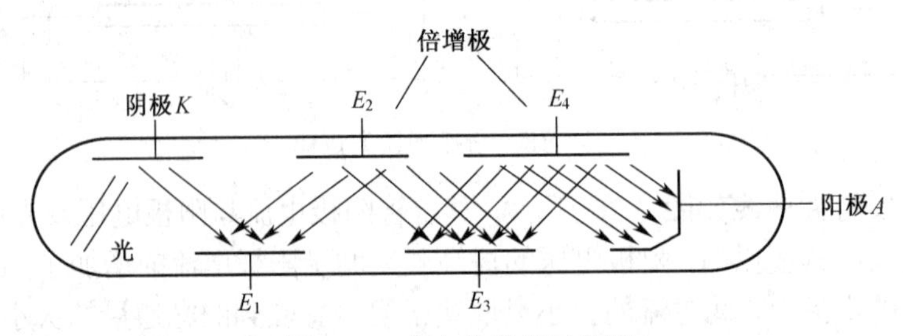

图 7-22 光电倍增管示意图

光电倍增管的伏安特性曲线的形状与光电管很相似，其他特性也基本相同。

光电倍增管的性能参数主要包括：灵敏度、放大倍数、暗电流光电特性。光电倍增管可广泛应用于光谱学、质谱分析、环境监测、医疗和生物监测等。

2. 光电导效应及器件

（1）光电导效应。

当光照射在物体上时，材料在吸收光子能量后出现光生电子一空穴，会使物体的电阻率 ρ（电导率）发生变化，或发生电动势的现象，这称为内光电效应，它多发生于半导体内。根据工作原理的不同，内光电效应分为光电导效应和光生伏特效应两类。

光照射半导体材料时，材料吸收光子而产生电子一空穴对，自由载流子浓度增大，使导电性能加强、电导率增加，这种现象被称为光电导效应。材料对光吸收有本征型和非本征型，所以光电导效应也有本征型和非本征型。半导体吸收大于禁带宽度的光子能量，使电子由价带激发到导带，引起电导率增加，这种现象叫做本征光电导效应（本征吸收）。光子激发杂质半导体中的施主或受主，产生自由电子或自由空穴，引起电导率增加的现象叫做非本征光电导效应（杂质吸收）。

半导体发生光电效应的实质可以用其能带结构来解释，当光照射到半导体材料上时，价带中的电子受到能量大于或等于禁带宽度的光子轰击，并使其由价带越过禁带进入导带，使材料中导带内的电子和价带内的空穴浓度增加，从而使电导率增加。

为了实现能级的跃迁，入射光的能量必须大于光电导材料的禁带宽度 E_g，即：

$$hv = hc / \lambda \geqslant E_g \tag{7-27}$$

式中，v 和 λ 分别为入射光的频率和波长。

材料的光导性能决定于禁带宽度，只有波长小于照射光波长限 λ_0 才能使光电导体的电导率增加。光电导灵敏度通常定义为单位入射的光辐射功率所产生的光电导率。

（2）光电导效应器件。

光敏电阻是用光电导体制成的光电器件，又称光导管，它是基于半导体光电效应工作的。光敏电阻的工作原理实际上就是内光电效应，它不是通过电子的释放来产生光电效应的，而是通过光的作用来改变光电导体的电阻率从而改变光电导体的阻值。光敏电阻没有极性，是纯粹的电阻器件，如图 7-24 所示。

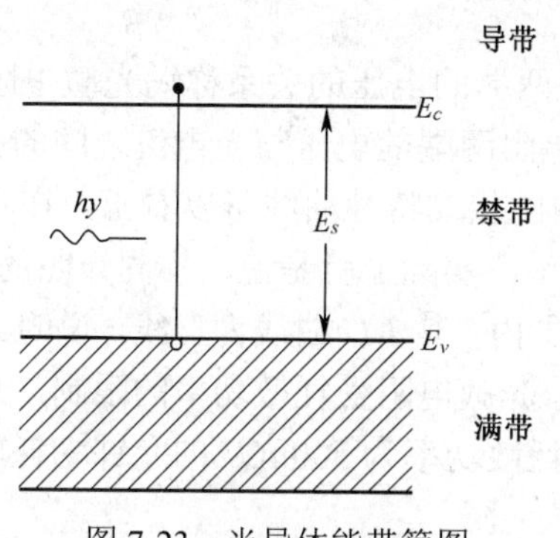

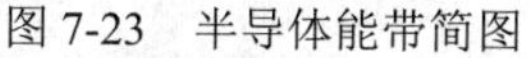

图 7-23　半导体能带简图

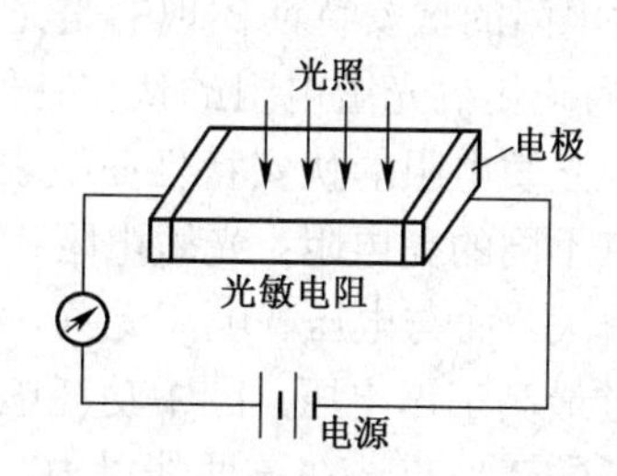

图 7-24　光敏电阻的工作原理

当这样的光敏电阻接入到电路中的时候，电路中的电流随光敏电阻感受到的光照的情况而发生变化。当无光照时，光敏电阻的暗电阻很大，电路中电流很小；当受到一定波长范围的光照时，它的阻值（亮电阻）急剧减小，电路中电流迅速增加。光敏电阻不是对任意波长的光照都有相同的特性，而是随光谱的变化有着不同的表现。

光电管管芯是一块安装在绝缘衬底上的带有两个欧姆接触电极的光电导体。光电效应只发生在光照的表面薄层。为了获得很高的灵敏度，光敏电阻的电极一般采用梳状，这种梳状电极，由于在间距很近的电极之间有可能采用大的板极面积，所以提高了光敏电阻的灵敏度，如图 7-25 所示。

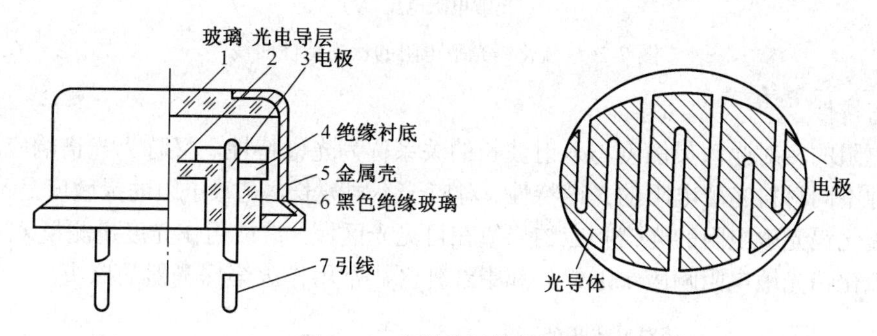

图 7-25　光敏电阻的结构图

光敏电阻的灵敏度易受潮湿的影响，因此要将光电导体严密封装在带有玻璃的壳体中。光敏电阻具有很高的灵敏度和很好的光谱特性，光谱响应从紫外区一直到红外区，而且体积小、重量轻、性能稳定，因此在自动化技术中得到了广泛应用。

1）光敏电阻的参数。

光敏电阻的参数主要有：暗电阻、亮电阻、光电流。

暗电阻是在无光照的室温情况下光敏电阻表现出来的阻值，相对来说，这是光敏电阻在同温情况下最大的阻值。此时接入到测量电路中流过此电阻的电流称为暗电流。

亮电阻是一个较为宽泛的光照条件下光敏电阻呈现的阻值，该阻值与光照的情况有关，满足此条件时流过光敏电阻的电流称为亮电流。

亮电流与暗电流之差称为光电流，可以理解为此电流就是光导致的电流。

对于光敏电阻，希望其暗电阻要大、亮电阻要小、亮电流要大，这样光敏电阻的灵敏度就高。通常情况下，大多数光敏电阻的暗电阻超过 1MΩ，甚至高达 100MΩ，而亮电阻在白昼条件下也可以降到 1kΩ 以下。

2）光敏电阻的基本特性。

①伏安特性。

在一定照度下，流过光敏电阻的电流与光敏电阻两端的电压的关系称为光敏电阻的伏安特性，光敏电阻的伏安特性体现的是光的照度、光敏电阻两端的电压与光电流之间的关系。图7-26 所示为硫化镉光敏电阻的伏安特性曲线，从图中的伏安特性曲线可以看出，在不同光照的情况下，光敏电阻的伏安特性曲线表现为不同的斜率，实际上就是说，不同光照的情况下，光敏电阻有不同的亮电阻；光敏电阻在一定的电压范围内，其 *I-U* 曲线为直线，说明其阻值与入射光量有关，而与电压、电流无关。在实际使用中，光敏电阻受耗散功率的限制，其工作电压不能超过最高工作电压，图中功耗虚线是最大连续耗散功率为 500mW 的允许功耗曲线，一般光敏电阻的工作点选在该曲线以内。

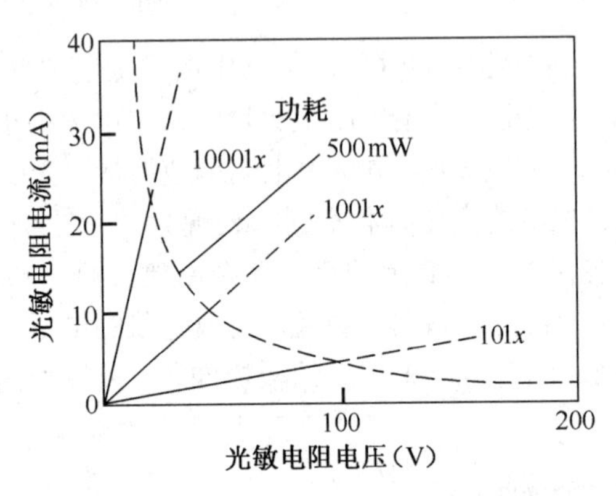

图 7-26 硫化镉光敏电阻的伏安特性曲线

②光谱特性。

光敏电阻的相对光敏灵敏度与入射波长的关系称为光谱特性，又称为光谱响应。图 7-27 所示为几种不同材料光敏电阻的光谱特性。对应于不同波长，光敏电阻的灵敏度是不同的。从图中可见硫化镉光敏电阻的光谱响应的峰值在可见光区域，常被用作光度量测量（照度计）的探头。而硫化铅光敏电阻响应于近红外和中红外区，常用作火焰探测器的探头。

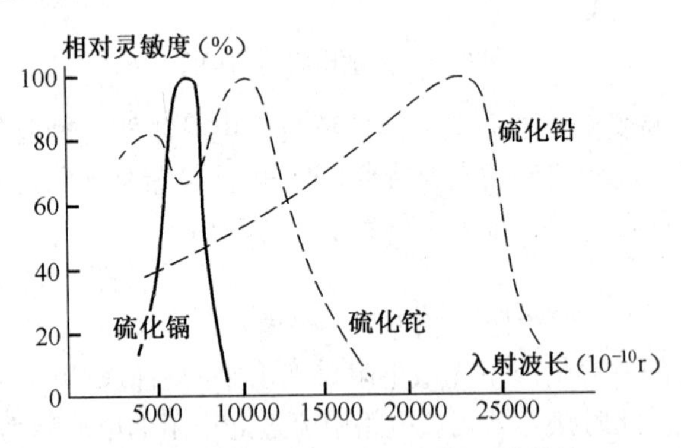

图 7-27 不同材料光敏电阻的光谱特性

③温度特性。

光敏电阻的温度特性体现温度对光敏电阻的影响，光敏电阻对温度很敏感，温度升高时，它的暗电阻和灵敏度都下降；同时温度对光敏电阻的光谱特性也有很大的影响，温度升高，光谱特性趋向于向较小的波长方向移动。因此，硫化铅光敏电阻要在低温、恒温的条件下使用，如图 7-28 所示。对于可见光的光敏电阻，其温度影响要小一些。

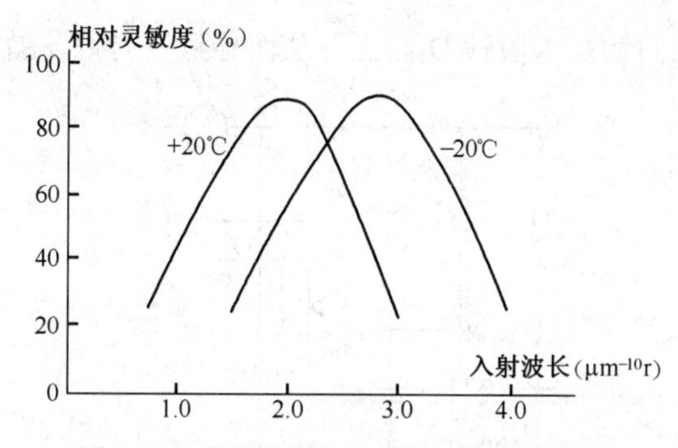

图 7-28　硫化铅光敏电阻的光谱温度特性

④光照特性。

光照特性表示在一定外加电压下，光敏电阻的光电流和光通量之间的关系。不同类型光敏电阻光照特性不同，但光照特性曲线均呈非线性。因此它不宜用作定量检测元件，但可以在自动控制系统中用作光电开关。

⑤响应时间和频率特性。

光电导具有驰豫现象，即光敏电阻受到脉冲光照射时，光电流并不立刻上升到最大饱和值，而光照去掉后，光电流也不立刻下降到零，这说明光电流的变化对于光的变化在时间上有一个滞后，这就是光电导的驰豫现象。光电导的驰豫现象通常用响应时间表示。响应时间又分为上升时间和下降时间，它们是表征光敏电阻性能的重要参数。光敏电阻的响应时间与光照的强度有关，光照越强，响应时间越短。不同材料的光敏电阻具有不同的响应时间，它们的频率特性也就不尽相同，其频率响应与本身的物理结构、工作状态、负载以及入射光波长等因素有关。光敏晶体管的频率响应是指具有一定频率的调制光照射时光敏管输出的光电流随频率的变化关系。光敏晶体管的截止频率与它的基区厚度成反比关系。光敏电阻的频率特性曲线如图 7-29 所示。

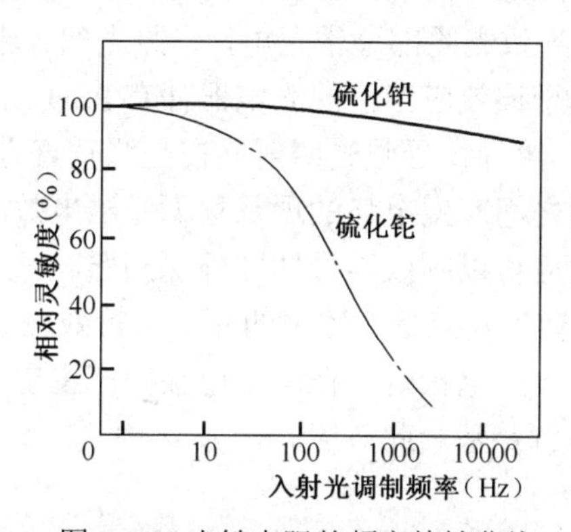

图 7-29　光敏电阻的频率特性曲线

⑥稳定性。

初制成的光敏电阻，由于其内部组织的不稳定性以及其他原因，光电特性是不稳定的。当受到光照和外接负载后，其灵敏度有明显下降。在人为地加温、光照和加负载的情况下，经过一定时间的老化，光电性能逐渐趋向稳定后就基本不变了。

光敏电阻的应用非常广泛，常用于最为开关电路的传感器部分，如下图是一个自动照明灯如图，当天黑时，光敏电阻 R_3 的阻值增加，A 点电压不断提高，当 A 点大约 30V 双向触发二极管 D 导通，从而导致双向触发晶闸管 T 导通，灯亮；反之，天亮时，光敏电阻 R_3 的阻值减少，A 点电压下降，双向触发二极管 D 截止，从而导致双向触发晶闸管 T 截止，灯灭。

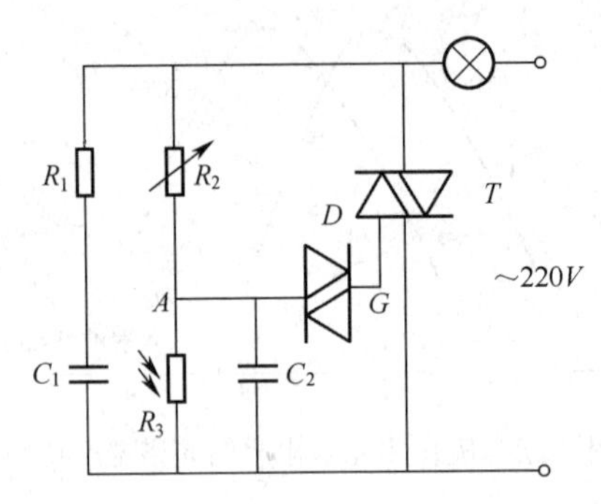

图 7-30　基于光敏电阻的自动照明灯电路

3. 光生伏特效应及器件

（1）光生伏特效应。

物体（一般指半导体）在光的照射下能产生一定方向的电动势的现象称为光生伏特效应，它包括势垒效应（结光电效应）和侧向光电效应等。基于该效应的光电器件有光电池、光敏二极管、光电晶体管和半导体位置敏感器件（PSD）等。

光生伏特效应根据其产生电势的机理可分为以下几种：

- 势垒效应（PN 结光生伏特效应）。光照射到距表面很近的半导体 PN 结时，PN 结及附近的半导体吸收光能。若光子能量大于禁带宽度，则价带中的电子跃迁到导带，成为自由电子，而价带则相应成为自由空穴。这些电子空穴对在 PN 结内部电场的作用下，电子移向 N 区外侧，空穴移向 P 区外侧，结果 P 区带正电，N 区带负电，形成光电动势。
- 侧向光生伏特效应。当半导体光电器件受光照不均匀时，光照部分产生电子空穴对，载流子浓度比未受光照部分的大，出现了载流子浓度梯度，引起载流子扩散。如果电子比空穴扩散得快，导致光照部分带正电，未照光部分带负电，从而产生电动势，即为侧向光电效应。基于该效应工作的光电器件有 PSD，或称反转光敏二极管。
- 光磁电效应（PME）。半导体受强光照射并在光照垂直方向外加磁场时，垂直于光和磁场的半导体两端面之间产生电势的现象称为光磁电效应，可视为光扩散电流的霍尔效应。利用光磁电效应可以制成半导体红外探测器。
- 贝克勒尔效应。贝克勒尔效应是液体中的光生伏特效应。当光照射浸在电解液中的两个相同电极中的任意一个电极时，在两个电极间产生电势的现象称为贝克勒尔效应。感光电池的工作原理就是基于此效应。

（2）结型光电器件。

结型光电器件的主要原理是内光电效应中的光生伏特效应，即两种半导体材料或金属/半导体相接触形成势垒，当外界光照射时激发光生载流子，注入到势垒附近，形成光产生电压的现象。这种势垒型光电器件大多是材料形成的“结”效应，常见的有光电池、光敏二极管、光敏晶体管等。

1）光电池。

光电池是直接将光转变成电的光电器件，由于它是利用各种势垒的光生伏特效应制成的，所以称为光生伏特电池，简称光电池。光电池有金属－半导体接触型（硒光电池）和 PN 结型（硅光电池）两种结构。硅光电池按基底材料可分为 2DR 型和 2CR 型。2DR 型是以 P 型硅为基底，在基底上扩散磷便形成 N 型薄层受光面，构成 PN 结。2CR 型是以 N 型硅为基底，在基底上扩散硼形成 P 型薄层受光面，构成 PN 结。硅光电池性能稳定，寿命长，光谱响应范围宽，频率特性好，耐高温。硒光电池的光谱响应曲线与人眼的光视效率曲线相似。光电池主要应用于光能转换、光度学、辐射测量、光学计量和测试、激光参数测量等方面，如图 7-31 所示。

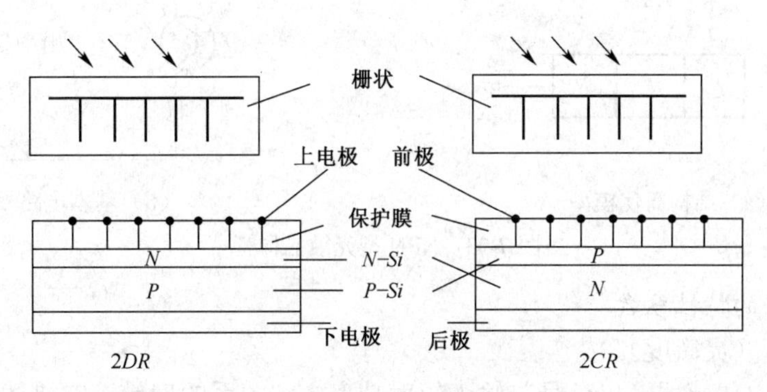

图 7-31　PN 结光电池的结构图

2）光敏二极管。

光敏二极管结构与普通二极管相似，不同之处在于光敏二极管的 PN 结对光有敏感特性。光敏二极管在电路中一般处于反向工作状态，这样接入到图示电路中的时候，如果在没有光照的情况下，通常反向电阻很大，于是反向电流很小，此时的反向电流（也就是检流计中流过的电流）被称为光敏二极管的暗电流。当然，在图示电路中，加在光敏二极管两端的电压不能过高，否则可能造成光敏二极管的反向击穿。当光敏二极管的 PN 结受到光的照射时，PN 结附近会产生电子空穴对，使光敏二极管内部的少数载流子增加，从而使流过 PN 结的反向电流也随着增加；随着入射光照度的变化，流过电路中的光电流强度也随之变化。这样在光敏二极管加载电压一定的情况下，电路中电流的变化就能够体现光照度的变化。利用这样的原理，光敏二极管就能够实现光信号到电信号的输出转换。光敏二极管的工作基础可分为耗尽型和雪崩型，广泛应用于可见光和红外辐射的探测，如图 7-32 所示。

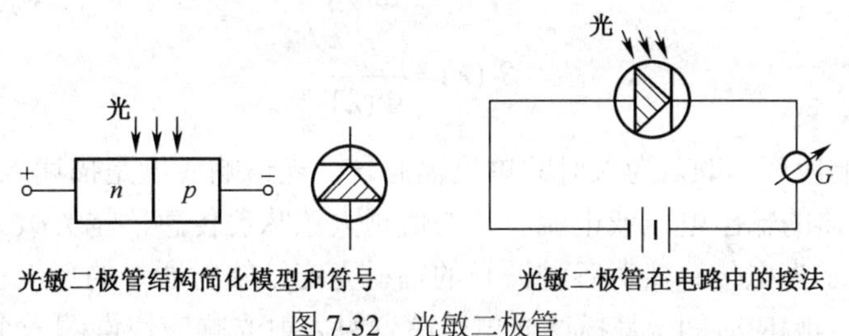

图 7-32　光敏二极管

3）光敏晶体管。

光敏晶体管的结构与一般的晶体管结构类似，也是由两个 PN 结构成，不同之处在于光敏晶体管通常只有集电极和发射极两个引线，而基极通常不接引线。光敏二极管在光通信中常用作光接收端，可以用适当的电路形式将光敏二极管感受到的光转换为电路中的电流；光敏晶体管常见于光电耦合应用中，用于实现对不同部分的电源隔离的问题。

光敏晶体管能在把光信号转换为电信号的同时，又将信号电流加以放大。当集电极加上相对于发射极为正的电压而不接基极时，基极－集电极结就是反向偏压。当光照在基－集结上时就会形成光电流输入到基极，由于基极电流增加，集电极电流是光生电流的 β 倍，实现放大。

$$I_c = I_e = (1+\beta)I_P \tag{7-28}$$

光敏晶体管的基极一般不接引线，许多光敏晶体管只有集电极和发射极两端有引线，如图 7-33 所示。

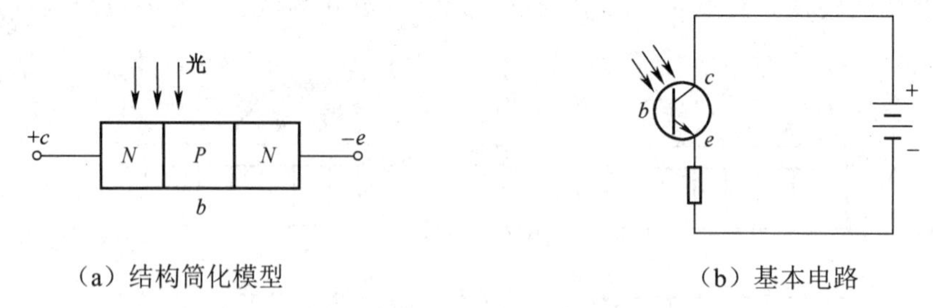

（a）结构简化模型　　（b）基本电路

图 7-33　NPN 型光敏晶体管

4. 光电器件的特性参数

（1）响应度（灵敏度）。

响应度是光电传感器输出信号与输入辐射功率之间关系的度量，它描述的是光电传感器的光电转换能效。定义为光电传感器输出电压 V_o 或输出电流 I_o 与入射光功率 P（或通量 Φ）之比，即：

$$S_V = \frac{V_o}{P_i} \tag{7-29}$$

$$S_I = \frac{I_o}{P_i} \tag{7-30}$$

式中，S_V 和 S_I 分别称为电压响应度和电流响应度。由于光电传感器的响应度随入射光的波长变化而变化，因此又有光谱响应度和积分响应度。

光谱响应度 $S(\lambda)$是光电传感器的输出电压或输出电流与入射到传感器上的单色辐通量（光通量）之比，即：

$$S_V(\lambda) = \frac{V_o}{\Phi(\lambda)} \tag{7-31}$$

$$S_I(\lambda) = \frac{I_o}{\Phi(\lambda)} \tag{7-32}$$

式中，$S(\lambda)$为光谱响应度，$\Phi(\lambda)$为入射的单色辐通量。光谱响应度是描述入射的单色通量或光通量所产生的传感器的输出电压或电流。它的值越大意味着传感器越灵敏。

积分响应度表示光电传感器对各种波长的辐射光连续辐射通量的反应程度。

- 响应时间：响应时间 τ 是描述光电传感器对入射光响应快慢的一个参数。
- 上升时间：入射光照射到光电传感器后，光电传感器输出上升到稳定值所需要的时间。
- 下降时间：入射光遮断后，光电传感器输出下降到稳定值所需要的时间。
- 频率响应：光电传感器的响应随入射光的调制频率而变化的特性称为频率响应。

由于光电传感器信号的产生和消失存在着一个滞后过程，所以入射光的调制频率对光电传感器的响应会有较大的影响。

光电传感器响应率与入射调制频率的关系为：

$$S(f) = \frac{S_0}{[1+(2\pi f\tau)^2]^{1/2}} \tag{7-33}$$

$S(f)$ 为调制频率为 f 时的响应率，S_0 为调制频率为零时的响应率，τ 为时间常数（等于 RC）。

$$f_c = \frac{1}{2\pi\tau} = \frac{1}{2\pi RC} \tag{7-34}$$

$$S(f) = \frac{S_0}{[1+(1)^2]^{1/2}} = \frac{S_0}{\sqrt{2}} = 0.707S_0 \tag{7-35}$$

上限截止频率：时间常数决定了光电传感器频率响应的带宽。

（2）噪声特性。

1）噪声的表达。

在一定波长的光照下光电传感器输出的电信号并不是平直的，而是在平均值上下随机地起伏，它实质上就是物理量围绕其平均值的涨落现象。

$$I = \bar{i} = \frac{1}{T}\int_0^T i(t)\mathrm{d}t \tag{7-36}$$

用均方噪声来表示噪声值大小：

$$\overline{\Delta i(t)^2} = \frac{1}{T}\int_0^T [i(t) - \overline{i(t)}]^2 \mathrm{d}t \tag{7-37}$$

噪声在实际的光电探测系统中是极其有害的。由于噪声总是与有用信号混在一起，因而影响对信号特别是微弱信号的正确探测。一个光电探测系统的极限探测能力往往受探测系统的噪声所限制。所以在精密测量、通信、自动控制等领域，减小和消除噪声是十分重要的。

2）光电传感器常见的噪声。

- 热噪声或称约翰逊噪声，即载流子无规则的热运动造成的噪声。导体或半导体中每一电子都携带着电子电量作随机运动（相当于微电脉冲），尽管其平均值为零，但瞬时电流扰动在导体两端会产生一个均方根电压，称为热噪声电压。热噪声存在于任何电阻中，热噪声与温度成正比，与频率无关，热噪声又称为白噪声。
- 散粒噪声：入射到光电传感器表面的光子是随机的，光电子从光电阴极表面逸出是随机的，PN 结中通过结区的载流子数也是随机的。散粒噪声也是白噪声，与频率无关。散粒噪声是光电传感器的固有特性，对大多数光电传感器的研究表明：散粒噪声具有支配地位。例如光伏器件的 PN 结势垒是产生散粒噪声的主要原因。
- 产生－复合噪声：半导体在受光照射时，载流子不断产生－复合所带来的噪声。在平衡状态时，载流子产生和复合的平均数是一定的。但在某一瞬间载流子的产生数和复合数是有起伏的。载流子浓度的起伏引起半导体电导率的起伏，这可以看成光电导效应，如果这种不稳定影响了我们所需达到的要求则是噪声。
- 1/f 噪声或称闪烁噪声或低频噪声。噪声的功率近似与频率成反比。多数器件的 1/f 噪声在 200Hz～300Hz 以上已衰减到可忽略不计。

3）信噪比。

信噪比是判定噪声大小的参数，是负载电阻上信号功率与噪声功率之比：

$$SNR = \frac{S}{N} = \frac{P_S}{P_N} = \frac{I_S^2 R_L}{I_N^2 R_L} = \frac{I_S^2}{I_N^2} \tag{7-38}$$

若用分贝（dB）表示，为：

$$\left(\frac{S}{N}\right) = 10\lg\frac{I_S^2}{I_N^2} = 20\lg\frac{I_S}{I_N} \tag{7-39}$$

噪声等效功率（*NEP*）：

信号功率与噪声功率比为 1（SNR=1）时，入射到传感器件上的辐射通量（单位为 W）。这时，投射到传感器上的辐射功率所产生的输出电压（或电流）等于传感器本身的噪声电压（或电流）：

$$NEP=\frac{\Phi_e}{SNR}\ （W） \tag{7-40}$$

一般一个良好的传感器件的 *NEP* 约为 10^{-11}W。*NEP* 越小，噪声越小，器件的性能越好。噪声等效功率是一个可测量的量。设入射辐射的功率为 *P*，测得的输出电压为 U_o。然后除去辐射源，测得传感器的噪声电压为 U_N。则按比例计算，要使 $U_o=U_N$ 的辐射功率为：

$$NEP=\frac{P}{\left(\frac{U_o}{U_N}\right)^2}\ （W） \tag{7-41}$$

4）探测率与归一化探测率。

探测率 *D* 定义为噪声等效功率的倒数：

$$D=\frac{1}{NEP} \tag{7-42}$$

经过分析，发现 *NEP* 与检测元件的面积 A_d 和放大器带宽 Δf 乘积的平方根成正比。

归一化探测率 *D**，即：

$$D^*=\frac{1}{NEP^*}=D\cdot(A_d\Delta f)^{1/2} \tag{7-43}$$

*D**与探测器的敏感面积、放大器的带宽无关。

（3）光电传感器的指标。

1）量子效率 $\eta(\lambda)$。

量子效率：在某一特定波长上，每秒内产生的光电子数与入射光量子数之比。对理想的传感器，入射一个光量子发射一个电子，$\eta=1$。实际上，$\eta<1$。量子效率是一个微观参数，量子效率越高越好。

量子效率与响应度的关系：

$$\eta(\lambda)=\frac{I/q}{P/h\nu}=\frac{S(\lambda)}{q}h\nu \tag{7-44}$$

I/q 为每秒产生的光子数，$P/h\nu$ 为每秒入射的光子数。

2）线性度。

线性度是描述光电传感器输出信号与输入信号保持线性关系的程度。在某一范围内传感器的响应度是常数，称这个范围为线性区。

非线性误差：

$$\delta=\Delta_{max}/\left(I_2-I_1\right) \tag{7-45}$$

Δmax：实际响应曲线与拟合曲线之间的最大偏差，I_2 和 I_1 分别为线性区中最小和最大响应值。

（4）工作温度。

工作温度是指光电传感器最佳工作状态时的温度。光电传感器在不同温度下，性能有变化。例如，半导体光电器件的长波限和峰值波长会随温度而变化，热电器件的响应度和热噪声会随温度而变化。

光电式传感器的工作原理：用光电式传感器测量非电量时，首先要将非电量的变化转换为光量的变化，然后通过光电器件的作用（利用光电效应）再将光量的变化转换为电量的变化，从而实现光电式传感器非电量电测的目的。

7.3.3 输出特性及调节电路

1. 光电管输出特性及调节电路

光电管基于外光电效应，在一定频率的光照下，光电管会发出电子，并在外电路产生电流。从图 7-34（a）可以看出，在同一束光照下（入射频率不变），如果光强（光通量）越大则电路产生的电流就越大，而其截止电压不变。当光电管两端加反向电压时，光电流迅速减小，但不立即降到零，直至反向电压达到一定值时光电流才为零，我们把这时的电压称为截止电压。根据爱因斯坦定律，可以解释图（b）和图（c），虽然光强变化，但同一束光照射电子逸出的动能不变，所以电路反向电压产生的反向电场克服电子动能的能量不变；而在图（c）中，不同入射光频率，则电子所具有的初始动能不同，那么截止电压就不同。图（d）中可以看出截止电压与入射光频率成线性（正比）关系，而且有个极限频率 v_0 中，也说明了要发生光电效应，必须克服材料束缚电子的逸出功，入射光频率必须要大于极限频率。

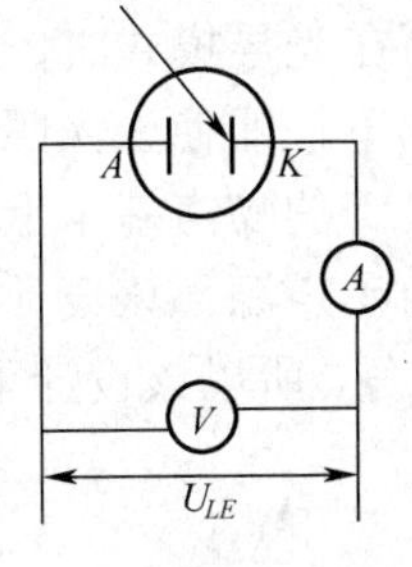

（a）实验原理图

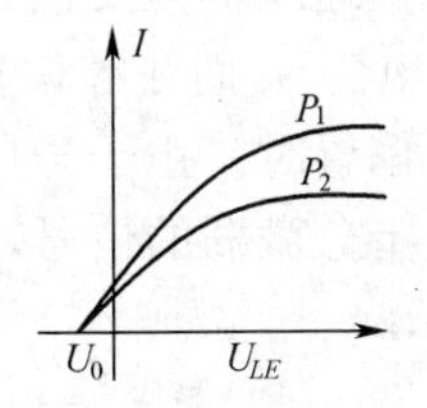

（b）同一频率，不同光强时光电管的伏安特性曲线

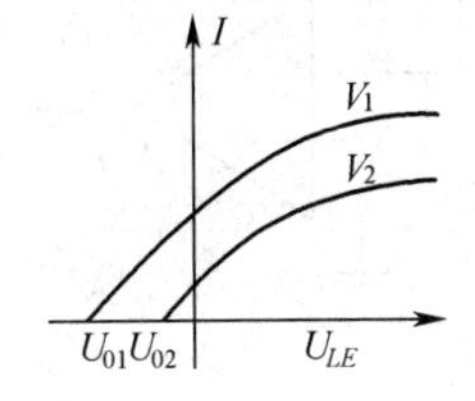

（c）不同频率时光电管的伏安特性曲线

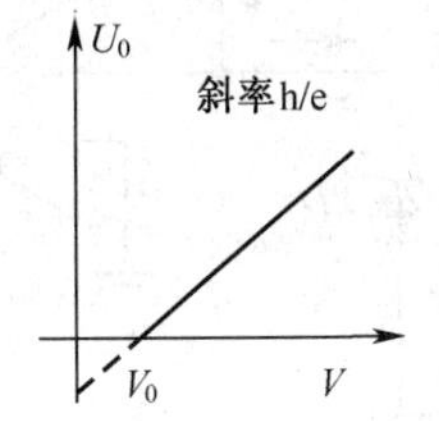

（d）截止电压 U 与入射光频率 v 的关系图

图 7-34 光电管输出特性

2. 光电二极管输出特性及调节电路

这里介绍干涉型扰动光电二极管调节电路，它用来检测和预处理非常微弱并夹杂着噪声的传感信号。光电探测器（光电二极管）接收到的光信号一般都非常微弱，而且输出的信号往往被深埋在噪声之中。因此，要先对这样的微弱传感信号进行预处理，以将大部分噪声滤除掉，并将微弱信号放大到后续处理器所要求的电压幅度。这样，就需要通过前置放大电路、滤波电路来输出幅度合适并已滤除掉大部分噪声的待检测信号。光电二级管输出特性如图 7-35 所示。

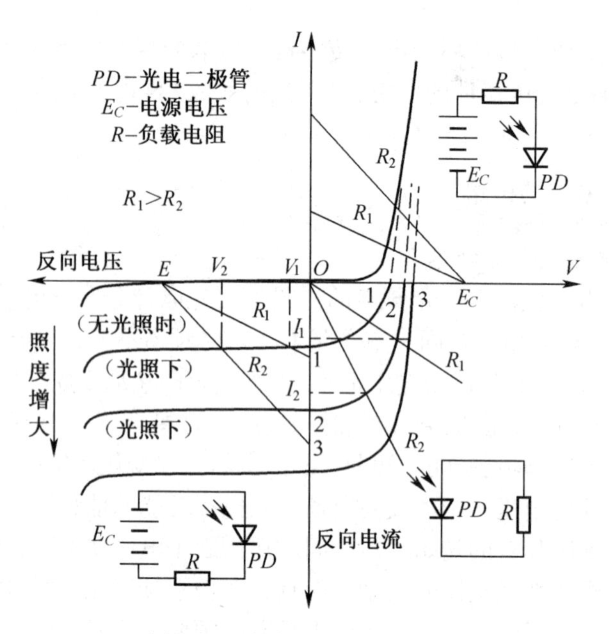

图 7-35 光电二极管输出特性

在光伏模式时，光电二极管可非常精确地线性工作，而在光导模式时，光电二极管可实现较高的切换速度，但要牺牲一定的线性。在反偏置条件下，即使无光照，仍有一个很小的电流（暗电流）。而在零偏置时则没有暗电流，这时二极管的噪声基本上是分路电阻的热噪声。在反偏置时，由于导电产生的散粒噪声成为附加的噪声源。该设计所针对的待检测传感信号是十分微弱的信号，尽量避免噪声干扰是首要任务，所以该设计采用光伏模式，如图 7-36 所示。

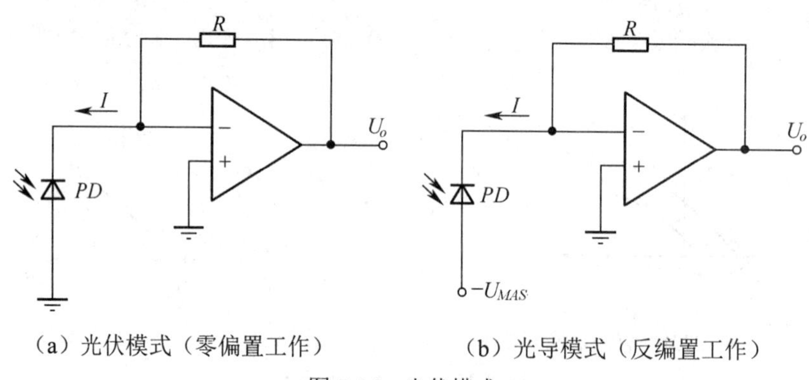

（a）光伏模式（零偏置工作）（b）光导模式（反编置工作）

图 7-36 光伏模式

前置放大电路原理如图 7-37 所示。通过 PIN 光电二极管输入的信号经过 I/V 变换将光电流转换为电压信号，然后再将电压信号经中间放大电路进行电压信号放大。电路分析：运放 U_{1A} 及其外围元件组成了 I/V 变换电路。其中 R_1 是为了消除探测器输出电流中的毛刺，R_2 为防止电路自激并提供直流通道，C_1 为隔直电容，C_3 和 R_4 用于直流平衡及交流补偿。R_3 为反馈电阻，C_2 用于减小噪声带宽以保证 R_3 对电路噪声的影响最小。由于加入电容 C_2 后电路的幅频特性会发生改变，相当于一个滤波器，所以在选取 C_2 时要同时考虑 PIN 管探测信号的频谱以免将有用信号过度衰减或者滤掉。运放 U_{1D} 及其外围元件 R_5、R_6 和 R_7 组成的反相放大器作为中间放大电路对电压信号进一步放大。

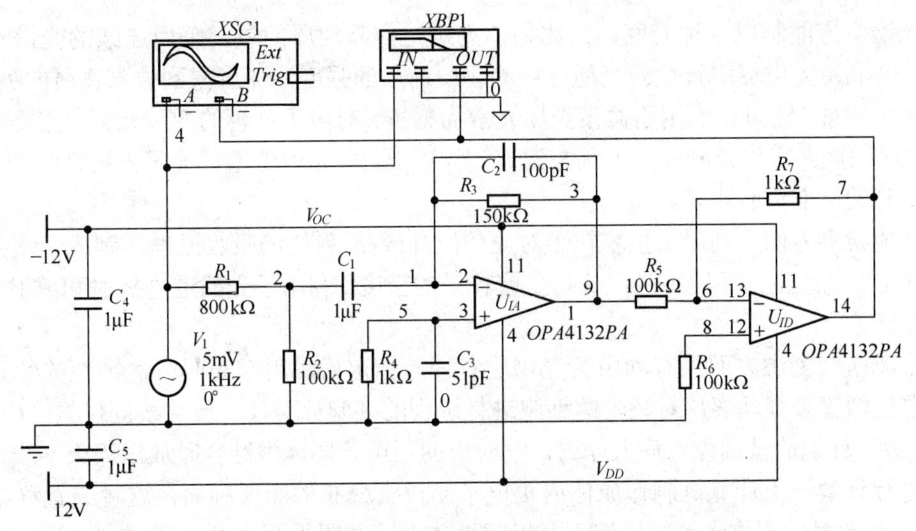

图 7-37　前置放大电路原理图

7.4　电势类传感器的应用

1. 热电传感器的应用

热电偶是工程上应用最广泛的温度传感器。它结构简单，使用方便，具有较高的准确度、稳定性及复现性，温度测量范围宽，在工业或生活的温度测量中占有重要地位。在此基础上生产出的热电传感器可以应用于测温（可接触和非接触）、自动控制等系统。

如图 7-38 所示就是热电偶传感器对于炉温的一个自动控制系统。热电偶是非接触式感应，将炉温转化为电势，再经过放大等处理，让执行器根据测量值对炉温进行控制。

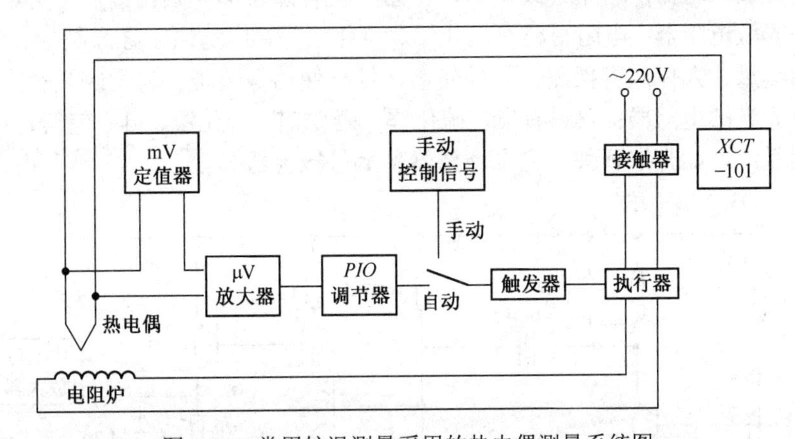

图 7-38　常用炉温测量采用的热电偶测量系统图

热电偶大部分用于测量系统，这是因为参量的转变。现在热电偶慢慢注重其有源性，有能量的转换，热能转化电能，或者利用热电阻制成温度调控设备。

2. 光电传感器的应用

（1）光电倍增管（外光电效应）。

光电倍增管是一种能将微弱的光信号转换成可测电信号的光电转换器件，具有极高的灵敏度和快速响应等特点。

光电倍增管在许多领域里都有广泛的应用，而且有些是高科技前沿技术。

在光谱学方面制成各种光度计。比如，为确定样品物质的量，采用连续的光谱对物质进行扫描，并利用光电倍增管检测光通过被测物质前后的强度，即可得到被测物质的吸收程度，计算出物质的量。还可以应用于微量金属元素的分析。对应于分析的各种元素，需要专用的元素灯，照射燃烧并雾化分离成原子状态到被测物质上，用光电倍增管检测光被吸收的程度，并与预先得到的标准样品比较。

在环境检测方面，利用了尘埃粒子对光的散乱或 β 射线的吸收原理，制成尘埃粒子计数器，来检测大气或室内环境中悬浮的粉尘或粒子的密度；利用了光的透过折射和散射原理，来制成浊度计。

在生物医疗资源方面，有利用荧光物质对细胞标定后，用激光照射，细胞的荧光、散乱光用光电倍增管进行观察，对特定的细胞进行选别的细胞分类仪。放射线同位素（C_{11}、O_{15}、N_{18}、F_{18} 等）标识的试剂投入病人体内，发射出的正电子同体内结合时放出淬灭 γ 线，用光电倍增管进行计数，用计算机制作成体内正电子同位素分布的断层画面，这种装置称为正电子CT。将含有放射性同位素的物质溶于有机闪烁体内，并置于两个光电倍增管之间，两个光电倍增管同时检测有机闪烁体的发光，因此制成液体闪烁计数来分析年代和生物化学。基本都是对射线或含放射性同位素物质的放大检测。

在高能物理领域制成辐射计数器、契伦柯夫计数器、空气浴计数器；测定天体 X 线、恒星及星际尘埃散乱光的测定；等离子体探测等就不一一介绍了。

（2）光敏电阻（光电导效应）。

光敏电阻（如图 7-39 所示）是一种采用半导体材料制作，利用光电效应工作的光电元件。它在光线的作用下阻值往往变小，这种现象称为光电导效应，因此光敏电阻又称光导管。其阻值不是固定的：若入射光强，光敏电阻的阻值就小；若入射光弱，光敏电阻的阻值就大。

根据光敏电阻的光谱特性，可分为三类光敏电阻，因此也会有三方面的应用：

- 紫外光敏电阻器：对紫外线敏感，电阻材料有硫化镉、硒化镉，可用于探测紫外线。
- 红外光敏电阻器：电阻材料有硫化铅、硒化铅等，广泛用于导弹制导、天文探测、非接触测量、人体病变探测、红外光谱、红外通信等国防、科学研究和工农业生产中。
- 可见光光敏电阻器：材料有硒、硫化镉、硒化镉、砷化镓、硅、锗等，主要用于光电控制系统，如光控开关、光电计数器、烟雾报警器等。

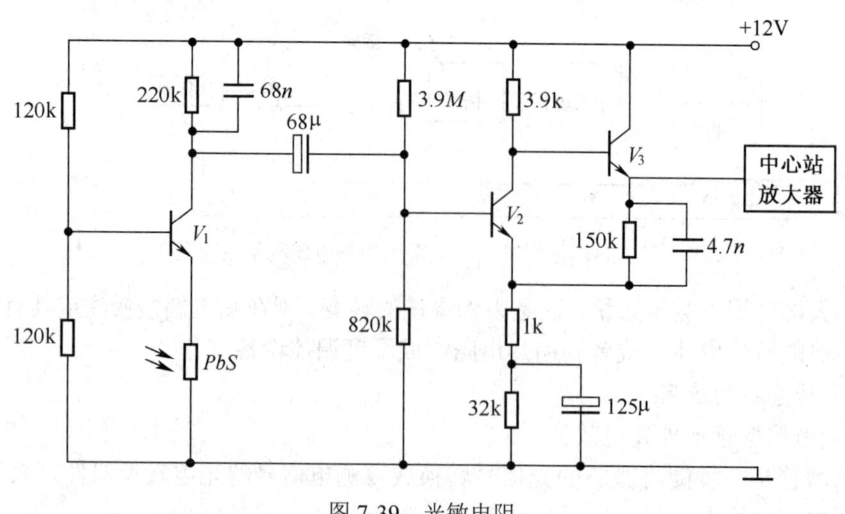

图 7-39　光敏电阻

（3）光电池（光生伏特效应）。

光电池是利用光生伏特效应把光直接转变成电能的器件。由于它可以把太阳能直接变为电能，因此又称为太阳能电池。它是基于光生伏特效应制成的，是发电式有源元件。它有较大面积的 PN 结，当光照射在 PN 结上时，在结的两端出现电动势。

常见的光电池有：硒光电池、砷化镓光电池、硅光电池等。目前，应用最广、最有发展前途的是硅光电池。

硅光电池价格便宜、转换效率高、寿命长，适于接收红外光；

硒光电池光电转换效率低（0.02%）、寿命短，适于接收可见光（响应峰值波长为 0.56μm），最适宜制作照度计。电路功能图如图 7-40 所示。

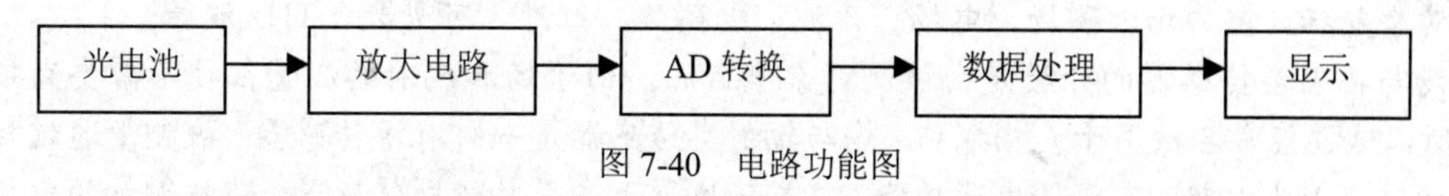

图 7-40　电路功能图

砷化镓光电池转换效率比硅光电池稍高，光谱响应特性与太阳光谱最吻合，且工作温度最高，更耐受宇宙射线的辐射，因此它在宇宙飞船、卫星、太空探测器等电源方面的应用是有发展前途的。

思考题与习题

1．在热电偶测温回路中经常使用补偿导线的最主要的目的是什么？

2．什么是热电效应？试用热电效应证明中间导体定律。

3．试说明外光电效应的光电倍增管的工作原理。

4．一个光子等效为一个电子电量，光电倍增管共有 16 个倍增级，输出阳极电流为 20A，且倍增级二次发射电子系数按自然数的平方递增，求光电倍增管的电流放大倍数和倍增系数。

第 8 章　场与辐射传感器

本章导读：

前面几章按传感器输出分类，介绍了常见的各类传感器，本章按传感器的被测对象分类介绍场与辐射传感器。随着科技的发展，场与辐射传感器的应用越来越广。常见的场与辐射的被测对象包括：重力场、磁场、电场、声波、电磁波、红外、可见光、THz 波等。

场与辐射类传感器的分类是由被测对象命名的。由于场和辐射的测量往往不需要直接接触，所以这也经常会被用于无损探伤。场与辐射类传感器是一种有源传感器。被测量通过材料特性的改变产生电势，实现传感器功能。这类传感器大多是物性型传感器，即被测量的感应只与传感器选择的材料有关，而与其结构（如大小、厚度等）无关。场与辐射类传感器主要学习传感器的传感原理、特点和调节电路。

本章主要内容和目标：

本章主要内容包括：场与辐射类传感器的基本原理、霍尔效应、声场的测试、等效电路、输出特性分析、信号调节电路等。

通过本章学习应该达到以下目标：了解场与辐射类传感器的基本原理，熟悉霍尔电传感器和声学传感器的工作原理、等效电路传感器模型，掌握热电传感器的输出特性；熟悉相应的调节电路和传感器的应用特点。

8.1　概述

什么是场与辐射传感器？场与辐射传感器以各种类型的场与辐射感应器件作为传感元件，将被测物理量的变化转变为辐射量的变化。场与辐射传感器体现的是辐射感应器件的规律。场与辐射传感器的输入为各种不同的物理辐射量。从输入看，可以为温度、光、电场、声波、红外、THz 等多种非电物理量，从输出看，体现为场与辐射的变化，通过适当的信号调节电路，最终场与辐射传感器的输出可以体现为电压、电流、频率等形式的电量。

那么什么因素可以带来辐射量的变化呢？输入的这些物理量又通过什么样的方式作用在这些影响因素上呢？这是本章需要重点研究的内容。

8.2　磁敏传感器

最常见的场与辐射传感器是磁敏传感器。它能接收磁信号，并将其转换为相应的电信号或电参量。磁敏传感器按结构可以分为体型和结型两种，前者主要包括霍尔传感器和磁敏电阻，其主要材料为 InSb、InAs、Ge、Si 等，后者包括磁敏二极管 Ge、Si 和磁敏晶体管 Si。它们都是利用半导体材料中的自由电子或空穴随磁场改变其运动方向这一特性而制成的。目前，从 10-14T 的人体弱磁场到 25T 的强磁场，都可以找到相应的型号测量。磁敏传感器最大的特点是测量无须接触，这不但提高了传感器的易用性，也提高了传感器的使用寿命。

磁敏传感器的应用非常广泛，典型应用有：

- 霍尔元件：磁场测量、电流检测、转速测量、开关测量。
- 强磁体薄膜磁阻器件：位移测量（磁尺长距离位移测量）、角度测量、脉冲测量（流量和转速测量）。
- 半导体磁敏电阻：微弱磁场检测（如伪钞识别）、脉冲测量。

目前，磁敏传感器的发展非常迅速，有以下特点：

- 集成电路技术的应用，使得磁敏传感器的体积大幅减小。
- InSb 薄膜技术的应用，大幅降低了成本。
- 强磁体合金薄膜技术的应用，增加了应用领域。
- 巨磁电阻薄膜技术的应用，提高了传感器的灵敏度和稳定性。

非晶合金材料的应用和其他材料的应用开发，改善了传感器性能。

目前，磁敏传感器的种类丰富，应用广泛，发展空间巨大。其代表厂商包括：美国霍尼韦尔、日本东芝（霍尔器件）、日本 SONY、荷兰飞利浦（磁阻器件）等国际知名公司，也包括中科院半导体研究所（霍尔器件）、沈阳仪表研究院（磁阻器件）等国内公司。价格最便宜的仅为 0.3 元，如 InSb 器件，主要用于直流无刷电机转子位置检测。

8.2.1　霍尔效应

霍尔传感器是基于霍尔效应设计的。1879 年霍尔首先在金属材料中发现霍尔效应，但由于霍尔效应太弱而无法应用。直到半导体技术发展后，用半导体材料制成霍尔传感器，其霍尔效应明显增强，且体积小、噪声小、结构简单、频率范围宽、动态范围大、寿命长，所以得到了广泛应用。霍尔传感器广泛用于电磁、压力、加速度、振动等测量。

1879 年霍尔在约翰·霍普金斯大学攻读研究生，他注意到麦克斯韦的电磁学与瑞典物理学家爱德朗教授对导体切割磁力线的矛盾描述，并就此请教了他的导师罗兰教授，并在罗兰教授的支持下进行了验证。他将镀金箔金属盘作为电路的一部分，将其放在电磁铁两极之间，让盘垂直切割磁力线，用灵敏电流表观察两端相对电位是否改变，以确定磁场是否影响导体中的电流，如图 8-1 所示为霍尔实验的示意图。他发现了磁场的作用，从而发现了霍尔效应，修正了麦克斯韦的电磁学相关部分的错误。

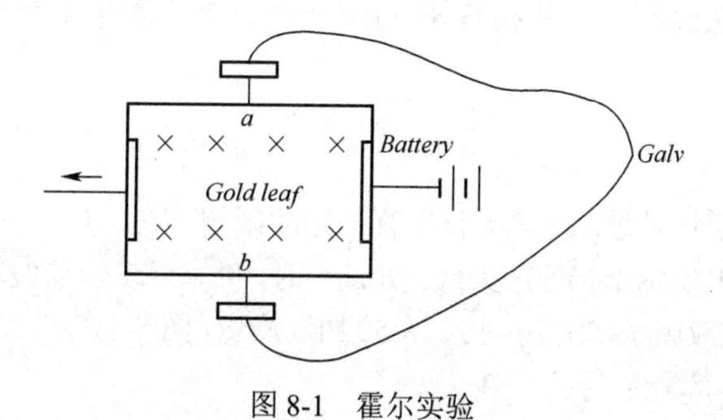

图 8-1　霍尔实验

置于磁场中的静止载流导体，当其电流方向与磁场不一致时，载流导体上平行于电流和磁场两个方向的面产生电动势，被称为霍尔电势，这种物理现象被称为霍尔效应。

如图 8-2 所示，垂直于外磁场 B 放置一导电板，导电板上同电流 I，此时电子受到的洛仑磁力为：

$$f_1 = ev \times B \tag{8-1}$$

式中，e 为电子电荷，v 为电子运动平均速度，B 为磁场的磁感应强度。

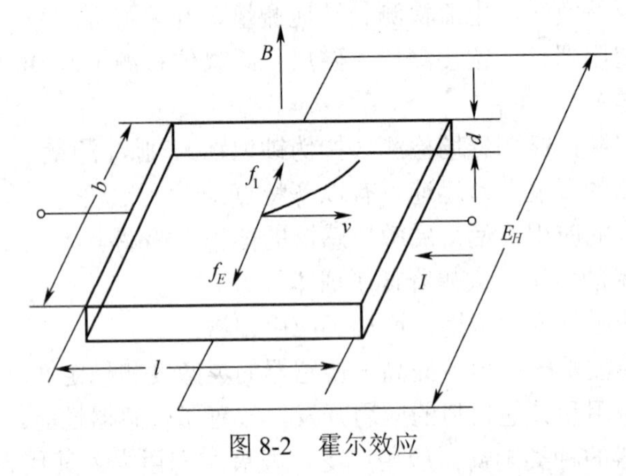

图 8-2 霍尔效应

此时金属底板的上底面会累积电子，而下底面累积正电荷，从而形成附加电场，称为霍尔电场，其强度为：

$$E_H = \frac{U_H}{b} \tag{8-2}$$

式中，U_H是电位差。霍尔场的出现使定向运动的电子除了受洛仑兹力的作用外，还受到霍尔电场的作用力，其大小为 eE_H，此力阻止电荷继续积累。随着上下底面积累电荷的增加，电子受到的电场力也增加，当电子所受洛仑兹力与霍尔电场作用力大小相等、方向相反时，即：

$$eE_H = eBv \tag{8-3}$$

则：

$$E_H = vB \tag{8-4}$$

此时，电荷不再向两底面积累，达到平衡状态。

8.2.2 影响霍尔效应的因素

1. 磁场与元件法线的夹角

如果磁场与薄片法线有一定的夹角 α（0～90°），那么霍尔电势的值会减小，变化关系式为：

$$U_H = K_H IB\cos\alpha \tag{8-5}$$

2. 元件的几何形状

霍尔元件的几何形状对霍尔电势U_H也有一定的影响，式（8-5）仅表示霍尔片的长度l远大于宽度b时的U_H，但实际上当b加大或l/b减小时，载流子在磁场偏转中的损失会加大，U_H将下降。通常用形状效应因子$f(l/b)$对式(8-5)加以修正，图 8-3 给出了元件尺寸l/b与$f(l/b)$的关系曲线，于是U_H应表示为：

$$U_H = K_H IBf(l/b) \tag{8-6}$$

3. 控制电极对U_H的短路作用

以沿霍尔元件的长度方向l自左向右为x轴，测量$U_H(x)$，得到不同宽长比时的曲线，由于控制电极的接触面积与其所在侧面的面积$(b\times d)$相比较大时对霍尔电势具有短路作用，使因洛仑兹力积累的部分电荷与其对面感应的部分相反电荷中和，霍尔电势下降，所以离控制电极越近U_H越小，在 1/2 处U_H有最大值。这提示设计元件时应尽量减小短路作用。

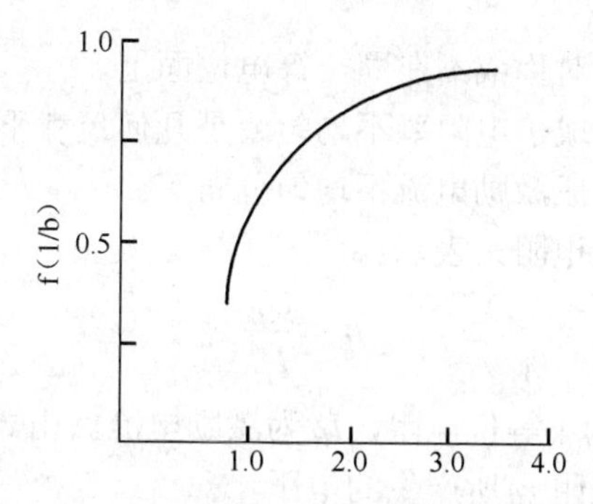

图 8-3 元件尺寸 l/b 与 $f(l/b)$ 的关系曲线

由以上分析可知，控制电流（或磁场）方向改变时，霍尔电势的方向也将改变，但电流与磁场同时改变方向时，霍尔电势方向不变；当材料和几何尺寸确定后，霍尔电势的大小正比于控制电流 I 和磁感应强度 B，于是霍尔元件在 I 恒定时可用来测量磁场，在 B 恒定时用来检测电流；当霍尔元件在一个线性梯度磁场中移动时，输出霍尔电势反映了磁场变化，由此可测微小位移及机械振动等。

8.2.3 霍尔元器件的外形、特点及补偿方法

1. 霍尔元器件的外形

霍尔元件的结构很简单，它由霍尔片、引线和壳体组成，如图 8-4（a）所示。霍尔片是一块矩形半导体单晶薄片，引出 4 条引线。1、1′ 两根引线加激励电压或电流，称为激励电极；2、2′ 引线为霍尔输出引线，称为霍尔电极。霍尔元件壳体由非导磁金属、陶瓷或环氧树脂封装而成。在电路中霍尔元件可用两种符号表示，如图 8-4（b）所示。

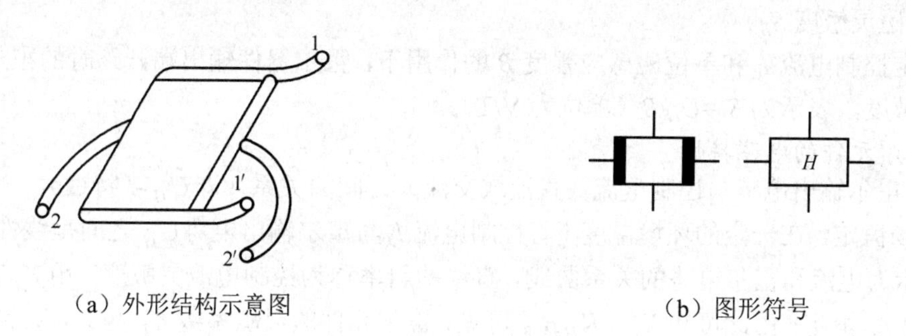

（a）外形结构示意图　　（b）图形符号

图 8-4 霍尔元件的基本结构

2. 霍尔元件的基本特性

（1）额定激励电流和最大允许激励电流。

霍尔元件温升 10℃时所流过的激励电流称为额定激励电流，以元件允许最大温升为限制所对应的激励电流称为最大允许激励电流。改善霍尔元件的散热条件，可以使激励电流增加。霍尔电势随激励电流增加而增加，使用中尽可能选用较大的激励电流。

（2）输入电阻和输出电阻。

激励电极间的电阻值称为输入电阻。霍尔电极输出电势对外电路来说相当于一个电压源，其电源内阻即为输出电阻。以上电阻值是在磁感应强度为零且环境温度在 20±5℃时确定的。

（3）不等位电势和不等位电阻。

当霍尔元件的激励电流为 I 时，若元件所处位置磁感应强度为零，则它的霍尔电势应该为零，但实际不为零。这时测得的霍尔电势称为不等位电势。产生这一现象的原因有：

- 霍尔电极安装位置不对称或不在同一等电位面上。
- 半导体材料不均匀造成了电阻率不均匀或是几何尺寸不均匀。
- 激励电极接触不良造成激励电流不均匀分布等。

不等位电势也可用不等位电阻来表示：

$$r_0 = \frac{U_0}{I_H} \tag{8-7}$$

式中，U_0为不等位电势，r_0为不等位电阻，I_H为激励电流。由式（8-7）可以看出，不等位电势就是激励电流流经不等位电阻r_0所产生的电压。

（4）寄生直流电势。

在交流激励下，外加磁场为零，霍尔电极输出除了交流不等位电势外，还有一直流电势，称寄生直流电势。其产生的原因有：

- 激励电极与霍尔电极接触不良，形成非欧姆接触，造成整流效果。
- 两个霍尔电极大小不对称，则两个电极点的热容不同、散热状态不同形成极向温差电势。寄生直流电势一般在 1mV 以下，它是影响霍尔片温漂的原因之一。

（5）霍尔电势温度系数。

在一定磁感应强度和激励电流下，温度每变化 1℃时，霍尔电势变化的百分率称为霍尔电势温度系数，它同时也是霍尔系数的温度系数。

（6）乘积灵敏度K。

在单位控制电流I_c和单位磁感应强度B的作用下，霍尔器件输出端开路时测得的霍尔电压称为乘积灵敏度K_H，其单位为 V/A·T。半导体材料的载流子迁移率越大或者半导体片厚度越小，则乘积灵敏度就越高。

（7）磁灵敏度S_B。

在额定控制电流I_c和单位磁感应强度B的作用下，霍尔器件输出端开路时的霍尔电压U_H称为磁灵敏度，表示为S_B=U_H/B（单位为 V/T）。

3. 霍尔元件的电磁特性

（1）霍尔输出电势与控制电流（直流或交流）之间的关系（即U_H-I特性）。

若磁场恒定，在一定的环境温度下，控制电流I_J与霍尔输出电势U_H之间呈线性关系，如图 8-5 所示为电流和霍尔电势的关系曲线。直线的斜率称为控制电流灵敏度（用K_I表示），说明$K_I = U_H / I$恒定，由此可知$K_I = K_H B$。可见，霍尔元件的灵敏系数K_H越大，其K_I也越大。但K_H大的霍尔元件，其U_H并不一定比K_H小的元件大，因K_H低的元件可在较大的I下工作，同样能得到较大的霍尔输出。当控制电流采用交流时，由于建立霍尔电势所需时间极短（约10^{-12}～10^{-14}s），因此交流电频率可高达几千兆赫，且信噪比较大。

（2）霍尔输出电势与直流控制电压之间的关系（即U_H-V特性）。

若给霍尔元件两端加上一个电压源V，此时元件上流过的电流为：

$$I = \frac{V}{R} = \frac{Vbd}{\rho l} \tag{8-8}$$

霍尔输出电压为：

$$U_H = K_H IBf\left(\frac{l}{B}\right) = \mu\left(\frac{b}{l}\right)BVf\left(\frac{l}{b}\right) \tag{8-9}$$

式（8-9）说明U_H与外加电压 V 成正比，而且元件的几何宽长比b/l越大U_H越大，但这与几何因子的变化趋势相反，实际中应选择适当，一般选择长宽比为 2。

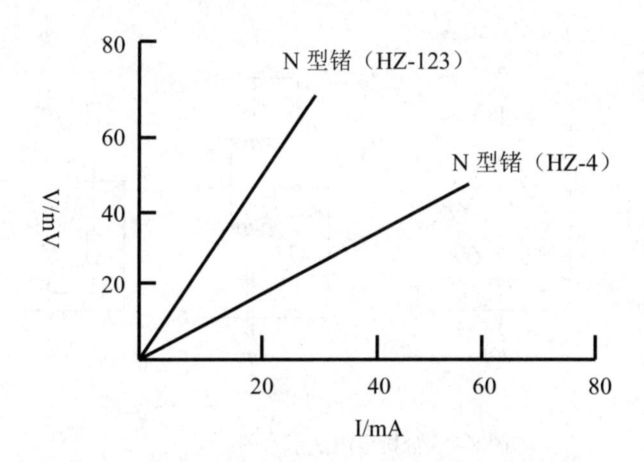

图 8-5　电流 I 与霍尔电势 U_H 的关系曲线

（3）霍尔输出与磁场（恒定或交变）之间的关系（即 U_H -B 特性）。

当控制电流恒定时，霍尔元件的开路霍尔输出随磁感应强度增加并不完全呈线性关系，如图 8-6 所示为霍尔元件的开路输出与磁感应强度关系曲线。

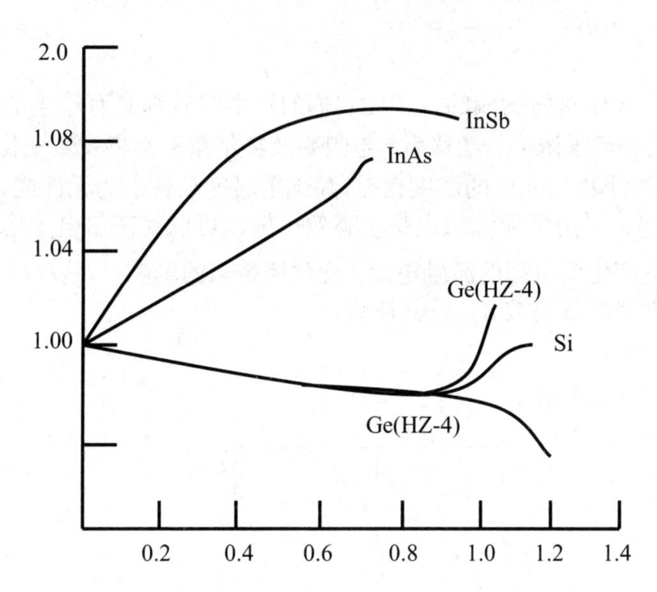

图 8-6　霍尔元件的开路输出与磁感应强度关系曲线

（4）元件的输入或输出电阻与磁场之间的关系（即 R-B 特性）。

R-B 特性是指霍尔元件的输入（或输出）电阻与磁场之间的关系。实验得出，霍尔元件的内阻随磁场的绝对值增加而增加，这种现象称为磁阻效应。利用磁阻效应制成的磁阻元件也可用来测量各种机械量。但在霍尔式传感器中，霍尔元件的磁阻效应使霍尔输出降低，尤其在强磁场时输出降低较多，需要采取措施予以补偿。

4. 霍尔元器件的补偿方法

霍尔传感器的多项误差和霍尔电势具有相同的数量级，需要补偿后才能使用，主要补偿方法如下：

（1）不等位电势补偿。

不等位电势补偿可以采用分析电阻法来找到不等位电阻，如图 8-7 所示。

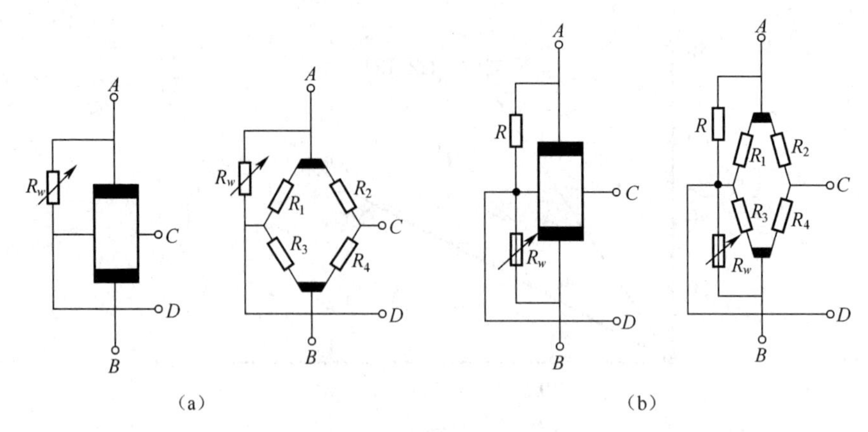

图 8-7　分析电阻法示意图

图中 A、B 为激励电极，C、D 为霍尔电极，极分布电阻分别用 R_1、R_2、R_3、R_4 表示。

理想情况下，$R_1=R_2=R_3=R_4$，即可取得零位电势为零（或零位电阻为零）。实际上，由于不等位电阻的存在，说明这 4 个电阻值不相等，可将其视为电桥的 4 个桥臂，则电桥不平衡。

为使其达到平衡，可在阻值较大的桥臂上并联电阻（如图（a）所示），或在两个桥臂上同时并联电阻（如图（b）所示）。

（2）温度补偿。

霍尔元件是采用半导体材料制成的，因此它们的许多参数都具有较大的温度系数。当温度变化时，霍尔元件的载流子浓度、迁移率、电阻率及霍尔系数都将发生变化，从而使霍尔元件产生温度误差。为了减小霍尔元件的温度误差，除选用温度系数小的元件或采用恒温措施外，由 $U_H=K_H IB$ 可以看出：采用恒流源供电是个有效措施，可以使霍尔电势稳定，但也只能减小由于输入电阻随温度变化而引起的激励电流 I 变化所带来的影响。

下面介绍霍尔元件灵敏度系数 K_H 温度补偿。

1）热敏电阻补偿法。

电阻温度补偿如图 8-8 所示。

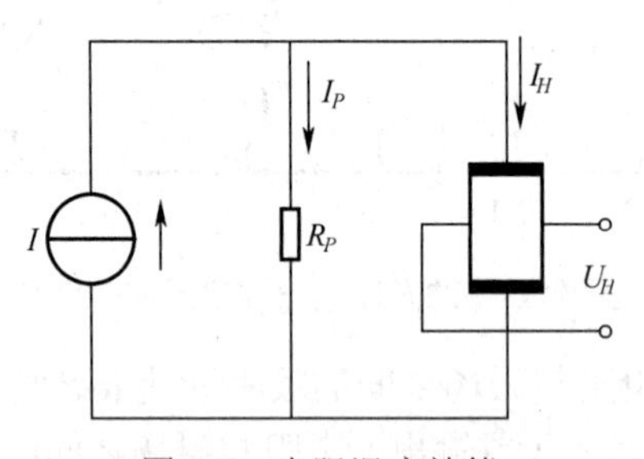

图 8-8　电阻温度补偿

霍尔元件的灵敏度系数是温度的函数，随温度的变化而变化。霍尔元件的灵敏度系数与温度的关系可以写成：

$$K_H=K_{H0}(1+\alpha\Delta T) \tag{8-10}$$

式中，K_{H0} 为温度 T_0 时的 K_H 值，$\Delta T=T-T_0$ 为温度变化量，α 为霍尔电势温度系数。

大多数霍尔元件的温度系数 α 是正值，它们的霍尔电势随温度升高而增加 $(1+\alpha\Delta T)$ 倍。如果与此同时让激励电流 I 相应地减小，并能保持 $K_H I$ 乘积不变，也就抵消了灵敏度系数 K_H 增加的影响。

图 8-9 所示是按此思路设计的一个简单、补偿效果又较好的补偿电路。

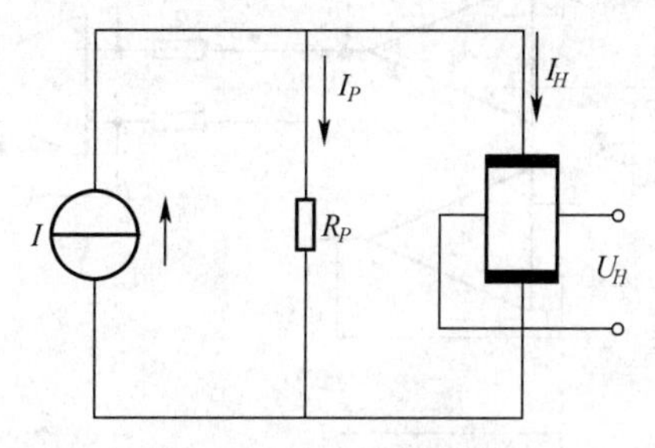

图 8-9　改进补偿电路

电路中用一个分流电阻 R_P 与霍尔元件的激励电极相并联。当霍尔元件的输入电阻随温度升高而增加时，旁路分流电阻 R_P 自动地加强分流，减少了霍尔元件的激励电流 I，从而达到补偿的目的。

在该温度补偿电路中，设初始温度为 T_0，霍尔元件输入电阻为 R_{i0}，灵敏度系数为 K_{H1}，分流电阻为 R_{P0}，根据分流概念得：

$$I_{HO} = \frac{R_{PO}I}{R_{PO} + R_{iO}} \tag{8-11}$$

当温度升至 T 时，电路中各参数变为：

$$R_i = R_{i0}(1+\delta\Delta T) \tag{8-12}$$

$$R_p = R_{p0}(1+\Delta T) \tag{8-13}$$

式中，δ 为霍尔元件输入电阻温度系数，β 为分流电阻温度系数。

虽然温度升高 ΔT，为使霍尔电势不变，补偿电路必须满足温升前后的霍尔电势不变，即：

$$U_{HO} = U_H \tag{8-14}$$

$$K_{HO}I_{HO}B = K_H I_H B \tag{8-15}$$

则：

$$K_{HO}I_{HO} = K_H I_H \tag{8-16}$$

将式（8-11）、式（8-12）、式（8-13）代入式（8-16），经整理并略去 α、β、$(\Delta \mathrm{T})^2$ 高次项后得：

$$R_{P0} = \frac{(\delta-\beta-a)R_{i0}}{a} \tag{8-17}$$

当霍尔元件选定后，它的输入电阻 R_{i0} 和温度系数 δ 及霍尔电势温度系数 α 是确定值。由式（8-17）即可计算出分流电阻 R_{p0} 及所需的温度系数 β 值。为了满足 R_0 及 β 两个条件，分流电阻可取温度系数不同的两种电阻的串并联组合，这样虽然麻烦但效果很好。

2）双霍尔元件补偿法。

如图 8-10 所示，采用双霍尔元件，由于两个霍尔元件的温度灵敏度系数相当，采用除法后输出电压 U_3 只与磁场 B 有关，而和环境温度无关，从而实现温度补偿。

3）霍尔元件输出电阻的温度补偿。

理论上，霍尔元件可以等效于一个输出电阻和电压源串联的电路，温度会影响输出电阻，进而影响元件的输出特性，如图 8-11 所示。如果输出采用仪用运放，不但能放大输出信号，还可以起到输出电阻匹配的作用，从而实现输出电阻温度补偿，此时霍尔元件输出电阻等于：

$$\frac{R_{PO}(1+\mathrm{B}\Delta T)I}{R_{PO}(1+\mathrm{B}\Delta T)+R_{io}(1+\delta\Delta T)} \tag{8-18}$$

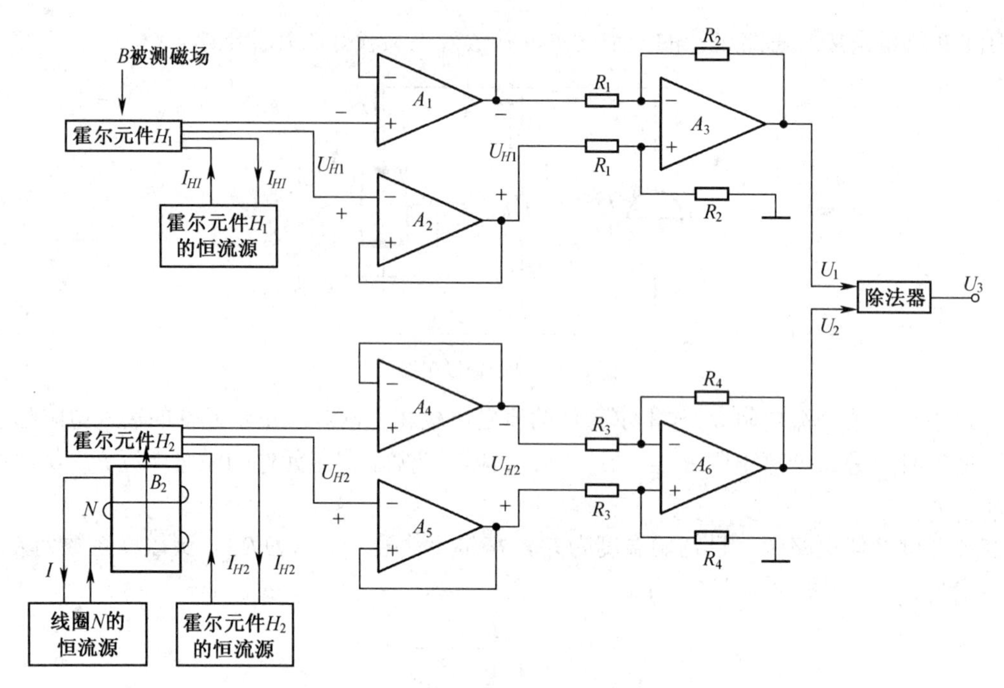

图 8-10 双霍尔元件补偿法

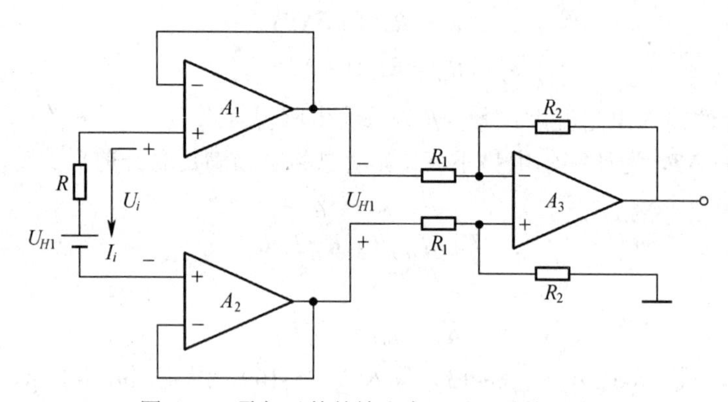

图 8-11 霍尔元件的输出电阻对测量的影响

8.2.4 其他磁敏传感器

其他磁敏传感器包括半导体磁阻器件、结型磁敏器件、铁磁性金属薄膜磁阻元件、压磁式传感器、新型磁传感器。

1. 磁阻

当半导体受到与电流方向垂直的磁场作用时，不但产生霍尔效应，还出现电流密度下降电阻率增大的现象。将外加磁场使电阻变化的现象称为磁阻效应，一般从原理上可以分为物理磁阻效应和几何磁阻效应两种。

（1）物理磁阻效应。

由热力学统计物理学可知，载流子的漂移速度服从统计分布规律。当通有电流的霍尔片放在与其垂直的磁场中经过一定时间后，产生了霍尔电场且 $qE_H = q\bar{v}B$（其中速度 $\bar{v}$ 为平均速），在洛仑兹力和霍尔电场的共同作用下，只有载流子的速度正好使得其受到的洛仑兹力与霍尔电场力相同的载流子即速度为平均速度的载流子的运动方向才不发生偏转，而速度大于或小于平均速度的载流子其运动方向都会发生偏转。载流子运动方向发生变化的直接结果是沿着 x 方向（未加电场之前的电流方向）的电流密度减小，电阻率增大，这种现象称为物理磁阻效应。因为外磁场与外电场（x 方向）是互相垂直的，所以这种现象又称为横向磁阻效应。

（2）几何磁阻效应。

在相同磁场作用下，由于半导体几何形状的不同而出现电阻值不同变化的现象称为几何磁阻效应。其原因是半导体内部电流分布受外磁场作用而发生变化。通常，长宽比越小，几何磁阻效应越强，电阻变化可用下式表示：

$$\frac{R_B}{R_0}=\frac{\rho_B}{\rho_0}G_r\left(\frac{l}{w}\tan\theta\right) \tag{8-19}$$

式中，R_B 和 R_0 分别为有无磁场 B 时的电阻，l 和 w 分别为元件的长和宽，θ 为磁场的霍尔角，G_r 为几何因子。

磁阻元件主要包括：长方形磁阻元件、栅格磁阻元件、科宾诺元件。

长方形磁阻元件：如图 8-12（a）所示，长度 l 大于宽度 b，在两端制作上电极，构成两端器件。对于这样一个确定几何形状的磁阻元件，在外加磁场作用下，物理磁阻效应和几何磁阻效应同时存在。这种磁阻元件在弱磁场作用下磁敏电阻与磁场强度的平方成线性关系。在强磁场作用下，磁敏电阻和磁场强度成正比。

栅格磁阻元件：为提高磁阻效应，在一个长方形方向上沉积许多金属短路条，将它分割成宽度都为 b，长度 l 都较小，满足 $l/b<<1$ 条件的许多子元件，从而增强磁阻灵敏性。

科宾诺元件：如图 8-12（b）所示，在盘形元件的外圆周边和中心处装上电流电极，将具有这种结构的磁阻元件称为科宾诺元件。由于科宾诺元件的盘中心部分有一个圆形电极，盘的外沿是一个环形电极。两个电极间构成一个电阻器，电流在两个电极间流动时，载流子的运动路径会因磁场作用而发生弯曲使电阻变大。在电流的横向，电阻是无头无尾的，因此霍尔电压无法建立，或者可以说霍尔电场被全部短路掉。由于不存在霍尔电场，几乎沿电场方向的每个载流子都在磁场作用下作圆周运动，电阻会随磁场有很大的变化。由于霍尔电压被全部短路而不在外部出现，电场与无磁场时相同还呈放射形，电流和半径方向形成霍尔角，表现为涡旋形流动。这是可以获得最大磁阻效应的一种形状。其磁阻效应与长方形元件的 l/b 极限为零的情况相同。磁敏电阻与磁场强度的平方成接近线性关系。

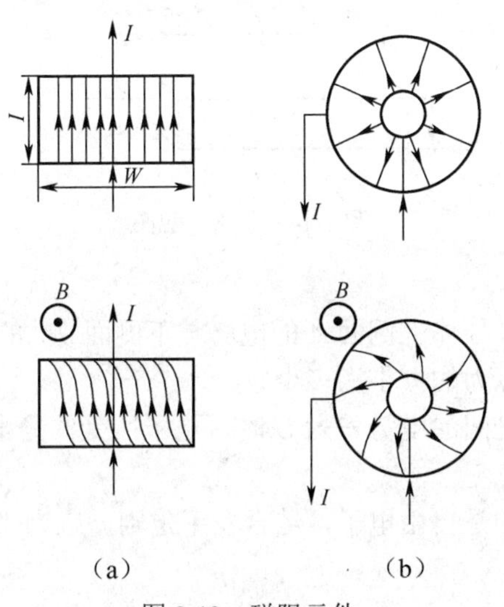

图 8-12　磁阻元件

2. 结型磁敏器件

结型磁敏器件是指包括PN结的磁敏器件。这种器件对外部磁场敏感度更高，应用广泛。以磁敏二极管为例，结型磁敏器件的工作原理为：如图8-13所示，当磁敏二极管的P区接电源正极，N区接电源负极时，二极管受磁场变化，流过电流也相应变化，此时磁敏二极管的等效电阻随磁场变化。如果磁敏二极管反接，流过电流很小，基本不受磁场影响。

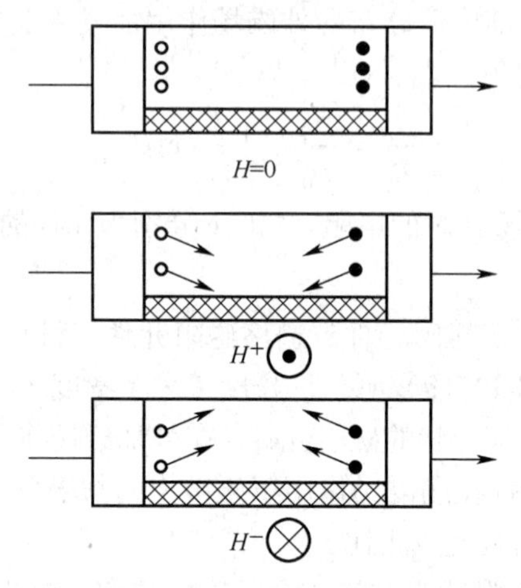

图8-13 磁敏二极管工作原理示意图

例8-1 如图8-14所示，厚度为h，宽度为d的导体板放在与它垂直的、磁感应强度为B的匀强磁场中，当电流通过导体板时，在导体的上侧面A和下侧面A'之间会产生电势差，这种现象称为霍尔效应。实验表明，当磁场不太强时，电势差U、电流I和磁感强度B之间的关系为$U=K\cdot\dfrac{IB}{d}$，式中的比例系数K称为霍尔系数。霍尔效应可以解释为：外部磁场的洛仑兹力使运动的电子聚集在导体板的一侧，在导体板的另一侧会出现多余的正电荷，从而形成横向电场，横向电场对电子施加与洛仑兹力方向相反的静电力，当静电力与洛仑兹力达到平衡时，导体板上下两侧之间就会形成稳定的电势差。设电流I是由电子的定向流动形成的，电子的平均定向速度为v，电荷量为e。

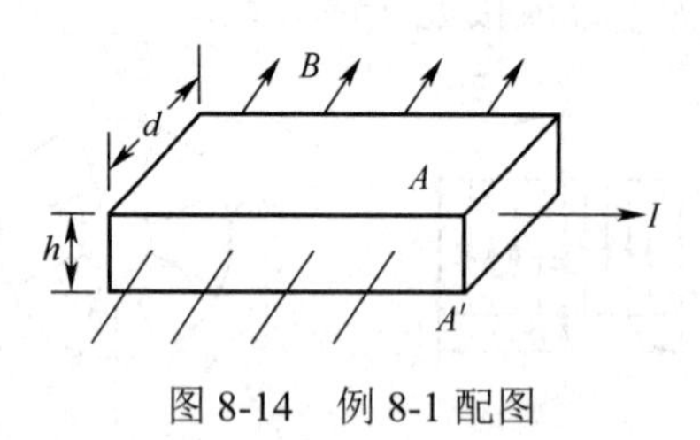

图8-14 例8-1配图

问题：

（1）达到稳定状态时，导体上侧面A的电势与下侧面A'的电势关系怎样？

（2）电子所受的洛仑兹力的大小为多少？

（3）当导体上下两侧之间的电势差为U时，电子所受的静电力的大小为多少？

解析：

（1）导体中定向移动的是自由电子，结合左手定则，应为“低于”。

（2）evB。

（3）eUh（或evB）。

8.3　声敏传感器

声敏传感器是一种将在气体、液体或固体中传播的机械振动转换成电信号的器件，它检测出信号的方法是用接触或非接触方式。本书涉及的主要是人耳可闻的声波传感器。

8.3.1　声敏传感器的原理和应用

1. *声敏传感器的原理*

机械振动在空气中的传播称为声波，更广泛地将物体振动发生的并能通过听觉产生印象的波都称为声波。声压为声敏传感器的感应物理量。

设体积元受声扰动后压强由 p_0 变为 p，则由声扰动产生的逾量压强（简称逾压）就称为声压。因为声传播过程中，同一时刻不同体积元内的压强 p 都不同，同一体积元的压强 p 又随时间变化，所以声压 p 是空间和时间的函数。

将存在声压的空间称为声场，声场中某一瞬时的声压值称为瞬时声压，在一定时间间隔中最大的瞬时声压值称为峰值声压或巅值声压。如果声压随时间的变化是简谐规律的，则峰值声压就是声压的振幅，瞬时声压对时间取均方根的值称为有效声压 P_e：

$$P_e = \sqrt{\frac{1}{T}\int_0^T p^2 \mathrm{d}t} \tag{8-20}$$

式中，T 代表取平均的时间间隔，可以是一个周期或比周期大很多的间隔。

声压的大小反映了声波的强弱，其单位为帕（Pa），1 Pa=1N/m^2。一般电子仪表测得的往往是有效声压，人们习惯上简称其为声压。人耳对 1kHz 声压的可听阈约为 2×10^{-5} Pa，微风轻轻吹动树叶的声压约为 2×10^{-4} Pa，在房间高声谈话的声压约为 0.05～0.1Pa，交响乐演奏声压约为 0.3Pa，飞机的强力发动机发出的声压约为 102Pa。

声压随空间位置的变化和随时间的变化之间联系的数学表达式就是声波动方程。下面是理想流体媒质的三个基本方程。

有声扰动时的运动方程，描述了声场中压强 p 与质点速度 v 之间的关系，即：

$$p\frac{\mathrm{d}v}{\mathrm{d}t} = -\frac{\partial p}{\partial x} \tag{8-21}$$

式中，p 为媒质密度，v 为质点振速，p 为声压。

声场中媒质的连续性方程，描述了媒质质点速度 v 与密度 p 之间的关系，即：

$$-\frac{\mathrm{d}}{\mathrm{d}x}(pv) = \frac{\partial p}{\partial t} \tag{8-22}$$

有声扰动时的物态方程，即声场中压强 p 的微小变化与密度 p 的微小变化之间的关系为：

$$\mathrm{d}p = \left(\frac{\mathrm{d}\rho}{\mathrm{d}p}\right)_s \mathrm{d}p \tag{8-23}$$

式中，下标 s 表示绝热过程。由于媒质被压缩时压强和密度都增加，膨胀时二者都降低，则系数 $\left(\frac{\mathrm{d}\rho}{\mathrm{d}p}\right)_s$ 恒大于 0，用 c_2 表示，即 $c_2 = \left(\frac{\mathrm{d}\rho}{\mathrm{d}p}\right)_s$ 。实际上，c 代表声振动在媒质中的传播速度。

对于平衡态时的理想气体：

$$c_0^2 = \left(\frac{\mathrm{d}\rho}{\mathrm{d}p}\right)_{s\gamma 0} = \frac{\gamma P_0}{\rho_0} \tag{8-24}$$

式中，c_0 表示 0℃时声振动的传播速度。

若气体是空气 $\gamma=1.402$，温度为 0℃的标准大气压 $P_0=1.013\text{N/cm}^2$，$\rho=1.293\text{kg/m}^2$，可计算得 $c_0=331.6\text{m/s}$。对于平衡态时得一般流体：

$$c_0^2=\left(\frac{\mathrm{d}\rho}{\mathrm{d}p}\right)_{s\gamma 0}=\frac{1}{\beta_s\rho_0} \tag{8-25}$$

式中，β_s 为绝热体积压缩系数。

人耳可闻的声波频率范围为 20Hz～20kHz，而超过可听声频范围的声波称为超声波，超声波具有很好的定向性和贯穿能力。

2. *声敏传感器的应用*

声敏传感器按照转换原理可分为接触阻抗型和阻抗变换型两种。常见声敏传感器有如下几种：

（1）接触阻抗型声敏传感器。

接触阻抗型声敏传感器的一个典型实例是碳粒式送话器，当声波经过空气传播至膜片时，膜片产生振动，使膜片和电极之间碳粒的接触电阻发生变化，从而调制通过送话器的电流，该电流经变压器耦合至放大器，经过放大后输出，如图 8-15 所示。

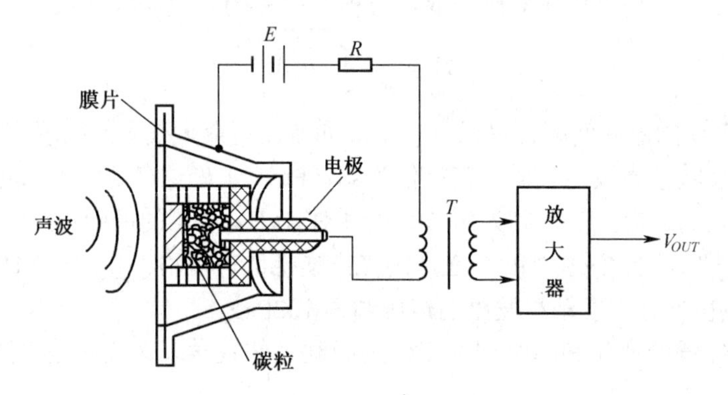

图 8-15　接触阻抗型声敏感传感器

（2）压电型声敏传感器。

是利用压电晶体效应制成的，如图 8-16 所示。压电晶体的一个极面和膜片相连接，当声压作用在膜片上使其振动时，膜片带动压电晶体产生机械振动，压电晶体在机械应力的作用下产生随声压大小变化而变化的电压，从而完成声电转换。

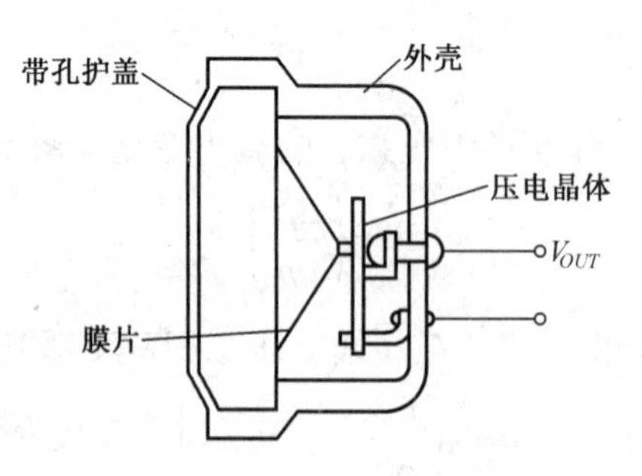

图 8-16　压电型声敏传感器结构图

（3）电容式声敏传感器（静电型）。

电容式声敏传感器的输出阻抗呈容性，由于它的容量小，在低频情况下容抗很大，为保证低频时的灵敏度，必须有一个输入阻抗很大的变换器与其相连，经阻抗变化后，再由放大器进行放大。

电容式送话机的结构如图 8-17 所示，它由膜片、外壳及固定电极等组成，膜片为一片质轻而弹性好的金属薄片，它与固定电极组成一个间距很小的可变电容器。当膜片在声波作用下振动时，膜片与固定电极间的距离发生变化，从而引起电容量的变化。

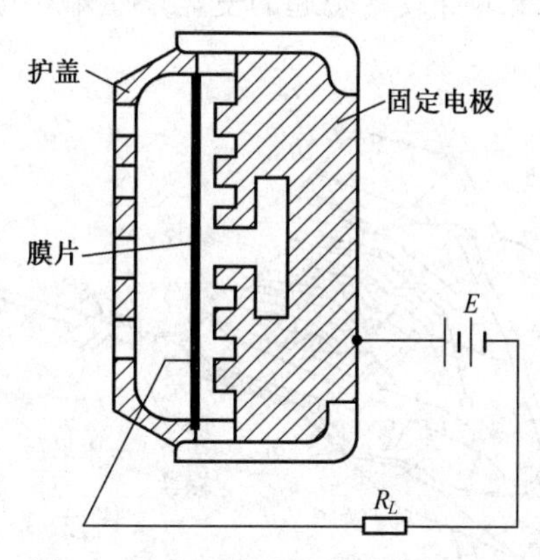

图 8-17　电容式送话器结构示意图

（4）音响传感器。

音响传感器的种类有很多，有将声音载于通信网的电话话筒、将可听频带范围（20Hz 20kHz）的声音真实地进行电变换的放音/录音话筒、从媒体所记录的信号还原成声音的各种传感器。

图 8-18 所示是驻极体话筒的结构示意图，其中驻极体薄膜的一个面做成电极，与固定电极保持一定的间隙，并配置于固定电极的对面。

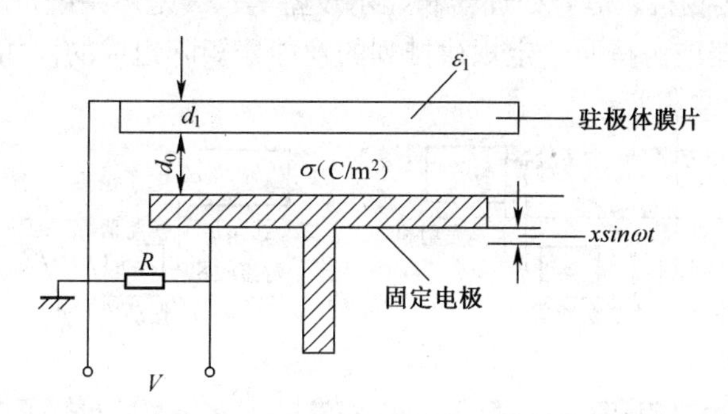

图 8-18　驻极体话筒的结构示意图

驻极体是以聚酯、聚碳酸酯作为材料的电解质薄膜，使其内部极化并将电荷固定在薄膜的表面。将薄膜的一个面做成电极，与固定电极保持一定的间隙 d_0，并配置于固定电极的对面。在薄膜的单位电极表面上所感应的电荷为：

$$\begin{cases} Q_1 = \dfrac{\varepsilon_1 d_0 \sigma}{\varepsilon_1 d_0 + \varepsilon_0 d_1} \\ Q_2 = \dfrac{\varepsilon_1 d_1 \sigma}{\varepsilon_1 d_0 + \varepsilon_0 d_1} \end{cases} \tag{8-26}$$

式中，ε_0 和 ε_1 分别为各部分的介电常数，σ 为电荷密度。

若设系统的合成电容为 C，膜片的角频率 ω，若 $R>>\omega_C$，则电极间的电位差为：

$$V=\frac{d_0}{\varepsilon_0}\sin\omega t=\frac{d_1\sigma}{\varepsilon_1 d_0+\varepsilon_0 d_1}\sin\omega t \tag{8-27}$$

（5）录音拾音器。

录音拾音器由极电变换部分和支架构成（如图 8-19 所示），它可以检测在录音机 V 型沟槽中记录的上下、左右振动。拾音器大致可以分为：速度比例式和位移比例式。在拾音器的线圈中都包含有磁芯，由振动线圈本身铰链磁通的变化产生输出电压，其磁芯材料广泛使用合金材料，详细内容可参考相关书籍。

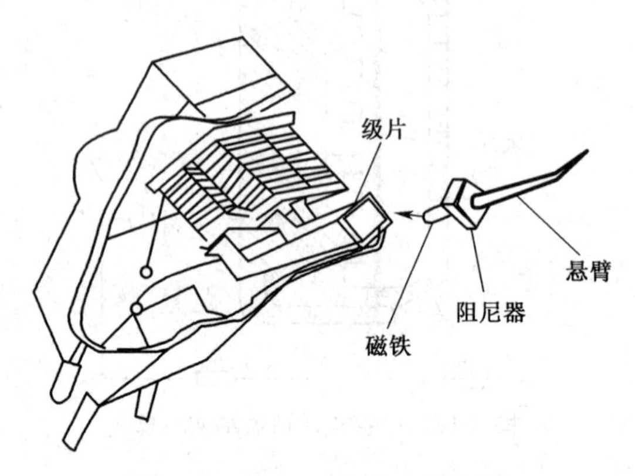

图 8-19　10 MM 型拾音器芯子

8.3.2　水声传感器

电磁波在水中传播时衰减很大，所以需要借助水声设备。

通常，水声设备可以分为两大部分：一是电子设备，用于产生、放大、接收和指示电信号，它包括发射机、接收机、信号处理器和显示设备等；二是声系统，用于电声信号的相互转换，它是由水声接收器或由按照一定规律排列的换能器矩阵组成的，如图 8-20 所示。

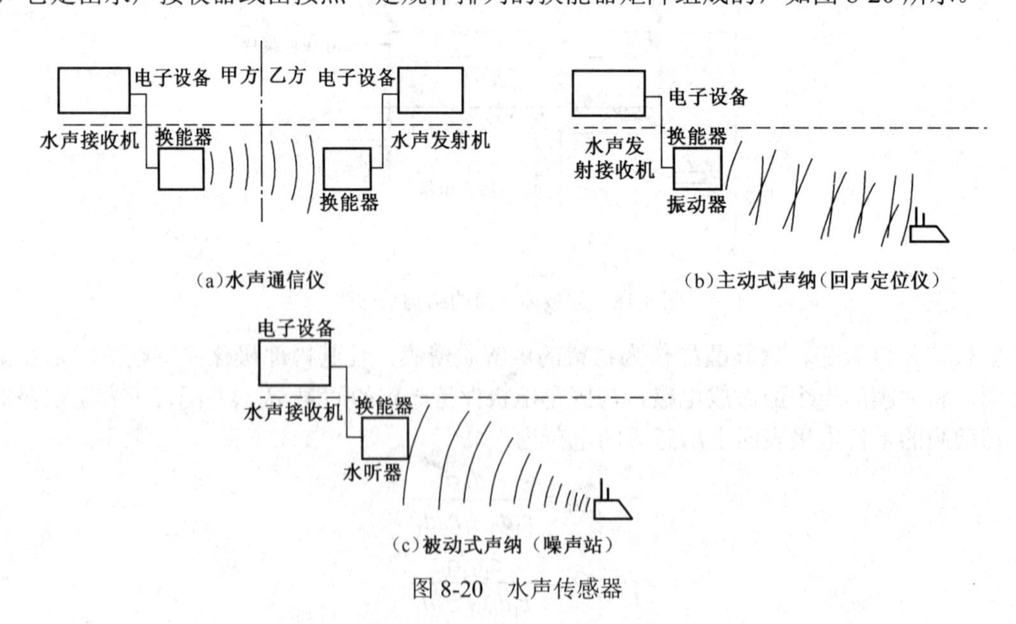

图 8-20　水声传感器

1. 性能指标

压电式换能器是目前水声技术领域应用最广泛的一类换能器。水声换能器的性能指标主要有工作频率、机电耦合系数、机电转换系数、品质因数、频率特性、阻抗特性、方向特性、振幅特性、发射灵敏度、发射器功率、温度和时间稳定性、机械强度及质量等。对作发射用的换能器与作接收用的换能器有不同的指标要求。

（1）对发射换能器主要要求的指标。

- 发射声功率：是标志发射器在单位时间内向介质辐射声能大小的物理量。
- 发射效率：作为能量传输网络，效率的概念有三个，即机电效率、机声效率和电声效率。
- 发射器的灵敏度：有电压灵敏度和电流灵敏度之分，是在换能器测量中常用的一个指标。

（2）对接收换能器主要要求的指标。

- 接收器的灵敏度：与发射器一样，有电压灵敏度和电流灵敏度之分。
- 接收器的振幅特性：是指当所接收的声信号幅度变化时，相应的信号电压幅度的变化。

（3）对发射、接收及收发兼用的水声换能器共同要求的指标。

- 工作频率：对换能器工作频率的选取应该与整个水声设备的工作频率相适应。
- 频率特性：换能器的一些重要指标参数均参照其随工作频率变化的特性。
- 机电耦合系数：所谓换能器的机电耦合系数 K，是指换能器在能量转换过程中能量相互耦合程度的一个物理量。
- 品质因数：换能器的品质因数的大小不仅与换能器的材料、结构和机械损耗大小有关，还与其辐射声阻抗有关。
- 阻抗特性：由于换能器在电路上要与发射机的末级回路和接收机的输入阻抗相匹配，因此求出换能器的等效输入阻抗是很重要的。

2. 应用

朗之万型换能器实质上是复合棒式的振子。朗之万型换能器的振动状态如图 8-21（a）所示，在基波振动时，辐射面中部振幅最大，由中心到四周振动逐渐衰减；二次谐波振动的情况则相反，辐射面边缘的振幅最大，而中心部位最小。

最早付诸实施并使用于鱼群探测仪的朗之万型换能量器是由外径 60mm、厚度 5mm 的电压陶瓷片与厚度 14mm 的两个钢柱粘结而成的。

朗之万型换能器的结构如图 8-21（b）所示。

表 8-1 所示为朗之万型换能器的参数。

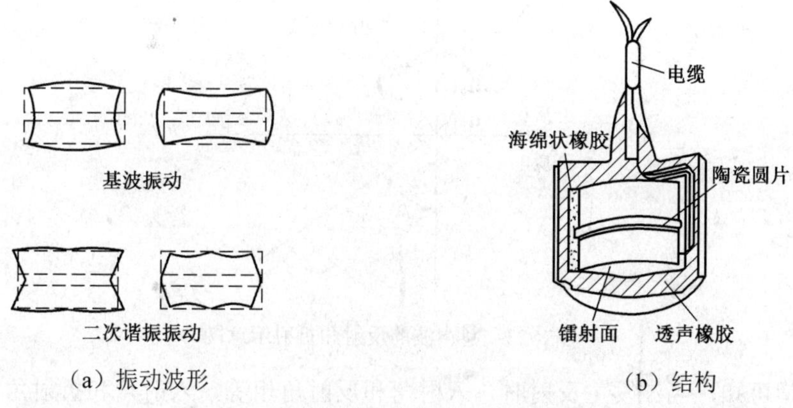

（a）振动波形　　（b）结构

图 8-21　朗之万型换能器的振动波形及结构

表 8-1 朗之万型换能器的参数

振子情况	f_i/kHz	f_o/kHz	Δf/kHz	V_m/mV	V_d/mV	k/%
裸振子	51.10	52.00	0.05	77	2.6	21.0
橡胶包封后	51.27	51.81	0.10	22	—	16.3
橡胶包封后（水中）	51.22	52.14	0.16	5.1	—	23.5

8.3.3 超声波传感器

波动是振动在弹性介质内的传播，简称波。波是通过频率的大小来划分的，其中能被人耳所闻的机械波的频率在 20Hz～20kHz 之间，称为声波；高于 20kHz 的机械波称为超声波；低于 20Hz 的机械波称为次声波。当超声波由一种介质射入到另外一种介质时，由于在两种介质中的传播速度不同，在介质表面会产生反射、折射和波形转换等现象，如图 8-22 所示。

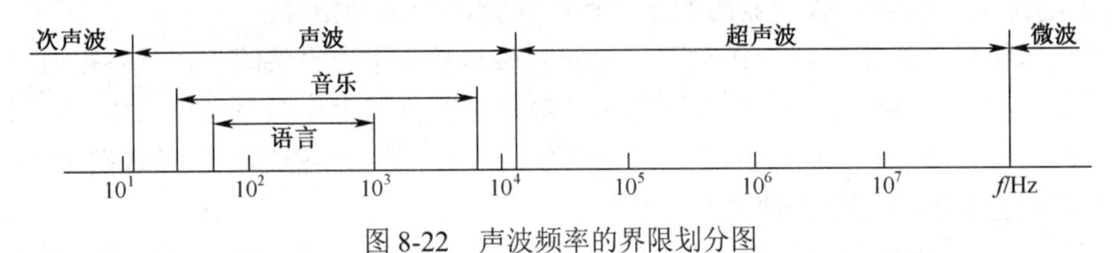

图 8-22 声波频率的界限划分图

1. 超声波的波形及其转换

纵波：质点振动方向与波的传播方向一致的波。

横波：质点振动方向垂直于传播方向的波。

表面波：质点的振动介于横波与纵波之间，沿着表面传播的波。

横波只能在固体中传播，纵波能在固体、液体和气体中传播，表面波随深度增加衰减很快。

2. 超声波的反射和折射

声波从一种介质进入另一种介质时，在两种介质的分界面上一部分声波被反射，另一部分将透过界面发生折射现象。声波的反射和折射现象如图 8-23 所示。

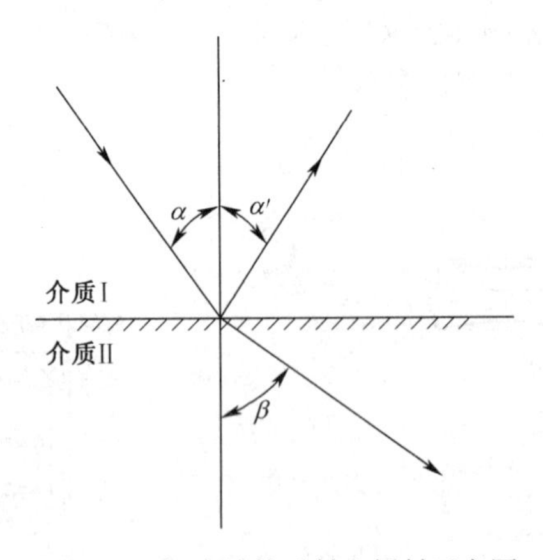

图 8-23 超声波的反射和折射示意图

由物理学可知，当波发生反射时，入射角和反射角相等，入射角和折射角的关系与声波在两种不同介质中的传播速度有关。假设在第一种介质中的传播速度是 c_1，在第二种介质中的速度是c_2，它们的关系式如下：

$$\frac{\sin\alpha}{\sin\beta}=\frac{c_1}{c_2} \tag{8-28}$$

8.3.4　声表面波传感器

表面声波的类型主要有：瑞利波和拉姆波。

1. 瑞利波

纯模的瑞利波是一种沿固体基片表面传播的二维波。如图 8-24 所示，瑞利波沿 z 轴传播，而靠近表面的介质粒子在包含表面法线和波矢的平面内做椭圆轨道运动。瑞利波在器件的表面与接触的介质发生耦合，这种耦合强烈地影响了表面波的振幅。

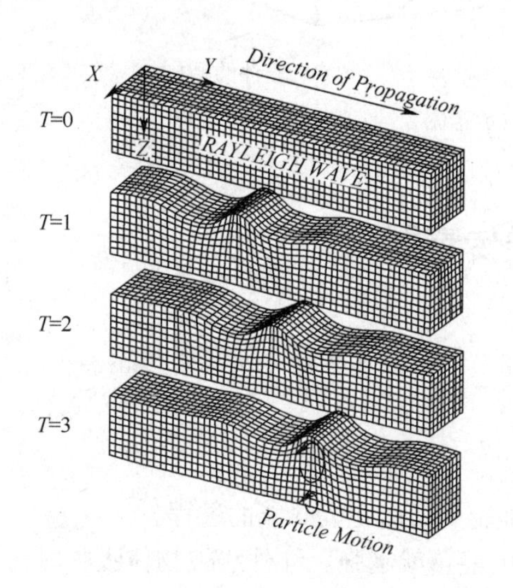

瑞利波在垂直器件表面的
平面内的传播方式及位移

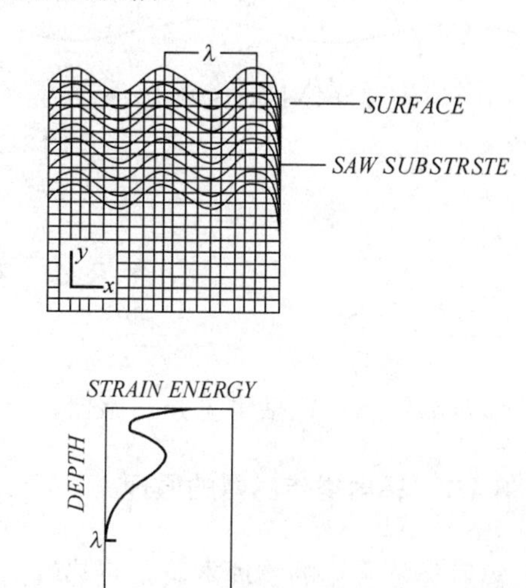

SAW 传播引起的介质表面沿
y 轴的形变及相应的势能分布

图 8-24　瑞利波示意图

由于瑞利波是一种与表面垂直的波，因此瑞利波传感器的最大缺点是它不能在液体环境下测量，因为当它与液体接触时，液体将产生压缩波从而造成瑞利波振幅的极度衰减，如图 8-25 所示。

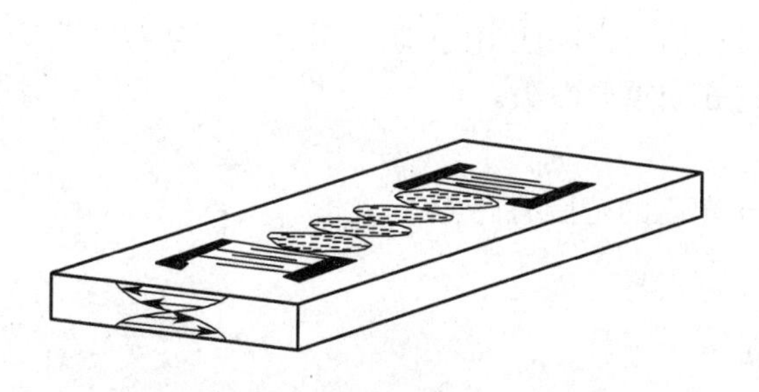

SH 波的粒子位移与基片表面
平行且与传播方向垂直

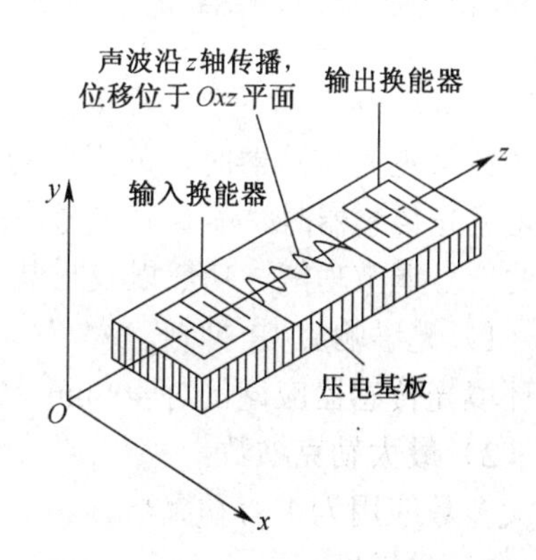

SH-SAW 波的传播，位移平行远表面

图 8-25　切变水平声平板波

2. 拉姆波

拉姆波与瑞利波有关，拉姆波可认为是由沿平板的两个表面传播的瑞利波组成的。如前所述，瑞利波的投射深度仅为一个波长，因此，如果平板厚度大于波长的两倍，两个瑞利波就可以分别自由传播。两个波不对称或对称，相应的平板变形如图 8-26 所示。

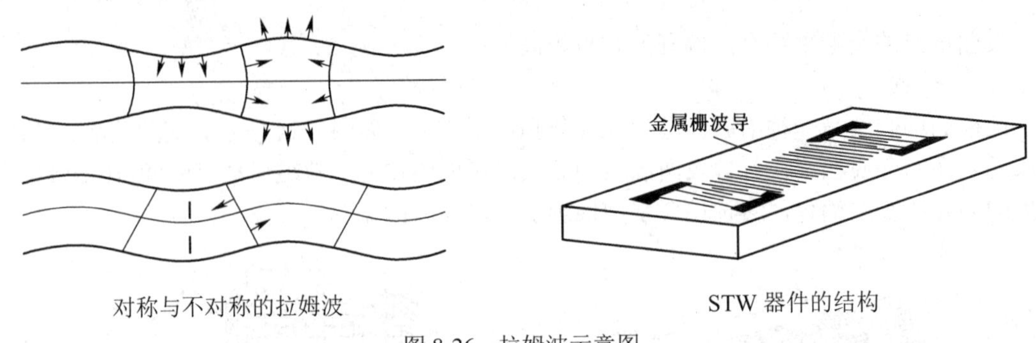

对称与不对称的拉姆波　　STW 器件的结构

图 8-26　拉姆波示意图

8.4　辐射类传感器

辐射类传感器包括可见光传感器、红外传感器、电磁波传感器、核辐射传感器等。

8.4.1　辐射类传感器的原理

辐射类传感器的物理本质是将热辐射或者其他辐射量转化为热能的过程。

红外辐射时通过红外线辐射出的越多，辐射的能量就越强。红外线被物体吸收时可以转变为热能。热释电元件基于物体的热效应，首先将光辐射能变成材料自身的温度，利用器件温度敏感特性将温度变化转换为电信号，包括了光－热－电两次的信息变换过程。

利用辐射可以构成近乎完美的测量方法。射线通过物体时由于被吸收而减少，只要准确检测出射线的损耗，就可以由相关物理关系准确推算出被测物的厚度、吸收系数等参数。

8.4.2　可见光传感器

1. 可见光传感器的重要参数

选择可见光传感器时，最重要的一点是理解哪项参数是最为关键的。一般来说，在选择一个可见光传感器时，需要着重考虑的因素包括光谱响应/IR 抑制、最大勒克斯数、光敏度、集成的信号调节功能、功耗以及封装大小这 6 个重要参数。

（1）光谱响应/IR 抑制。

环境光传感器应该仅对 400nm～700nm 光谱的范围有感应。

（2）最大勒克斯数。

大多数应用为 1 万勒克斯。

（3）光敏度。

根据光传感器的镜片类别，光线通过镜片后，光衰减可以在 25%～50%之间。低光敏度非常关键（<5 勒克斯），必须选择可以在这个范围内工作的光传感器。

（4）集成的信号调节功能（即放大器和 ADC）。

一些传感器可能提供非常小的封装，但是却需要一个外部放大器或无源元件来获取所需的输出信号。具有更高集成度的光传感器省去了外部元件（ADC、放大器、电阻器、电容器等），具有更多的优势。

（5）功耗。

对于要承受高勒克斯（>1 万勒克斯）的光传感器来说，最好采用非线性模拟输出或数字输出。

（6）封装大小。

对于大多数应用来说，封装都是越小越好。现在可提供的较小封装尺寸约为 2.0mm×2.1mm，而尺寸为 1.3mm×1.5mm 的 4 引脚封装则是下一代封装。

2. 可见光传感器的目标应用

一旦确定了上述重要规格参数，下一个需要考虑的问题就是哪类输出信号有助于目标应用的实现。

（1）采用环境光传感器的系统产品能够提供更舒适的显示质量，这对某些应用来说非常重要。例如，汽车仪表盘要求在所有环境光条件下都能达到清晰的显示效果。在白天，用户需要最大的亮度来实现最佳的可见度，但是这种亮度在夜间则显得太刺眼了。

（2）光传感器给便携式应用带来了很多好处。带有光传感器的系统能够自动检测条件变化并调节显示器的设置，以保证显示器处于最佳的亮度，进而降低总体功耗。例如移动电话、笔记本电脑以及数码相机，通过采用环境光传感器可以自动进行显示器的亮度控制，从而延长电池的寿命。

（3）光传感器在灯具的使用方面，入射波长为可见光 520nm，输出电流随光照度呈线性变化，自动衰减近红外，光谱响应接近人眼函数曲线。在 LED 感应灯使用方面，根据环境光强来转化为电能，使电能耗得到了二次节能效果，或通过外置电阻调整可见光通过阈值来控制灯具的开启或关闭，实现更为智能环保的办公、生活环境。

对于大多数光传感器来说，最常见的输出为线性模拟输出。虽然这一输出对于一些应用非常适合，但现在产品提供更多的输出选项，包括线性电压输出、数字输出、非线性电流或电压输出，每种输出都具有一定的优势。

8.4.3 红外传感器

红外辐射俗称红外线，是位于可见光中红色光以外的光线，故称为红外线。它的波长范围大致在 0.76μm～1000μm，红外线所占据的波段分为 4 部分，即近红外、中红外、远红外和极远红外。

红外辐射的物理本质是热辐射，一个热物体向外辐射的能量大部分是通过红外线辐射出来的。物体的温度越高，辐射出来的红外线越多，辐射的能量就越强。红外光具有反射、折射、散射、干涉吸收等特性。

红外传感器一般由光学系统、探测器、信号调节电路及显示单元等组成。红外探测器是利用红外辐射与物质相互作用所呈现的物理效应来探测红外辐射的。红外探测器的种类很多，分为热探测器和光子探测器两大类。如图 8-27 所示为红外传感器示意图。

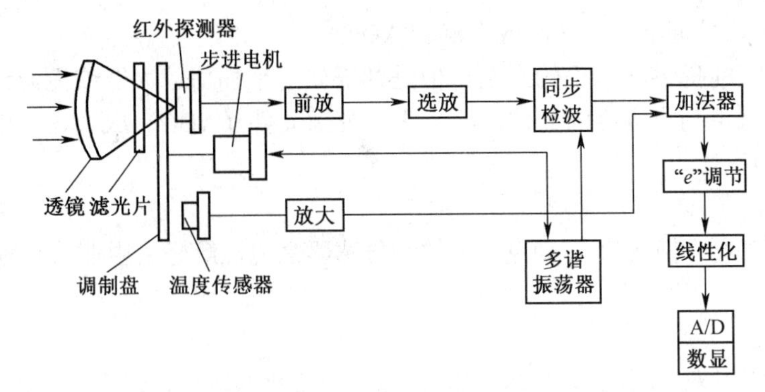

图 8-27 红外传感器示意图

思考题与习题

1．在霍尔效应实验中，如果电压表调零不准，会使测得的电压有误，但实验中采用的对称测量法可以消除这种误差，如何证明，要求用公式求解。

2．若霍尔片的方向与磁场方向不一致，对测量结果有什么影响？

3．用霍尔片测螺线管的磁场时，怎样消除地球磁场的影响？

4．如已知霍尔样品的工作电流及磁感应强度 B 的方向，如何判断样品的导电类型？

第 9 章　新型传感器

本章导读：

传感器的发展日新月异，出现了许多新型传感器，主要包括化学传感器、生物传感器和纳米传感器。化学传感器指利用化学反应产生新物质实现信息检测的传感器，如利用各种金属氧化物检测气体种类的电子鼻。生物传感器指利用各种生物分子或蛋白实现信息检测的传感器，例如血糖仪或基因芯片。纳米传感器主要指使用纳米技术设计的传感器，包括纳米粒子、纳米管、纳米线、纳米薄膜等。纳米传感器可以减少体积，增加精度，更重要的是纳米传感器站在原子尺度，可以利用尺度效应设计出更新的传感器。

新型传感器的传感机理很新，设计理念和传统传感器不同，主要需要学习传感器的传感原理、特点和调节电路。

本章主要内容和目标：

本章主要内容包括：化学传感器、生物传感器和纳米传感器的基本原理、尺度效应、输出特性分析、信号调节电路等。

通过本章学习应该达到以下目标：了解化学传感器、生物传感器和纳米传感器的基本原理；熟悉化学传感器和生物传感的工作原理、尺度效应，掌握其输出特性；熟悉相应的调节电路和传感器应用的特点。

9.1　化学传感器

化学传感器是一种对各种敏感化学物质感知并将其浓度转换为电信号进行检测的仪器。就好比于人的感觉器官，化学传感器大体对应于人的嗅觉和味觉器官等，但并不是单纯的人器官的模拟，还能感受人的器官不能感受的某些物质，如 H_2、CO。

现实生产生活中，人们通常最感兴趣的化学参数是化学物质的浓度。几乎可以说化学参数是无限量的，在临床医学、工业流程、生物技术、环境监测、农业、食物等领域都包含有大量的化学参数等化学信息，因此所要求的化学传感器是千差万别的，所涉及的领域是极其广泛的。

1. 临床医学和基础医学

在医学上，对化学传感器的要求是多方面的。临床实验室需要对无数的样品进行化验，要求快速、准确而且费用要低。医疗和护理需要连续监测化学参数，例如监测麻醉气体、血氧、二氧化碳以及钾、钙离子等，有时还需要植入体内，例如和起搏器或者和人造胰腺相结合使用的传感器。对这些，则要求安全、可靠、坚固、耐久，而且要求微型化以便容易插入体内。这些传感器的密封要求特别高，还要适应正常的杀菌操作。在保健防护方面，经常要对尿液、唾液、汗液和呼出气体进行化学监测，以得到有关身体状况变化的信息，这种测量的准确性常常不高，但要求灵敏、易于操作处理，甚至病人可以在家中自己操作。

2. 各种化学工业、能源工业、原材料工业和食品工业

在工业过程中，有许多化学参数需要监测，以便使生产效率与质量达到最佳水平。为了充分使用现代计算机技术进行有效的过程控制，也必须用化学传感器来进行连续在线监测。但是，目前仅 pH 电极是工业过程控制广泛采用的化学传感器，而且实际上也还有许多不能使用现有 pH 电极的场合。有一些不能不测定的化学参数，其中的少数可以在化学实验中完成，费用昂贵，同时耽误时间，使分析数据成为对过程控制无用的信息。当然，也有许多物质或化学参数还没有对应的化学传感器。

3. 环境监铡、污染环境（大气、水、土壤）监控与处理、卫生防疫及食品卫生检测

环境监测是化学传感器应用的主要领域，最困难的是高灵敏度高选择性的气体传感器。但这样的毒性气体传感器销售量很少，没有商业价值，各国都依赖于政府拨款。化学传感器也可以根据化学量来确定非化学参数，如示踪流量测量和检漏等，新的化学传感器的发展也将应用到更多新的领域。

4. 其他应用

化学传感器还可以用于农业土壤、水产养殖、家畜和家禽养殖、动植物保护、生态学研究、军事应用（化学战争中的检测与防护）等其他领域。

9.1.1 化学传感器的特点

化学传感器的特点主要有以下几个方面：

- 涉及学科面广、综合性强。化学传感器是一门集物理、化学、电子学、计算机、生物等多门学科的综合技术，它的发展与当代物理、光学、电学、计算机、信号处理等技术的发展密切相关，化学传感器的水平是建立在上述学科综合水平之上的。
- 使用方法灵活、结构形式多样。化学传感器形状各异，除少量实现商品化外，大部分都没有固定的结构形式。
- 自动化程度高、化学传感器是将化学反应的信号转换成电信号后输出，很容易和自动测试系统连接。

9.1.2 构成与分类

化学物质种类繁多，性质和形态各异，而对于一种化学量又可用多种不同类型的传感器测量或由多种传感器组成的阵列来测量，也有的传感器可以同时测量多种化学参数，因而化学传感器的种类极多，转换原理各不相同且相对复杂，加之多学科的迅速融合，使得人们对化学传感器的认识还远远不够成熟和统一，其分类也各不相同。通常人们按照传感器选用的换能器的工作原理将化学传感器分为电化学传感器、光化学传感器、质量传感器和热化学传感器，如图 9-1 所示。

9.1.3 化学传感器的原理

化学传感器是一种强有力的、廉价的分析工具，它可在干扰存在的情况下检测目标分子，其分析原理如图 9-2 所示，其结构一般由识别元件、相应电路组成，它通过物理、化学参数发生变化，如电子、热、质量和光等的变化，再通过转换器将这些参量转变成与分析特性有关的可直接处理的电信号，然后经过放大、存储，最后以适当的形式将信号显示出来。传感器的优劣取决于识别元件和转换器件的合适程度。通常为了获得最大的响应和最小的干扰或便于重复使用，将识别元件以膜的形式并通过适当的方式固定在换能器表面。

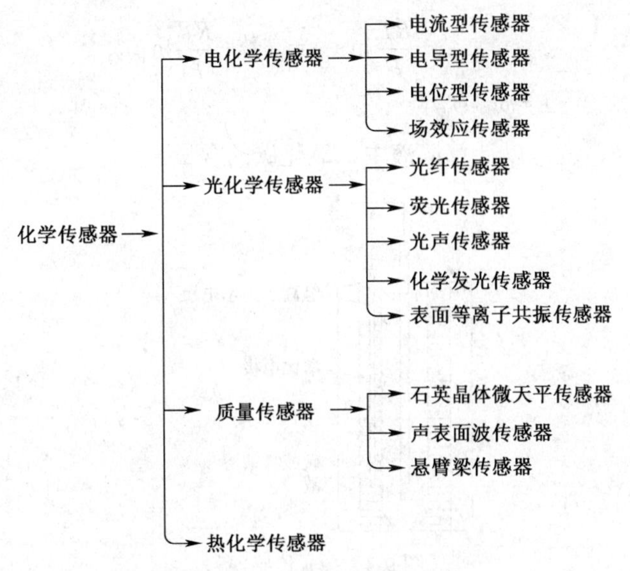

图 9-1　化学传感器的分类

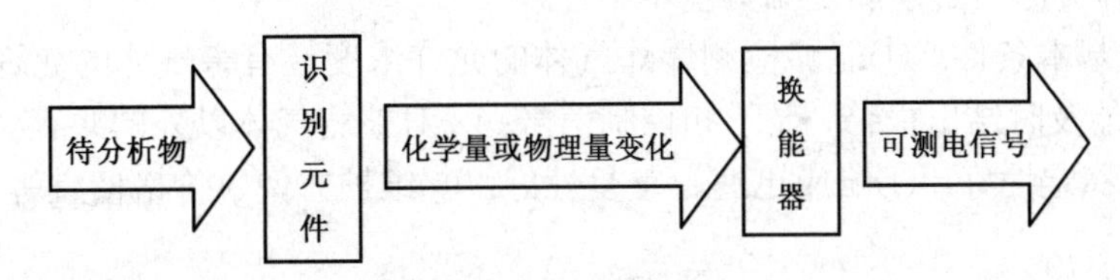

图 9-2　化学传感器的原理

识别元件也称敏感元件，是各类化学传感器装置的关键部件，能直接感受被测量（一般为非电量），并输出与被测量成确定关系的其他量的元件。其具备的选择性让传感器对某种或某类分析物质产生选择性响应，这样就避免了其他物质的干扰。换能器又称转换元件，是可以进行信号转换的物理传感装置，能将识别元件输出的非电量信息转换为可读取的电信号。

例如，CO_2 传感器是一种电化学气体传感器，这种传感器是在离子选择性电极基础上发展起来的。它是利用气敏电极或气体扩散电极测量混合气体中或溶解在溶液中某种气体的含量。如图 9-3 所示，由于二氧化碳与水作用生成 HCO_3（碳酸氢根），影响了碳酸氢钠的电离平衡，当该传感器电极插入含有 CO_2 的溶液中时，测出氢离子指示电极与参比电极间组成的原电池的电动势，就能计算出二氧化碳的分压。

溶液中的 H^+ 可以通过下式计算：

$$\begin{cases} [H^+] = \dfrac{K_1 * K_S[CO_2]}{[HCO_3^-]} \\ K_1 = \dfrac{[H^+][HCO_3^-]}{[H_2CO_3]} \\ K_S = \dfrac{[H_2CO_3]}{[CO_2][H_2O]} \end{cases} \tag{9-1}$$

在式（9-1）中，由于碳酸氢根的浓度很高，可视为常数，所以可以写为：

$$[H^+] = K[CO_2] \text{ 或 } [H^+] = KP_{CO_2} \tag{9-2}$$

由此可见，中间溶液中的氢离子活度与二氧化碳的分压成正比，故用 pH 玻璃电极指示氢离子活度，其膜电位为：

$$\varphi_{膜} = 常数 + \frac{RT}{F}\ln a_{H^+} = 常数 + \frac{RT}{F}\ln p_{CO_2} \tag{9-3}$$

$$E=\varphi_{参}-\varphi_{膜}$$

测出电池电动势 E，就可以计算溶液中二氧化碳的含量。

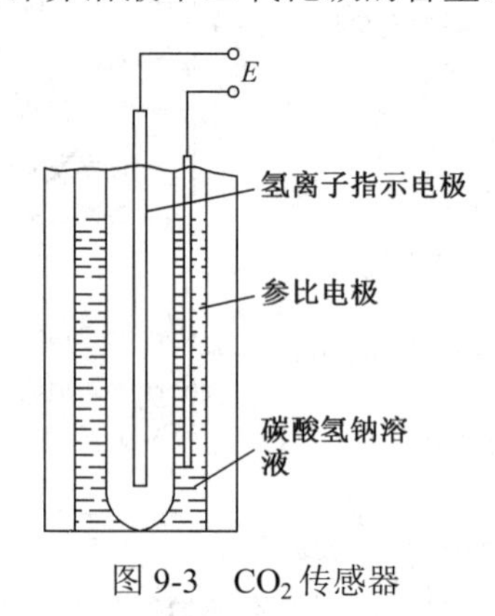

图 9-3 CO_2 传感器

例 9-1 气体传感器必须满足哪些基本条件？

必须满足的基本条件：①能够检测爆炸气体的允许浓度、有害气体的允许浓度、其他基准设定浓度，并能及时结出报警、显示和控制信号；②对被测气体以外的共存气体或物质不敏感；③性能长期稳定性好；④响应迅速、重复性好；⑤维护方便、价格便宜等。

9.2 生物传感器

9.2.1 生物传感器的定义

生物传感器是对生物物质敏感并将其浓度转换为电信号进行检测的仪器，是由固定化的生物敏感材料作识别元件（包括酶、抗体、抗原、微生物、细胞、组织、核酸等生物活性物质）与适当的理化换能器（如氧电极、光敏管、场效应管、压电晶体等）及信号放大装置构成的分析工具或系统。生物传感器具有接收器与转换器的功能。

9.2.2 生物传感器的原理、结构与分类

1. 生物传感器的原理

生物传感器由分子识别部分（敏感元件）和转换部分（换能器）构成，以分子识别部分去识别被测目标，结构是可以引起某种物理变化或化学变化的主要功能元件。分子识别部分是生物传感器选择性测定的基础。生物体中能够选择性地分辨特定物质的物质有酶、抗体、组织、细胞等。由于酶膜、线粒体电子传递系统粒子膜、微生物膜、抗原膜、抗体膜对生物物质的分子结构具有选择性识别功能，只对特定反应起催化活化作用，因此生物传感器具有非常高的选择性。缺点是生物固化膜不稳定。这些分子识别功能物质通过识别过程可与被测目标结合成复合物，如抗体和抗原的结合、酶与基质的结合。

在设计生物传感器时，选择适合于测定对象的识别功能物质是极为重要的前提。要考虑到所产生的复合物的特性。根据分子识别功能物质制备的敏感元件所引起的化学变化或物理变化去选择换能器，是研制高质量生物传感器的另一重要环节。敏感元件中光、热、化学物质的生成或消耗等会产生相应的变化量，根据这些变化量可以选择适当的换能器。

生物传感器是由生物活性材料（酶、蛋白质、DNA、抗体、抗原、生物膜等）与物理化学换能器有机结合的一门交叉学科，是发展生物技术必不可少的一种先进的检测方法与监控方法，也是物质分子水平的快速、微量分析方法。在 21 世纪的知识经济发展中，生物传感器技术必将是介于信息和生物技术之间的新增长点，在国民经济中的临床诊断、工业控制、食品和药物分析（包括生物药物研究开发）、环境保护以及生物技术、生物芯片等研究中有着广泛的应用前景。各种生物传感器有以下共同的结构：包括一种或数种相关生物活性材料（生物膜）及能把生物活性表达的信号转换为电信号的物理或化学换能器（传感器），二者组合在一起，用现代微电子和自动化仪表技术进行生物信号的再加工，构成各种可以使用的生物传感器分析装置、仪器和系统。

2. 生物传感器的组成与结构

生物传感器包括三个部分组成：①生物敏感元件，就是生物材料制成的能感受被测量并做出响应的元件，这也是生物传感器区别于其他传感器的特别之处；②转换元件，它可以将敏感元件感受的被测量的信号转换成物理或化学参数；③信号调节电路，一般是信号转换、信号放大，还有信号的处理，即滤波、调制和解调。

生物传感器的基本组成如图 9-4 所示。生物传感器性能的好坏主要决定于分子识别部分的生物敏感膜和信号转换部分的换能器，尤其前者是生物传感器的关键部位，它通常呈膜状，又由于是待测物的感受器，所以我们将其称为生物敏感膜。可以认为，生物敏感膜是基于伴有物理与化学变化的生化反应分子识别膜元件。研究生物传感器的首要任务就是研究这种膜元件。

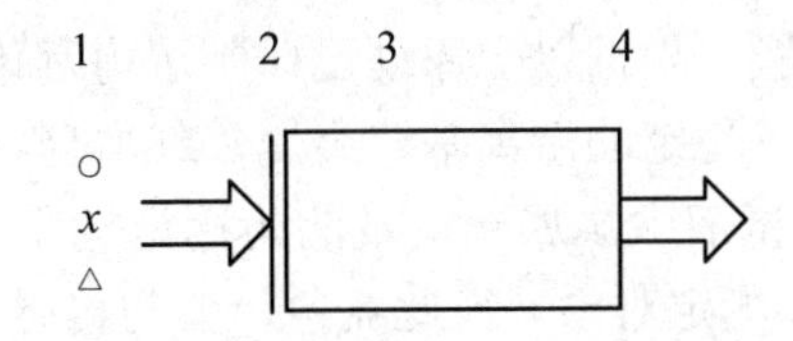

1—待测物；2—生物敏感器；3—换能器；4—光电信号

图 9-4　生物传感器的基本组成

由图 9-4 可知，发生在 1 与 2 之间的分子事件构成信号的提取，2 与 3 的过程构成信号的转换，3 与 4 之间的匹配构成信号的输出。

3. 生物传感器的分类

生物传感器主要有以下三种分类命名方式：

（1）根据生物传感器中的分子识别元件即敏感元件分类。

可分为五类：酶传感器、微生物传感器、细胞传感器、组织传感器和免疫传感器。显而易见，所应用的敏感材料依次为酶、微生物个体、细胞器、动植物组织、抗原和抗体。

1）酶传感器。

酶是生物催化剂，它是由许多氨基酸构成的蛋白质分子，可使在生体内的分解、合成、氧化、还原、转位、异构等复杂的化学反应在常温、常压和中性的温和条件下有效地进行。它的制备、精制和结晶的方法与一般的蛋白质的处理方法相同，而在实际提取时最需要注意的是酶易于变性失活，因此在酶材料的选取、抽提、精制和保存的过程中都应选择不引起失活变性的温度、pH、离子强度等适宜条件。酶是生物催化剂，酶传感器的设计可根据酶组合为受体的形态，一般分为三类：第一类是将酶做成膜状，并放置于电极表面附近；第二类是将金属或半导体电极直接与酶结合，即将受体和转换器相结合而成；第三类是受体和转换器有一定的距离，如将固定化酶充填在小柱中作为酶反应器。在这类的受体中，化学变化不是局部的，而是波及到整体。所选用的转换器除了是电化学转换器外，还可以用热敏电阻和光导纤维作为转换器。目前，在酶传感器中大多数属于第一类。进入20世纪70年代，酶传感器的研制就蓬勃展开了，现已进入实用阶段，美国和日本已有部分商售。

2）免疫传感器。

一般地，当异物（抗原）侵入体内时，身体为了防御异物的侵入，则产生能与异物特异结合的蛋白质（抗体），从而使自身获得免疫性。体液中的抗体主要是含有血清蛋白质的免疫球蛋白，在血液中存在最多、最易抽提的是免疫球蛋白G（IgG），此外还有免疫球蛋白IgA、IgE、IgM等。

一般地，酶只对低分子物质具有很好的分子识别机能，而抗体则具有能够对在结构上稍有差异的高分子物质选择性识别的能力。与酶相似，在抗体分子结构中具有可以容纳特定抗原分子的空间。不过，酶的选择亲和性和抗体－抗原复合物的形成多少有点差异。酶底物复合体的寿命短，它是作为将底物变成生成物的过渡状态而存在的。而抗体－抗原复合体则非常稳定，难以解离，在设计和研制生物传感器时应该充分注意这一点。

免疫传感器是以免疫测定法的原理所构成的生物传感器，又分为非标记免疫传感器和标记免疫传感器两种。非标记免疫传感器是在传感器的分子识别部位（受体）形成抗体－抗原复合体，将所诱导的物理变化直接转换为电信号。当抗原膜或抗体膜插入不同浓度的电解质水溶液中时，因为抗体是具有电荷的蛋白质，所以在形成抗体－抗原复合体时，膜的电荷密度和膜相中的离子迁移率都会发生改变，从而导致膜电位的显著变动。这种由于免疫反应而产生的膜电位变化的膜就称为免疫响应膜。根据以上原理已研制了梅毒传感器和血型传感器。

放射性同位素、酶、荧光、稳定的游离基、金属、红血球、脂质体等均可用作免疫标记。例如，在含有测定对象抗原的试液中添加一定量的酶标记抗原（酶共价结合到抗原上的复合体），标记抗原和非标记抗原（测定对象）彼此竞争，皆与传感器的抗体膜表面结合，形成抗原－抗体复合物。洗净传感器的抗体膜，除去未形成抗体－抗原复合物的游离抗原。结合于传感器的抗体Hzoz所产生的O_2来求得。所生成的氧气可在抗体膜和氧气透过膜中扩散，到达阴极而电化学还原，根据所生成的氧气相应得到的电流值即可求得结合于膜上的标记酶量。一般地，酶免疫传感器是以抗体膜作为分子识别部位，氧电极作为信号变换器所构成的。对于一定量的标记抗原，当非标记抗原（测定对象）量逐渐增大时，因结合在抗体膜上的标记抗原量逐渐减少，故随着测定对象物质的增多，氧气还原电流的变化量减少，利用这个关系就可以做成测定超微量抗原的免疫传感器，如IgG和IgM传感器等。

3）微生物传感器。

微生物具有各种不同的形态，酵母是1～5μm×5～30μm的椭球形体，而大多数细菌大约在0.2～10μm范围。微生物不同于动物细胞，大多数情况下是以单个细胞行动的。按照微生物在繁殖中需氧的情况，可分为好气、厌气和兼气性三类，它们的特性是各不相同的，但它们都是利用细胞内的复合酶系将糖、有机酸、氨基酸或蛋白质转变为各种物质，并把所得到的能量用于自身的生长和繁殖。将微生物固定在膜基质上的方法与固定酶所用的方法相同。微生物传感器可分为按微生物的呼吸功能电化学测定方式和代谢生成物电化学测定方式两种。

对于好气微生物，呼吸氧的结果使有机酸氧化分解，在这个过程中，显然要消耗氧气而生成二氧化碳，故可借助于O电极或CO电极进行电化学检测；另一方面，在微生物代谢产物中，亦有能以电化学检测的物质。如产氢的微生物，它们可从葡萄糖、蔗糖、淀粉、丙酮酸、甲酸、马来酸、各种氨基酸和蛋白质的代谢中生成HZ，故可用H电极来检测。

微生物传感器的生化反应与酶传感器的情况相比要复杂得多。因此，为了能选择性地测定对象物质，就必须选择对该物质具有特异作用的微生物。现已用不同种类的微生物开发研制了对葡萄糖、同化糖、甲醇、乙醇、醋酸、甲酸、谷氨酸、赖氨酸、精氨酸、门冬氨酸、赘酸、维生素 B 的生化需氧量（BOD）微生物传感器。

微生物传感器的稳定性比酶传感器高，可以长期连续使用，但在响应速度上要比酶传感器差些，这主要是由于待测对象进入细胞内需要进行复合酶系代谢，这就需要一定时间，不过在测量灵敏度方面，微生物传感器和酶传感器之间无明显差异。特别值得一提的是微生物 BOD 传感器，大家知道，在环境监测中，工业废水或生活污水中的生化需氧量是指在有氧条件下水中的微生物分解有机物的生物化学过程中所需要的溶解氧的量。通常情况下，这种测定的手续冗长，需要 5 天方可完成。但最近由日本新电机和味之素的科研人员联合开发的微生物 BOD 测定装置只要 30 分钟即可完成，完全进入了实用阶段。

4）细胞器及组织传感器。

细胞内含有线粒体、微粒体等的细胞器。细胞器是具有高度机能的分子集合体。因此，若有可能完全保持细胞器的功能，将它与电化学装置组合在一起，就可以利用这种分子集合体的复杂功能构成传感器。例如，利用线粒体中的电子传递链可以监测还原型敖酞胺腺嚓岭二核普酸 NADH，将线粒体固定在寒天凝胶中，并将这个固定化膜装在隔膜型 O 电极的透气膜上，就可以测定试料中的 NADH 量。

类似地，青蛙的上皮具有选择性透过 Na^+的功能，用它可以制成 Na^+监测用的组织传感器；而猪肾组织切片具有谷氨酸酶的活性，将组织切片装在氨电极表面则可构成谷氨酸传感器。

5）免疫传感器。

利用抗体对相应抗原的识别和结合的双重功能，将抗体或抗原的固化膜与信号转换器组合而成的用来测定抗体（或抗原）的传感器称为免疫传感器。免疫传感器根据抗体（抗原）是否进行标记可以分为：非标识型、标识型；根据信息转换过程可以分为：间接型、直接型。

（2）根据生物传感器的换能器即信号转换器分类。

可分为：生物电极传感器、半导体生物传感器、光生物传感器、热生物传感器、压电晶体生物传感器等，换能器依次为电化学电极、半导体、光电转换器、热敏电阻、压电晶体等。

（3）以被测目标与分子识别元件的相互作用方式进行分类。

可分为有生物亲合型生物传感器和代谢型生物传感器两种。

9.2.3　生物传感器的参数和特点

1. 生物传感器的参数

生物传感器可以通过以下 8 个参数进行描述：

- 敏感性：描述传感器对分析物浓度每单位变化的响应。
- 选择性：表示传感器只对目标分析物响应的能力。这也是传感器设计的一个期望特性，也就是说，传感器不应对其他化学物质响应。
- 范围：表示在传感器敏感性良好情况下的分析物可度量的浓度范围，有时也称为动态范围或线性度。
- 响应时间：分析物浓度变化导致传感器需要一段时间才能达到最终响应，响应时间即为该传感器达到最终响应时间的 63%所需的时间。
- 再现性：传感器输出能被捕捉到的准确性。
- 检测极限：能获取可度量响应的最低分析物浓度。

- 寿命：性能特征没有显著性降低的前提下传感器可以使用的最长时间。
- 稳定性：描述传感器基本特征的变化，也就是一个固定时间段内敏感性的变化。

2．生物传感器的特点

生物传感器的主要特点如下：

- 采用固定化生物活性物质作催化剂，价格昂贵的试剂可以重复多次使用，克服了过去酶法分析试剂费用高和化学分析繁琐复杂的缺点。
- 专一性强，只对特定的底物起反应，而且不受颜色、浊度的影响。
- 分析速度快，可以在一分钟内得到结果。
- 准确度高，一般相对误差可以达到1%。
- 操作系统比较简单，容易实现自动分析。
- 成本低，在连续使用时每例测定仅需要几分钱。
- 有的生物传感器能够可靠地指示微生物培养系统内的供氧状况和副产物的产生，在生产控制中能得到许多复杂的物理化学传感器综合作用才能获得的信息，同时它们还指明了增加产物得率的方向。

3．生物传感器设计中需要考虑的问题

一旦确定目标分析物，设计一个生物传感器的主要任务就包括以下几项：

- 选择合适的生物受体（也称为识别分子）。
- 选择合适的生物受体固定方法。
- 选择和设计传感器，将结合反应变换为可度量信号。
- 考虑可度量范围、线性度和将干扰降低到最小并使得敏感性得以加强的方法，设计生物传感器。
- 将生物传感器封装成一个完整器件。

上面第一点需要生物化学和生物学知识，第二点和第三点需要化学、电化学和物理学知识，而第四点需要动力学和质量迁移的相关信息。当一个生物传感器被设计出来之后，人们还需要对它进行封装，以便于生产和使用。当前，生物传感器的设计趋势是小型化和批量生产。随着制造成本的大幅降低，现代IC（集成电路，Integrated Circuit）制作技术和微机械加工技术越来越多地应用于生物传感器的制造中。因此，从上面的分析可知，成功设计生物传感器需要一个由不同学科研究人员构成的交叉学科研究团队。

生物传感器设计的主要任务包括：

- 选择相应的生物识别物质。
- 选择化学固定方法。
- 选择和设计适当的传感器。
- 在考虑度量范围、线性性质和最小干扰等信息的基础上设计生物传感器。
- 将生物传感器包装为一个完整的单元。

9.2.4 生物传感器的应用

近年来，各种新型生物传感器不断涌现并得到了飞速发展，它们作为生命科学研究工作的重要工具，推动了生命科学向着更深、更广、更高的研究领域发展。HideMichihiro 等人利用 SPR 对 IgE 介导的早期肥大细胞超敏反应进行实时监测，揭示了细胞内参与反应的各种信号分子的相互作用。HoffmannJ 等人将阿尔茨海默淀粉样前体蛋白的重组分泌性N端结构域

（sAPPrec）固定于金属表面，并在其上流动 B104 细胞悬液，揭示了 sAPPrec 与细胞相互作用具有特异性。YeYK 等人用电化学生物传感器测定了艾滋病和乙肝病毒的 DNA 片段序列。KasiliPM 等人用纳米光纤生物传感器探测到了细胞传递信号的生物化学成分 Apop-tosis，它是单个活体细胞内有机体抵抗疾病（如癌症）的主要成分。

生物传感器可以广泛地应用于对体液中的微量蛋白（如肿瘤标志物、特异性抗体、神经递质）、小分子有机物（如葡萄糖、抗生素、氨基酸、胆固醇、乳酸及各种药物的体内浓度）、核酸（如病原微生物、异常基因）等多种生化指标的检测。在现代医学检验中，这些项目是临床诊断和病情分析的重要依据。Kreuzer.M.P.等人利用丝网印刷电极构建了用于检测血清中总 IgE 水平的置换式安培型免疫传感器，最低检出浓度为 90ng/L，线性范围为 10～1500μg/L，反应时间为 30min。我国也开发了多种用于临床诊断的生物芯片，如地中海贫血检测生物芯片、丙型肝炎病毒分型检测生物芯片、苯丙酮酸尿毒症检测生物芯片和肿瘤基因检测生物芯片等。此外，我国还开发出了和传统中医相结合的传感针，传感针是以中医针灸针为基体，应用多种现代技术加工制作后，赋予其传感人体微区中的温度、pH 值、氧分压、多巴胺、Ca^{2+}、K^{+}、Na^{+}等信息的新功能而得到的一种特殊传感针。它具有传感与治疗两种功能，既能实时传感出人体微区中的各种生理、生化参数，并进行人体微区的动态监测，又能按中医针刺实施治病理疗。与其他生物传感器相比，它具有能直接进入被测对象体内、不需取样、操作简单、测量快速、结果可靠、实时显示测量结果等优点。传感针的基本设计：它是以普通针灸针（或根据应用学科的具体外形要求用外直径为 0.3～0.4mm 的空心不锈钢管）作为基体加工而成的。一般制备过程为：对针灸针表面进行清洁处理或用处理液浸泡；针尖上镀相应的合金和相应参数的敏感膜，然后再覆盖上有机高分子功能保护的材料；针体镀绝缘膜，使之有耐提、插、捻、转的机械作用，这一点是由它的传感和治疗双重功能决定的；用戊二醛消毒液消毒；根据不同的参数特性配上相应的测量仪，进行直接读数；在实验室经过反复浸泡、冲洗实验并进行动物实验。

生物传感器在基因诊断领域具有极大的优势，有望广泛应用于基因分析和肿瘤的早期诊断。Zhou.X.C.等人将其构建的石英晶体 DNA 传感器用于遗传性地中海贫血的突变基因诊断。电化学生物传感器还可应用于基因突变和损伤的检测，1997 年 Wang.J 等人就直接用固定 ds-DNA 的微型电化学传感器，基于 DNA 中鸟嘌呤的氧化信号变化探讨了紫外光辐射引起的 DNA 损伤，包括 DNA 的构象变化及其鸟嘌呤的光致化学反应。此外，在法医学中，生物传感器可用于 DNA 鉴定和亲子认证等。

生物传感器在环境监测中也得到了广泛应用。例如生化需氧量（BOD）是衡量水体有机污染程度的重要指标。BOD 的传统标准稀释法所需的时间长、操作繁琐、准确度差。基于生物传感器技术的 BOD 传感器不仅能满足实际监测的要求，并具有快速、灵敏的特点。1977 年 KurabeI 等人首次将丝孢酵母菌分别用聚丙酰胺和骨胶原固定在多孔纤维素膜上，利用 BOD 微生物传感器测定水中的 BOD 以来此项技术得到了迅速的发展。目前，已有可用于测定废水中 BOD 值的生物传感器和适于现场测定的便携式测定仪。

生物传感器可监测大气中的 CO_2、NO_x、NH_3、CH_4 等。AntoneliM 等人采用地衣组织研制了一种传感器，可用于对大气、水和油等物质中苯的浓度的监测。CharlesPT 等人利用多孔渗透膜、固定化硝化细菌和氧电极组成的微生物传感器可测定样品中亚硝酸盐含量，从而推知空气中 NO_x 的浓度，其检测极限为 1×10^{-8}mol/L。

生物传感器还可以用于食品工程，例如食品中农药残留的检测。MAlbareda-SirvenM 用戊二醛交联法将乙酰胆碱酯酶固定在铜丝碳糊电极表面上制成的生物传感器可直接检测自来水和果汁中的对氧磷和克百威，其检测极限分别为 10^{-10}mol/L 和 10^{-11}mol/L。MallatE 等人用光纤免疫传感器检测了水中除草剂百草枯，对纯水和河水中百草枯的检测极限分别为 0.01μg/L 和 0.06μg/L，检测范围为 0.01～100μg/L，分析一个样品的时间为 15min。

生物传感器还可以用于空间生命科学发展。如调查在微重力环境和空间飞行中对大鼠生命的影响。用现在的仪器检测技术和数据收集系统是难以做到的，但植入的生物传感器结合微型生物遥测技术却可以灵活方便地远距离连续测量。

各种生物传感器中，微生物传感器最适合发酵工业中的测量。因为发酵过程中常存在对酶的干扰物质，并且发酵液往往不是清澈透明的，不适用于光谱等方法测定。应用微生物传感器则极有可能消除干扰，并且不受发酵液混浊程度的限制。同时，由于发酵工业是大规模的生产，微生物传感器具有成本低、设备简单等特点，具有极大的比较优势。微生物传感器可用于原材料（如糖蜜、乙酸等）的测量和代谢产物（如头孢霉素、谷氨酸、甲酸、甲烷、醇类、青霉素、乳酸等）的测量。测量的装置基本上都是由适合的微生物电极与氧电极组成，原理是利用微生物的同化作用耗氧，通过测量氧电极电流的变化量来测量氧气的减少量，从而达到测量底物浓度的目的。

生物传感器还普遍地用于代谢物的度量。当前，人们普遍认为血液中化学物质的测量尤为重要，这样可以更好地评估病人的新陈代谢状态。例如，在重症监护病房，通过对血液化学物质的观测可以了解病人不断变化的生化物质组成和水平，以便实施紧急的治疗措施。同样，对于轻微的病人，及时得到化验结果也更有利于治疗。目前，有效的快速分析并没有被广泛使用。化验报告实际上是通过分析实验室来完成的：先收集离散的样本，然后统一送到实验室，再运用传感的分析技术进行分析。

胰岛素连续释放的灌输系统是采用生物传感器的一个成功案例。1991 年 Hall 等人对具有胰岛素依赖性的糖尿病人提出了更好的治疗办法，发明了胰岛素连续释放的灌输系统。胰岛素治疗方案的首要环节是检测病人当前的血糖水平。该过程有两种可能的策略（如图 9-5 所示），其中前面两个依赖于独立的手动葡萄糖度量方法，而第三个是一种“闭环”系统，胰岛素的释放受到一个葡萄糖传感器输出信号的控制，而且该传感器整合了胰岛素注入器。对于前面提到的情况，葡萄糖的检测可以采用如下方式：使用色度测量条对手指血（finger-prick blood）样本进行分析，或者病人自己可以使用一个钢笔大小的电流计生物传感器进行测量。很明显，这些传感器便携且易于使用，不需要相关的专业知识，诊断结果容易解释。

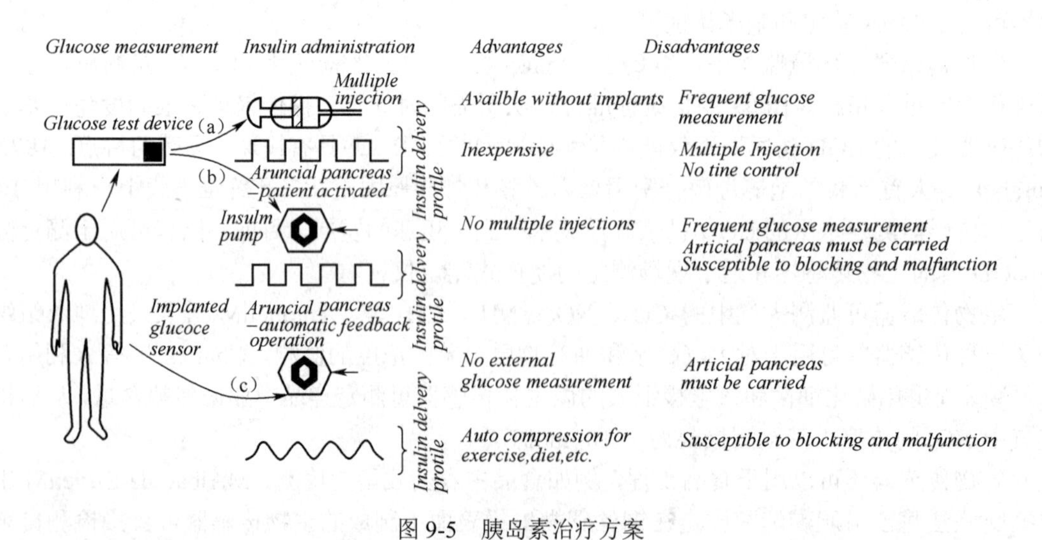

图 9-5　胰岛素治疗方案

9.3 纳米传感器

纳米传感器是采用纳米技术制造的传感器，它是一种新兴的前沿传感器技术，在航天、机械、仪器仪表、汽车制造、油气勘探、电子工程及医疗器械行业都有广泛用途，被欧盟评为对未来影响最大的六项前沿技术之一。利用这种技术，可以制作非常小的不需要电源的纳米级传感器。这种传感器具有较强的感知、处理和传输信息的功能。传感器还有两大应用亮点：一是可以把它植入人体，随时监控人体健康状况；二是它自身不需要电源，它可以依靠周围的配套设施获得电力或者利用热能、太阳能和电磁波等发电。纳米传感器是纳米器件研究与开发中的一个极其重要的领域，它在生物、化学、机械、航空、军事等方面具有广泛的发展前途。随着纳米技术的发展与应用的需求，纳米传感器已获得长足的进展。

与传统的传感器相比，纳米传感器尺寸减小、精度提高等性能大大改善，更重要的是利用纳米技术制作传感器是站在原子尺度上，具有尺度效应，从而极大地丰富了传感器的理论，提高了传感器的制作水平，拓宽了传感器的应用领域。

传统的传感器因其本身材料的限制，在微型化、自动化、选择性、稳定性、响应时间、灵敏性、使用寿命等方面得到进一步改良的余地越来越小，已不能适应科技进步的要求。而 20 世纪 80 年代初发展起来的纳米材料表现出来的特殊性质，如高的比表面、独特的光学性质（反射、吸收或发光）、良好的扩散性能、热导和热容性质以及奇异的力学和磁学上的性质等，为传感器的发展带来了新的契机。与传统的传感器相比，利用纳米技术制作的传感器不仅尺寸减小，灵敏度、检测极限和响应范围等性能也得到了很大的改善。

9.3.1 纳米传感器的原理与特点

纳米传感器，顾名思义就是使用纳米技术制造的传感器。纳米技术（Nanometer Technology）主要是针对尺度为 1nm～100nm 之间的分子的一门技术。该尺寸范围处在原子、分子为代表的微观世界和宏观物体交界的过渡区域，基于此尺寸的系统有着独特的化学性质和物理性质，如表面效应、微尺寸效应、量子效应和宏观量子隧道效应等。

纳米传感器的特征是比表面积大。随着接触面积的增大，便出现了许多特异的性能，可满足传感器功能要求的敏感度、应答速度、检测范围等。纳米传感器体现的性能还有很多，如热敏性、磁敏性、多功能敏感等。

纳米技术使用的材料通常是由 100nm 或更小的单元构成的集合体，由纳米材料构建的器件的尺寸往往也处于分子尺度和微米尺度之间。制备纳米结构材料的途径有两条：自上而下（Top-down）是一种通过使用大块材料来构建纳米尺度器件的方法；自下而上（Bottom-up）是从原子或分子出发通过生长和组装而构成我们需要的结构。目前，人们在制备纳米材料时，往往将这两种途径结合起来，相互弥补各自的不足。纳米材料具有小尺寸效应、表面效应、量子尺寸效应、宏观量子隧道效应等，使得其表现出奇异的化学物理性质。纳米粒子作为一种常用的纳米材料，具有制备方法简单、尺寸可控、表面易于修饰、表征简便等优点，在分析化学领域得到了广泛应用。

纳米结构在纳米生物传感器中应用非常广泛，纳米结构可以是管道、纤维、颗粒、光纤、薄膜和多孔体等。

9.3.2 纳米材料

近年来兴起的纳米科学技术是在现代科学和现代技术的基础上发展起来的一门综合性科学技术，它是在纳米尺度（0.1～100nm）范围内研究自然界中原子、分子的行为规律，实现由人类按需要直接排列原子，创造出性能独特的产品。纳米科学技术已经迅速渗透到纳米材料料学、纳米机械学、纳米电子学等各个领域，研究和应用前景十分广阔。目前，应用纳米技术研究开发纳米传感器有两种情况：一是采用纳米结构的材料（包括粉粒状纳米材料和薄膜状纳米材料）制作传感器；二是研究操作单个或多个纳米原子有序排列成所需结构而制作传感器。纳米材料是指三维空间中至少有一维处于纳米尺度（1～100nm）范围内的材料，包括金属、氧化物、无机化合物和有机化合物等。它是联系原子、分子和宏观体系的中间环节，由微观向宏观体系演变过程之间的新一代材料，所以它表现出许多既不同于微观粒子又不同于宏观物体的特性，具体表现为以下几个方面：

（1）纳米材料的表面效应与尺度效应。

1）表面效应。

纳米粒子的表面原子数与总体原子数之比随粒径的变小而急剧增大引起性质上的变化。超微颗粒的表面与大块物体的表面是十分不同的，表面悬空键增多，化学活性增强，极不稳定，很容易与其他原子结合。金属纳米粒子在空中能够燃烧，无机纳米粒子可以吸附周围的气体等。如果要防止与其他原子反应，可采用表面包覆或有意识地控制反应的速率，使其缓慢生成一层极薄而致密的保护层，确保表面稳定化。

2）尺度效应。

尺度效应是指当物质的尺度减小到一定的限制后，其物理和化学特性与宏观时迥异的现象。尺度效应可以分为两种：小尺寸效应和量子尺寸效应。尺度效应是纳米传感器最具特色的一种特性。该效应为纳米材料的应用开拓了广阔的新领域。

小尺寸效应是由于粒子尺寸的变小导致表面原子密度减小，从而导致声、光、电、磁、热力学性能以及物理和化学性能发生一系列新的变化，这些变化通称纳米材料的体积效应，即小尺寸效应。例如当颗粒的尺度减小到纳米量级后，其光学特性、力学特性、磁学特性、热学特性都会发生改变。此外尺寸效应还表现在超导电性、介电性能、声学特性、化学性能等方面。例如在光学特性上，当黄金被细分到小于光波波长的尺寸时，即失去了原有的黄色光泽而呈黑色，对光的反射率很低，通常可低于1%，大约几微米的厚度就能完全消光。利用这个特性可以作为高效率的光热、光电等转换材料，可以高效率地将太阳能转变为热能、电能。此外还能应用于红外敏感元件、红外隐身技术等。热学特性上，当金属颗粒超细微化后，其熔点显著降低，当颗粒小于10nm时变得尤为显著。如块状的金的熔点为1064℃，当颗粒尺寸减到10nm时，则降低为1037℃，2nm时变为327℃；银的常规熔点为690℃，而超细银熔点变为100℃。磁学特性上，小尺寸的超微颗粒磁性与大块材料显著不同，大块的纯铁矫顽力约为 80A/m，而当颗粒尺寸减小到2×10^{-2}μm以下时，其矫顽力可增加1千倍，若进一步减小其尺寸，大约小于6×10^{-3}μm时，其矫顽力反而降低到零，呈现出超顺磁性。利用磁性超微颗粒具有高矫顽力的特性已作成高储存密度的磁记录磁粉，大量应用于磁带、磁盘、磁卡、磁性钥匙等。利用超顺磁性，人们已将磁性超微颗粒制成用途广泛的磁性液体。力学特性上，陶瓷材料在通常情况下呈脆性，然而由纳米超微颗粒压制成的纳米陶瓷材料却具有良好的韧性。

量子尺寸效应是指，当粒子尺寸下降到一定值时，金属和纳米半导体能级附近的电子或分子由于能级产生变化或能隙变宽等现象。金属或半导体纳米微粒的电子态由体相材料的连续能带过渡到分立能级，当能级间距大于静磁能、静电能、光子能量或超导态的凝聚能时，必须考虑量子尺寸效应。量子尺寸效应会导致纳米粒子磁、光、声、电以及超导电性与宏观特性有着显著不同。产生量子化能级中的电子的波动性给纳米粒子带来一系列特殊性质，如高的光学非线性、特殊的光电催化性、强氧化性等。利用这些效应可以制作新的微结构量子器件，对这些新的效应的深入发掘和应用可以给电子工业带来新的纪元。

（2）传感器中纳米材料的应用。

作为传感器材料，纳米材料除了要具有功耗小、体积小和灵敏度高等特点，还要求功能广、响应速度快、检测范围宽、选择性好等。下面就不同的纳米材料在传感器中的应用分别进行介绍。

1）金属纳米材料。

金属纳米材料良好的电子传递性能使其成为电化学生物传感器中最为常用的纳米材料之一，其中尤以纳米金的应用最为广泛。纳米金制备简单、性状稳定、生物相容性良好，而且易于进行表面化学修饰，因此利用纳米金与生物分子进行组装并介导电子传递是构建电化学生物传感器的良好方案。

纳米金在生物传感器中的应用主要集中在利用纳米粒子作探针载体、信号分子等方面。

- 探针载体：纳米金能迅速、稳定地吸附核酸、蛋白质等生物分子，而这些生物分子的生物活性几乎不会发生改变，所以纳米金具有优良的生物相容性，可以作为生物分子的载体。
- 信号分子：纳米金能广泛地应用于 DNA、抗体和抗原等生物物质的标记，使得纳米金与生物活性分子结合后形成的探针可用于生物体系的检测中，纳米金在可见区有特征等离子体共振吸收，其吸收峰的等离子共振常随着尺寸的变化而发生频移，其溶液的颜色从橘红色到紫红色发生相应变化，有利于肉眼观察。

纳米金不仅可以作为光学标记，同时还可以作为很好的电学标记。纳米金本身是非常优良的导电材料，具有优异的电化学性质，可作为电化学传感器的指示剂。用纳米金作为信号分子能显著提高电化学传感器的检测灵敏度，而且这种方法仪器简单、无污染、检测稳定可靠、灵敏度高。

纳米金颗粒有着优异的化学和物理性能，有着极高的比表面积，有利于提高生物分子的吸附能力，并能提高生化反应的速度，因此被广泛用于生物分析。纳米金的优异性能使得其在生物医学、分子生物学等生物标记分析领域中具有广泛而重要的应用。

2）碳纳米管。

自从 1991 年首次被报道以来，碳纳米管（carbon nanotubes，CNTs）可以说是被研究得最多的纳米材料。与纳米金一样，CNTs 同样也具备极好的电子传递能力、蛋白质的高负载能力和良好的生物相容性，而且由于 CNTs 本身的物质基础就是碳，因此其功能化将更为方便和多样。此外，由于 CNTs 为一维纳米材料，意味着 CNTs 在电极表面的组装将呈现网络状。

碳纳米管有着优异的表面化学性能和良好的电学性能，是制作生物传感器的理想材料。无论是单壁碳纳米管还是多壁碳纳米管在生物传感器中都有应用，如利用碳纳米管改善生物分子的氧化还原可逆性、利用碳纳米管降低氧化还原反应的过电位、利用碳纳米管固定化酶、利用碳纳米管进行直接电子传递、用于药物传递和细胞病理学的研究等。碳纳米管还适合用来制作原子力显微镜的探针尖，在碳纳米管顶端修饰上酸性基团或碱性基团，就可以作为原子力显微镜针尖来滴定酸性或碱性基团。纳米管羧基化后可以进一步衍生化，实现与酶、抗原/抗体和脱氧核糖核酸（DNA）等分子的结合，制备出各种生物传感器。

需要提出的是，由于 CNTs 难以具备纳米金那样良好的形态分布，因此对有序的表面组装提出了挑战。另外，大多数蛋白质的尺寸都属于零维的纳米级，因此在一维的 CNTs 表面组装相对而言缺少灵活性。出于这些考虑，将 CNTs 与零维的纳米颗粒，如纳米金、纳米铂等联合运用，在一定程度上可以克服两者在某些方面的缺陷，因而也是传感器构建中的良好策略。

3）纳米氧化物。

除了具备纳米材料共有的一些性质外，纳米氧化物还依材料的不同具备一些特殊的效应，如纳米 Fe_3O_4 的磁效应、纳米 TiO_2 的光电效应等，而这些效应在新型生物传感器的构建中可以产生一些意想不到的效果。

纳米 TiO_2 是另一种具有特殊效应、光电效应的纳米材料，由于具有极强的紫外线屏蔽能力和很高的表面活性，纳米 TiO_2 已经被大量用于污水处理消毒杀菌，以及在化妆品和涂料中防紫外线侵蚀。

纳米 TiO_2 是一种在光化学和生物化学领域非常有发展前途的纳米材料，其优良的生物相容性、易于吸附生物分子的特性、良好的化学反应活性已在生物传感领域得到了广泛应用。

4）磁性纳米颗粒。

磁性纳米颗粒是近年来发展起来的一种新型材料，因磁性纳米粒子具有特殊的超顺磁性，因而在聚磁电阻、磁记录、软磁、永磁和巨磁阻抗材料等方面具有广阔的应用前景。磁性纳米材料还可以结合各种功能分子，如酶、抗体、细胞、DNA 或 RNA 等，使其在核酸分析、临床诊断、靶向药物、细胞分离和酶的固定化等领域有广泛的应用研究。在生物传感器领域，磁性纳米颗粒的应用为生物传感器开辟了广阔的前景，磁性纳米颗粒能显著提高生物传感器检测的灵敏度，实现生物分子的分离，提高检测的通量。

磁性纳米颗粒在生物传感器中的应用主要体现在生物活性物质的固定、分离和检测上。

生物活性物质的固定：磁性纳米颗粒的表面可以很容易地包埋生物高分子，如多聚糖、蛋白质等形成核壳式结构。因此磁性纳米颗粒可以应用于酶、抗体、寡核苷酸和其他生物活性物质的固定。

生物物质的分离：在磁性分离中，针对所要进行分离的生物物质如蛋白质、DNA 序列、细胞、底物、抗原的特征，在超顺磁性的纳米粒子（如 5～100nm 的 Fe_3O_4）的表面上修饰上各种氨基、羟基、羧基、巯基等功能基团。经修饰后的磁性纳米粒子加入混合物后，能快速将靶向目标物结合到磁性颗粒表面，在外加磁场作用下能被磁场吸引，与其他的物质分离。当撤去磁场后，磁性颗粒又可很快地均匀分散在溶液中。

生物活性物质的检测：磁性纳米颗粒在实现生物分子的快速、实时和高通量检测方面有着广泛的应用前景。

5）量子点。

量子点作为荧光标记物已经被广泛用于荧光示踪，以金属硫/硒/碲化物 Zn/Cd/Pb-S/Se/Te 等为代表的量子点，一方面是很好的生物标记材料，另一方面其中的金属离子 Zn^{2+}、Cd^{2+}、Pb^{2+}可用于阳极溶出伏安法检测，从而提供电化学信号。

近来，量子点用于生物传感器的研究备受关注。量子点是显示量子尺寸效应的半导体纳米微晶体，其尺寸小于相应体相半导体的波尔直径，通常在 2～20nm。量子点可用于细胞内 4/5 的检测，相比于传统的荧光分子，量子点有三个主要优点：量子点的发光波长可以简单地通过调节其直径大小而改变，这对应用非常重要；量子点的发光波长比较窄，效率较高；更为重要的是，量子点没有光漂白效应。这三个优点使量子点在生物分子探针和生物传感器领域具有巨大的应用潜力。目前关键的问题在于如何对量子点表面进行有效的生化修饰，印度中央食品技术研究所的研究人员利用碲化镉（CdTe）量子点制备出的生物荧光探针可用于食品、环境等目标分析物的高灵敏检测。

6）复合纳米材料。

不同的纳米材料各自具备一定的特性，在电化学生物传感器的设计中使用单一的材料难以充分发挥纳米材料的性能，因此同时使用多种纳米材料成为一个解决方案。一种思路是首先合成两种或多种纳米材料，然后在传感器的构建中同时或在不同阶段分别运用；另一种思路是在纳米材料的合成阶段将不同的材料进行组装，即合成复合纳米材料，将不同纳米材料的特性整合到一个纳米复合体中。一个很好的例子是 CNTs 与金属纳米颗粒复合的材料，另一个例子是合成核壳结构的纳米颗粒，而且这种做法目前更为常见。

7）纳米光纤。

随着纳米光纤探针和纳米敏感材料技术逐步成熟，运用纳米光纤探针和纳米级识别元件检测微环境中的生物、化学物质已成为可能，运用这种高度局部化的分析方法能够监测细胞、亚细胞等微环境中各成分浓度的渐变和空间分布。光纤纳米生物传感器主要有光纤纳米荧光生物传感器、光纤纳米免疫传感器等，具有体积微小、灵敏度高、不受电磁场干扰、不需要参比器件等优点。

光纤纳米荧光生物传感器：一些蛋白质类生物物质自身能发荧光，另一些本身不能发荧光的生物物质可以通过标记或修饰使其发荧光，基于此可以构成将感受的生物物质的量转换成输出信号的荧光生物传感器。荧光生物传感器测量的荧光信号可以使荧光猝灭，也可以使荧光增强，可测量荧光寿命，也可测量荧光能量转移。光纤纳米荧光生物传感器具有荧光分析特异性强、敏感度高、无须用参比电极、使用简便、体积微小等诸多优点，具有广泛的应用前景。

光纤纳米免疫传感器：免疫传感器是指用于检测抗原抗体反应的传感器，根据标记与否可分为直接免疫传感器和间接免疫传感器；根据换能器种类的不同，又可分为电化学免疫传感器、光学免疫传感器、质量测量式免疫传感器、热量测量式免疫传感器等。光学免疫传感器是将光学与光子学技术应用于免疫法，利用抗原抗体特异性结合的性质将感受到的抗原量或抗体量转换成可用光学输出信号的一类传感器，这类传感器将传统免疫测试法与光学、生物传感技术的优点集于一身，使其鉴定物质具有很高的特异性、敏感性和稳定性。而光纤纳米免疫传感器是在光学免疫传感器的基础上将敏感部分制成纳米级，既保留了光学免疫传感器的诸多优点，又使之能适用于单个细胞的测量。

8）石墨烯。

石墨烯是以石墨为原料，通过微机械力剥离法得到一系列叫做二维原子晶体的新材料。石墨烯的英文名字为 Graphene，最早出现于 1987 年，当时科学家用之称谓“单层石墨”或描述碳纳米管，所以碳纳米管也被认为是卷成圆桶的石墨烯。与碳纳米管相比，石墨烯有完美的杂化结构，大的共轭体系使其电子传输能力很强，而且合成石墨烯的原料是石墨，价格低廉，这表明石墨烯在应用方面将优于碳纳米管。

与硅相比，石墨烯同样具有独特优势：硅基的微计算机处理器在室温条件下每秒只能执行一定数量的操作，然而电子穿过石墨烯几乎没有任何阻力，所产生的热量也非常少。另外，石墨烯本身就是一个良好的导热体，可以很快地散发热量。由于具有优异的性能，如果由石墨烯制造电子产品，则运行的速度可以得到大幅提高。速度还不是石墨烯的唯一优点。硅不能分割成小于 10nm 的小片，否则其将失去诱人的电子性能；与硅相比，石墨烯被分割时其基本物理性能并不改变，而且其电子性能还有可能异常发挥。因而，当硅无法再分割得更小时，比硅还小的石墨烯可以继续维持摩尔定律，从而极有可能成为硅的替代品推动微电子技术继续向前发展。

石墨烯跟钻石一样，都是纯碳，但它比钻石硬很多。石墨烯是由碳原子构成的二维晶体，碳原子排列与石墨的单原子层一样，呈蜂窝状（honeycomb）。虽然它很结实，但是柔韧性跟塑料包装一样好，可以随意弯曲、折叠或者像卷轴一样卷起来。

石墨烯结构非常稳定，迄今为止，研究者仍未发现石墨烯中有碳原子缺失的情况。石墨烯中各碳原子之间的连接非常柔韧，当施加外部机械力时，碳原子面就弯曲变形，从而使碳原子不必重新排列来适应外力，也就保持了结构稳定。这种稳定的晶格结构使碳原子具有优秀的导电性。石墨烯中的电子在轨道中移动时不会因晶格缺陷或引入外来原子而发生散射。由于原子间作用力十分强，在常温下，即使周围碳原子发生挤撞，石墨烯中电子受到的干扰也非常小。

石墨烯最大的特性是其中电子的运动速度达到了光速的1/300，远远超过了电子在一般导体中的运动速度。这使得石墨烯中的电子（更准确地应称为“载荷子”）的性质和相对论性的中微子非常相似。

如上所述，石墨烯（graphene，GE）是碳纳米材料家族的新成员，具有二维层状纳米结构，室温下相当稳定。由于在GE中碳原子呈sp2杂化，贡献剩余一个p轨道上的电子形成了大π键，π电子可以自由移动，使GE具有优良的导电性。石墨烯对一些酶呈现出优异的电子迁移能力，并且对一些小分子（如H_2O_2、NADH）具有良好的催化性能，这使得石墨烯适合制作基于酶的生物传器，即葡萄糖传感器和乙醇生物传感器。在电化学中应用的石墨烯大部分都是由还原石墨烯氧化物得到的，也称为功能化石墨烯片或者化学还原石墨烯氧化物，这种物质通常有较多的结构缺陷和官能团，这在电化学应用上具有优势。

碳是电化学分析和电催化领域应用最广的材料。例如碳纳米管在生物传感器、生物燃料电池和质子交换膜（PEM）燃料电池方面有着良好的性能。基于石墨烯的电极在电催化活性和宏观尺度的导电性上比碳纳米管更有优势，因此在电化学领域石墨烯就有了大展身手的机会。

石墨烯在电化学传感器上的应用有以下优点：①体积小、表面积大；②灵敏度高；③响应速度快；④电子传递快；⑤易于固定蛋白质并保持其活性；⑥减少表面污染的影响。

9.3.3 纳米传感器的应用

当今科技的发展要求材料的超微化、智能化、元件的高集成、高密度存储和超快传输等特性为纳米科技和纳米材料的应用提供了广阔的空间。纳米技术与微电子技术有一定的区别，主要区别是：纳米技术研究的是以控制单个原子、分子来实现特定的功能，是利用电子的波动性来工作的；微电子技术主要通过控制电子群体来实现其功能，是利用电子的粒子性来工作的。研究和开发纳米技术的目的就是要实现对整个微观世界的有效控制。

1993年，国际纳米科技指导委员会将纳米技术划分为纳米电子学、纳米物理学、纳米化学、纳米生物学、纳米加工学和纳米计量学6个分支学科。由此可知，纳米技术是一门交叉性很强的综合学科，研究的内容涉及现代科技的广阔领域。与传统的传感器相比，利用纳米技术制作传感器尺寸减小、精度提高，性能大大改善，更重要的是，纳米传感器是站在原子尺度上的，从而极大地丰富了传感器的理论，提高了传感器的制作水平，拓宽了传感器的应用领域。纳米传感器现已在生物、化学、机械、航空、军事等领域获得广泛的发展。纳米传感器具有庞大的界面，提供大量物质通道，导通电阻很小，有利于传感器向微型化发展。在计量测试领域，传感器总是处于测试系统的最前端，作为信息源头的传感器是获得测试数据的主要工具，任何计量测试系统都离不开它。传感器已越来越广泛地应用于工业、农业、国防、航空、航天、医疗卫生和生物工程等，逐渐成为人们获取自然和生产领域中各种信息的主要途径与手段。传感器的广泛市场应用，对其在低功耗、可靠性、稳定性、低成本、小型化、微型化、复合型、标准化等技术和经济指标方面提出了更高的要求。传统的传感器因其本身材料的限制，已不能适应科技进步的要求。而 20 世纪 80 年代初发展起来的纳米材料表现出来的特殊性质，如独特的光学性质（反射、吸收或发光）、良好的扩散性能、热导和热容性质以及奇异的力学和磁学上的性质等，为传感器的发展带来了新的契机。由纳米材料制成的新型传感器，产品的尺寸会更小，测试精度更高。

下面就不同的纳米结构在传感器中的应用分别进行介绍。

（1）气敏传感器。

纳米气敏传感器主要在气体环境中依靠敏感的金属氧化物半导体纳米颗粒、碳纳米管及二维纳米薄膜等敏感材料发生变化构成三类传感器。目前金属氧化物主要是以 SnO_2、ZnO、TiO_2、Fe_2O_3 为代表的电导发生变化来制作气敏传感器。碳纳米管通过吸附性与气体分子发生相互作用，导致费米能级引起其宏观电阻发生改变，测量电阻变化来检测气体成分。多壁碳纳米管可以制作两种类型的传感器：一种是在平面叉指型电容器上覆盖一层多壁碳纳米管，称其为电容式传感器；另一种是用热氧化法在 Si 衬底生成一层弯曲的 SiO_2 槽，然后在 SiO_2 槽上产生多壁碳纳米管，称其为弯曲电阻式传感器。

半导体纳米气体传感器是利用半导体纳米陶瓷与气体接触时电阻的变化来检测低浓度气体。半导体纳米陶瓷表面吸附气体分子时，根据半导体的类型和气体分子的种类不同，材料的电阻率也随之发生不同的变化。半导体纳米材料表面吸附气体时，如果外表原子的电子亲合能大于表面逸出功，原子将从半导体表面得到电子，形成负离子吸附；相反，形成正离子吸附。N 型半导体发生负离子吸附时其能带的变化如图 9-6 所示。

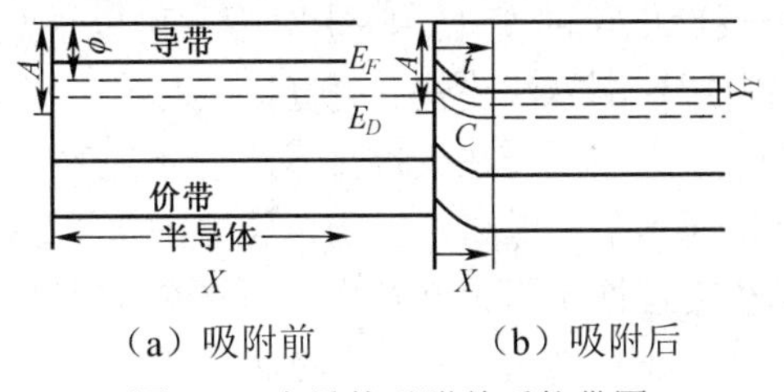

（a）吸附前　　　　（b）吸附后

图 9-6　半导体吸附前后能带图

纳米气体传感器在国防科技上将其用于地面、空间、飞机、潜艇的内舱，以及各种军用车辆驾驶室中检测有害气体、有毒气体等，必将更加方便、快捷、灵敏，如美国已经研制出纳米军装，军装中的纳米传感器可以感应空气中生化指标的变化，当有害气体或物质指标突然升高时，军装会立即将头盔和其他通气部分的透气口关闭，并释放生化武器的解毒剂，起到预防效果。此外，嵌在军装中的纳米生化感应装置可以监视士兵的心率、血压、体内及体表温度等多项重要指标，以及辨识体表流血部位，并使该部位周边的军服膨胀收缩，起到止血带的作用。

（2）湿敏传感器。

湿敏传感器，可以将湿度的变化转换为电信号，易于实现湿度指示、记录和控制的自动化。湿敏传感器的工作原理是由半导体纳米材料制成的陶瓷电阻随湿度的变化关系决定的。纳米固体具有明显的湿敏特性。纳米固体具有巨大的表面和界面，对外界环境湿气十分敏感。环境湿度迅速引起其表面或界面离子价态和电子运输的变化。例如 $BaTiO_3$ 纳米晶体电导随水分变化显著，响应时间短，2min 即可达到平衡。湿敏传感器的湿敏机制有电子导电和质子导电等。例如纳米 Cr_2O_4-TiO_2 陶瓷的导电机制是离子导电，质子是主要的电荷载体，其导电性由于吸附水而增高。所用纳米材料制成的湿敏传感器有很高的湿度活性，湿度响应快，对温度、时间、湿度和电负荷的稳定性高。

（3）压敏传感器。

在压敏传感器中研究和应用日渐活跃的是氧化锌系纳米传感器，由于其具有均匀的晶粒尺寸，它不但适用于低电压器件，而且更适用于高电压电力站，它能量吸收容量高，在大电流时非线性好，响应时间短，电学性能极好，且寿命长。纳米氧化锌压敏传感器高度的非线性电压一电流关系主要由绝缘晶界层决定。两个 ZnO 分解，形成填隙 Zni 原子，同时产生氧空位 V0，如下式所示：ZnO→Zni+V0+1/2O_2Zni，V_0 经一次和二次电离就形成 e^-为载流子的 N 型半导体了。

（4）纳米微悬梁生物传感器。

IBM 公司和瑞典 Basel 大学的研究人员正在开发一种新型的纳米微悬梁生物传感器，利用 DNA 分子的双螺旋结构作为分子特异性识别能力的模型。器件的核心是硅悬梁天平阵列，长 500μm，宽 100μm，厚度为 1μm。由于生物分子的结合，从而引起悬梁臂的弯曲，通过激光反射技术，该器件能够检测 10～20nm 的弯曲。在悬梁天平阵列表面固定具有不同识别性的分子构成阵列式生物传感器，可以同时检测多项指标，如图 9-7 所示。

（5）纳米生物传感器。

纳米生物传感器是利用纳米材料与具有特殊识别能力的分子（酶、DNA 等）结合，从而产生容易被检测出且便于传输的电化学信号的器件。纳米电化学生物传感器选择性高、传递能力快、特性稳定、生物分子的融合性绝佳、成本低，易于推广及普及，而且易于进行表面化学修饰。电化学生物传感器具有选择性好、灵敏度高的优点，且不破坏测试体系，细胞传感器可以用于诊断早期癌症，将三乙酸纤维素膜固定在人类经脉内皮细胞上，在离子选择性电极上作为传感器，癌细胞中的 VEGF 刺激细胞使电极电位产生变化，通过检测 VEGF 的浓度变化来判断癌症。利用抗原与抗体反应电位的变化，临床医学中可以检测 B 型肝炎抗原，检测浓度的范围为 4～800ng/mL，比常规检测方法更快、更直接。近年来基于蛋白质与纳米材料发展新型电化学生物传感器方面的研究加深，一些关键技术进一步完善，对其理化性质的认识不断深入，纳米材料引入生物传感器领域后，提高了生物传感器的检测性能，并促发了新型的生物传感器。纳米材料独特的化学和物理性质使得其对生物分子或者细胞的检测灵敏度大幅提高，检测的反应时间也得以缩短，并且可以实现高通量的实时检测分析。纳米电化学生物传感器，在临床检测、食品安全、环境监测、医疗卫生等领域都得到了广泛的应用。

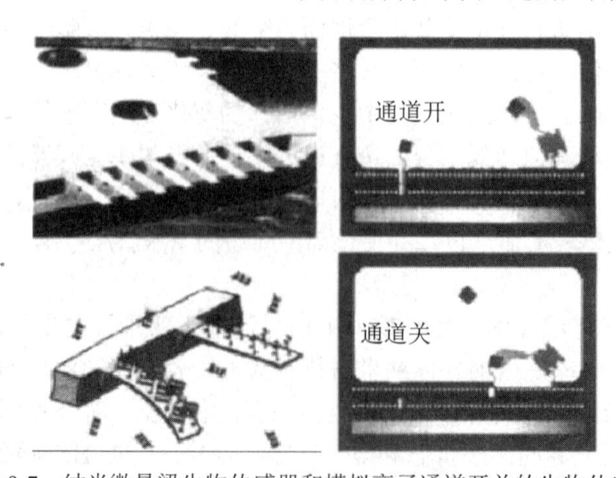

图 9-7 纳米微悬梁生物传感器和模拟离子通道开关的生物传感器

利用纳米技术制成的传感器可用于疾病的早期诊断、监测和治疗，使各种癌症的早期诊断成为现实。目前，美国科学家已经在实验室环境下实现了对前列腺癌、直肠癌等多种癌症的早期诊断。纳米传感器灵敏度很高，在进行血液检测时，当传感器中预置的某种癌细胞抗体遇到相应的抗原时，传感器中的电流会发生变化，通过这种电流变化可以判断血液中癌细胞的种类和浓度。据专家预测，今后可能会有多种纳米传感器集成在一起被植入人体，以用来早期检测各种疾病。

思考题与习题

1. 什么是化学传感器、生物传感器、纳米传感器？各有哪些种类、特点和用途？
2. 当 O_2 吸附到 SnO_2 上时，下列说法正确的是（　）。

   A. 载流子数下降，电阻增加　　B. 载流子数增加，电阻减小

   C. 载流子数增加，电阻减小　　D. 载流子数下降，电阻增加
3. 用N型材料 SnO_2 制成的气敏电阻在空气中经加热处于稳定状态，与氧气接触后（　）。

   A. 电阻值变小　　B. 电阻值变大

   C. 电阻值不变　　D. 不确定
4. 单克隆抗体、多克隆抗体，用于制备免疫传感器应选哪种，为什么？
5. 微生物传感器的主要应用领域包括哪些？举一例说明。
6. 如何用生物传感器诊断一个人是否得了糖尿病？

第 10 章 传感器系统与智能传感器

本章导读：

和前面各章不同，本章是从传感器的系统组成和智能传感器的角度来谈传感器技术。智能传感器是具有信息处理功能的传感器，主要从传感器检测信息的处理技术方面来讨论传感器技术。它是传感器学科和计算机学科的交叉发展领域。智能传感器带有嵌入式系统，具有采集、处理、交换信息的能力，常可用于智能机器人的感觉系统，和传统系统相比，具有可将信息分散处理、成本低、具有一定的编程自动化能力、功能多样等特点。除此之外，本章还讨论了复合传感器与传感器阵列，它们都是通过信息处理赋予了传感器新的内涵与应用。

本章的学习重点是：智能传感器的系统构成、智能传感器的标准、数字化信号处理方法、传感器阵列等。

本章主要内容和目标：

本章主要内容包括：智能传感器的系统构成、智能传感器的标准、数字化信号处理方法、传感器阵列等。通过本章学习应该达到以下目标：了解智能传感器的基本原理；熟悉智能传感器标准、数字化信号处理方法、信号复合等。

10.1 概述

近年来随着微处理器的快速发展及应用，尤其是信号处理技术、现场可编程门系列和片上系统的广泛应用，传感器技术向着更加智能化方向迈进，出现了一种将微处理器与普通传感器相结合的新型传感器——智能传感器。

10.1.1 智能传感器的定义与特点

智能传感器是一种将微处理器与普通传感器相结合，能够自动对数据进行检测、判断和处理的新型传感器。尽管智能传感器的功能多种多样，但是它的结合方式主要有两种形式：一种是将微处理器嵌入到传统传感器中；另一种是微处理器和传统的传感器是相对独立的，它们可以相互组合，这样的特点使得这种智能传感器的维护相对方便。

1. 智能传感器的新功能

因为加入微处理器，智能传感器具有了普通传感器不具有的新功能。

（1）复合敏感功能。

智能传感器能够同时测量声、光、电、热、力、化学等多个物理或化学量，综合分析和处理它们，从而获得比较全面反映物质运动规律的信息。例如能同时测量介质的温度、流速、压力和密度的复合传感器；测量物体三维振动加速度、速度、位移的复合力学传感器。

（2）自补偿和计算功能。

智能传感器能实现温度漂移补偿、非线性补偿、零位补偿的自补偿和间接量计算等计算功能。

（3）自检测、自诊断和自校正功能。

相比较而言，普通传感器需要定期拆卸检验和校准，而且普通在线传感器异常不能及时诊断。但是智能传感器能够通过上电自诊断，设置条件自诊断，利用 EEPROM 中的计量特性数据自校正，从而提高了传感器的精度和使用寿命，简化了传感器的应用。

（4）信息存储和数据传输功能。

用通信网络以数字形式实现传感器测试数据的双向通信是智能传感器的关键标志之一。利用双向通信网络，可以设置智能传感器的增益、补偿参数、内检参数，并输出测试数据。

2. 智能传感器的特点

（1）精度高。

智能传感器有多项功能来保证它的高精度，如通过自动校零去除零点、与标准参考基准实时对比以自动进行整体系统标定、对整体系统的非线性等系统误差进行自动校正、通过对采集的大量数据的统计处理来消除偶然误差的影响等。

（2）可靠性与稳定性好。

智能传感器能自动补偿因工作条件与环境参数发生变化所引起的系统特性的漂移，如温度变化产生的零点和灵敏度漂移；当被测参数变化后能自动改换量程；能实时、自动地对系统进行自我检验，分析、判断所采集的数据的合理性，并给出异常情况的应急处理（报警或故障提示）。

（3）信噪比高、分辨力强。

由于智能传感器具有数据存储、记忆与信息处理功能，通过软件进行数字滤波、相关分析等处理可以去除输入数据中的噪声，将有用信号提取出来；通过数据融合、神经网络技术可以消除多参数状态下交叉灵敏度的影响，从而保证在多参数状态下对特定参数测量的分辨能力。

（4）自适应性强。

智能传感器具有判断、分析与处理功能，它能根据系统工作情况决策各部分的供电情况和高/上位计算机的数据传送速率，使系统工作在最优低功耗状态和传送效率优化的状态。

（5）价格性能比低。

智能传感器所具有的上述高性能，不是像传统传感器技术用追求传感器本身的完善、对传感器的各个环节进行精心设计与调试、进行“手工艺品”式的精雕细琢来获得的，而是通过与微处理器相结合，采用廉价的集成电路工艺和芯片以及强大的软件来实现的，因此其价格性能比低。

10.1.2　智能传感器的应用和发展

随着自动化系统越来越复杂，对传感器的要求越来越严苛，传统传感器难以满足系统的要求。例如传统传感器的准确度、稳定性和可靠性长期依靠硬件来解决，如开发新敏感材料、改进生产工艺和采用线性、温度、稳定性补偿电路等，但收效有限，存在着以下严重不足：

- 输入输出特性存在非线性，且随时间漂移。
- 参数易受环境条件变化的影响。
- 信噪比低，易受噪声干扰。
- 存在交叉灵敏度，选择性、分辨率不高。

因此，再用传统的方法设计和以手工操作为主的生产方式在质与量上均满足不了需求。而智能传感器能够由工业化生产将传感器的成本降下来，另一方面智能传感器的多功能和精确性能够满足在各个领域的使用和要求。

总体而言，智能传感器基本满足了现代自动化系统的要求，这些智能传感器具有了新的功能，概括起来主要有以下 7 个：

- 自校零、自标定、自校正。
- 自动补偿。
- 能自动采集数据，并对数据进行预处理。
- 能自动进行检验，自选量程，自寻故障。
- 能进行数据存储、记忆与信息处理。
- 双向通信、标准化数字输出或符号输出。
- 能进行判断和决策处理。

智能传感器是一种同时具有传感器的敏感特性和智能处理信号的特点，对外界信号有检测、判断、自诊断、数据处理和自适应能力的集成一体化的多功能传感器。这种传感器能自动选择最优化方案对获取到的信号进行处理。同时，它还能实现信号的远距离、高速度和高精度的传输。尽管智能传感器还处于发展阶段，但是现实中已经出现了不少实用的智能传感器，例如基于硅片应用微型螺旋天线进行无线传输的智能传感器，其内含有一个热电温度传感器，该研究成果的主要特点就在于其芯片内包含了利用微波发电的装置以及将微型线圈集成入芯片，极大地减少了空间占用，并实现数据的无线传输。它制成的样品如图 10-1 所示。

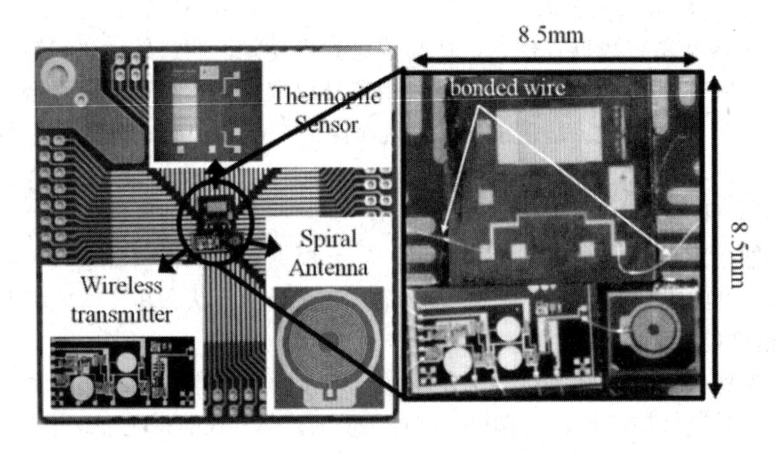

图 10-1 基于硅片应用微型螺旋天线进行无线传输的智能传感器

又如利用 FPGA 技术测量数控机床工具磨损面积的智能传感器，它的实物展示如图 10-2 所示。

它是由瑞士科学家于 2010 年在其论文中详细描述过的一种智能传感器。该传感器通过三轴向微加速度传感器测得工具在加工器件时的振动状态，同时通过电机电流得到其运动速度，然后将所得的数据通过 FPGA 进行算法分析，得出磨损面积。

智能传感器虽然在 90 年代经过了如火如荼的发展，但是在最近几年它仍然是一种热门的学科技术。这主要是因为智能传感器给传感器技术带来了根本的变化，降低了传感器的成本，扩宽了传感器的使用范围，使得传感器能广泛地应用到工业和日常生活中，今后人工智能材料和智能传感器的研究内容主要集中在以下几个方面：

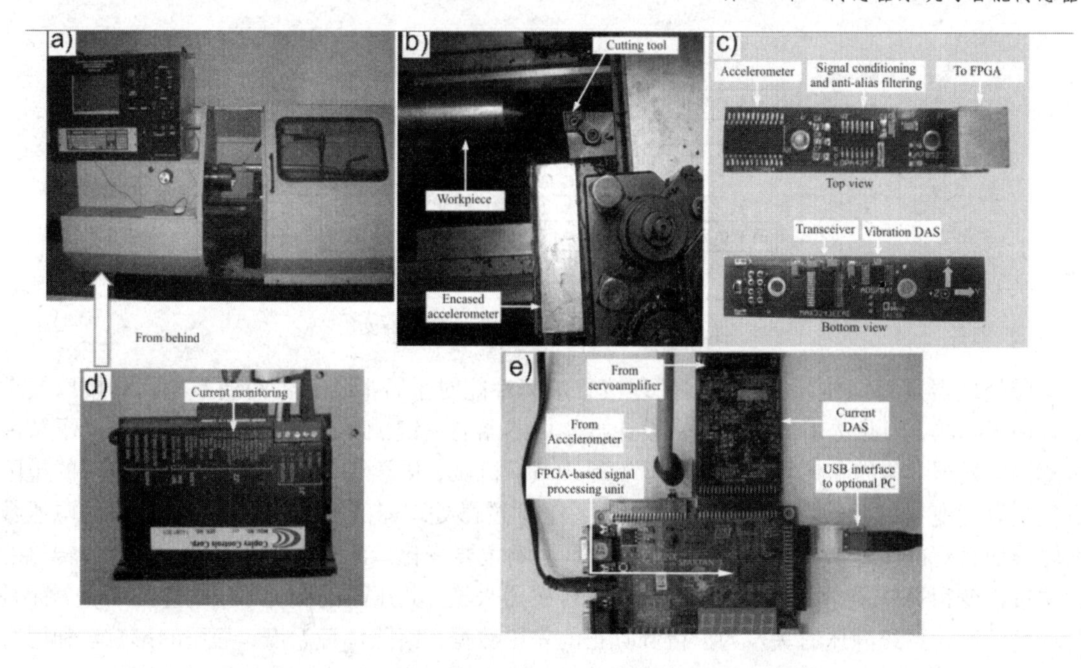

图10-2　基于FPGA技术测量数控机床工具磨损面积的智能传感器

（1）新的智能传感器原理和材料的设计方法研究。智能传感器发展的关键点在于智能传感器理论的研究，发展出更适应实际要求和更智能的理论科学和更加新型、功能更完善的智能材料对于智能传感器的发展有更显著的作用。而且，还必须要研究出如何将有效信息注入材料的方式和途径，研究类似于“遗传基因”的微粒子如原子或分子结构的控制方法等。

（2）微型结构的研究也将是智能传感器研究的重要方向。微型结构指的是在 1μm～1mm 范围内，超出了人们的视觉辨别能力的微产品。这种微型技术覆盖了微型结构、微型工程和微型系统的各种学科。将微型结构与智能传感器相结合，将会大幅提高传感器的精度，打开智能传感器的广大市场，同时对于全球微型系统的市场价值也是十分巨大的。微型技术也将像显微镜一样对人们的生活产生重大影响。

（3）以生物工艺和纳米技术为技术基础，研制出分子和原子生物传感器。将通过控制单个原子的纳米技术运用到传感器技术上，制造出单分子、单原子、单电子器件，将大幅提高信息存储量，对实现材料科学中的新原子结构材料研制、智能传感器研制等提供了实验和理论基础。

10.2　智能传感器的构成

智能传感器的控制核心是微处理器。由于微处理器系统本身是以数字方式进行工作的，所以今后智能传感器的发展方向是全数字化。典型的智能传感器的原理框图如图 10-3 所示。

敏感元件是感受被测量的基本元件，可以感受力、压力、温度、加速度、流量等物理量和湿度、pH 值、气体浓度等化学量；可以是谐振式、压阻式、电容式、光电式和场效应化学式；可以是模拟式，也可以是数字式。但是今后的智能传感器必然走向全数字化，发展数字式的敏感元件已经十分重要，因为全数字化智能传感器能够消除许多与模拟电路有关的误差源，明显提高了测量精度。

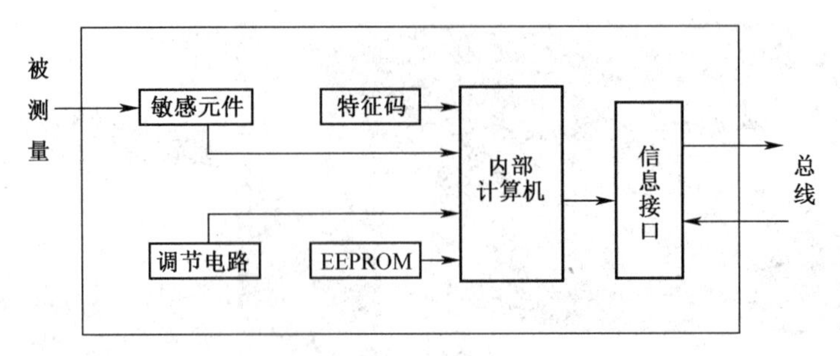

图 10-3 典型智能传感器的原理框图

微处理器是智能传感器的数据处理核心，其性能对于智能传感器的调节电路和接口技术都有很大影响，因此选用微处理器是设计智能传感器的关键。微处理器技术的发展带动了智能传感器的发展。传统传感器的测量变量都是电气、机械、化学等变量函数。例如热电阻的电阻变化是温度变量的函数，在智能温度传感器中，通过微处理器的算法处理可以把测量的电压数据转换成直观的工程数据。对于有些传感器，影响主要变化量的因素不止一个，这就使转化的算法过程变得比较复杂。例如对于智能差压传感器来说，其压阻的变化不仅与差压有关，而且与环境温度、系统静压有关。为了得到真正的差压数据，消除环境温度、静压的影响，利用智能传感器的特点，通过标定和有效的线性化处理、标度变换、温度补偿、差压补偿算法使传感器测量差压时不受温度和静压的影响。

智能传感器一般采用外总线。目前，通常分为并行和串行两种。并行总线以 IEEE-488 为代表，串行以 RS-232 为代表。通过标准总线，智能传感器就可以与设备仪器相连，从而组成各种测试系统。

特征码是传感器产品的基本信息数据表，注明了传感器的名称、型号、量程、精度、生产编号等，一般把传感器的这个基本信息表称为 EDS（Electronic Data Sheet），并且可以把 EDS 传递到网络系统。EDS 对于传感器本身没有作用，但当智能传感器连接到现场总线（Fieldbus）时，总线系统可以很方便地了解传感器的基本数据。对于一个具有 EDS 的压力传感器来说，可以把校正数据，如非线性误差修正表、温度误差表、上电影响等这些初始校正数据存储到传感器中，在使用中如出现异常情况，维护系统就可以启动初始化数据重新校正传感器，而不用更换产品。也可以利用这些数据来提高传感器的性能指标，如提高线性度、消除温度漂移的影响等。

10.3 智能传感器的实现

目前，智能传感器的实现是沿着传感技术发展的三条途径进行的：非集成化实现、集成化实现、混合实现。

非集成化智能传感器是将传统的经典传感器（采用非集成化工艺制造的传感器，仅具有获取信号的功能）、信号调节电路、带数字总线接口的微处理器组合为一个整体而构成的智能传感器系统，其框图如图 10-4 所示。

这种非集成化智能传感器是在现场总线控制系统发展形势的推动下迅速发展起来的。自动化仪表生产厂家原有的一套生产工艺设备基本不变，附加一块带数字总线接口的微处理器插板组装而成，并配备能进行通信、控制、自校正、自补偿、自诊断等的智能化软件，从而实现智能传感器功能。这是一种最经济、最快速建立智能传感器的途径。

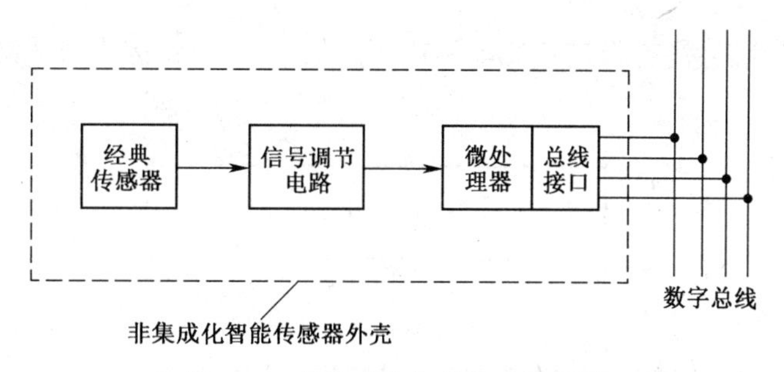

图 10-4　非集成化智能传感器框图

集成化实现的智能传感器系统是在大规模集成电路工艺和现代传感器技术这两大技术的基础上发展起来的。智能化传感器系统是利用大规模集成电路工艺技术将由硅制材料的敏感元件、信号调节电路、微处理器等单元集成在一块芯片上实现的。而且智能传感器在现代传感器技术的优良电性能、极好的机械性能的硅材料基础上，利用微米级的微机械加工技术来实现。

这些集成传感器的特点有：

- 微型化。
- 结构一体化。
- 精度很高。
- 功能多样。
- 阵列式。

传感器的集成化实现不仅是传感器的发展方向，而且是传感器向微型化、多功能化和智能化发展的基础。随着微电子技术的快速、成熟化发展，集成化智能传感器也将更加完善，实现的功能将向更加多样化发展。

要在一块芯片上实现智能传感器系统的集成存在着许多棘手的难题。由于实际情况的多种多样，人们也可以根据需要和可能将系统的各个集成化环节（如敏感单元、信号调节电路、微处理器单元、数字总线接口）以不同的组合方式（如图 10-5 所示）集成在多块芯片上，并将其封装在一个外壳里，以实现智能传感器的混合实现。

这样实现的混合式智能传感器能够根据实际的不同情况来自由组合，这样的组合方式使智能传感器更加具有灵活性，能满足智能传感器的多样化需求。

10.3.1　智能传感器的标准

随着智能传感器的快速发展，智能传感器的种类越来越多样，为了更好地发展智能传感器，做到“即插即用”，美国国家标准技术研究所和 IEEE 仪器与测量协会传感器技术委员会联合制定了智能传感器的接口标准——IEEE 1451 标准，对指导网络智能传感器的开发具有重要作用。

早期的模拟传感器结构简单，功能单一，性能比较差。随着集成电路的发展，传感器技术也将模数转换技术运用到自身上，对传感器的输出信号进行数字处理和传输极大地提高了传感器的性能。但是，由于大量的工业网络或现场总线并不兼容，它们不允许传感器直接插入，而且由于各种现场总线相互独立，在很大程度上制约了智能传感器的发展。为了解决这种情况，人们提出了智能传感器标准 IEEE 1451 标准。

IEEE 1451 标准是以美国的 Kang Lee 为首的一些学者在 1993 年开始构造的一种通用智能传感器的接口标准，该标准推出之后得到了一些大公司包括 NIST、波音和惠普的积极支持，但是到目前为止该标准并没有得到传感器生产厂商的广泛支持，因为该标准本身还有许多需要完善的地方。

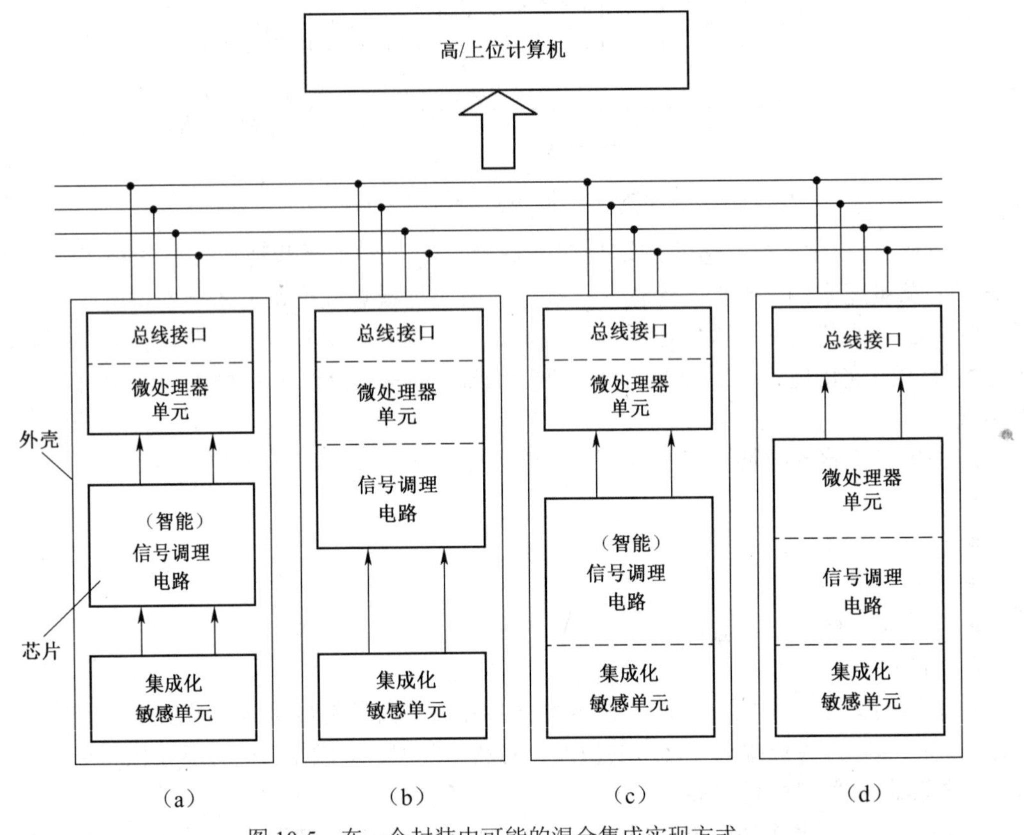

图 10-5　在一个封装中可能的混合集成实现方式

IEEE 1451 标准的全称是适用于传感器和执行器的智能变换器接口标准。它是一整套的系列标准，建立了一套协议集，期望使各种智能传感器和执行器在硬件与软件上实现无缝连接。

1. IEEE 1451 系列标准定义的智能变换器的基本要求

- 在变换器上有电子数据表。
- 在变换器上有信号调节单元。
- 变换器具备智能。
- 变换器能联网。
- 不同生产商相同功能的变换器能互换。
- 变换器能热插拔和互换，而不需要重新调校和标定。

2. IEEE 1451 系列标准

（1）IEEE std 1451.1－1999。

IEEE 1451.1 定义了网络独立的信息模型，使传感器接口与 NCAP 相连，它使用了面向对象的模型定义提供给智能传感器及其组件。

（2）IEEE std 1451.2－1997。

1451.2 标准规定了一个连接传感器到微处理器的数字接口，描述了电子数据表格 TEDS（Transducer Electronic Data Sheet）及其数据格式，提供了一个连接 STIM 和 NCAP 的 10 线的标准接口 TII，使制造商可以把一个传感器应用到多种网络中，使传感器具有“即插即用

（plug-and-play）”兼容性。

（3）IEEE P1451.3。

IEEE P1451.3 提议定义一个标准的物理接口指标，为以多点设置的方式连接多个物理上分散的传感器。

（4）IEEE P1451.4。

IEEE P1451.4 标准主要致力于基于已存在的模拟量变送器连接方法提出一个混合模式智能变送器通信协议，它同时也为具有智能特点的模拟量变送器接口到合法的系统指定了 TEDS 格式。这个提议的接口标准将与 IEEE 1451.X 网络化变送器接口标准相兼容。

3. IEEE 1451 标准体系的内容

（1）建立网络化智能传感器的软件模型，包括信息与通信模型。

（2）定义网络化智能传感器的硬件模型，包括网络适配器 NCAP、智能变送器接口模块 STIM 及两者间的有线和无线接口。

（3）定义 NCAP 中封装不同网络通信协议接口，支持多种网络模式及总线标准。

（4）对智能传感器的数据传输、寻址、中断、触发等进行详细规定。

（5）定义电子数据表格 TEDS 及其数据格式。

10.3.2　信号调节与放大的数字补偿

来自传感器的输出电路的信号通常是含有干扰噪声的微弱信号。因此，其后必须配接一个信号的调节电路，它的作用基本有三个：一是放大，将信号放大到与数据采集卡（板）中的 A/D 转换器相适配；二是滤波，主要是抑制干扰噪声信号的高频分量，将频带压缩以降低采样频率，避免产生混淆；其三是转换，将传感器输出的电参量，如电容 C、电感 L 或 M、电阻 R 转换为电压或频率量，即 C/U、L/U、M/U、R/U 转换等。此外，根据需要还可以进行信号的隔离与变换等。

智能传感器智能化功能的实现是传感器克服自身不足，获得较高稳定性、高可靠性、高精度、高分辨力和高自适应能力的必要条件。接下来，将重点介绍智能传感器实现智能化功能的几种方法。

在检测系统中，由于当前使用的电子传感器中大多数都是使用半导体工艺制造，我们总是希望传感器具有线性特性，这样不仅读数方便，而且使仪表在整个刻度范围内灵敏度一致，从而便于对系统进行分析处理。但是传感器的输入/输出特性往往有一定的非线性，为此必须对其进行补偿和校正，使转换后的输入和输出呈现出理想的线性关系。图 10-6 所示是智能传感器系统进行非线性转换的框图。

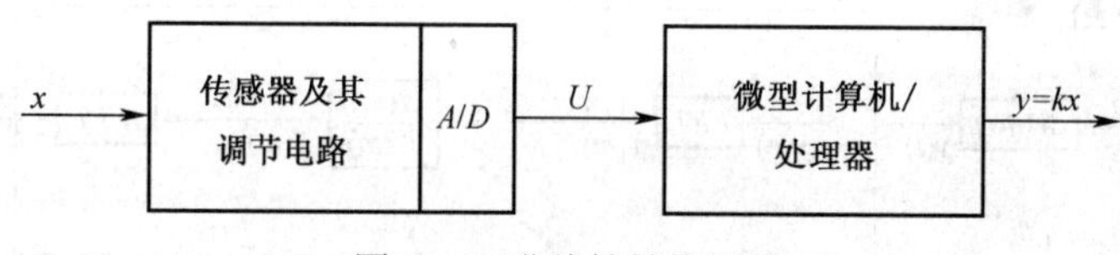

图 10-6　非线性转换框图

1. 非线性校正的方法

（1）查表法。

查表法是一种分段线性插值近似法，它是根据精度要求对反非线性特性曲线进行分段，用若干折线逼近来近似曲线。逼近反非线性特性曲线的折线数量越多，输出值就会越真实，但是这也有另外一个缺陷，它将导致程序代码的编写复杂度会随之升高。在确定折线和折点的方法上，不管选取什么样的方法，都要按照精度的要求，使确定的折线和折点坐标值与要逼近的曲线之间的误差小于不允许超过的最大误差。

（2）自补偿。

自补偿可以用来消除因工作条件、环境参数发生变化而引起的系统漂移。下面要介绍的是温度补偿和频率补偿。

1）温度补偿。

温度是传感器系统最主要的干扰量，在经典的传感器中主要采用的是结构对称（包括机械结构对称和电路结构对称）来消除其影响。在智能传感器以微处理器/微计算机和传感器相结合的情况下，通常采用的是监测补偿法，即通过对干扰量的监测由软件来实现补偿。由于压阻式压力传感器是最早进行集成化与智能化的一种传感器，我们将用它来简要介绍温度补偿。

为消除某个干扰量的影响，通常的做法是放置对该干扰量敏感的传感器元件监测它，但是对于压阻式压力传感器而言，可用“一桥二测”技术由其自身来获取温度信号。温度补偿方法也是一种非线性补偿，可以用曲线拟合法来实现。

2）曲线拟合步骤。

曲线拟合的标准算法求解简单，融合精度较高，最后由此方法可以得到一个多项式方程，它的优点是成本低、精度高。具体步骤如下：

①标定实验数据。将不同温度条件下获得的输入－输出特性用一维多项式方程表示出来。求解出各种温度条件下的多项式系数。

②建立由①确定的系数的拟合方程式。

根据以上两个步骤的结果确立工作温度 T 时的输入－输出特性曲线拟合方程。

由以上方法即可得到智能传感器的温度补偿，从而消除来自温度的干扰量。

3）频率补偿。

在智能传感器的信号输入中，当信号频率较高而测量系统的工作频带并不能满足测量所允许的误差要求时，通常我们就希望通过扩展系统的频带来改善系统的动态性能。由于智能传感器系统的强大软件优势，它能够补偿原系统动态性能的不足，将系统频率扩展。下面介绍一种频域校正法。

频域校正的思想：在已知系统传递函数 $W(s)$ 的前提下，把发生畸变的输出信号 $y(t)$ 进行处理，找到被测输入信号 $x(t)$ 的频谱 $X(m)$，再通过傅里叶反变换进而获得被测信号 $x(t)$。

图 10-7 给出了频域校正的过程，其中系统的传递函数也必须为已知，否则就需要事前测定动态特性的特征参数，从而得出传递函数 $W(s)$ 或者频率特性 $W(jw)$，然后再开始用软件实现频域校正。

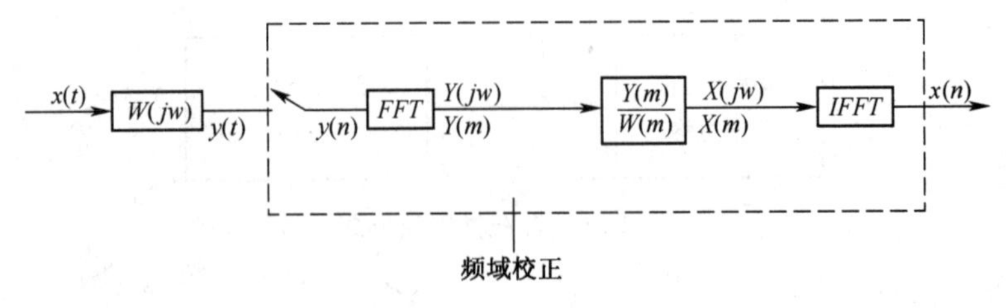

图 10-7 频域校正过程示意图

4）频率校正的步骤。

分为以下 4 步：

①对输入信号采样。其中必须注意的是采样过程必须满足采样定理，即采样频率要大于

输入信号最高频率的两倍。

②对采样信号进行频谱分析。即对获取的采样信号进行快速傅里叶变换（FFT），得出频谱。

③做复数除法运算。由于得到采样的输出信号频谱且已知系统频谱，因此可轻松计算得到信号的输入频谱。

④对被测输入信号的频谱进行傅里叶反变换（IFFT）即可得到原函数 x(t)的离散时间序列。

2. 系统误差的校正方法

系统误差有多种校正方法，可视具体情况而定。典型的方法有以下几种：

（1）自动校正法。

用软件实现对电压的测量，消除测量放大器系统中模拟电路存在的漂移、失调及增益变化等引起的系统误差。

（2）零电流补偿法。

这种方法用来消除预处理电路中测量放大器的零电流引起的系统误差。

（3）校准数据误差修正法。

当测量系统的作用机理或误差的来源不清楚时，可通过实验求得测量系统完整的校准曲线，还可以求得不同温度下的一组曲线，然后把特性曲线上各个校准点的参数以一定的顺序存入内存的校准数据区中，查表求得修正了的校正结果。用查表修正误差速度快，但占用内存多，且因校准数据是离散点而存在较大误差。

（4）通过曲线拟合来求得校准方程法。

该方法是用解析函数来拟合校准曲线，再通过函数的数值计算来求得精确的测量结果。当曲线形状不规则时，可分段拟合校准曲线，利用最小二乘法进行线性拟合或二阶抛物拟合。

3. 随机误差的处理方法

因随机误差是各种因素的综合影响造成的，因此它的出没是没有规律的、不可预见的。但多次重复测量时，随机误差服从统计规律。时间平均法与总体平均法是基本的统计方法。总体平均法速度较慢，为提高速度，常采用对数据边平均边移动的移动平均法。平均的过程可以等效为低通滤波的过程，随机误差可以称为广泛意义上的噪声。在模拟系统中，常采用 *RC* 滤波电路来消除噪声干扰，在智能传感器系统中，可用软件即用数字滤波的方法来代替硬件滤波，这样既可以节约投资，又可以解决某些用硬件滤波实现困难的问题。常用的数字滤波方法有以下几种：

（1）中值滤波。

采用中值滤波方法来消除脉冲性质的干扰，对于变化剧烈的参数不宜采用。具体方法是将被测量连续多次采样，并将结果进行排序后选取中间值，连续采样次数越大效果越好，但采样次数越大响应速度越慢。

（2）算术平均滤波法。

采用平均滤波方法来消除随机干扰，具体方法是求取被测量连续多次采样的平均值，采样次数越大效果越好，但系统的灵敏度将下降。

（3）防脉冲干扰平均值法。

这种滤波方法是将中值滤波法和算术平均滤波法结合起来，兼容了两点。先用中值滤波法去除脉冲干扰再将余下的值进行算术平均。当采样点数少时效果不明显。

（4）信号合理判断法。

这种滤波方法是先根据经验确定出两次采样值之间可能出现的最大偏差，若超过此最大偏差，则说明该次采样值受干扰的影响，应剔除。

（5）其他数字滤波法。

除上述几种滤波法外还有加权平均滤波法、滑动平均值滤波法、一阶滞后数字滤波法等。另外还可以采用新兴的神经网络滤波技术，通过人工神经网络滤波器的学习和训练后，可以极大地提高传感器的精度。

10.3.3 智能传感器的软件

智能传感器的软件结构在智能传感器中起着举足轻重的作用。智能传感器通过各种软件对传感器的测量过程进行管理和调节，使之工作在最佳状态，并对传感器数据进行各种处理，从而增强传感器的功能，提高性能指标。不仅如此，利用软件能够实现硬件难以实现的功能，以软件代替部分硬件，降低了传感器制造的难度。下面就来简要介绍智能传感器中常见的软件结构：功能控制程序和数据误差处理程序等。

1. 功能控制程序

智能传感器的重要特点之一是一个传感器实现多种功能。一般有两种方式：一种是用户通过键盘发出所选功能的指令；另一种是自动方式，由内部已编制好的数据采集与处理程序完成。智能传感器还必须有自校、自诊断、跟踪、越限报警、输出打印、键盘、显示、D/A 转换等接口。为保证整机有条不紊、相互协调地工作，必须要设计可靠的管理程序。

开机后，智能传感器经过自检并报告用户，正常运行后，它就逐渐采集传感器调节电路的输出信号进行处理和输出。

2. 数据误差处理程序

智能传感器系统由于引入了微处理器，因此在处理数据方面有突出的优势，即可以在系统中使用软件进行数据的自动校正和补偿，用软件进行误差处理既能节省硬件资源又能达到比较理想的效果。

智能传感器系统借助于微处理器强大的软件编程能力，根据具体情况采取各种有效的方法实现自校正和自补偿，因此智能传感器具有更好的性能和更高的精度，是目前和未来传感器发展的必然趋势。

10.4 复合传感器（电子鼻子）

复合传感器是一种通过多传感器来获取信息的传感器。和传统传感器相比，因为其可以同时获得被测物体的多维信息，从而能实现传统传感器不能实现的功能。其技术代表为电子鼻子。电子鼻子是一种能捕捉“气味指纹”和“识别气味”的传感器。它并不是过去那种通过化学方式的合成和反应来获得样品化学组成的方法，而是一种获得复杂样品分子组成信息的新方法。

当然电子鼻子并不同于人类的鼻子，这种区别类似于蜜蜂的复眼和人眼之间的区别。对于有的可见光谱，蜜蜂看不见，但对于某些不可见光谱，蜜蜂却很敏感。同理，电子鼻子可以用于有气味的样品检测，也可以用于没有气味的样品检测，电子鼻子的设计原理和应用领域也并不能完全类比动物的嗅觉系统。

电子鼻子的应用非常广泛，不仅可以应用于食品工业、药品工业、环境监测和工业过程控制，还可以应用到疾病诊断、安全检测、能源勘探、抢险救灾等，例如检测藏匿的炸弹、毒品、埋藏较深的页岩气或倒塌房屋下的人员等。电子鼻子的市场非常广阔，仅爆炸物检测一项各国每年都会投入数十亿美元来购买相应的监测设备。

电子鼻子和电子舌的原理及应用范围非常接近。它们都是从样品中提取信息，只是一个样品是气体，另一个样品是液体或固体。

电子鼻子的研究刚刚开始，还有许多问题值得研究，但已有的成果已经展示出诱人的前景，相信随着微机电（MEMS）技术、信息融合技术和计算机技术的不断发展，必将展现出更广阔的应用前景。

电子鼻子是由 Dodd 和 Persaud 在进行基于化学传感器的电子鼻设计时被提出来的，之后大量的“电子鼻子”技术被提出。今天，除了化学传感器外，基于“套色板”（GC）技术、物质光谱分析（MS）、离子流谱分析（IMS）等许多新技术的电子鼻子都被提出，使得很多不可能实现的检测都变为了可能。

下面就来介绍几种基于不同技术的电子鼻子的设计方法。

10.4.1 化学传感器

用来分析复杂的易挥发有机物。化学传感器阵列具有较强的选择性和可逆性，应用范围很广。这些化学传感器包括多种类型的气体传感器，如金属氧化物半导体（MOX）、压电、视觉荧光、电流传感器。经典的“电子鼻子”是由一组化学传感器阵列和人类的嗅觉匹配模板组成，此外还包括利用传导或变频原理而实现的表面声波传感器、高分子传导传感器、金属氧化物类的晶体管，主要原理如图 10-8 所示。

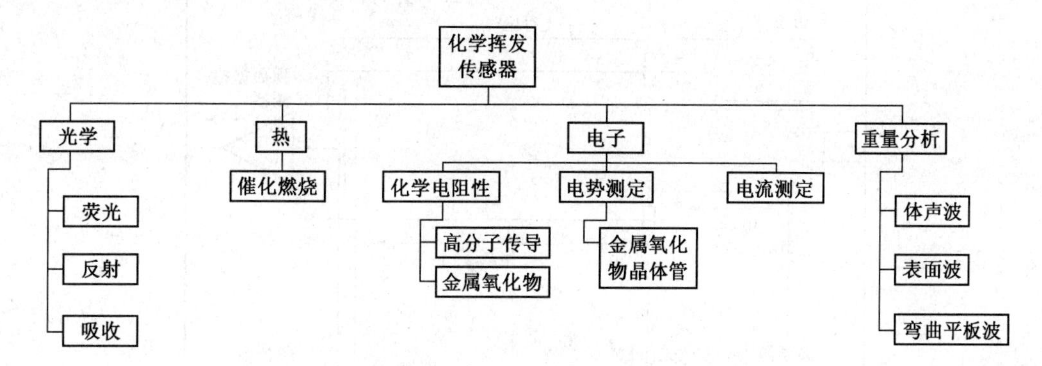

图 10-8 电子鼻子使用的主要化学传感器原理

化学传感器最大的优点是测量准确性好、可逆性好，而且可以反复使用，缺点是选择性强，不同应用需要设计不同的化学传感器阵列和嗅觉匹配模板，开发成本高、周期长、通用性差，不适宜于测量复杂气体，适用范围小。

光学传感器是化学传感器的一种。光学传感器通常使用有颜色变化的指示剂，如金属卟啉，并使用 LED 和成像系统来检测吸收。图 10-9 所示是一个使用有颜色反应的传感器阵列对不同化学成分的反应情况。

10.4.2 质谱和离子流谱分析

质谱和离子流谱的原理在某些方面很相似。不同的是质谱结合套色板（气象色谱），主要用于检测纯的化学气体，而离子流谱分析则不同。相同的是，它们都要通过电极（或灯丝）的电学方法或某些化学方法来获得需要检测的化合物的离子，再通过电场或离子飞行检测器去分辨不同离子的质量，从而分辨化合物成分。图 10-10 所示是离子流谱检测仪的原理图。

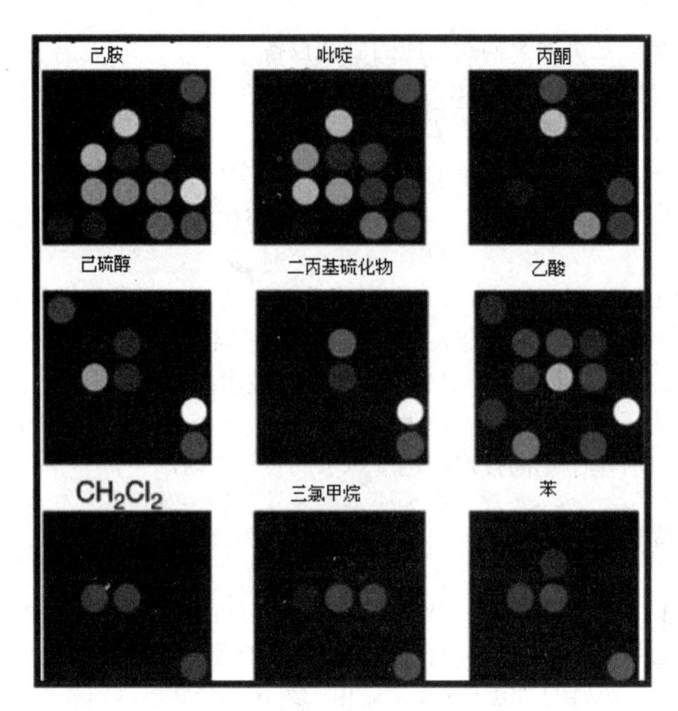

图 10-9 不同化学成分的反应情况

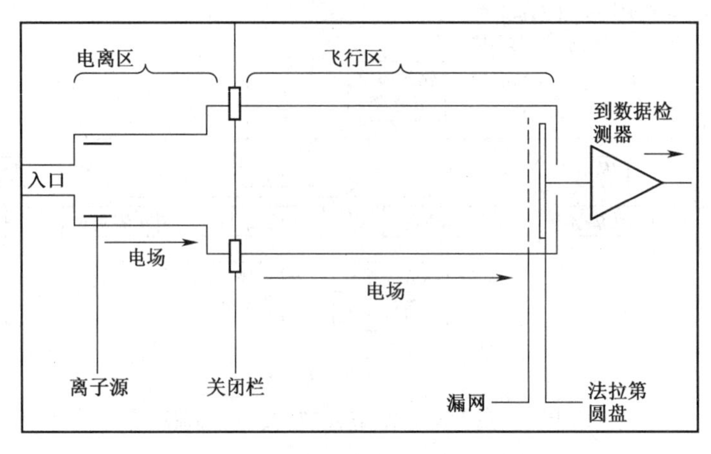

图 10-10 离子流谱检测仪原理图

质谱检测的缺点是：需要和套色板结合使用，主要用于纯化学气体的检测，同时需要真空，从而导致结构复杂、成本高、不易便携。离子流谱分析的测量准确性低，因为很难将气体中的化学成分在极短的时间里全部电离，从而导致利用离子的飞行时间来判断离子的质量不准确。优点是这两种方法选择性不强，适用范围很广。

10.4.3 套色板（气象色谱）

尽管使用离子流谱分析可以分析混合气体的成分，但是使用最广泛的还是套色板（气象色谱）的方法。气象色谱的原理是，使用惰性气体为移动相，注入多组分的混合气体样品后，由于各成分在流动相中的流速不同，使得各组分得以在色谱柱中彼此分离，获得各成分组的不同的出峰时间，通过检测器检测不同记录并对比组分的出峰时间谱，就可以确定气体的成分。图 10-11 所示是气象色谱的原理图，图 10-12 所示是气象色谱仪的结构。

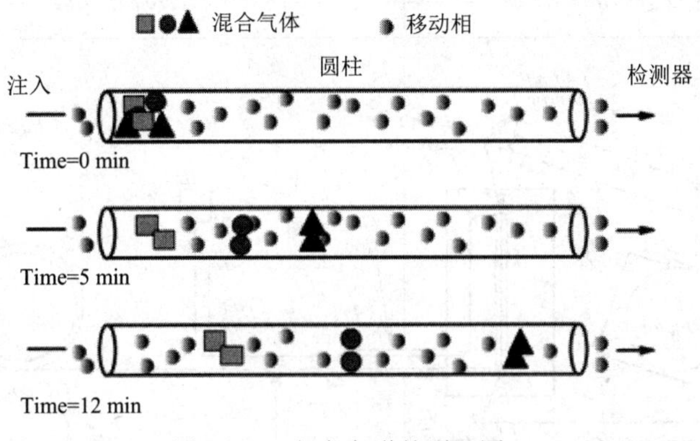

图 10-11　气象色谱的原理图

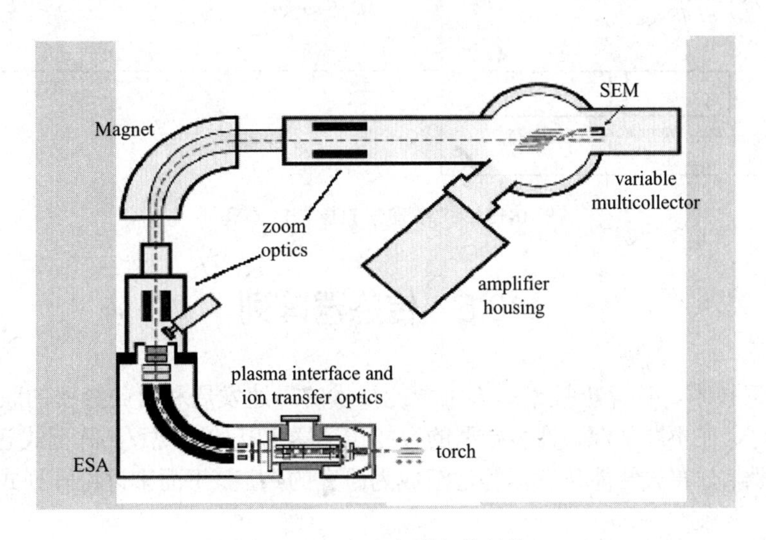

图 10-12　气象色谱仪的结构

10.4.4　红外谱和 THz 谱分析

红外谱和 THz 谱也同样被当作电子鼻子技术的一种。4000～200cm^{-1} 频率的波长能使物质分子振动并激发到更高的能量状态。通过化学物质吸收波长的谱线不同，能够确定该物质的成分。纯的物质可以通过化学物质的红外谱与 THz 谱来确定，混合气体可以通过某些经典算法来评估。

红外谱和 THz 谱用于移动设备有两种方法：一种方法是通过红外源产生一个温度变化，从而导致压力变化，通过一个微型传声器测量压力的变化，从而确定被测气体；另一种方法是通过测量一个窄带的红外线束的吸收情况，对照红外谱图确定被测气体，这种方法主要用于纯气体的检测。图 10-13 所示为红外谱与 THz 谱的原理图。

以上各种电子鼻子的性能各有优劣，在应用上也大不相同，但是电子鼻子的发展也不仅如此，电子鼻子的研究还只是刚刚开始，还有很多领域有待探索和研究。随着电子技术的深入发展和材料技术的进步，电子鼻子传感器将会迎来更加广阔的前景。

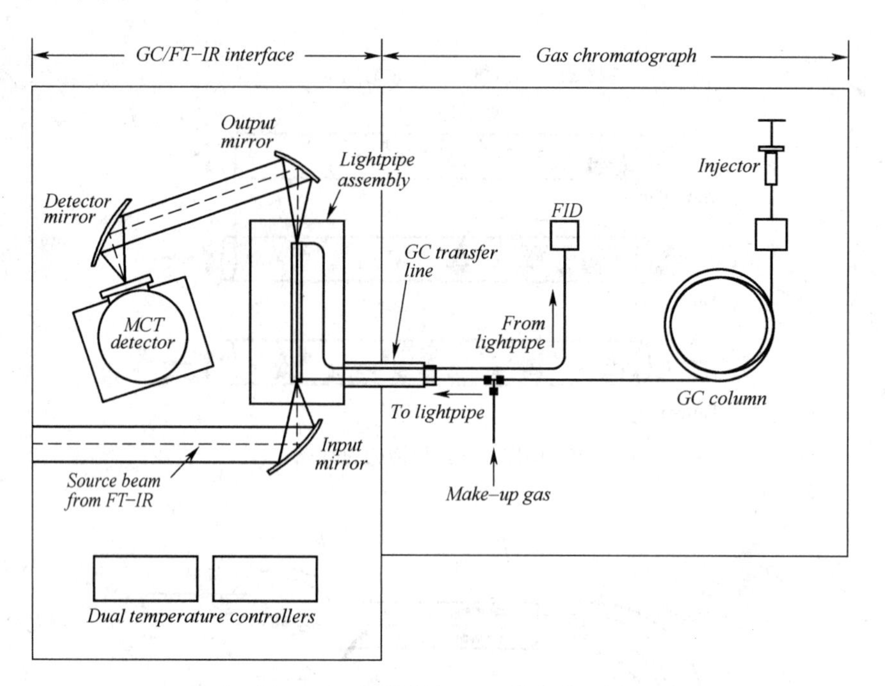

图 10-13　红外谱与 THz 谱的原理图

10.5　传感器阵列

随着传感器技术、计算机技术、人工智能技术的迅速发展和日趋紧密的联系，智能传感器的“智能”定义在不断加深，许多新型的智能传感器也开始出现。如阵列式智能传感器、嵌入式智能传感器、分布式智能传感器等逐渐成为研究的热点。下面来讨论阵列式智能传感器的定义和结构。

10.5.1　阵列式智能传感器的定义

在实际工程应用中，通常需要对现实中发生的许多复杂过程进行监控，这就导致了需要能够处理来自不同信号源的信号的传感器系统。因此，阵列式传感器被创造出来，阵列式智能传感器是将多个传感器排列成若干行列的阵列结构，能够提取检测对象的多维或某种相关特征信息并进行处理的智能传感器。

阵列式智能传感器是由多个传感器共同组成，因此阵列式传感器的功能是由其中各个传感器的特性共同决定的。当系统是一列串联传感器系统时，这时的输出信号得到明显的放大，信号变得更容易处理。

一般来说，按传感器是否相同划分，阵列式传感器一般来说有两种结构。其一，是由相同的传感器组成一套阵列系统，能够提高系统冗余度，在系统出现错误信号的时候能够进行补偿，提高系统的可靠性。更重要的是，来自传感器阵列的信号可以用来形成一维或者二维的被测量空间分布图。当一个阵列式智能传感器系统中的各个传感器按相同间距 d 均匀分布时，阵列式智能传感器系统就能够用于测量被测量信号的周期变化。使用二维传感器阵列的一个优点是，来自某个区域或范畴的输出信号可以同时处理，而且既不必移动被测物体也不需要移动传感器件。比如用于视频摄像的 CCD 就是这类阵列式传感器。其二，阵列式传感器系统是由完全不同的传感器组成的阵列式传感器系统，这种传感器系统可以测量多种不同的物理量。将这些不同的传感器相互联系起来时，这种传感器阵列的一个优点就显现出来，另外附加的传感器能够辅助改善另一个传感器的性能。

10.5.2　阵列式智能传感器的结构

阵列式智能传感器由三个层次组成，它的结构图如图 10-14 所示。第一个层次是多传感器阵列，它是由传感器组成的阵列实现集成；第二个层次是多传感器集成阵列，它将多传感器阵列和预处理模块集成在一起所组成；第三个层次是阵列式智能传感器，它是将第二个层次的多传感器集成阵列和阵列处理器集成在一起所组成的。

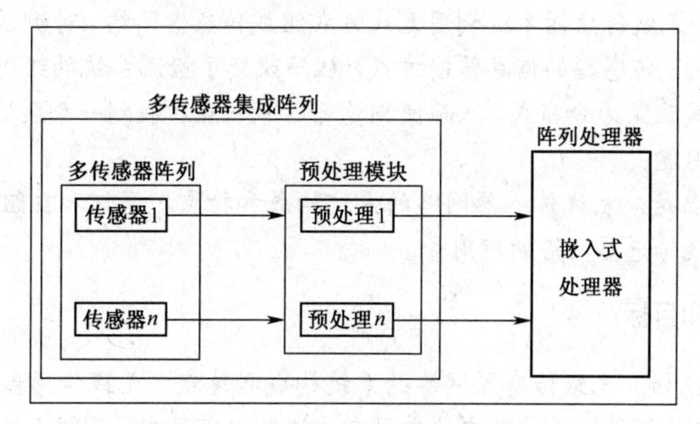

图 10-14　阵列式智能传感器的总体结构

思考题与习题

1. 简述智能传感器的发展前景。
2. 智能传感器的构成是什么？
3. 简述系统误差的校正方法。
4. 智能传感器为什么要频率补偿？

第 11 章　无线传感器

本章导读：

无线传感器网络（Wireless Sensor Networks，WSN）是多学科高度交叉、知识高度集成的前沿热点研究领域。无线传感器系统利用无线方式组成传感器网络，对测试对象进行检测。从技术上，它主要改变了传感器的信息传输方式，从而改变了检测系统的组织形式，使检测系统的组织形式从集中式改变为分布式，从而使测量可以从一点扩展到一个区域的监控，极大地扩展了测量的范围和用途。

本章的学习重点是：无线传感器网络的系统构成和特点、通信和自组织的协议、能量问题、安全问题、无线传感器网络的应用等。

本章主要内容和目标：

本章主要内容包括：无线传感器网络的系统构成和特点、无线传感器通信和自组织的协议、能量问题、安全问题等。通过本章的学习应该达到以下目标：了解无线传感器网络的系统构成和特点，熟悉无线传感器通信和自组织的协议、能量问题、安全问题等。

11.1　概述

因特网是信息传输网络与计算机信息处理相互融合的产物。人类进入信息社会的一个主要标志就是因特网的迅速普及应用，并进入了“网络即计算机”的网络时代。人们可以在网上找到资源，进行网络计算和存储资料。传感器网络是信息获取（传感）、信息传输与信息处理三大子领域技术与网络技术的又一次相互融合的产物。由微机电（MEMS）技术、无线通信和数字电子技术互相结合发展出了多功能无线传感器节点。这些无线传感器节点由感测元件、数据处理单元、信号传输单元组成，具有低成本、低功耗、体积小、短程通信链等特点，可以组成各种无线传感器网络（WSN），大量应用于军事、环境观测、医疗护理、智能家居等，改变了人和自然的交互方式，扩展了现有网络的功能和人们认识世界的能力，并引领人类步入“网络即传感器”的传感时代。

1. 无线传感器网络与传统传感器网络结构的不同

无线传感器组成各种无线传感器网络，改变了传统传感器的网络结构，这主要表现在以下两个方面：

（1）无线传感器网络的拓扑结构未知且可变，一个传感器网络由大量传感器节点组成，节点的位置不需要设计或预先确定，网络通过具有自组织能力的网络协议和算法实现网络的自组织。这样传感器节点就可以随机地散布于险要地形或救灾过程中，或广泛应用于医学、军事和安全领域。

（2）无线传感器网络的发展使节点具有协作和数据融合能力，它可以运用自身的处理能力处理局部的简单计算，并且仅传输必需的和部分处理过的数据。这样就可以用多个传感器来执行共同的感知任务，再进行数据融合。数据融合理论是一种不需要大幅改变信息的获取技术

（传感器技术），仅靠改变信息的分析和处理方法就可以更有效地分析和利用信息，低成本、快速大幅度提高测试系统性能的技术，和其他技术相比具有成本低、改造速度快、普适性强的特点，同时它还可以改变系统的性能评估方法，从事后定时评估改变为实时评估或事前评估，可以有效地提高评估的效能，降低评估成本，提高系统可靠性。随着科学技术的飞速发展，测试技术面对的"信息场"发生了重大的变化：一是测量的信息空间结构越来越复杂；二是随着信息科学和技术的发展，信息对抗、信息欺骗等技术普遍应用。数据融合能处理来自不明信号源的不确定、非线性、非高斯、非平稳、低信噪比信号，能解决测试系统信息智能拾取、挖掘、融合等问题，从而实现对被测信息空间结构的认识和构造，所以很快应用范围从军事扩展到民用，如城市规划、资源管理、气候、作物、地质分析等，并且作为一个独立的理论，在现代测试技术中占有重要位置。

2. 无线传感器网络和 ad-hoc 网络间的主要差异

无线传感器网络和传统 ad-hoc 网络间存在较大差异。传统 ad-hoc 网络的协议和算法不能很好地满足无线传感器网络的独特特征和应用要求，所以必须研究适合于无线传感器网络的协议和算法。无线传感器网络和 ad-hoc 网络间的主要差异有以下几点：

- 无线传感器网络中的节点数量可比 ad-hoc 网络中的节点数量高几个数量级。
- 无线传感器节点密集且容易丢失，造成网络拓扑结构变化频繁。
- 无线传感器节点主要用广播通信模式，而多数 ad-hoc 网络是基于点对点的通信模式。
- 无线传感器节点的功率、计算能力和存储能力有限。
- 无线传感器节点因有大量的传感器和巨额信号开支，所以可能没有全局鉴别能力。

3. 无线传感器网络的设计目标和关键问题

无线传感器网络的设计目标也与 ad-hoc 网络完全不同，它是以数据和应用为中心，以网络生存时间和覆盖率为最重要的设计指标，而服务质量、延时、带宽等都属于次要指标，所以能量问题、覆盖问题、路由问题、安全问题、实时性问题、时间同步问题是无线传感器网络研究的关键问题。

无线传感器网络研究的最关键问题是能量问题。节点体积微小，携带能量少，且节点个数多，部署环境复杂，难于补充能量。节点一旦能量耗尽，就无法继续工作，也就意味着该节点死亡。当节点死亡数量太大时无线传感器网络就会崩溃。解决的方法主要是通过改变能源的提供方式（如使用太阳能）和降低功耗。降低功耗可通过降低节点自身功耗或改善无线传感器网络的网络协议和算法来实现。由于改变能源的提供方式、降低节点自身功耗都受到节点成本、体积等制约难以实现，因此目前研究的主流是通过改善传感器网络的网络协议和算法来实现。这里主要从拓扑控制、路由协议、数据链路协议三个方面来介绍了迄今为止提出的相关协议和算法，并通过研究相关协议和算法来对该技术的发展进行进一步展望。

11.1.1　无线传感器网络的应用与发展

无线传感器网络的应用前景非常广阔，能够广泛应用于军事、环境监测和预报、健康护理、智能家居、建筑物状态监控、复杂机械监控、城市交通、空间探索、大型车间和仓库管理，以及机场、大型工业园区的安全监测等领域。随着无线传感器网络的深入研究和广泛应用，它将逐渐深入到人类生活的各个领域。

1. 军事应用

无线传感器网络具有可快速部署、可自组织、隐蔽性强和高容错性的特点，因此非常适合在军事上应用。利用无线传感器网络能够实现对敌军兵力和装备的监控、战场的实时监视、目标定位、战场评估、核攻击和生物化学攻击的监测与搜索等功能。

例如通过飞机或炮弹直接将无线传感器节点播撒到敌方阵地内部，或者在公共隔离带部署无线传感器网络，就能够非常隐蔽而且近距离准确地收集战场信息，迅速获取有利于作战的信息。无线传感器网络是由大量随机分布的节点组成的，即使一部分传感器节点被敌方破坏，剩下的节点依然能够自组织地形成网络。无线传感器网络可以通过分析采集到的数据得到十分准确的目标定位，从而为火控和制导系统提供精确的制导。利用生物和化学传感器可以准确地探测到生化武器的成分，及时提供情报信息，有利于正确防范和实施有效的反击。

无线传感器网络已经成为军事 C4ISRT（Command，Control，Communication，Computing，Intelligence，Surveillance，Reconnaissance and Targeting）系统必不可少的一部分，受到军事发达国家的普遍重视，各国均投入了大量的人力和财力进行研究。美国 DARPA（Defense Advanced Research Projects Agency）很早就启动了 SensIT（Sensor Information Technology）计划。该计划的目的就是将多种类型的传感器、可重编程的通用处理器和无线通信技术组合起来，建立一个廉价的无处不在的网络系统，用以监测光学、声学、震动、磁场、湿度、污染、毒物、压力、温度、加速度等物理量。

2. 环境观测和预报系统

在环境研究方面，无线传感器网络可用于监视农作物灌溉情况、土壤空气情况、牲畜和家禽的环境状况、大面积的地表检测等，可用于行星探测、气象和地理研究、洪水监测等，还可以通过跟踪鸟类、小型动物和昆虫进行种群复杂度的研究等。基于无线传感器网络的 ALERT 系统中就有多种传感器用来监测降雨量、河水水位和土壤水分，并依此预测爆发山洪的可能性。类似地，传感器网络可实现对森林环境的监测和火灾报告，传感器节点被随机密布在森林之中。平常状态下定期报告森林环境数据，当发生火灾时，这些传感器节点通过协同合作会在很短的时间内将火源的具体地点、火势的大小等信息传送给相关部门。无线传感器网络还有一个重要应用就是能够进行动物栖息地生态监测。美国加州大学伯克利分校 Intel 实验室和大西洋院联合在大鸭岛（Great Duck Island）上部署了一个多层次的传感器网络系统，用来监测岛上海燕的生活习性。

3. 医疗护理

传感器网络在医疗系统和健康护理方面的应用包括监测人体的各种生理数据，跟踪和监控医院内医生和患者的行动及医院的药物管理等。如果在医院病人身上安装特殊用途的传感器节点，如心率和血压监测设备，医生利用传感器网络就可以随时了解被监护病人的病情，发现异常能够迅速抢救。将传感器节点按药品种类分别放置，计算机系统即可帮助辨认所开的药品，从而减少病人用错药的可能性。还可以利用传感器网络长时间地收集人体的生理数据，这些数据对了解人体活动机理和研制新药品都是非常有用的。

人工视网膜是一项生物医学的应用项目。在 SSIM（Smart Sensors and Integrated Microsytems）计划中，替代视网膜的芯片由 100 个微型传感器组成并置入人眼，目的是使失明者或视力极差者能够恢复到一个可以接受的视力水平。传感器的无线通信满足反馈控制的需要，有利于图像的识别和确认。

4. 智能家居

传感器网络能够应用在家居中。在家电和家具中嵌入传感器节点，通过无线网络与 Internet 连接在一起，将会为人们提供更加舒适、方便和更具人性化的智能家居环境。利用远程监控系统可完成对家电的远程遥控，例如可以在回家之前半小时打开空调，这样回家的时候就可以直接享受适合的室温，也可以遥控电饭锅、微波炉、电冰箱、电话机、电视机、录像机、计算机等家电，按照自己的意愿完成相应的煮饭、烧菜、查收电话留言、选择录制电视或电台节目、下载网上资料到计算机中等工作，也可以通过图像传感设备随时监控家庭安全情况。

利用传感器网络可以建立智能幼儿园，监测孩童的早期教育环境，跟踪孩童的活动轨迹，可以让父母和老师全面地研究学生的学习过程，回答一些诸如“学生 A 是否是呆在某个学习区域内”“学生 B 是否常常独处”等问题。

5. 建筑物状监控

建筑物状监控（Structure Health Monitoring，SHM）是利用无线传感器网络来监控建筑物的安全状态。由于建筑物不断修补，可能会存在一些安全隐患。虽然地壳偶尔的小震动可能不会带来看得见的损坏，但是也许会在支柱上产生潜在的裂缝，这个裂缝可能会在下一次地震中导致建筑物倒塌。用传统方法检查，往往要将大楼关闭数月。作为 CITRIS（Center of Information Technology Research in the Interest of Society）计划的一部分，美国加州大学伯克利分校的环境工程和计算机科学家们采用传感器网络，让大楼、桥梁和其他建筑物自动告诉管理部门它们的状态信息，并且能够自动按照优先级来进行一系列自我修复工作。未来的各种摩天大楼可能就会装备这种类似红绿灯的装置，从而建筑物可自动告诉人们当前是否安全、稳固程度如何等信息。

6. 其他方面的应用

复杂机械的维护经历了“无维护”“定时维护”和“基于情况的维护”三个阶段。采用“基于情况的维护”方式能够优化机械的使用，保持过程更加有效，并且保证制造成本仍然低廉。其维护开销分为几个部分：设备开销、安装开销和人工收集分析机械状态数据的开销。采用无线传感器网络能够降低这些开销，特别是能够去掉人工开销。尤其是目前数据处理硬件技术的飞速发展和无线收发硬件的发展，新的技术已经成熟，可以使用无线技术避免昂贵的线缆连接，采用专家系统自动实现数据的采集和分析。

传感器网络可以应用于空间探索。借助于航天器在外星体散播一些传感器网络节点，可以对星球表面进行长时间的监测。这种方式成本很低，节点体积小，相互之间可以通信，也可以和地面站进行通信。NASA 的 JPL（Jet Propulsion Laboratory）实验室研制的 Sensor Webs 就是为将来的火星探测进行技术准备。该系统已在佛罗里达宇航中心周围的环境监测项目中实施测试和完善。

2003 年《计算机世界》第 8 期题为“智能微尘：魔鬼还是天使？”的文章指出：智能微尘能带来的用途是显而易见的。就以我国西气东输及输油管道的建设为例，由于这些管道在很多地方都要穿越大片荒无人烟的地区，这些地方的管道监控一直都是难题，传统的人力巡查几乎是不可能的事，而现有的监控产品往往复杂且昂贵。智能微尘的成熟产品布置在管道上将可以实时地监控管道的情况，一旦有破损或恶意破坏都能在控制中心实时了解到。如果智能微尘成熟，仅西气东输这样的一个工程就可能节省上亿元的资金。电力监控方面同样如此，因为电能一旦送出就无法保存，所以电力管理部门一般都会要求下级部门每月层层上报地区用电要求，并根据需求配送。但是使用人工报表的方式根本无法准确统计这项数据，国内有些地方供电局就常常因数据误差太大而遭上级部门的罚款。如果使用智能微尘来监控每个用电点的用电情况，这种问题就会迎刃而解。加州大学伯克利分校的研究员称，如果美国加州将这种产品应用于电力使用状况监控，电力调控中心每年将可以节省 7 亿至 8 亿美元。

11.1.2　无线传感器网络的构成

无线传感器网络可以看成是由数据获取网络、数据分布网络和控制管理中心三部分组成的如图 11-1 所示，其主要组成部分是集成有传感器、数据处理单元和通信模块的节点，也就是一个集成化的无线传感器。因此，无线传感器不仅具有感知信息的能力，还具有板载处理能力、通信和存储能力。传感器节点不仅负责数据采集，还负责内网分析、通过协议自组成一个分布式网络，再将采集来的数据通过融合优化后经无线电波传输给信息处理中心。当众多传感器协同监测一个大范围的物理环境时，这些传感器网络就形成了一个无线传感器网络。利用无线射频技术，传感器节点可以相互通信，也可以将所有节点的数据送到基站，基站与互联网相连，就能实现远距离的检测。

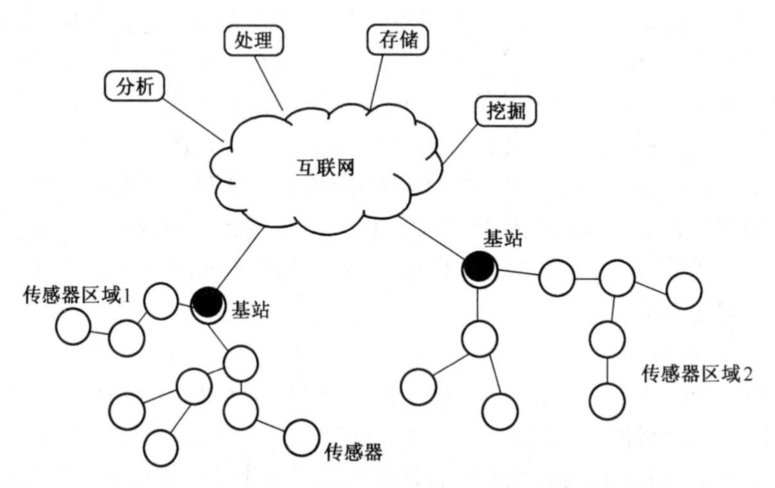

图 11-1　无线传感器网络的基本结构

一个基站管理一大片范围的传感器节点，基站与传感器和传感器与传感器的通信方式就形成了一种网络的拓扑结构。区域里的无线传感器可以直接向基站发送数据，这就是采用单跳的方式与基站通信。但是，并不是每个无线传感器都是短距离地分布在基站周围的，所以远距离的无线传感器所耗的能量就很大。由于能量的束缚，传感器网络更多采用多跳通信的结构（如图 11-2 所示），这种网状拓扑结构中，传感器节点既要采集和传输自己的数据，还要为其他传感器节点提供中继服务，它们是以协作的方式向基站传送数据的。当一个节点作为多个路由的中继时，它往往能分析和预处理传感器网络中的数据，这可以消除冗余信息，得到比原数据小的压缩数据。

无线传感器节点的优势就是通过无线进行数据通信，这给节点带来了灵活性，便于组成自组织网络。无线传感器节点是基于无线数字通信系统来进行无线通信的，包括发射机、传输信道和接收机，其组成部分具体如图 11-3 所示。

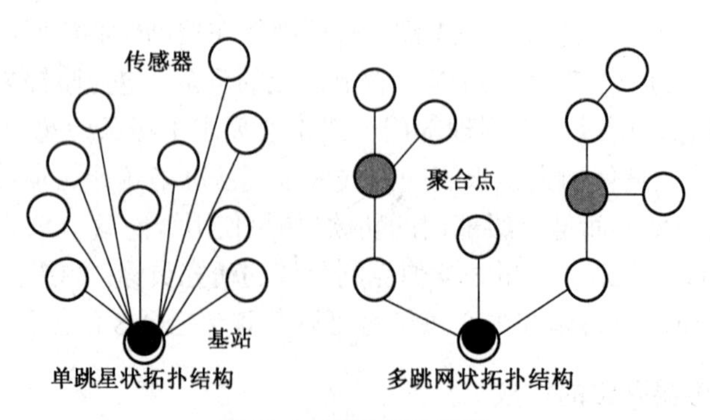

图 11-2　两种拓扑结构

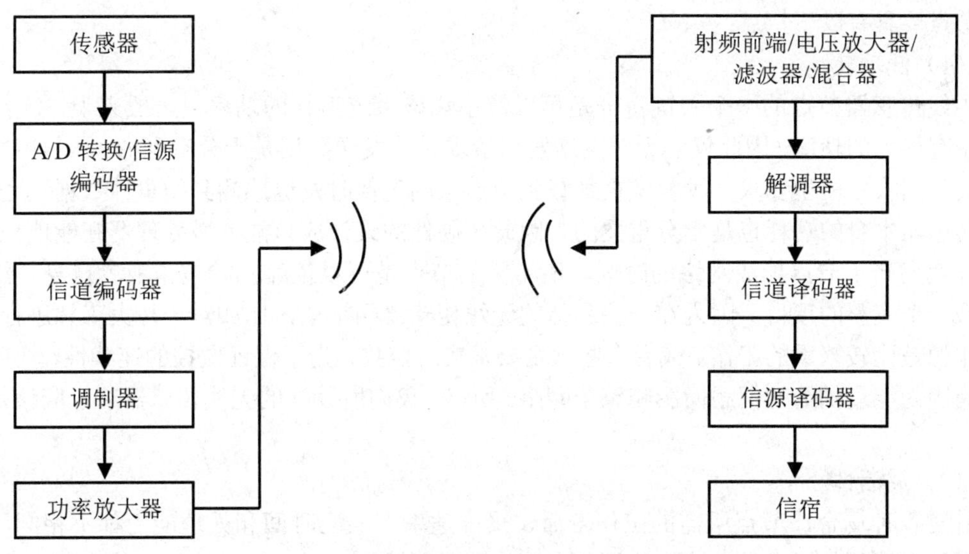

图 11-3　数字通信系统

11.2　无线传感器网络的节点

无线传感器节点是设计和实现无线传感器网络非常重要的一步，因为它担负了感知收集数据、处理数据和通信等工作。在设计无线传感器节点时，要综合考虑能耗和性能等方面，以达到节点系统灵活性的最大化和效率的平衡。

11.2.1　节点的构成及特点

节点由传感器、处理器、通信和电源 4 个子系统组成，结构如图 11-4 所示。

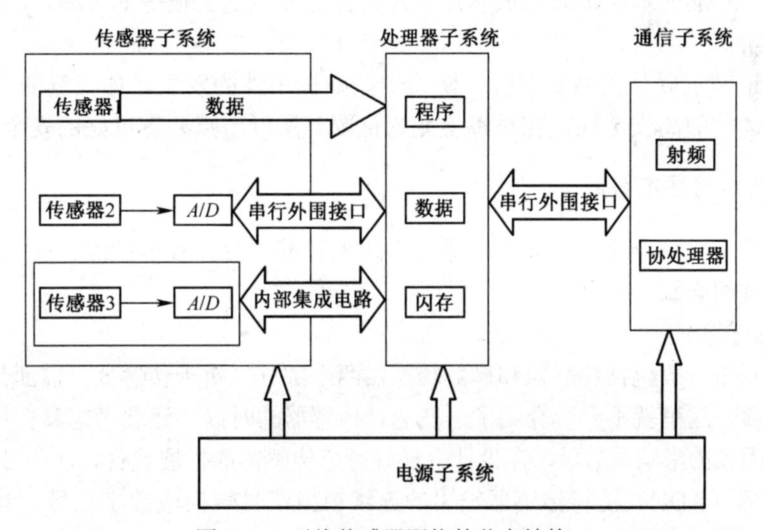

图 11-4　无线传感器网络的节点结构

可以看出，各个子系统模块上有很多选择，而且不同子系统之间的连接方式也有所不同。在传感器子系统上，由于传感器集成的不同，在同一个子系统上也有很多处理方式。

在设计无线传感器网络时，我们希望这个网络要具有分布广、性能好、寿命长等特点，所以节点要具有以下特点：

（1）低功耗。

无线传感器节点的一个关键特征是可以最小化该系统消耗的功率。一般来说，无线子系统要求有很大的功率，因此仅当无线网络发出请求时才发送数据是十分有利的。该传感器的事件驱动数据收集模型要求一种算法被加载到节点来确定何时发送感测到的事件数据。此外，最小化传感器本身的功耗也是十分重要的。因此，硬件的设计应该能使微处理器智能地控制。

在我们布下节点形成网络的时候，所希望的节点是可以依靠初始携带或者自身补给能量来完成一个完整的项目。因为在一些具体的无线传感器网络里，比如对一片大森林进行监控，更换电源是比较繁重的工作；或者有些项目要求实时监控，为了保证监控的连续性，要确保节点没有因为能量供给的问题而影响整个网络。所以，我们所设计的无线传感器节点应该是低功耗的。

（2）灵活性。

针对各种场合，节点所需的工作寿命、采样速率、响应时间和处理能力都不相同，有些还需要结合软硬件组合的方法来达到节点性能的灵活性。

（3）微型化。

在一些特定的场合，如军事侦察，要求传感器必须体积小，要有很强的隐蔽性。而在大多数的应用场合也要求尽可能体积小，这样适合布置，也能避免体积大而带来一些风险。还有由于能量的限制，也需要设计的节点尽量精简。

（4）稳定性。

节点必须有很好的稳定性来保证通信的可靠。无线传感器网络的节点一般布置在很恶劣的环境下，如高低温、潮湿干燥、腐蚀震动等，为了保证正常工作，节点都有良好的稳定性。

（5）低成本。

在一片大范围的区域布下全覆盖率的无线传感器网络，节点数量是很大的，那么总的造价势必由单个节点的成本决定。低成本还要考虑性能才能达到很好的平衡。

（6）安全性。

一是要保证节点硬件的高安全性，防止一些随机事件的发生，如天气的变化对节点带来的损坏；二是通信的高安全性，在军事上尤为重要。所以节点要有良好的安全性。

11.2.2 节点的基本参数

在节点设计上，要全面考虑 4 个子系统器件的性能参数，权衡性能、成本和安全等因素，正确地选择最佳组合。

1. 传感器子系统

传感器子系统一般包括传感器和模数转换器两个部分。对于传感器，前面具体介绍了传感器的特性及参数，这里就不一一介绍了。在选择传感器的时候，还要考虑其在环境中的生存能力和复杂环境因素的影响。最后，在设计上最好考虑传感器的扩展设计，便于以后系统的升级。

模数转换器（ADC）是将传感器输出的连续模拟信号转换成数字信号，其包括量化模拟信号和采样频率两个步骤。ADC 最重要的参数就是分辨率：

$$Q=\frac{E_{pp}}{2^{M}} \tag{11-1}$$

其中，Q 是分辨率，单位为伏每步，E_{pp} 是模拟电压的峰－峰值，M 是 ADC 的分辨率位数。在选择 ADC 时要考虑环境温度的变化。

2. 处理器子系统

处理器是节点的核心。处理器要负责设备控制、任务调度、能量计算、功能协调、通信协议、数据整合和数据转存程序等，主要功能如下：

- 处理来自传感器的数据。
- 执行电源管理功能。
- 发送传感器数据到物理无线电层。
- 管理无线网络协议。

我们需要的处理应该满足：高集成度、低功耗、性能好、成本低和高安全性，如表 11-1 所示为常见处理器参数比较。

表 11-1　常见处理器参数比较

芯片型号	RAM（KB）	Flash（KB）	工作电流（mA）	睡眠电流（μA）
Mega103	4	128	5.5	1
Mega128	4	128	8	20
Mega165/325/645	4	64	2.5	2
8051 8 位	0.5	32	30	5
8051 16 位	1	16	45	10
80C51 16 位	2	60	15	3
HC05	0.5	32	6.6	90
HC08	2	32	8	100
HCS08	4	60	6.5	1
MSP430F14x 16 位	2	60	1.5	1
MSP430F16x 16 位	10	48	2	1
AT91 ARM Thumb	256	1024	38	160

综合条件，AVR 系列的单片机是比较出色的，但是 ARM 处理器性能更佳。

3. 通信子系统

通信子系统负责节点间的数据传输，选择载波频段、信号调制方式、传输速率、编码方式等，解决节点之间和节点与基站之间的通信。传感器网络的通信协议包括物理层、介质访问控制层、数据链路层、网络层和应用层，与节点硬件平台有关的主要是物理层和介质访问控制层。

通信子系统要从提高通信速率上来节省时间，从而降低能耗。不同的无线通信技术各自有不同的特点，要从能耗、传输速率和实际的传输距离综合选出一种合适的无线通信方式，如表 11-2 所示为常见无线技术的性能参数。

表 11-2　常见无线技术的性能参数

无线技术	频率	距离（m）	功耗	传输速率（kb/s）
蓝牙	2.4GHz	10	低	10000
802.11b	2.4GHz	100	高	11000
RFID	50kHz～5.8GHz	<5	—	200
ZigBee	2.4GHz	10～75	低	250
IrDA	infrared	1	低	16000

续表

无线技术	频率	距离（m）	功耗	传输速率（kb/s）
UWB	3.1～10.6GHz	10	低	100000
RF	300～1000MHz	10～900	低	10～90

常用的传输媒介有空气、激光、红外线、超声波等。利用激光作为传输媒介，功耗比电磁波低而且更安全。缺点是因为激光相干性好只能直线传输，容易被大气干扰，其传输具有方向性。红外线的传输也具有方向性，且距离短，不需要天线。

IEEE 802.11 是一个针对当地为相对高带宽网络计算机之间的数据传输或者是其他设备的标准。数据传输率范围在低至 1M 带宽至 50 多 M 带宽之间。在一个标准的天线下，典型的传输范围是 300 英尺，这个范围可以大大提高，如果使用定向高增益天线，跳频和直接序列扩频调制方案是可用的。当数据率对于无线传感器足够高时，电源供电要求就会阻止无线传感器的工作。

ZigBee 技术是一个具有统一技术标准的短距离无线通信技术，如图 11-5 所示，其组成的无线传感器网络结构简单、体积小、成本低、超低功耗，很适合作为无线传感器网络的数据节点。

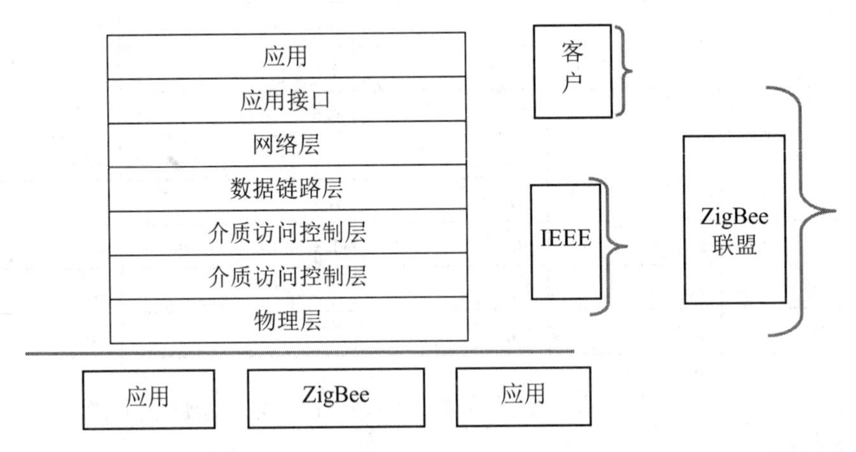

图 11-5 ZigBee 协议栈

UWB 具有发射信号功率谱密度低、系统复杂度低、对信道衰落不敏感、安全性好、数据传输率高、能提供 cm 级的定位精度等优点；缺点是传输距离只有 10m 左右，穿透力不好。

蓝牙同样传输距离过短，不适合使用低端处理器，多用于家庭个人无线局域网，在无线传感器网络中也有所应用。

4. 电源子系统

电源子系统是整个无线传感器网络节点的基础和保证。节点的能源供给很少能直接连接电网，大部分只能使用自身储能或者环境的能量转换。除此之外还要考虑电池的大小、成本、环保等参数，如表 11-3 所示为常见电池的性能参数。

表 11-3 常见电池的性能参数

电池类型	铅酸	镍铬	镍氢	锂离子	聚合物	锂锰	银锌
重量能量比（W*h/kg）	35	41	50～80	120～160	140～180	330	—
体积能量比（W*h/L）	80	120	100～200	200～280	>320	550	1150

续表

电池类型	铅酸	镍铬	镍氢	锂离子	聚合物	锂锰	银锌
循环寿命/次	300	500	800	1000	1000	1	1
工作温度/℃	-20～60	20～60	20～60	0～60	0～60	-20～60	20～60
内阻/mΩ	30～80	7～19	18～35	80～100	80～100	—	—
价格	低	低	中	高	最高	高	中
可充电	是	是	是	是	是	否	否

11.3　无线传感器网络的特点与协议

前面讲到了无线传感器网络的节点，我们可以看到一个节点就有比较复杂的系统，然而节点在整个无线传感器网络里只是其中的一个点，而且处在网络的源头。如果要组成一个巨大的网络，我们就需要仔细研究无线传感器网络的特点、设计必须考虑的现实限制、节点是通过怎样的协议组成一个网络系统的。

11.3.1　无线传感器网络的特点与自组织特性

1. 无线传感器网络的特点

无线传感器网络（WSN）是由众多节点以自组织的方式构成的无线网络，目的是协作地感知、采集和处理网络覆盖的地理区域中对象的信息，并发布给终端。WSN 与传统传感器和测控系统相比具有明显的优势。它采用点对点或点对多点的无线连接，大大减少了电缆成本，在传感器节点端拥有模拟信号/数字信号转换、数字信号处理和网络通信功能，而且具有自检功能，所以系统性能和可靠性明显提升而成本明显缩减。

WSN 具有以下特点：

（1）处理能力有限。WSN 节点一般采用单片机或微型嵌入式处理器，计算能力和存储能力十分有限，只能进行一些数据的预处理。所以，需要解决如何在有限计算能力的条件下进行协作分布式信息处理的难题。

（2）电源能量有限。WSN 节点通过自身携带的电池来提供电源，当电池的能量耗尽时，传感器往往被废弃，甚至造成网络的中断。相对于搜集处理所耗的能量，如此密集网络的信息传输所需要的能量更多。因此，任何 WSN 技术和协议的研究都要以节能为前提。

（3）动态自管理。WSN 没有严格的控制中心，所有同一层次的节点地位平等，同一层次的基站地位也平等，是一个对等式网络。节点可以随时加入或离开网络，任何节点的故障不会影响整个网络的运行，因为网络拓扑结构的动态变化，无线传感器网络具有很强的抗毁性、可重构性和自调整性。

（4）自组织特性。网络的布设和展开无须依赖于任何预设的网络设施，节点通过分层协议和分布式算法协调各自的行为，节点开机后就可以快速、自动地组成一个独立的网络。

（5）通信能力有限。节点的通信子系统的覆盖范围只有几十到几百米，节点只能与它的邻居直接通信。如果希望与其射频覆盖范围之外的节点进行通信，则需要通过中间节点进行路由，这就是网络的多跳拓扑结构。

（6）节点数量众多，分布广泛且密集。WSN 节点数量大，分布范围广，难以维护甚至不可维护。所以，需要解决如何提高无线传感器网络软硬件的健壮性和容错性的问题。

2. 无线传感器网络的自组织特性

自组织网络是一种没有底层设施支撑的自组织可重构的多跳无线网络。在该网络中，网络的拓扑、信道的环境、业务的模式是随节点的移动而动态改变的。无线传感器网络就具有这样的自组织特性。

无线传感器网络的自组织特性具有以下显著特点：

（1）无中心和自组织性。无线传感器网络中没有绝对的控制中心，所有节点的地位平等，网络中的节点通过分布式算法来协调彼此的行为，无需人工干预和任何其他预置的网络设施，可以在任何时刻任何地方快速展开并自动组网。由于网络的分布式特征、节点的冗余性和不存在单点故障点，使得网络的鲁棒性和抗毁性很好。

（2）动态变化的网络拓扑。在无线传感器网络中，节点可以任意移动，随时加入或离开，这就让网络的拓扑结构发生了变化。另外，加上无线发送装置的天线类型多种多样、发送功率的变化、无线信道间的互相干扰、地形和天气等综合因素的影响，节点间通过无线信道形成的网络拓扑也可能发生变化，而且变化的方式和速度都难以预测。自组织特性让网络有了动态变化，而带来的变化也会让组织达到一种平衡。

（3）受限的无线传输带宽。无线传感器网络采用无线通信技术作为底层通信手段，由于无线信道本身的物理特性，它所能提供的网络带宽相对有线信道要低得多。此外，由于各个节点是平等地位，对于同一个信道的使用会出现多个节点竞争的状况，考虑到竞争共享无线信道产生的冲突、信号衰减、噪音和信道之间干扰等多种因素，节点得到的实际带宽远远小于理论上的最大带宽。

（4）安全性较差。无线传感器网络是一种特殊的无线移动网络，由于采用无线信道、有限电源、分布式控制等技术，它更加容易受到被动窃听、主动入侵、拒绝服务、剥夺“睡眠”等网络攻击。信道加密、抗干扰、用户认证和其他安全措施都需要特别考虑，让无线传感器网络有自主智能化，具有更高的分辨能力。

（5）多跳路由。由于节点发射功率的限制，节点的覆盖范围有限。当它要与其覆盖范围之外的节点进行通信时，需要中间节点的转发。此外，无线传感器网络中的多跳路由是由普通节点协作完成的，而不是由专用的路由设备（如路由器）完成的。

可以看出自组织特性的特点基本就是无线传感器网络的特点，所以无线传感器网络的最大特点就是其自组织特性。虽然和无线自组网（ad-hoc 网）有相似之处，但也存在较大差异，主要表现在：节点数量可比 ad-hoc 网络中的节点数量高几个数量级，节点密集且容易失效，节点的功率、计算能力和存储能力有限。无线传感器网络的设计目标与 ad-hoc 网完全不同，无线传感器网络是以数据和应用为中心，以网络生存时间和覆盖率为最重要的设计指标，而服务质量、延时、带宽等都属于次要指标，所以能量问题、覆盖问题、路由问题、安全问题、实时性问题、时间同步问题是无线传感器网络研究的关键问题。

3. 无线传感器网络自组织的实现

为了能让无线传感器有自组织特性，需要为其设计专门的协议和技术，主要集中在组网理论、路由算法、接入控制、安全管理等方面，让无线网络能进行自我管理。

（1）组网理论。

组网理论就是解决节点的连接方式，可以分成两种结构：平面结构和层次结构。平面结构中，所有节点的地位平等，所以又称为对等式结构。而层次结构中，多个节点归一个聚合点管理，随机选出一个首领，聚合点负责节点之间信息的转发。在平面结构中，每一个节点都需要知道到达其他所有节点的路由。由于节点的移动性，维护这些动态变化的路由信息需要大量的控制消息。网络规模越大，路由维护和网络管理的开销就越大，网络的可扩充性较差。层次结构克服了平面结构可扩充性差的缺点，网络规模不受限制。在层次结构中，聚合点的功能相对较强，而普通节点的功能比较简单，基本上不需要维护路由。这大大减少了网络中路由控制信息的数量。此外，层次结构易于实现节点的移动性管理和保障通信业务的服务质量。因此，当网络规模较大并且需要提供一定的服务质量保障时宜采用层次结构。

（2）路由算法。

针对固定网络路由算法的缺点，人们提出了多种能应用于自组织网络中的路由算法，主要可分为驱动路由算法（如无线路由协议（WRP）、目的序号距离矢量算法（DSDV）等）、按需驱动路由算法（如按需距离矢量算法（AODV）、临时排序路由算法（TORA）、动态源路由算法（DSR）、基于关联性的路由算法（ABR）、信号稳定度的路由算法（SSR）等）、区域路由算法（如区域路由协议（ZRP））。但是这些算法所能支持的节点数目有限。当节点数增多时，无线传感器网络的性能将严重下降。同时这些算法没有考虑到节点的功耗以及对服务质量的支持。

（3）无线资源管理与空中接口理论。

无线传感器网络有三个基本动态特性：信道的动态性，主要表现为信道受自然和大气环境的影响极大，信道参数随时间变化快；节点的动态性，具体表现为信道随节点的移动而产生较快的变化，带宽不稳定；业务的动态性，具体表现为节点可随机自由选择不同媒体的通信方式，各类节点不同媒体业务要求互不干扰，节点需要实现同时多个接入。除了这些，无线传感器网络因其无基础设施的多跳特性，使其具有比一般无线通信更为复杂的信道特性，主要是其信道是多跳共享的多点信道。节点存在隐藏终端、暴露终端和入侵终端等问题，这些问题的存在使得传统的无线资源管理与空中接口不再适用于无线传感器网络。人们也正在根据这类新特性研究其通信系统的调度算法、信道分配技术和接入控制机制。同时也想方设法将其与现有通信技术融合，充分采用已有的通信理论和方法为其服务。例如可以将多输入多输出（MIMO）信道估计与均衡技术、空时编码理论应用到无线传感器网络中去。为了提高传输效率与带宽，无线传感器网络一样可以采用智能天线技术、正交频分多路复用（OFDM）技术、码分多址（CDMA）技术。

（4）服务质量与安全。

无线传感器网络一方面作为自组织系统有自身特殊的路由协议和网络安全管理机制，另一方面作为互联网在无线和移动范畴的扩展和延伸，它是互联网的一部分，又必须能够提供接入到互联网的无缝机制。当前互联网已经在一定程度上可以保证传输综合业务的服务质量。与其他通信网络一样，无线传感器网络中的服务质量保证也是一个系统性问题，不同层都要提供相应的机制，其实现至今仍是一个待解决的问题。除了服务质量，安全也是无线传感器网络中的一个大问题。自组织特性的特点之一就是安全性较差，易受窃听和攻击。因此，需要研究适用于无线传感器网络的安全技术和体系结构。目前在安全方面主要集中于等效于有线加密（WEP）与 WEP1 等密码协议安全性分析与攻击方法的研究、消息认证和完整性技术研究等方面。

11.3.2　无线传感器网络的拓扑控制

1. 无线传感器网络的体系结构

无线通信网络有多种拓扑结构。适用于无线传感器网络的拓扑结构有如下几种：

（1）星型网络（单点对多点）。

星型网络是一种单一基站从另一个单一基站发送和接收消息的通信拓扑结构，它们不能发送数据给除对应基站外的其他对象。这种类型的无线传感器网络的优点是简单性和远程节点通信保持最低功耗的能力。它也允许远程节点和基站之间进行低延迟通信。这样的网络的缺点是，基站必须在所有单个节点的无线传输范围内，因为它依赖单个节点来管理网络，所以不如其他网络稳定可靠。

（2）网状网络。

网状网络允许网络中的任何节点传送信息给其无线传输范围内的任何其他节点。这样的情况被称为多跳通信。也就是说，如果一个节点要发送一个消息到另一个超过其传输距离的节点，它可以使用一个中间节点来转发信息到所需的节点。这种网络拓扑结构的优势在于冗余性和可扩展性。如果与其通信的一个节点出现故障，它还可以与在其通信范围之内的其他节点通信。这样就可以将消息转发到所需的位置。此外，网络的范围不一定是有限范围之间的单节点，它可以通过增加更多的节点到系统来扩展。这种网络类型的缺点是实现多跳通信的能量消耗一般很高，这限制了电池的使用寿命。此外，随着通信节点数量的增加，传递消息所需的时间也会增加，如果需要节点进行低功耗的运行则完全不可行。

（3）混合星型网状网络。

混合星型网状结构具有保持无线传感器节点功率消耗最低，提供强大和灵活的通信网络的能力。这种网络拓扑可以维持最低的功率消耗，网络上的其他节点具有多跳能力，它们能够从低功率节点转发消息到其他节点。一般来说，具有多跳功能的节点功耗更高，如果可以，它们往往接入主电源线。这就是已经崭露头角的网状网络标准的 ZigBee 使用的拓扑结构。如图 11-6 所示为三种体系结构的示意图。

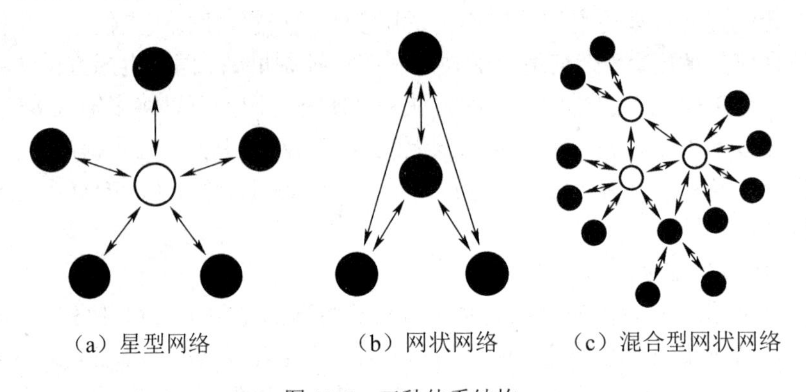

图 11-6　三种体系结构

2. 无线传感器网络的拓扑控制协议

在无线传感器网络中，传感器节点一般是体积微小的嵌入式系统，采用有限的能源供电，而且它的通信能力和处理能力都十分有限，所以除了要设计能效高的 MAC 协议、路由协议和应用层协议之外，还要设计优化的网络拓扑控制机制。对于自组织的无线传感器网络而言，良好的拓扑结构能够提高路由协议和 MAC 协议的效率，为数据融合、时间同步和目标定位等很多方面提供基础，有利于延长整个网络的生存时间，减小节点间的通信干扰，提高通信效率，还弥补了节点失效的影响，所以拓扑控制是传感器网络中的一个基本问题。

（1）拓扑控制研究方向。

无线传感器网络中的拓扑控制按研究方向可以分为两类：节点功率控制和拓扑结构控制。

节点功率控制就是在满足节点结构连通、双向连通或者多连通的基础上，通过调节每个节点的发射功率均衡节点的单跳可达邻居数目，从而减少节点间的通信干扰，提高通信效率，节省节点能量，延长整个网络的生存时间。当节点部署在二维或三维空间中时，该问题是一个 NP 难的问题，因此解决方案都是寻找近似解法。解决方案可以分成基于节点度的算法和基于邻近图的算法两种。

基于节点度的算法如 LMA（local mean algorithm）和 LMN（local mean neighbors algorithm）的核心思想是通过动态调整节点的发射功率，使所有距离该节点一跳的邻居节点个数（节点度）保持在一定的范围内。基于节点度的算法利用局部信息来调整相邻节点的连通性，从而保证网络的连通性，同时保证节点链路的冗余性和可扩展性，算法简单，且对节点要求不高，不需要严格的时钟同步，但邻居节点的选择难以优化，还存在一些不足。基于邻近图的算法如 DRNG（directed relative neighborhood graph）和 DLSS（directed local spanning subgraph）的核心思想是每个节点先采用最大功率形成拓扑图，再按一定规则如 RNG（relative neighborhood graph）、LMST（local minimum spanning tree）等理论确定邻近图，再根据邻近图中的最远节点确定发射功率。算法充分利用邻近图理论，又考虑了传感器网络的特点，连通性和邻居节点较为优化，但对网络和节点的要求苛刻。

（2）拓扑控制研究的主要问题和意义。

拓扑控制研究的主要问题是：在满足网络覆盖率的前提下通过功率控制和主干网的选择剔除节点之间不必要的通信链路，形成一个数据转发的优化网络。拓扑结构控制就是通过主干网的选择形成一个数据转发的优化网络，从而在满足网络连通性和覆盖率的基础上更合理高效地使用网络能量，延长整个网络的生存时间。在传感器网络中，网络的拓扑结构控制与优化有着十分重要的意义，主要表现在以下几个方面：

- 影响整个网络的生存时间。
- 减小节点间的通信干扰，提高网络通信效率。
- 为路由协议提供基础。
- 影响数据融合。
- 弥补节点失效的影响。

无线传感器网络拓扑结构控制协议按照最终形成的拓扑结构可以分为平面型拓扑控制协议和层次型拓扑控制协议。在平面型拓扑控制协议中，所有节点的地位是平等的，节点采用多跳的方式进行通信，原则上不存在瓶颈问题。采用平面路由协议，由于不选择主干网，网络中消息重叠严重，相互干扰大，因此只适用于小型网络。根据大量无线传感器网络具有层次型的特点，学者们又提出了大量分级路由协议和基于簇集的低功耗自适应聚类路由算法，它主要通过选择聚类首领来分担中继通信业务来实现网络通信，实验证明它比一般的平面多跳路由协议和静态聚类算法节省 15%的网络能量，但协议较复杂，且在自主协议中类首的覆盖率和网络的连通性较难保证。

（3）平面型拓扑控制协议。

平面型拓扑控制协议主要有连续分配路由协议（Sequential Assignment Routing，SAR）、基于最小代价场的路由协议、通过协商的传感器协议（Sensor Protocols For Information Vianegotiation，SPIN）。

1）连续分配路由协议。

SAR 算法产生很多的树，每个树的根节点是网关的一跳邻居。在算法的启动阶段，树从根节点延伸，不断吸收新的节点加入。在树延伸的过程中，避免包括那些服务质量（QoS）不好的节点、电源已经过度消耗的节点。在启动阶段结束时刻，大多数节点都加入了某个树，这些节点只需要记忆自己的上一跳邻居作为向网关发送信息的中继节点。在网络工作过程中，一些树可能由于中间节点电源耗尽而断开，也可能因为新的节点加入网络，这些都会引起网络拓扑结构的变化。所以网关周期性地发起“重新建立路径”的命令，以保证网络的连通性和最优的服务质量。

2）基于最小代价场的路由协议。

采用基于最小代价场的路由算法，每个节点只需要维持自己到接收器的最小代价，就可以实现信息包路由。最小代价的定义是沿着最优路径，从一个节点到网关的最小代价。这样的代价可以有多种形式，如跳数、消耗的能量、延时等。最小代价场的建立过程为：在算法开始之前，所有的节点都将自己的代价设为无穷大，网关广播一个代价为 0 的广告信息，其他节点接收到广告信息后，如果信息中所表示的代价小于节点自己的代价，则使用这个新的代价作为自己的代价，并将新的代价广播出去；如果信息中所表示的代价比自己的估计代价大，则丢弃该信息。这样的广告信息在网络内传播，最终每个节点都获得了自己距离网关的最小代价。代价场建立起来，信息包就可以沿着最小代价路径向网关发送。当信息发出的时候，它带有源节点的最小代价，信息中也有从源节点到当前节点所消耗的代价，一个邻居节点接收到信息，只有信息包已经消耗的代价和自己的代价之和等于源节点代价的时候才转发这个信息。采用这种方法，节点不需要维持任何的路径信息就可以实现信息的最短路径发送。

3）通过协商的传感器协议（SPIN）。

SPIN 通过协商和资源调整可以克服经典的扩散法（flooding）的缺点。SPIN 通过发送描述传感器数据的信息，而不是发送所有的数据来节省能量。SPIN 有三种信息：ADV、REQ 和 DATA，在发送一个信息之前，传感器节点广播一个 ADV 信息，信息中包括对自己即将发送数据的描述。如果某个邻居对这个信息感兴趣，它就发送 REQ 消息来请求 DATA，数据就向这个节点发送。这个过程一直重复下去，直到网络中所有对这个信息感兴趣的节点都获得了这个信息的一个拷贝为止。

（4）层次型拓扑控制协议。

层次型拓扑控制协议主要有 LEACH 协议、LEACH-C 协议、TEEN 协议、PEGAGIS 协议和 HEED 协议。LEACH 协议是层次路由中的经典协议，它主要通过随机选择聚类首领平均分担中继通信业务来实现能量消耗的减少，实验证明它比一般的平面多跳路由协议和静态聚类算法节省 15%的网络能量。LEACH 协议的不足是该算法每轮需要重新聚类，头开销大；算法不考虑剩余能量，会造成能量消耗不平均，从而导致部分节点的过早死亡，进而导致网络整体失效；同时算法也不考虑类首位置，容易造成类首分布不均，从而减低类首的覆盖率，降低网络的连通性。

LEACH-C、TEEN、HEED、PEGAGIS 协议都是从 LEACH 协议发展而来的，LEACH-C 将离散式区域算法 LEACH 改变为中央控制，提高了算法性能，但同时也降低了算法的适用性。TEEN 通过设定硬软两个门限决定是否监测数据，PEGASIS 进一步考虑节点的位置，从而减少或平均网络的能量消耗，但这两种算法比较复杂，而且适用范围小。HEED 协议以簇类平均可达能量（AMRP）作为衡量簇类通信成本的标准，节点按剩余能量以不同的概率发送竞争消息来选取类首。HEED 协议虽然在网络节点能量消耗的均匀性上有一定改进，但节点成为类首的概率和剩余能量之间不是正比增加。

以节点地理位置为依据的算法主要有 GAF 算法和改进 GAF 算法。GAF 算法将检测区域划分成虚拟单元格，每个单元格定期选举一个簇头节点，该轮内只有该节点保持活动，其他节点进入休眠。GAF 算法通过减少网络覆盖冗余来降低网络能量消耗，提高网络生存时间，但算法对节点要求高，而且未考虑节点的剩余能量。改进 GAF 算法考虑了节点的剩余能量，提出完全簇头选择算法和随机簇头选择算法两种改进，有利于延长节点的生存时间。

11.3.3　无线传感器网络的路由协议

路由协议负责将数据分组从源节点通过网络转发到目的节点，它主要包括两方面的功能：寻找源节点和目的节点的优化路径，将数据分组沿优化路径正确转发。和自组织网络不同的是，无线传感器网络主要考虑如何高效地利用网络能量，基于局部拓扑信息选择合适的路径进行路由，它的路由机制还经常和数据融合技术联系起来，通过减少通信量来节省能量。所以无线传感器网路由机制必须满足能量高效、可扩展性强、鲁棒性好、收敛快速等特点。

路由协议主要分为：能量感知路由协议、查询路由协议、地理位置路由协议和可靠路由协议。能量感知路由协议如 Rahul C.Shah 等人提出的 EAR 算法，它根据节点的可用能量（Power Available，PA）或传输路径上的能量需求选择数据转发路径，均衡消耗整个网络的能量，从而延长网络的生存时间。查询路由协议如 DD 协议和 RR 协议，它通过汇聚节点发出任务查询命令，传感器节点汇报采集数据。这类算法常通过数据融合来减少数据流量，节省网络能量。查询路由协议如 GEAR 路由，它根据事件区域的地理位置建立优化路径，避免泛洪机制，从而减少路由建立的能量开销。可靠路由协议一般用于对通信质量要求较高的场合，一般不太考虑能量问题。

1. 无线传感器网络路由协议的特点

与传统网络的路由协议相比，无线传感器网络的路由协议具有以下特点：

（1）能量优先。

传统路由协议在选择最优路径时很少考虑节点的能量消耗问题，而无线传感器网络中节点的能量有限，延长整个网络的生存时间成为传感器网络路由协议设计的重要目标，因此需要考虑节点的能量消耗和网络能量均衡使用的问题。

（2）基于局部拓扑信息。

无线传感器网络为了节省通信能量通常采用多跳的通信模式，而节点有限的存储资源和计算资源使得节点不能存储大量的路由信息，不能进行太复杂的路由计算。在节点只能获取局部拓扑信息和资源有限的情况下，如何实现简单高效的路由机制是无线传感器网络的一个基本问题。

（3）以数据为中心。

传统的路由协议通常以地址作为节点的标识和路由的依据，而无线传感器网络中大量节点随机部署，所关注的是监测区域的感知数据，而不是具体哪个节点获取的信息，不依赖于全网唯一的标识。传感器网络通常包含多个传感器节点到少数汇聚节点的数据流，按照对感知数据的需求、数据通信模式和流向等，以数据为中心形成消息的转发路径。

（4）应用相关。

传感器网络的应用环境千差万别，数据通信模式不同，没有一个路由机制适合所有的应用，这是传感器网络应用相关的一个体现。设计者需要针对每个具体应用的需求设计与之适应的特定路由机制。

2. 网络路由机制的要求

针对传感器网络路由机制的上述特点，在根据具体应用设计路由机制时要满足以下传感器网络路由机制的要求：

（1）能量高效。

传感器网络路由协议不仅要选择能量消耗小的消息传输路径，而且要从整个网络的角度考虑，选择使整个网络能量均衡消耗的路由。传感器节点的资源有限，传感器网络的路由机制要能够简单而且高效地实现信息传输。

（2）可扩展性。

在无线传感器网络中，检测区域范围或节点密度不同，造成网络规模大小不同；节点失效、新节点加入、节点移动等都会使网络拓扑结构动态发生变化，这就要求路由机制具有可扩展性，能够适应网络结构的变化。

（3）鲁棒性。

能量用尽或环境因素造成传感器节点失效、周围环境影响无线链路的通信质量、无线链路本身的缺点等这些无线传感器网络的不可靠特性都要求路由机制具有一定的容错能力。

（4）快速收敛性。

传感器网络的拓扑结构动态变化，节点能量和通信带宽等资源有限，因此要求路由机制能够快速收敛，以适应网络拓扑的动态变化，减少通信协议开销，提高消息传输的效率。

3. 路由协议

针对不同的传感器网络应用，研究人员提出了不同的路由协议。但到目前为止，仍缺乏一个完整且清晰的路由协议分类。存在的主要问题有：对节点的分布和节点的状态考虑得过于理想化，使得协议易陷入路由黑洞；算法对拓扑结构信息的要求较高，在实际应用中难以实现；算法对能量利用的优化有限等。

（1）能量感知路由协议。

高效利用网络能量是传感器网络路由协议的一个显著特征，早期提出的一些传感器网络路由协议往往仅考虑了能量因素。为了强调高效利用能量的重要性，在此将它们划分为能量感知路由协议。能量感知路由协议从数据传输中的能量消耗出发，讨论最优能量消耗路径和最长网络生存时间等问题。

常见的能量感知路由协议如 Rahul C.Shah 等人提出的 EAR 算法，它根据节点的可用能量（Power Available，PA）或传输路径上的能量需求选择数据转发路径，均衡消耗整个网络的能量，从而延长网络的生存时间。

（2）基于查询的路由协议。

在诸如环境检测、战场评估等应用中，需要不断查询传感器节点采集的数据，汇聚节点（查询节点）发出任务查询命令，传感器节点向查询节点报告采集的数据。在这类应用中，通信流量主要是查询节点和传感器节点之间的命令和数据传输，同时传感器节点的采样信息在传输路径上通常要进行数据融合，通过减少通信流量来节省能量。

常见的查询路由协议如 DD 协议和 RR 协议，它们通过汇聚节点发出任务查询命令，传感器节点汇报采集数据。这类算法常通过数据融合来减少数据流量，节省网络能量。

（3）地理位置路由协议。

在诸如目标跟踪类应用中，往往需要唤醒距离跟踪目标最近的传感器节点，以得到关于目标的更精确位置等相关信息。在这类应用中，通常需要知道目的节点的精确或者大致的地理位置。把节点位置信息作为路由选择的依据，不仅能够完成节点路由功能，还可以降低系统专门维护路由协议的消耗。

常见地理位置路由协议如 GEAR 路由，它根据事件区域的地理位置建立优化路径，避免泛洪机制，从而减少路由建立的能量开销。

（4）可靠的路由协议。

无线传感器网络的某些应用对通信的服务质量有较高要求，如可靠性和实时性等。而在无线传感器网络中，链路的稳定性难以保证，通信信道质量比较低，拓扑变化比较频繁，要实现服务质量保证，需要设计相应的可靠路由协议。可靠路由协议一般用于对通信质量要求较高的场合，一般不太考虑能量问题。

11.3.4　无线传感器网络的数据链路协议

数据链路协议用来在网络节点间分配有限的无线通信资源，构建底层基础结构的协议。它包括信道管理、休眠调度等，是影响网络性能的关键协议。它的设计需要着重考虑能量问题、扩展问题和效率问题。

所谓信道管理是指网络需要有效管理节点共享的无线信道，避免数据碰撞或节点串音而无谓消耗能量。休眠调度是指网络需要有效管理节点的休眠和唤醒，减少没必要的监听或过度监听浪费网络能量。

数据链路协议主要由介质访问控制（MAC）组成。就实现机制而言，MAC 协议分为三类：确定性分配、竞争占用和随机访问。前两者不是传感器网络的理想选择。因为 TDMA 固定时隙的发送模式功耗过大，为了节省功耗，空闲状态应关闭发射机；竞争占用方案需要实时监测信道状态，也不是一种合理的选择；随机介质访问模式比较适合于无线传感器网络的节能要求。蜂窝电话网络、Ad-hoc 和蓝牙技术是当前主流的无线网络技术，但它们各自的 MAC 协议不适合无线传感器网络。GSM 和 CDMA 中的介质访问控制主要关心如何满足用户的 QoS 要求和节省带宽资源，功耗是第二位的；ad-hoc 网络则考虑如何在节点具有高度移动性的环境中建立彼此间的链接，同时兼顾一定的 QoS 要求，功耗也不是其首要关心的；蓝牙采用了主从式的星型拓扑结构，这本身就不适合无线传感器网络自组织的特点。IEEE 802.11 提出了两种信道协调方式：分布式协调 DCF 和点协调 PCF。在 DCF 方式下，节点采用 CSMA/CA 机制和随机避让机制实现信道共享。PCF 采用基于优先级的查询机制实现信道共享。S-MAC 协议是在 IEEE 802.11 MAC 协议基础上的改进，采用周期监听和睡眠来降低节点能耗。针对早睡问题造成的信息传输延迟，Van Dam T 在 S-MAC 协议的基础上又提出了 T-MAC 协议。他给出了两种解决方案：未来请求发送（FRTS）机制和满缓冲区优先（FBP）机制。

基于分簇网络，Boa L 提出了分布式能量感知节点活动（DEANA）协议，将调度访问分为周期访问阶段和随机访问阶段，降低了监听/睡眠的占空比，进一步节省了节点能耗。Carey T W 提出了集中式消息调度算法，优化休眠调度和信道管理结果，但增加了节点间的信息收集和调度结果消耗的能量，部分削弱了算法带来的益处。Schurgers C 提出了节点的唤醒算法 STEM 来降低事件驱动网络的能耗。

1. SMACS 协议

SMACS 是分布式的 MAC 协议，无须任何局部或全局主节点的调度便能让传感器节点发现相邻节点，并安排合理信道占用时间。在具体实现中，相邻节点的发现和信道的分配是一起完成的，因此当节点听到它所有的相邻节点时也就意味着已经建立相应的通信子网，链路由固定频率、随机选择的时隙组成。SMACS 无需全网的时间同步机制，但在各子网内部保持同步是必要的。在竞争信道资源时，带延时的随机唤醒机制有效地减小了能量的损耗。SMACS 的缺点是时隙分配方案不够严密，属于不同子网的节点之间有可能永远得不到通信机会。

2. 基于 CSMA 的介质访问控制

传统的载波侦听/多路访问（CSMA）机制不适合传感器网络的原因有两个：其一，持续侦听信道的过量功耗；其二，倾向支持独立的点到点通信业务，这样容易导致邻近网关的节点获得更多的通信机会而抑制多跳业务流量，造成不公平。为了弥补这些缺陷，Woo 和 Caller 从两个方面对传统的 CSMA 进行了改进，以适应传感器网络的技术要求：①采用固定时间间隔的周期性侦听方案节省功耗；②设计自适应传输速率控制（Adaptive Transmission Rate Control，ARC）策略，有针对性地抑制单跳通信业务量，为中继业务提供更多的服务机会，提高公平性。相似的工作还有 Wei Ye 等人设计的 SMAC（Sensor Media Access Control）协议，它也是利用周期性侦听机制节省功耗，但没有考虑公平性问题，而是在 PAMAS（Power Aware Mufti-Access Protocol with Signalling）的启发下精简了用于同步和避免冲突的信令机制.以上两种基于 CSMA 改进的传感器网络 MAC 协议都在 TinyOS 微操作系统上进行了实现，并分别在 SmartDust 硬件平台上进行了测试，比 802.11 标准定义的 MAC 协议节省了 1～5 倍的功耗，基本上可为无线传感器网络所用。

3. TDMA/FDMA 组合方案

Sohrabi 和 Pottie 设计的无线传感器网络自组织 MAC 协议是一种时分复用和频分复用的混合方案，具有一定的代表性。节点上维护着一个特殊的结构帧，类似于 TDMA 中的时隙分配表，节点据此调度它与相邻节点间的通信。FDMA 技术提供的多信道使多个节点之间可以同时通信，有效地避免了冲突。只是在业务量较小的传感器网络中，该组合协议的信道利用率较低，因为事先定义的信道和时隙分配方案限制了对空闲时隙的有效利用。

11.3.5 无线传感器网络的能量问题

无线传感器网络研究的重点问题是能量问题。由于节点携带能量有限，而且节点个数多，周围环境复杂，难以补充能量。节点一旦能量耗尽，就无法继续工作，也就意味着该节点将会被废弃。如果废弃的节点太多时无线传感器网络就会崩溃。解决的方法主要有两个：一是减少网络中的无用活动，二是开发更高效的通信协议。

1. 减少无用活动

（1）优化拓扑控制。

无线传感器网络中的拓扑控制按研究方向可以分为两类：节点功率控制和拓扑结构控制。拓扑控制研究的主要问题是：在满足网络覆盖率的前提下通过功率控制和结构的选择剔除节点之间不必要的通信链路，形成一个数据转发的优化网络。良好的拓扑结构能提高路由协议和数据链路协议的效率，为数据融合、目标定位等多方面提供基础，从而延长整个网络的工作时间。

节点功率控制就是在满足节点连通度的基础上，通过调节每个节点的发射功率均衡节点的单跳可达邻居数目，从而减少节点间的通信干扰，提高通信效率，节省节点能量。

拓扑结构控制就是通过主干网的选择形成一个数据转发的优化网络，从而在满足网络连通性和覆盖率的基础上更合理高效地使用网络能量，延长整个网络的工作时间，如图 11-7 所示为一种拓扑控制的优化。

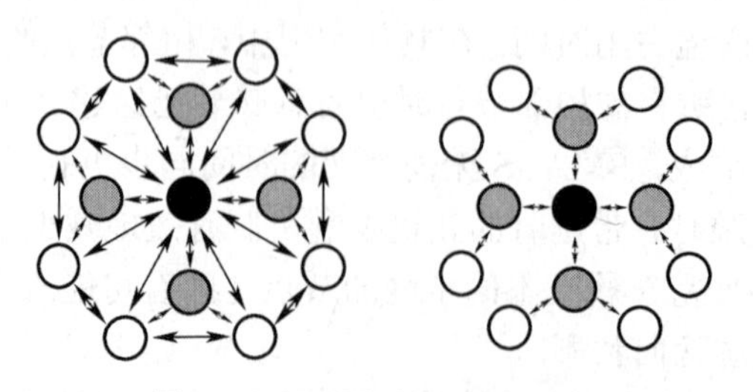

图 11-7 一种拓扑控制的优化

（2）动态能量管理。

有相当一部分的节点或节点的某些子系统在整个无线传感器网络中是处于空闲的状态；或者在不需要它工作时候它盲目地监控网络信息，比如，某节点传输数据的时候与该节点不是最优组合，该节点却不停地请求，浪费大量的能量。

动态能量管理（DPM）可以保证能量被有效地利用。其目标是分配每个子系统足够完成当前任务的能量，使单个节点的耗能有一个上限值。当节点处于空闲时，DPM 让某些子系统处于节能的工作模式或者进入休眠模式。如果在某些情况下，无线传感器网络不利于工作，DMP 会使整个网络进入安全的节能模式。

2. 优化通信协议

（1）路由协议。

路由协议负责将数据分组从基站通过网络转发到节点，它主要包括两方面的功能：寻找基站和节点的优化路径、将数据分组沿优化路径正确转发。和 ad-hoc 网不同的是，无线传感器网络主要考虑如何高效地利用网络能量，基于局部拓扑信息选择合适的路径进行路由，它的路由机制还经常和数据融合技术联系起来，通过减少通信量来节省能量。所以无线传感器网络路由机制必须满足能量高效、可扩展性强、鲁棒性好、收敛快速等特点。

路由协议主要分为：能量感知路由协议、查询路由协议、地理位置路由协议和可靠路由协议。能量感知路由协议如 Rahul C.Shah 等人提出的 EAR 算法，它根据节点的可用能量或传输路径上的能量需求选择数据转发路径，均衡消耗整个网络的能量，从而延长网络的生存时间。查询路由协议如 DD 协议和 RR 协议，它们通过汇聚节点发出任务查询命令，传感器节点汇报采集数据。这类算法常通过数据融合来减少数据流量，节省网络能量。查询路由协议如 GEAR 路由，它根据事件区域的地理位置建立优化路径，避免泛洪机制，从而减少路由建立的能量开销。可靠路由协议一般用于对通信质量要求较高的场合，一般不太考虑能量问题。

现有的路由协议存在的主要问题是：对节点的分布和节点的状态考虑得过于理想化，使得协议易陷入路由黑洞；算法对拓扑结构信息的要求较高，在实际应用中难以实现；算法对能量利用的优化有限等。

（2）数据链路协议。

数据链路（MAC）协议是用来在网络节点间分配有限的无线通信资源，构建底层基础结构的协议。它包括信道管理、休眠调度等，是影响网络性能的关键协议。它的设计需要着重考虑能量问题、扩展问题和效率问题。

所谓信道管理是指网络需要有效管理节点共享的无线信道，避免数据碰撞或节点串音而无谓消耗能量。休眠调度是指网络需要有效管理节点的休眠和唤醒，减少没必要的监听而或过度监听浪费网络能量。

IEEE 802.11 提出了两种信道协调方式：分布式协调 DCF 和点协调 PCF。在 DCF 方式下，节点采用 CSMA/CA 机制和随机避让机制实现信道共享。PCF 采用基于优先级的查询机制实现信道共享。S-MAC 协议是在 IEEE 802.11 MAC 协议基础上的改进，采用周期监听和睡眠来减低节点能耗。针对早睡问题造成的信息传输延迟，Van Dam T 在 S-MAC 协议的基础上又提出了 T-MAC 协议。他给出了两种解决方案：未来请求发送（FRTS）机制和满缓冲区优先（FBP）机制。

基于分簇网络，Boa L 提出了分布式能量感知节点活动（DEANA）协议，将调度访问分为周期访问阶段和随机访问阶段，降低了监听/睡眠的占空比，进一步节省了节点能耗。Carey T W 提出了集中式消息调度算法，优化休眠调度和信道管理结果，但增加了节点间的信息收集和调度结果消耗的能量，部分削弱了算法带来的益处。Schurgers C 提出了节点的唤醒算法 STEM 来降低事件驱动网络的能耗。

11.3.6 无线传感器网络的安全问题

网络发展至今，维护网络的安全和隐私一直是一项极大的挑战。尤其在无线传感器网络中，由于其特点和应用目的的特殊性使之很容易成为入侵和攻击的目标，所以维护无线传感器网络的安全和隐私显得更加重要。

1. 网络安全

- 机密性：保证只有合法者才能正确读取信息，阻止未授权者的访问和使用。
- 完整性：保证信息在传输过程中不被未授权者修改和破坏。
- 可用性：保证网络系统及其应用在执行任务时不被中断，用正常工作的百分比来衡量。

2. 无线传感器网络的安全问题

无线传感器网络的安全问题包括两个方面：一是自身的不足，二是来自外部的攻击。

（1）自身原因引起的安全问题。

- 由于无线传感器网络的资源是受限的，设计一个安全机制会占用很多资源，这给安全机制的设计带来了一项挑战。
- 无线传感器网络中，节点是广泛分布并动态变化的，而且没有控制中心，所以安全机制应该是分布的，节点之间必须协作保证安全。
- 要防御攻击就必须为传感器节点提供可控的物理访问，然而许多无线传感器网络是在遥远的难以到达的无人值守的地方且覆盖范围大，这给工作带来了困难。
- 在通信时容易出错，这时还需要辨别是自身传输出了问题还是受到攻击。

（2）外部攻击引起的安全问题。

- 拒绝服务（DoS）攻击。攻击者试图阻止网络的正常运行或者中断网络提供服务，可以发生在协议栈不同的层中。比如物理层 DoS 攻击，攻击者干扰 WSN 使用的无线电频率，如果攻击相当部分的节点或者仅仅是网关（一个关键节点），那么就会导致其他节点无法接收到正确的数据而使整个网络瘫痪；链路层 DoS 攻击，试图干扰数据包的传输，会导致大量回退过程和数据包重发，这会带来数据的损坏和能耗的加快；路径 DoS 攻击，即攻击者洪泛重复包或随机注入包带来的多跳端对端通信链路来攻击在遥远区域的多跳端到端的路径，使得节点被淹没。
- 路由攻击。攻击者试图成为网络中一条或多条路由路径的数据转发器。这样攻击者可以进行恶意的欺骗或者丢弃数据，如黑洞攻击、急速攻击、污水池攻击、女巫攻击、虫洞攻击等。
- 传输层攻击。攻击者利用传输特点，在状态信息中添加更多的状态信息或者伪造信息，使节点收到更多的信息而进行繁重的工作并拒绝其他信息，这样就破坏了节点间的正常通信，且耗费了能源。
- 针对汇聚处理的攻击。对于庞大的无线传感器网络，搜集的大量数据要汇聚进行处理，攻击者通过改变其中一个值来达到最终的错误输出。
- 隐私攻击。攻击者会窃取网络数据，得到敏感信息，造成隐私的泄露。

3. 无线传感器网络的安全协议和机制

为了解决 WSN 的安全问题，提出了相应的安全协议和机制。

一般采用加密的方式来防御无线传感器网络可能受到的攻击。这就有公钥加密和对称加密两种方式。公钥加密可以提供秘密性、完整性和认证，但是其算法十分消耗计算资源，所以对有些资源紧张的无线传感器网络来说就不适用。对称加密相对于公钥加密更加节省资源，是一种普遍选择，但其弱点在于密钥管理，要在节点之间建立可靠安全的共享私钥加密机制，即数据在传输之前密钥必须提前被发送方和接收方知道。

- 防御 DoS 攻击。基于物理层 DoS 攻击，可以绕过受干扰区域，也可以使用扩频技术来防御；基于链路层 DoS 攻击，可以使用纠错码和限制速率的方法；基于路径 DoS 攻击，无线传感器网络的节点可以利用 hash 链来验证接收到的数据包，验证是否来自可靠的发送方。
- 防御路由攻击。通过使用简单的链路层加密和使用全局共享密钥的身份验证，可以阻止大部分外部入侵，这样可以阻止外部的攻击者进入网络。然而，当节点已经被攻击时，可以建立局部的共享密钥，以基站为中心，一定数量限制的节点共享一个密钥来通信，如果被入侵，也只是牺牲了局部，整个网络还是安全的。
- 防御聚合攻击。利用延迟汇聚和延迟验证可以达到防御目的。子节点向上级传送数据，如果不公布密钥，父节点就无法验证 MAC，超时后就会对数据进行加密，再向上级汇聚，保证了安全，但会有延迟。基站和节点都享有临时的密钥，所以基站可以验证消息的来源，但只能验证数据是否来自当时发送节点，而无法验证是否是其他节点。验证也带来了延迟，延迟会带来系统的消耗，但保证了在没有后续入侵下消息的安全。

此外，还可以建立相应的无线传感器网络的安全协议，如安全网络加密协议（SNEP）、μTESLA 协议、TinySec、局部加密认证协议（LEAP）等。此外，不同的无线通信技术会有不同的安全措施，这里就不一一介绍了。

11.4　无线传感器网络的应用与展望

无线传感器网络在现实中有很多应用，而且在不同的领域都有了长足的发展，不仅仅局限于一种简单的分布监测，在具体的案例中会有不同的转化，并逐渐向智能化发展。

1. 对建筑安全的监测

生活中，我们对已经竣工的工程，如地铁铁轨、大桥桥梁、摩天大厦等，在长久的使用中必须要定期的进行安全测试和维护，以避免重大事故。然而，这种方式有很大的不便性和巨大的隐患。如主干道上的大桥，车流量很大，如果封桥进行安全测试，必然会引起交通不便。另外，如果定期的话，在间隔期如果有意外事故如台风，也会存在很大的隐患。所以，在重要的建筑上，如果用无线传感器网络进行对结构安全的实时监控，那么就会很方便地保障了建筑的安全。比如在图 11-8 中，将节点分布在大桥的桥面和桥塔上，桥面的节点可以检测大桥的承重和振动等；桥塔的节点可以检测出大桥整体的偏离，还有风力、风向等环境因素。节点经过搜集和简单的数据处理，再汇总发给终端，终端就可以对大桥的必要参数进行实时的了解，一旦发现隐患就可以立即报警。

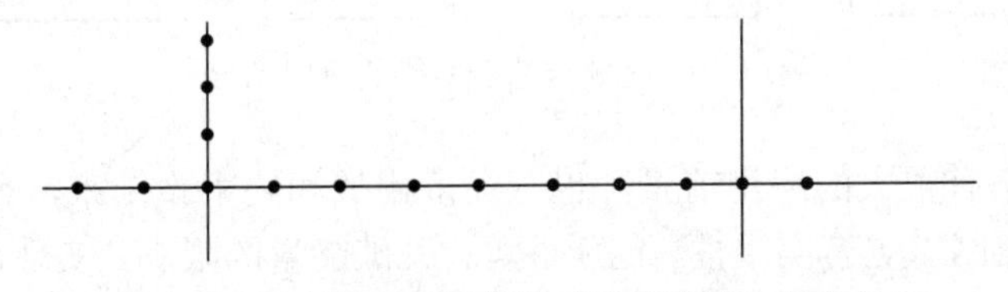

图 11-8　布置在大桥上的无线传感器节点分布

2. 在交通控制中的监控

这是我们生活中最常见的一种传感器网络。这种网络虽然应用很重要，但事实是很低端的。现在大部分都是视频监控，主要是监测车速。如果一端坏掉，还要组织人力维修。如果是无线传感器网络，根据其自组织特性，可以进行拓扑变化，弥补维修的缓慢。还有，现在的监控只是一种简单的数据搜集，如果换成传感器网络，它可以对网络下的交通进行分析和规划（如车流量），使城市交通结构更加合理。现在，智慧交通已经纳入了智慧城市工程，相信无线传感器网络会有独特的作用。

3. 在医疗保健上的应用

很多病在就诊的时候，病人需要向医生汇报病情，然而病人对病情的把握并不准确，这会影响医生的用药剂量。这时，医生就要对病人进行生活上的全面观察，但大部分这是不能实现的。无线传感器网络在这里就有了令人惊叹的应用。比如帕金森病人，不同症状表示病人患病的程度，医生就会开出相应疗程的药量。这种病一般是看病人行动时候身体肢体的抖动情况。比如一个正常的挥手，他手臂的加速度变化不是太大，或模拟的曲线图是平滑的，然而帕金森患者会出现不同程度的抖动，这样根据其抖动的程度可以分析其患病的程度。这时候无线传感器节点可以制成一种可穿戴式的用具，分别在患者身上安装几个节点，节点对患者肢体的加速度进行搜集，也可以搜集其他医学参量。患者身上还可以携带一个接收处理器（小型基站），将节点的数据接收处理，最后通过网络发给医生。可以看出，一个患者相当于一个移动的传感器区域，众多患者就形成了一个无线传感器网络。

如图 11-9 所示为无线传感器网络的应用场合，无线传感器网络在管道检测、农业、地质活动和采矿等众多领域都有很重要的应用。管道检测上，根据管道压力的变化快速得到泄漏点，还可以对管道里的物质进行分析，防止混入杂质等；农业上，无线传感器网络对大型农场监控土地的湿度和成分，还有环境变化（天气、害虫），最终达到农业的自动化，节省资源，提高生产率；地质活动上，通过搜集地质结构的震声信号及时知道某地层是否会有地震或火山爆发的可能；采矿上，监控矿洞结构的应力能力、湿度，进行气体分析，避免塌方、透水、瓦斯爆炸等造成重大生产事故。

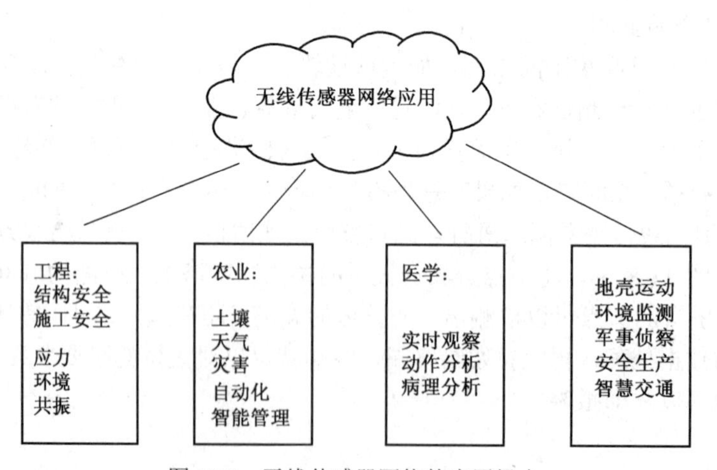

图 11-9 无线传感器网络的应用场合

无线传感器网络有很大的应用前景，也有很多挑战和约束。未来，在以下几点的突破上势必会让无线传感器网络更有实用性、创新性等：突破能量的限制，实现可持续的工作，解决能量的自供应；突破安全的限制，解决硬件安全，避免环境破坏，加强网络安全，避免隐私泄露；突破管理模式，实现无线传感器网络的智能化、自我管理、自组织；突破设计限制，突破思维限制，将无线传感器网络推广到其他领域里，实现多领域的交叉结合。

物联网的发展离不开无线传感器网络的发展。相信在未来，随着技术难点的解决会逐渐形成多领域、大范围的智能传感器网络，为人们的生活生产提供便利，给生产力带来发展。

思考题与习题

1．简述无线传感器的构成。

2．无线传感器网络的路由协议主要包括哪些？

3．试说明无线传感器如何改进在安全领域方面遇到的问题。

4．无线传感器在哪些领域有应用？

第 12 章　常用传感器的分类与特点

本章导读：

本章主要介绍常用传感器的分类、特点和相应技术指标，主要是为了帮助读者熟悉不同应用下应该如何选择传感器。本章作为工程应用参考使用，不作为教学内容，可以由读者自学完成。

本章主要内容和目标：

本章主要内容包括各种传感器的特点及指标参数，主要目标是提供在选择传感器时的参考内容。

12.1　概述

（1）温度传感器：是一种最常见的传感器，从传感器分类的知识来看，传感器的命名是从工作原理的角度来分类的，即传感器检测的被测量的变化能够体现为电阻的变化。温度传感器的应用极其广泛。

（2）湿度传感器：是一种比较晚出现的传感器类型，但由于它具有自身的一些优点，使得它在现在测试中仍然是一种非常重要的手段。

（3）压力传感器的工作原理是电阻的应变效应，即应变的变化能够体现为电阻的变化。电阻应变式传感器可以用于测量位移、加速度、力、力矩、压力等各种参数，航空、机械、电力、化工、建筑、医学等领域都有其适用的地方。

（4）加速度和振动传感器是一种新型的传感器，应用广泛，现在各个领域中都有广泛的应用。

（5）流量传感器：主要应用于对于液体流量的测量。

（6）位置传感器：能感受被测物的位置并转换成可用输出信号的传感器。

12.2　温度传感器

如果从感受温度的途径来划分，测量温度可分为接触式测量和非接触式测量两大类，表 12-1 列出了接触式温度传感器和非接触式温度传感器的种类，表 12-2 列出了接触式温度传感器和非接触式温度传感器的特点。

表 12-1　接触式温度传感器和非接触式温度传感器的种类

接触式温度传感器	非接触式温度传感器
热膨胀式温度传感器	光学高温传感器
热电势温度传感器（热电偶）	热辐射式温度传感器
PN 结温度传感器	红外线温度传感器

表 12-2　接触式温度传感器和非接触式温度传感器的特点

接触式温度传感器	非接触式温度传感器
技术成熟	测温上限不受感温元件限制
传感器种类多	不需要与被测物体进行温度交换
测量系统简单	可对运动物体进行温度测量

由于价格、可靠性、使用方便性等因素的要求，目前最常使用的是接触式温度传感器，主要可以分为热电偶、热电阻、热敏电阻，选用时需要根据其特点和应用场合决定，其主要技术特点如表 12-3 所示。

表 12-3　热电偶、热电阻、热敏电阻的主要特点

热电偶	热电阻	热敏电阻
测温范围宽，性能比较稳定，同时结构简单，动态响应好	精度高，重复性好，精度可达 0.1%，比热敏电阻高数倍	灵敏度较高，其电阻温度系数要比金属大 10～100 倍以上
热电偶使用在温度较高的环境，如铂铑（B 型）测量范围为 300℃～1600℃，短期可测 1800℃，S 型测-20℃～1300℃（短期 1600℃），K 型测-50℃～1000℃，短期 1200℃），XK 为-50℃～600℃（800℃），E 型为-40℃～800℃（900℃），还有 J 型、T 型等	铂热电阻的测温范围一般为-200℃～800℃，铜热电阻为-40℃～140℃	常温器件适用于-55℃～315℃，高温器件适用温度高于 315℃（目前最高可达到 2000℃），低温器件适用于-273℃～-55℃
需要冷端补偿，和补偿导线，使用不方便；体积小、精度高，广泛应用于工业测量	体积小，使用方便稳定，便于大量生产，精度和重复性高，一般在中低温区测量使用，动态特性低于热电偶，价格较热电偶便宜	体积小，使用方便稳定，过载好，便于大量生产，精度和重复性略低，非线性严重，价格便宜

热电偶是最常见的一种温度传感器，具有精度高、测量范围广等特点，因此得到了广泛的应用。在测量过程中，热电偶需要对其参数进行一定的修正以得到准确的数据，表 12-至表 12-6 分别是热电偶的不同型号与特性表、修正系数表和延引热电极及其技术参数表。

表 12-4　热电偶的不同型号与特性表

名称	型号	热电极特性				测量范围		西贝克系数 μV/C	适用环境
		极性	化学成分	偶丝直径（mm）	允差（mm）	长期（℃）	短期（℃）		
铂铑 10－铂热电偶	S	正	铑 10%+铂 90%	0.5	±0.015	1300	1600	11	氧化，惰性气体
		负	铂 100%						
铂铑 13－铂热电偶	R	正	铑 13%+铂 87%	0.5	±0.015	1300	1600	12	氧化，惰性气体
		负	铂 100%						
铂铑 30－铂铑 6 热电偶	B	正	铑 30%+铂 70%	0.5	±0.015	1600	1800	8	氧化，惰性气体
		负	铑 6%+铂 94%						
镍铬－镍硅热电偶	K	正	Ni:Cr=90:10			-200℃～1300℃		40	完全惰性气体
		负	Ni:Si=97:3						
镍铬硅－镍硅热电偶	N	正	Ni:Cr:Si=84.4:14.2:1.4			-200℃～1300℃		38	氧化
		负	Ni:Si:Mg=95.5:4.4:0.1						

续表

名称	型号	热电极特性				测量范围		西贝克系数 μV/C	适用环境
		极性	化学成分	偶丝直径（mm）	允差（mm）	长期（℃）	短期（℃）		
镍铬－铜镍热电偶	E	正	Ni:Cr=90:10			-200℃～900℃		60	真空、氧化，惰性气体
		负	55%铜+45%镍以及少量的锰、钴、铁等元素						
铁－铜镍热电偶	J	正	铁 100%			-200℃～1200℃（通常 0℃～750℃）		51	真空、氧化、还原，惰性气体
		负	55%铜+45%镍以及少量的锰、钴、铁等元素						
铜－康铜热电偶	T					-200℃～371℃		40	腐蚀性、潮湿、零度以下温度

表 12-5 热电偶修正系数表

工作端温度	修正系数 k				
	铜－考铜	镍铬－考铜	铁－考铜	镍铬－考铜	铂铑－铂
0	1.00	1.00	1.00	1.00	1.00
20	1.00	1.00	1.00	1.00	1.00
100	0.86	0.90	1.00	1.00	0.82
200	0.77	0.83	0.99	1.00	0.72
300	0.70	0.81	0.99	0.98	0.69
400	0.68	0.83	0.98	0.98	0.66
500	0.65	0.79	1.02	1.00	0.63
600	0.65	0.78	1.00	0.96	0.62
700	—	0.80	0.91	1.00	0.60
800	—	0.80	0.82	1.00	0.59
900	—	—	0.84	1.00	0.56
1000	—	—	—	1.07	0.55
1100	—	—	—	1.11	0.53
1200	—	—	—	—	0.53
1300	—	—	—	—	0.52
1400	—	—	—	—	0.52
1500	—	—	—	—	0.53
1600	—	—	—	—	0.53

表 12-6 延引热电极及其技术参数

延引热电极种类		EU	EA	LB	WRe-WRe
配用热电偶		镍铬－镍硅	镍铬－考铜	铂珑 10－铂	钨铼 5－钨铼 20
电极材料	正极	铜	镍铬	铜	铜
	负极	康铜	考铜	铜镍	铜、镍

续表

色标	正极	红	红	红	红
	负极	蓝	黄	绿	蓝
t=100（℃） t=100（℃）	热电势/mV	4.10	6.95	0.643	1.337
t=150（℃） t=0（℃）	热电势/mV	6.13	10.59	1.025	
20（℃）	电阻率	$<0.63\times10^{-6}$	$<1.25\times10^{-6}$	$<0.04884\times10^{-6}$	

热电阻测温的主要原理是依靠金属的电阻值也会随着温度的变化而变化，表 12-7 列出了部分金属在一定温度变化的情况下的变化情况。

表 12-8　常用金属热电阻的性能

材料	铂	镍 2.815	铜
使用温度范围	−200℃～+600℃	−100℃～+3002.909℃	−50℃～+150℃
电阻丝直径/mm	0.03～0.07	0.05～3.003	0.1 左右
电阻率	0.0981～0.106	0.118～0.1383098	0.017
0～100℃之间电阻温度系数平均值	3.92～3.98	6.21～6.343193	4.25～4.28
化学稳定性	在氧化性介质中性能稳定，不宜在还原性介质中使用，尤其是高温下	超过 180℃容易氧化	超过 100℃易氧化
特性	近于线性，性能稳定，精度高	近于线性，性能一致性差，测温灵敏度高	线性
应用	可作为标准	一般测温用	适于低温、无水分、无侵蚀介质的测温

热敏电阻是开发早、种类多、发展较成熟的敏感元器件。热敏电阻由半导体陶瓷材料组成，利用的原理是温度引起电阻变化，表 12-9 列出了热敏电阻的分类和特点。

表 12-9　热敏电阻的分类和特点

正温度系数热敏电阻（PTC）	负温度系数热敏电阻（NTC）	临界温度热敏电阻（CTR）
构成材料：BaTiO3 或 SrTiO3 或 PbTiO3 为主要成分的烧结体，其中掺入微量的 Nb、Ta、Bi、Sb、Y、La 等氧化物	构成材料：利用锰、铜、硅、钴、铁、镍、锌等两种或两种以上的金属氧化物烧结，现在还出现了以碳化硅、硒化锡、氮化钽等为代表的非氧化物系 NTC 热敏电阻材料	构成材料：是钒、钡、锶、磷等元素氧化物的混合烧结体，是半玻璃状的半导体，也称 CTR 为玻璃态热敏电阻
测量范围可达-55℃～315℃	测量范围一般为-10℃～+300℃，也可做到-200℃～+10℃，甚至可用于+300℃～+1200℃环境	骤变温度随添加锗、钨、钼等的氧化物而变，可以定制
PTC 热敏电阻除用作加热元件外，同时还能起到“开关”的作用，兼有敏感元件、加热器和开关三种功能，称为“热敏开关”。	热敏电阻器温度计的精度可以达到 0.1℃，感温时间可少至 10s 以下	常作为温度报警使用，精度很低，约为 1℃以上

12.3 湿度传感器

工业控制和人类生活需要湿度测量，在不同的应用领域中，对湿度传感器的技术要求也不同。从制造角度看，同是湿度传感器，材料、结构不同，工艺不同。其性能和技术指标（像精度方面）有很大差异，因而价格也相差甚远。所以对使用者来说，选择湿度传感器是测试系统组件的重要一环。湿度传感器的测量精度一般不高，如中低湿段（0～80%RH）为±2%RH，而高湿段（80～100%RH）为±4%RH，表 12-10 列出了常见湿度传感器的分类和特点。

表 12-10　常见湿度传感器的分类和特点

电阻式湿度传感器	电容式湿度传感器	集成湿度传感器
湿敏电阻的结构：在基片上覆盖一层用感湿材料制成的膜，当空气中的水蒸汽吸附在感湿膜上时，元件的电阻率和电阻值都发生变化，利用这一特性即可测量湿度	湿敏电容一般是用高分子薄膜电容制成的，常用的高分子材料有聚苯乙烯、聚酰亚胺、酯酸醋酸纤维等。当环境湿度发生改变时，湿敏电容的介电常数发生变化，使其电容量也发生变化，其电容变化量与相对湿度成正比	线性电压输出式，典型产品有HIH3605/3610、HM1500/1520 线性频率输出式，典型产品为HF3223 型 单片智能化式：SHT11、SHT15
测量范围是（1%～99%）RH	国外生产湿敏电容的主厂家有Humirel 公司、Philips 公司、Siemens 公司等。以 Humirel 公司生产的SH1100 型湿敏电容为例，其测量范围是（1%～99%）RH	测量范围：0～100% RH，分辨力达 0.03%RH，最高精度为±2%RH
湿敏电阻的种类很多，例如金属氧化湿敏电阻、硅湿敏电阻、陶瓷湿敏电阻等。湿敏电阻的优点是灵敏度高，主要缺点是线性度和产品的互换差	湿敏电容的主要优点是灵敏度高、产品互换性好、响应速度快、湿度的滞后量小、便于制造、容易实现小型化和集成化，其精度一般比湿敏电阻要低一些	可直接测试温度和湿度、自动补偿、精度高、互换性好、响应速度快、抗干扰能力强、不需要外部元件，适配各种单片机、可广泛用于医疗设备及温度/湿度调节系统中

氯化锂湿敏传感器包括电阻式和电容式，是目前最常见的湿度传感器，其典型元件特性如表 12-11 所示。

表 12-11　典型氯化锂湿敏元件的主要技术特性

种类	型号	精度/%RH	测湿范围/%RH	工作温度/℃	响应时间/s
氯化锂湿敏元件	MSK-1 MSK1A	2～3 5	20～95 30～90	-5～+40 -10～+40	<60
氯化锂湿敏电阻器	MS	2～4	40～90	0～40	
光硬化树脂电解质湿度传感器		1～2	15～100	-10～+80	10～40
氯化锂湿敏元件	PL-1	5	20～100	-10～+40	
氯化锂湿敏元件	SL-2 SL-3	2	10～95 40～90	5～50 10～40	

续表

	型号	精度/%RH	测湿范围/%RH	工作温度/℃	响应时间/s
氯化锂湿敏元件	PSB－1 PSB－2 PSB－3 PSB－4	2～3	45～65 55～75 30～70 40～80 30～90 15～90	5～50	

12.4　压力传感器

压力传感器是工业实践中最为常用的一种传感器，广泛应用于各种工业自控环境，涉及水利水电、铁路交通、智能建筑、生产自控、航空航天、军工、石化、油井、电力、船舶、机床、管道、医疗等。

力学传感器的种类繁多，如电阻应变片压力传感器、半导体应变片压力传感器、压阻式压力传感器、电感式压力传感器、电容式压力传感器、谐振式压力传感器、电容式加速度传感器等。应用最为广泛的是压阻式压力传感器，它具有极低的价格、较高的精度和较好的线性特性。

压力传感器的另一种分类标准是按输出分类，表 12-12 所示为按输出分类的压力传感器及其特点。

表 12-12　按输出分类的压力传感器及其特点

压力传感器类型	适用范围	特殊功能指标
毫伏输出压力传感器	实际输出与压力传感器的输入直接成比例	最经济的压力传感器，具有低输出信号
电压输出压力传感器	在更加工业化的环境中使用	信号调节功能
电流输出压力传感器和变送器	常用于引线必须在 1000 英尺以上的应用中	最佳使用于远距离发送信号
差压传感器	通常用于流量测量	它们可以测量文氏管、孔或其他类型主要元素间的压差
专用压力传感器	适于非标准应用	各种压力传感器，具有特殊功能
卫生－CIP 清洗压力传感器	用于食品和制药等涉及供人类食用产品的应用最为理想	符合 3-A 卫生标准的压力传感器，以满足特定材料、设计和制造标准对清洁度和检验的要求

压力传感器选型需要考虑的问题如下：

（1）压力变送器超时工作后需要保持稳定度。大部分变送器在经过超时工作后会产生“漂移”，因此很有必要在购买前了解变送器的稳定度，这种预先的工作能减少将来使用中出现的种种麻烦。

（2）压力变送器的封装。变送器的封装往往容易忽略的是它的机架，然而这一点在以后使用中会逐渐暴露出其缺点。在选购变送器时一定要考虑到将来变送器的工作环境：湿度如何、怎样安装变送器、会不会有强烈撞击或振动等。

（3）压力变送器与其他电子设备间采用怎样的连接。是否需要采用短距离连接？若是采用长距离连接，是否需要采用一个连接器？

（4）选择怎样的输出信号。压力变送器需要得到怎样的输出信号（mV、V、mA）及频率输出、数字输出，取决于多种因素，包括变送器与系统控制器或显示器间的距离，是否存在“噪声”或其他电子干扰信号；是否需要放大器、放大器的位置等。对于许多变送器和控制器间距离较短的 OEM 设备，采用 mA 输出的变送器是最为经济而有效的解决方法，如果需要将输出信号放大，最好采用具有内置放大的变送器。对于远距离传输或存在较强的电子干扰信号，最好采用 mA 级输出或频率输出。如果在 RFI 或 EMI 指标很高的环境中，除了要注意选择 mA 或频率输出外，还要考虑到特殊的保护或过滤器。目前由于各种采集的需要，市场上压力变送器的输出信号有很多种，主要有 4～20mA、0～20mA、0～10V、0～5V 等，但是比较常用的是 4～20mA 和 0～10V 两种，在上面列举的这些输出信号中，只有 4～20mA 为两线制，我们所说的输出为几线制不包含接地或屏蔽线，其他的均为三线制。

（5）选择怎样的励磁电压。输出信号的类型决定选择怎样的励磁电压。许多放大变送器有内置的电压调节装置，因此其电源电压范围较大。有些变送器是定量配置，需要一个稳定的工作电压，因此能够得到的一个工作电压决定是否采用带有调节器的传感器，选择变送器时要综合考虑工作电压与系统造价。

（6）是否需要具备互换性的变送器，确定所需的变送器是否能够适应多个使用系统。一般来讲，这一点很重要，尤其是对于 OEM 产品。一旦将产品送到客户手中，那么客户用来校准的花销是相当大的。如果产品具有良好的互换性，那么即使是改变所用的变送器，也不会影响整个系统的效果。

（7）其他。确定上面的一些参数之后还要确认压力变送器的过程连接接口以及压力变送器的供电电压，如果在特殊的场合下使用还要考虑防爆和防护等级。

12.5 加速度与振动传感器

加速度传感器是一种能够测量加速力，从而感知被测物体加速度的传感器。加速力可以是常量，也可以是变量。加速度计有两种：一种是角加速度计，是由陀螺仪（角速度传感器）改进的，另一种是线加速度计。加速度传感器的主要分类和特点如表 12-13 所示。

表 12-13 加速度传感器的主要分类和特点

类型	压电式加速度传感器	压阻式加速度传感器	电容式加速度传感器	伺服式加速度传感器
原理	又称压电加速度计，属于惯性式传感器。基本原理：利用材料的压电效应，在加速度计受振时，质量块加在压电元件上的力也随之变化。当被测振动频率远低于加速度计的固有频率时，力的变化与被测加速度成正比	利用压阻测力的原理来测量加速度	基于电容原理的极距变化型的电容传感器测微距变化，在根据结构变化特点，计算出被测力与加速度	伺服式加速度传感器是一种闭环测试系统。通过反向加一个和加速力平衡的力。这个力，就是被测的加速力，从而测出加速度
特点	测量范围较小，动态特性较低，一般只有几十赫兹，精度较高	测量范围大，动态特性较低，体积小，使用方便	测量范围不大，动态特性好，精度低，体积小，使用方便	测量范围大，动态特性差，精度最高，体积大，使用不便

续表

类型	压电式加速度传感器	压阻式加速度传感器	电容式加速度传感器	伺服式加速度传感器
应用	应用最为广泛，工业上主要用于检测机器潜在的故障以达到自保护，避免意外伤害	采用 MEMS 硅微加工技术，易于集成在各种模拟和数字电路中，广泛应用于汽车碰撞实验、测试仪器、设备振动监测等领域	采用 MEMS 工艺，便于大量生产，且成本低，在某些领域无可替代，如安全气囊、手机移动设备等	广泛地应用于惯性导航和惯性制导系统中，在高精度的振动测量和标定中也有应用

振动传感器是用于测试工程振动的，它是整个测量系统中重要的一个环节，且与后续的电子线路紧密相关。根据测试原理、被测对象等不同，振动传感器可以分为：

- 按机械接收原理分：相对式传感器、惯性式传感器。
- 按机电变换原理分：电动式传感器、压电式传感器、电涡流式传感器、电感式传感器、电容式传感器、电阻式传感器、光电式传感器。
- 按所测机械量分：位移传感器、速度传感器、加速度传感器、力传感器、应变传感器、扭振传感器、扭矩传感器。

振动传感器的主要类型和特点如表 12-14 所示。

表 12-14　振动传感器的主要类型和特点

类型	原理	特点
电涡流式传感器	相对式非接触式传感器，它是通过传感器端部与被测物体之间的距离变化来测量物体的振动位移或幅值的	电涡流式传感器具有频率范围宽（0～10kHz）、线性工作范围大、灵敏度高、非接触式测量等优点，主要应用于静位移的测量、振动位移的测量、旋转机械中监测转轴的振动测量
电感式传感器	把被测的机械振动参数的变化转换为空间变化，再转化成为电感参量信号的变化，有变间隙和变导磁面积两种	精度高、稳定性好、体积较大
电容式传感器	有可变间隙式和可变公共面积式两种，通过测量位移来测量振动	频率范围宽、动态范围大、体积小、重量轻、价格便宜，但稳定性差
惯性式传感器	惯性式电动传感器由固定部分、可动部分以及支承弹簧部分所组成，通过测量位移来测量振动	精度较高、测量范围小、体积较大、稳定性好
压电式加速度传感器	利用晶体的压电效应，通过测力实现振动参数测量	具有频率范围宽、动态范围大、体积小、重量轻等优点
电阻式应变式传感器	将被测的机械振动量转换成传感元件电阻的变化量，基本原理是测力	测量范围宽、体积小、重量轻、价格便宜
激光	由激光器、激光检测器和测量电路组成，通过位移测量实现振动测量	能实现无接触远距离测量，速度快、精度高、量程大、抗光和电干扰能力强等，极适合于工业和实验室的非接触式测量应用

12.6　流量传感器

在环境监测、医疗卫生等领域里，流量的准确测量非常重要。流量传感器的种类繁多，按照组成结构和原理，流量传感器可分为超声波、叶片（翼板）式、量芯式、热线式、热膜式、卡门涡旋式等几种。常见的流量传感器种类和特点如表 12-15 所示。

表 12-15　常见的流量传感器种类和特点

流量传感器类型	原理	特点
超声波流量传感器	超声波在流体中传播时，会携带上流体流速的信息，通过检测接收到的超声波就可以检测出流体的流速，从而换算成流量。根据检测的方式可分为传播速度差法、多普勒法、波束偏移法、噪声法、相关法等	非接触式，不会改变流体的流动状态，不产生附加阻力，动态特性好、测量范围宽
叶片式流量传感器	通过测量被测流体推动叶片转动的速度推测流速和流量	精度高、稳定性好、体积较大
涡街流量传感器	基于卡门涡街原理研制。在流体中设置三角柱型旋涡发生体，则从旋涡发生体两侧交替地产生有规则的旋涡，这种旋涡称为卡门旋涡。测量旋涡频率可获得流体的流速	压力损失小、量程范围大、精度高，在测量工况体积流量时几乎不受流体密度、压力、温度、粘度等参数的影响。无可动机械零件，因此可靠性高、维护量小
热线式空气流量传感器	当流体流过热线时会改变热线温度，通过测量热线温度可获得流体流速	测量范围小、体积小、稳定性好、易于集成

流量传感器选型可参考表 12-16 所示的各项参数。

表 12-16　流量传感器选型参数

技术参数	功能
连续，开关	一般流量传感器的输出为连续量，而开关量可用于简单的二位式控制或设备保护，要求可靠性良好
重复性	重复性是指环境条件介质不变时对某一流量多次测量的一致性，是传感器本身的特征
准确度	准确度不仅取决于传感器本身，还取决于调研系统，是外加特性
量程比	在一定准确度范围内最大与最小流量之比
压力损失	流量传感器都有检测件，强制改变流向都将产生不可恢复压力损失
输出信号	一般为标准的模拟信号，已不能适应系统发展要求，通信要求数字信号
响应时间	输出信号随流量参数变化反应的时间，对控制系统来说，越短越好；对脉动流，则希望有较慢的输出响应
综合性能	传感器的性能指标是相互制约的，不可能同为极限值

12.7　位置传感器

位置传感器是用来测量被测物体机器人自身位置的传感器，可分为两种：直线位移传感器和角位移传感器。位置传感器分为接触式和接近式两种，主要包括行程开关、电磁式、光电式、差动变压器式、电涡流式、电容式、干簧管、霍尔式等。位置传感器的主要类型和特点如表 12-17 所示。

选择位置传感器的类型最主要还是依赖于被测量对象是什么和在什么样的环境下测试。例如在灰尘很大的环境下就需要用电涡流式传感器，而在电磁场很强的环境下用激光式传感器则比较合适。

表 12-17　常见的位置传感器种类和特点

位置传感器类型	原理	特点
电磁式位置传感器	通过电磁感应现象测量位移	非接触式、精度高、测量范围宽、稳定性好
光电式位置传感器	通过光电管的导通和截止判断被测物体位置	通常只能测量某些点，稳定性好
差动变压器式	通过电磁感应现象测量位移	非接触式、精度高、测量范围宽、稳定性好
电容式位置传感器	通过电容变化感应位置	频率范围宽、动态范围大、体积小、重量轻、价格便宜，但稳定性差
霍尔式	通过霍尔效应感应位置	抗干扰能力强、精度高、非接触式

附录　常用术语和专业词汇表

A

Accuracy　精度

Active sensors　有源传感器

Amplitude-frequency characteristic　幅频特性

Analog multiple switching　模拟多路开关

Analog /Digital　A/D 转换器

Approximation　近似

Application　应用

Area　面积

B

Band pass　带通

Bandwidth　带宽

Bi-metal thermostats　双金属温度计

Blocking-layer photoelectric effect　阻挡层光电效应

Bright resistance　亮电阻

C

Capacitance　容抗

Capacitive acceleration sensor　电容加速度传感器

Capacitive load sensor　电容式力传感器

Coding　编码

Coefficient　系数

Cold side　冷端

Constant current source　恒流源

Compensation　补偿

Computer Measurement and Control　计算机测控

Current-voltage characteristics　伏安特性

Creep　蠕变

D

Damping ratio　阻尼比

Dark resistance　暗电阻

Data fusion　数据融合

Dynamic characteristic　动态特性

E

Equipment　量具

Environmental　环境

External photoelectric effect　外光电效应

F

Filtering　滤波

Fourier transformation　傅里叶变换

Frequency domain　频域

Frequency response function　频率响应函数

Fuzzy algorithm　模糊算法

G

Gas-filled phototube　充气真空管

Gross error　过失（粗大）误差

H

Hot electrode　热电极

Hysteresis　迟滞

I

Infrared(IR) pyrometry　红外测温计

Insertion　插入

Internal photoelectric effect　内光电效应

Inverting amplifier　反向放大器

L

Lead　resistance　导线电阻

Linearity　线性度

Low pass 低通

M

Mean 平均
Measurement Systems 测量系统
Measuring range 测量范围
Metal thermal resistance 金属热电阻
Methods 方法
Multidimensional space 多维空间
Multinomial function 多项式

N

Natural angular frequency 固有角频率
Non-inverting amplifier 正向放大器
Non-inverting unity 射极跟随器

O

Oblique wave function 斜波函数
Operator 测量人员
Offset voltage 偏置电压
Output characteristic 输出特性
Output impedance 输出阻抗
Overshoot 过调量
Over-sampling 过采样

P

Passive sensors 无源传感器
Parts 工件
Peltier effect 波尔效应
Phase depending on rectification 相敏整流
Phase-frequency characteristic 相频特性
Phase step function 阶跃函数
Phase step response 阶跃响应
Photo anode 光电阳极
Photo conductivity relaxation phenomena 驰豫现象
Photo electric transducer 光电式传感器
Photo electric cathde 光电阴极
Peripherals 外设
Procedure 程序
Programmable amplifier 程控放大器
Power series 幂级数
Pulse function 脉冲函数

Q

Quartz crystal 石英晶体
Quantization 量化

R

Repeatability 重复性
response time 响应时间
Resolution 分辨率
Rise time 上升时间
Random error 随机误差

S

Sampler / holder 采样/保持
Sensor/Transducer 传感器
Sensing Elements 敏感元件
Sensitivity 灵敏度
Semiconductor thermal resistor 半导体热电阻
Shortcoming 缺点
Silicon sensors 硅传感器
Sine function 正弦函数
Span 量程
Spectrometry 光谱测定法
Static characteristic 静态特性
Strain effect 应变效应
Strain sensors 压力传感器
Stray capacitance 寄生电容
Structure 结构
Systematic error 系统误差

T

Transduction elements 变换元件

Thermocouple 热电耦
The preamplifier circuit 前置放大电路
Time constant 时间常数
Thomson effect 汤姆逊效应
Thermal Drift 温漂
Time-domain 时域
Transfer function 传递函数

U
Under-sampling 欠采样
Uncertainty 不确定度

V
Vacuum phototube 真空管
Variable 变化

W
Wheatstone bridge 惠斯登电桥

参考文献

[1] Jon Wilson．Sensor Technology Handbook. 北京：Elsevier，2012.

[2] 刘迎春等．传感器原理设计与应用（第四版）．北京：国防科技大学出版社，2004.

[3] 樊尚春．传感器技术及应用．北京：航空航天大学出版社，2004.

[4] 马明建．数据采集与处理技术．西安：西安交通大学出版社，2005.

[5] 黄继昌等．传感器工作原理及应用实例．北京：人民邮电出版社，1998.

[6] 古天祥等．电子测量原理．北京：机械工业出版社，2014.

[7] 刘迎春等．新型传感器及其应用．长沙：国防科技大学出版社，1989.

[8] 黄继昌等．传感器工作原理及应用实例．北京：人民邮电出版社，1998.

[9] 吴兴惠．敏感元器件及材料．北京：电子工业出版社，1992.

[10] 彭杰刚，林静，邓罡．传感器原理及应用．北京：电子工业出版社，2012.

[11] 黄贤武等．传感器原理及应用．成都：电子科技大学出版社，2004.

[12] 刘笃仁，韩保君．传感器原理及应用技术．西安：西安电子科技大学出版社，2003.

[13] 周继明，汪世民．传感技术与应用．长沙：中南大学出版社，2005.

[14] 王雪文，张志勇．传感器原理及应用．北京：北京航空航天大学出版社，2004.

[15] 郭爱芳．传感器原理及应用．西安：西安电子科技大学出版社，2007.

[16] 曾光宇，杨湖．现代传感器技术及应用基础．北京：北京理工大学出版社，2006.

[17] 贾伯年，俞朴．传感器技术．南京：东南大学出版社，2006.

[18] 陈杰，黄鸿．传感器与检测技术．北京：高等教育出版社，2002.

[19] 徐甲强，张全法等．传感器技术．哈尔滨：哈尔滨工业大学出版社，2004.

[20] 吕泉等．现代传感器原理及应用．北京：清华大学出版社，2006.

[21] 孙建民等．传感器技术．北京：清华大学出版社，2005.

[22] 蒋亚东，谢光忠．敏感材料与传感器．成都：电子科技大学出版社，2008.

[23] 孙传友等．测控系统原理与设计．北京：航空航天大学出版社，2002.

[24] 何圣静．新型传感器．北京：兵器工业出版社，1993.

[25] 刘广玉．几种新型传感器设计与应用．北京：国防工业出版社，1988.

[26] 莫以豪等．半导体陶瓷及其敏感元件．上海：上海科学技术出版社，1993.

[27] 张国顺，何家祥，肖贵香．光纤传感技术．北京：中国水利电力出版社，1988.

[28] 胡学海．单片机原理及系统设计实用教程．北京：化学工业出版社，2012.

[29] 任代蓉．基于网络协议的传感器网络能量管理研究．电子科技大学硕士论文，2008.

[30] 胡学海．机载多传感器目标属性研究．电子科技大学博士论文，2008.

[31] Xuehai Hu, Cheng Gong, and Dairong Ren, SCALING INSTANTANEOUS FREQUENCY MEASUREMENT METHOD INSPIRED BY HAWK'S EYE. MICROWAVE AND OPTICAL TECHNOLOGY LETTERS,v 57(6), P 1383-1385, JUN 2015, SCI: 000351834200028.

[32] Xuehai Hu. Optimization algorithm for distributed target detection integration decision. Dianzi Keji Daxue Xuebao, v 42(3), p 375-379, May 2013.

[33] 胡学海，王厚军等．基于峰值误差约束的传感器线性化方法研究．仪器仪表学报，2007.

[34] 王力等．湿敏传感器及其发展．仪表技术与传感器，1987（1）.
[35] 高桥清展望21世纪新技术革命中的传感器．传感器技术，2001第20卷第1期.
[36] 安迪生译．生物传感器的现状与展望．国外传感技术，V01.11 NO.3.
[37] 黄元龙．半导体湿敏元件．仪表材料，1994（6）.
[38] 颜怡生．光纤应用传感器．传感器技术，1993（4）.
[39] 骆达福．湿度检测应用综述．自动化与仪器仪表，1993（2）.
[40] 安迪生译．生物传感器的现状与展望．国外传感技术，2001. 11（3）：83-88.